Vencendo o transtorno de estresse pós-traumático

A Artmed é a editora oficial da FBTC

R433v   Resick, Patricia A.
          Vencendo o transtorno de estresse pós-traumático com a terapia de processamento cognitivo : manual do terapeuta / Patricia A. Resick, Candice M. Monson, Kathleen M. Chard ; tradução : Daniel Vieira ; revisão técnica : Érica Panzani Duran. – 2. ed. – Porto Alegre : Artmed, 2025.
          xv, 373 p. ; 25 cm.

          ISBN 978-65-5882-316-2

          1. Psicoterapia. 2. Terapia cognitivo-comportamental. 3. Transtorno de estresse pós-traumático I. Monson, Candice M. II. Chard, Kathleen. III. Título.

CDU 616.89-008.441-08

Catalogação na publicação: Karin Lorien Menoncin – CRB 10/2147

Patricia A. **Resick**
Candice M. **Monson**
Kathleen M. **Chard**

Vencendo o transtorno de estresse pós-traumático

com a *terapia de processamento cognitivo* – *Manual do terapeuta*

2ª edição

Tradução
Daniel Vieira

Revisão técnica
Érica Panzani Duran

Especialista em Terapia Cognitivo-comportamental pelo Programa de Ansiedade do Instituto de Psiquiatria do Hospital das Clínicas da Faculdade de Medicina da Universidade de São Paulo (IPq-FMUSP), e em Terapia Cognitiva pela Faculdades Integradas de Taquara (FACCAT). Mestra em Ciências da Saúde pela FMUSP. Doutora em Órgãos e Sistemas pela Universidade Federal da Bahia (UFBA). Formação em Terapia do Esquema no Instituto Wainer/International Society of Schema Therapy, em Terapia Comportamental Dialética no BTech Linehan Institute e em Primeiros Socorros Psicológicos na Johns Hopkins University.

Porto Alegre
2025

Obra originalmente publicada sob o título *Cognitive Processing Therapy for PTSD: A Comprehensive Therapist Manual*, 2nd Edition
ISBN 9781462554270

Copyright © 2024 The Guilford Press
A Division of Guilford Publications, Inc.

Gerente editorial
Alberto Schwanke

Coordenadora editorial
Cláudia Bittencourt

Capa
Paola Manica | Brand&Book

Preparação de original
Nathália Bergamaschi Glasenapp

Leitura final
Carla Casaril Paludo

Editoração
AGE – Assessoria Gráfica Editorial Ltda.

Reservados todos os direitos de publicação, em língua portuguesa, ao
GA EDUCAÇÃO LTDA.
(Artmed é um selo editorial do GA EDUCAÇÃO LTDA.)
Rua Ernesto Alves, 150 – Bairro Floresta
90220-190 – Porto Alegre – RS
Fone: (51) 3027-7000

SAC 0800 703 3444 – www.grupoa.com.br

É proibida a duplicação ou reprodução deste volume, no todo ou em parte, sob quaisquer formas ou por quaisquer meios (eletrônico, mecânico, gravação, fotocópia, distribuição na Web e outros), sem permissão expressa da Editora.

IMPRESSO NO BRASIL
PRINTED IN BRAZIL

Autoras

Patricia A. Resick, PhD, ABPP, é Professora Emérita de Psiquiatria e Ciências Comportamentais pela Duke University School of Medicine, nos Estados Unidos. Ela desenvolveu a terapia de processamento cognitivo (TPC) em 1988 na University of Missouri, em St. Louis, onde fundou o Centro de Recuperação de Traumas e atuou como professora titular. Por uma década, dirigiu a Divisão de Ciências da Saúde da Mulher do National Center for PTSD dos Estados Unidos. Realizou diversos ensaios clínicos randomizados de TPC com civis e militares. A Dra. Resick foi presidente da International Society for Traumatic Stress Studies (ISTSS) e da Association for Behavioral and Cognitive Therapies (ABCT). Recebeu vários prêmios por pesquisa e mentoria, incluindo o Lifetime Achievement Awards da Divisão 56 (Psicologia do Trauma) da American Psychological Association, da ISTSS e da ABCT.

Candice M. Monson, PhD, é professora de Psicologia da Toronto Metropolitan University, no Canadá. Membro da American Psychological Association, da Canadian Psychological Association e da Royal Society of Canada. Recebeu o Traumatic Stress Psychologist of the Year Award da Canadian Psychological Association e o Distinguished Mentorship Award da ISTSS. A Dra. Monson é amplamente reconhecida por sua pesquisa sobre os fatores interpessoais na traumatização e pelo desenvolvimento, teste e disseminação de tratamentos para o TEPT, incluindo TPC e terapia cognitivo-comportamental para TEPT.

Kathleen M. Chard, PhD, é chefe-adjunta de pesquisa no Cincinnati Veterans Affairs (VA) Medical Center, nos Estados Unidos, e professora de Psiquiatria e Neurociência Comportamental da University of Cincinnati. Ela supervisiona a disseminação da TPC para médicos de Assuntos de Veteranos (AV) nos Estados Unidos e é presidente do TPC Training Institute. A Dra. Chard recebeu o Mark Wolcott Award for Excellence in Clinical Care Leadership e o Heroes of Military Medicine Award da United Service Organization. Ela é reconhecida por sua pesquisa sobre a disseminação e implementação clínica de tratamentos de trauma baseados em evidências para civis, socorristas e veteranos de combate e desenvolveu um manual de tratamento de TPC voltado a vítimas de abuso sexual.

Agradecimentos

Este livro é o resultado de mais de 35 anos de trabalho clínico e de pesquisas de muitas pessoas que fizeram sugestões, testaram a terapia de processamento cognitivo (TPC) e nos ajudaram a adicionar conteúdos e revisar apostilas e módulos com base em suas experiências. Acreditamos que os leitores da 1ª edição (e das versões anteriores) descobrirão que fizemos revisões significativas ao reescrever este livro nos últimos quatro anos.

Gostaríamos de agradecer ao editor sênior Jim Nageotte, à editora associada Jane Keislar e à gerente de projetos editoriais Anna Brackett, da The Guilford Press, que foram muito pacientes e solidários. Somos gratos às nossas famílias e aos nossos amigos por apoiarem e incentivarem a nossa carreira e a nossa missão de oferecer tratamento eficaz aos pacientes que precisam e merecem. Agradecemos a todos os treinadores e provedores de TPC que adotaram a TPC com entusiasmo e ajudaram a moldá-la no decorrer do caminho. Por fim, agradecemos aos muitos pacientes que receberam a TPC e nos ensinaram muito sobre como ajudá-los a se recuperar. É muito gratificante quando um terapeuta nos envia uma nota de um cliente agradecendo pela ajuda recebida tanto do terapeuta quanto da TPC. Esperamos que vocês, nossos leitores, considerem a implementação da TPC tão gratificante para vocês e seus clientes quanto foi para nós por todos esses anos.

Prefácio

Desde que a 1ª edição de *Vencendo o transtorno de estresse pós-traumático com a terapia de processamento cognitivo: manual do terapeuta* foi publicada em 2017, mais de 11 mil colaboradores do Departamento de Assuntos de Veteranos (AV), nos Estados Unidos, foram treinados no uso da terapia de processamento cognitivo (TPC). Existem outras iniciativas financiadas por fundações, projetos estaduais/provinciais e programas federais que treinaram milhares de terapeutas. Além disso, foram realizados estudos de eficácia em diversos países. Recebemos muitos comentários sobre a terapia e o manual original, e sua implementação provou ser tão útil que decidimos compartilhá-los. O número de ensaios clínicos randomizados mais que dobrou desde a 1ª edição, e muitos estudos têm procurado entender os fatores da terapia, do terapeuta e do paciente que afetam tanto o resultado quanto o abandono do tratamento.

Após a publicação da 1ª edição, sobrevivemos e continuamos a conviver com uma pandemia mundial que moldou a forma como a terapia em geral era ministrada, com a explosão do trabalho realizado por meio da telessaúde. A pandemia também resultou na escassez de terapeutas e na necessidade de fornecer tratamento para o transtorno de estresse pós-traumático (TEPT) da forma mais eficiente possível para o maior número de pessoas. Na prática, os tratamentos em grupo, em um período mais curto e de duração variável receberam mais destaque. Todos esses são tópicos discutidos com maior profundidade nesta nova edição. Além disso, planilhas e apostilas foram simplificadas. Reduzimos o uso da palavra "desafio" (por exemplo, "Perguntas desafiadoras" agora são "Perguntas exploratórias"), porque descobrimos que a palavra pode ser mal interpretada e tem conotações duras, quando na verdade queremos incentivar os pacientes a se tornarem seus terapeutas, aprendendo a examinar seus processos e hábitos de pensamento por meio de questionamentos brandos. A palavra "desafio" é um anátema para esse desejo. Atendendo uma demanda recorrente, apresentamos um esboço com o tempo estimado no início de cada sessão, conforme aparecia no manual original. Por fim, este livro aborda mais sobre conceitualização de caso, a fim de ajudar os colaboradores a individualizar a TPC para cada cliente com que trabalham.

UMA NOTA SOBRE TERMINOLOGIA

Usamos os termos "vítimas" e "sobreviventes" para nos referirmos aos clientes da TPC, com "vítimas" sendo usado com mais frequência. Por um lado, muitas pessoas com TEPT que procuram ou são encaminhadas para TPC ainda são "vítimas" e ainda não se tornaram "sobreviventes"; além disso, o termo "sobrevivente" pode sugerir que uma pessoa poderia ter morrido como resultado de um evento traumático, e nem sempre é esse o caso (embora, às vezes, sim). Por outro lado, o termo "sobreviventes" pode ser mais empoderador em alguns contextos. Às vezes, as pessoas usam o termo "trauma" para descrever reações e outras vezes para descrever o evento traumático. Aqui usamos o termo "trauma" apenas para descrever o evento. Os termos "paciente" e "cliente" são usados com o mesmo significado: em alguns cenários usamos um termo, em outros cenários, o outro. Também cabe mencionar que, em relação à identidade de gênero, usamos o termo "eles" para nos referirmos a todos os clientes, exceto aqueles de casos específicos que nós ou outros profissionais tratamos. Todos os casos ilustrados neste livro são composições de indivíduos cujas informações pessoais (incluindo detalhes demográficos) foram alteradas para proteger suas identidades.

Sumário

PARTE I Fundamentos sobre transtorno de estresse pós-traumático e terapia de processamento cognitivo

1 As origens da terapia de processamento cognitivo 3
Influências teóricas 3
Desenvolvimento inicial da TPC 5
Disseminação da TPC 8
Um modelo biológico de TEPT e TPC 9

2 Pesquisa sobre TPC 13
Por que realizar ECRs? 13
Para quem a TPC funciona? 15
A TPC melhora os sintomas comórbidos e o funcionamento psicossocial? 21
A TPC funcionará no meu ambiente de tratamento? 32
Você precisa fazer um pré-tratamento antes de iniciar a TPC? 33
Que fatores influenciam a eficácia do tratamento? 34
O futuro da pesquisa de TPC 36

3 Avaliação pré-tratamento 37
Para quais clientes a TPC é apropriada? 37
Quando o protocolo TPC deve ser iniciado? 40
Avaliação pré-tratamento 42

4 Conceitualização cognitiva de caso 67
História relevante 69
Potenciais comportamentos de interferência no tratamento e evitativos 70
Potenciais cognições que interferem no tratamento 70
Pontos fortes do cliente e razões para mudar 71
Diferenciando os esforços de assimilação, acomodação e superacomodação 72

5 Preparando-se para iniciar a TPC — 77
Apresentando a TPC 77
Diálogo socrático 79
Prontidão do terapeuta 84
Problemas do terapeuta: erros e pontos de bloqueio do terapeuta 86

PARTE II   Manual da TPC

6 Sessão 1: Visão geral do TEPT e da TPC — 101
Objetivos para a Sessão 1 101
Procedimentos para a Sessão 1 101
Definir a agenda 102
Discutir os sintomas e o modelo funcional do TEPT 102
TEPT para clientes: pontuação da PCL-5 e do PHQ-9 e introdução de um modelo funcional 104
TEPT e o cérebro 106
Descrever a teoria cognitiva 107
Discutir o papel das emoções 110
Revisar o trauma central 112
Descrever a terapia 113
Entregar a primeira tarefa prática 114
Verificar as reações do cliente à sessão 116

7 Sessão 2: Declaração de Impacto — 119
Objetivos da Sessão 2 119
Procedimentos para a Sessão 2 119
Revisar as pontuações do cliente nas medições de autorrelato 120
A declaração de impacto e a identificação de pontos de bloqueio 120
Abordar a não adesão à declaração de impacto e outras tarefas práticas 124
Examinar conexões entre eventos, pensamentos e sentimentos 126
Apresentar a Planilha ABC 129
Descrever e discutir pontos de bloqueio de forma mais completa 131
Dar a nova tarefa prática 132
Verificar as reações do cliente à sessão e às tarefas práticas 132

8 Sessão 3: Planilhas ABC — 143
Objetivos da Sessão 3 143
Procedimentos para a Sessão 3 143
Revisar as pontuações do cliente nas medidas de autorrelato 144
Revisar a conclusão das tarefas práticas do cliente 144

Revisar planilhas ABC e usá-las para examinar eventos, pensamentos e emoções   146
Usar Planilhas ABC relacionadas ao trauma para começar a examinar as tentativas de cognições assimiladas   147
Dar a tarefa prática   149
Verificar as reações do cliente à sessão e à tarefa prática   150

9   Sessão 4 : Processamento do evento-alvo   153
Objetivos da Sessão 4   153
Procedimentos para a Sessão 4   153
Revisar as planilhas ABC do cliente   154
Processamento cognitivo: abordando pontos de bloqueio assimilados   154
Diferenciando entre intenção, responsabilidade e imprevisibilidade   160
Apresentar a Planilha de Perguntas Exploratórias   165
Dar a nova tarefa prática   166
Verificar as reações do cliente à sessão e à tarefa prática   166

10   Sessão 5: Perguntas exploratórias   175
Objetivos da Sessão 5   175
Procedimentos para a Sessão 5   175
Revisar as Planilhas de Perguntas Exploratórias do cliente   175
Apresentar a Planilha de Padrões de Pensamento   180
Atribuir a nova tarefa prática   180
Verificar as reações do cliente à sessão e à tarefa prática   181

11   Sessão 6: Padrões de pensamento   185
Objetivos da Sessão 6   185
Procedimentos para a Sessão 6   185
Realizar uma avaliação intermediária da resposta ao tratamento   186
Revisar as planilhas de padrões de pensamento   187
Apresentar a Planilha de Pensamentos Alternativos com um exemplo de trauma   188
Atribuir a nova tarefa prática   189
Verificar as reações do cliente à sessão e à tarefa prática   190

12   Sessão 7: Planilhas de Pensamentos Alternativos   203
Objetivos para a Sessão 7   203
Procedimentos para a Sessão 7   203
Revisar as Planilhas de Pensamentos Alternativos do cliente   204
Fornecer uma visão geral dos cinco temas   205
Apresentar o tema da segurança   206
Atribuir a nova tarefa prática   208
Verificar as reações do cliente à sessão e à tarefa prática   208

13 Sessão 8: Temas de trauma — segurança — 211
Objetivos para a Sessão 8   211
Procedimentos para a Sessão 8   211
Revisar as Planilhas de Pensamentos Alternativos do cliente   211
Apresentar o tema da confiança   214
Atribuir a nova tarefa prática   214
Verificar as reações do cliente à sessão e à tarefa prática   215

14 Sessão 9: Temas de trauma — confiança — 221
Objetivos para a Sessão 9   221
Procedimentos para a Sessão 9   221
Revisar as Planilhas de Pensamentos Alternativos do cliente   221
Apresentar o tema de poder/controle   225
Atribuir a nova tarefa prática   226
Verificar as reações do cliente à sessão e à tarefa prática   226

15 Sessão 10: Temas de trauma — poder/controle — 233
Objetivos para a Sessão 10   233
Procedimentos para a Sessão 10   233
Revisar as Planilhas de Pensamentos Alternativos de poder/controle do cliente   233
Apresentar o tema da estima   237
Discutir o término da terapia   238
Atribuir a nova tarefa prática   238
Verificar as reações do cliente à sessão e à tarefa prática   239

16 Sessão 11: Temas de trauma — estima — 245
Objetivos para a Sessão 11   245
Procedimentos para a Sessão 11   245
Revisar as Planilhas de Pensamentos Alternativos do cliente   245
Revisar as tarefas de dar e receber elogios e se envolver em atividades agradáveis   248
Discutir o término da terapia   249
Apresentando o tema da intimidade   249
Atribuir a nova tarefa prática   250
Verificando as reações do cliente à sessão e à tarefa prática   250

17 Sessão 12: Intimidade e enfrentamento do futuro — 255
Objetivos para a Sessão 12   255
Procedimentos para a Sessão 12   255
Revisar as Planilhas de Pensamentos Alternativos do cliente   255
Revisão das declarações de impacto originais e novas do cliente   259
Revisão do curso do tratamento e do progresso do cliente   259
Identificando os objetivos do cliente para o futuro   260
Uma nota sobre cuidados posteriores   261

PARTE III Alternativas na entrega e considerações especiais

18 Variações na TPC — 265
TPC com relatos escritos 265
TPC de extensão personalizada 274
TPC para transtorno de estresse agudo 277
Telessaúde 278
TPC intensiva 279

19 TPC em grupo — 283
Por que usar a TPC em grupo? 284
Sessões de pré-triagem e informação 284
Preparando o cenário 286
Gerenciando a TPC em um ambiente de grupo 290
Realização de TPC+A em formato de grupo 297
Grupos pós-tratamento 298
TPC para abuso sexual 299

20 Variação individual nas apresentações dos clientes — 301
Combate e o caráter do guerreiro 301
Socorristas 303
Agressão sexual 304
Violência por parceiro íntimo 307
Desastres e acidentes 308
Clientes com danos cognitivos e deficiências 309
TEPT agravado pelo luto 310
Trauma na adolescência e seus efeitos em outros períodos do desenvolvimento 311
Raça, etnia e cultura 312
Religião e moralidade 313
LGBTQIA+ 316
Adaptações da TPC para outros idiomas/culturas 317

Apêndices

A Materiais para terapeutas — 325

B Planilhas simplificadas — 331

Referências — 337

Índice — 357

PARTE I

Fundamentos sobre transtorno de estresse pós-traumático e terapia de processamento cognitivo

1

As origens da terapia de processamento cognitivo

Na década de 1970, a teoria predominante das respostas ao trauma consistia no condicionamento clássico de primeira ordem da reação de medo, juntamente com o condicionamento operante de segunda ordem que generalizava a reação a outros gatilhos (Kilpatrick et al., 1979, 1981). Mais tarde, uma vez que o diagnóstico de transtorno de estresse pós-traumático (TEPT) foi introduzido, houve consciência da importância do aprendizado de fuga e evitação na manutenção dos sintomas primários do TEPT. Se alguém está experimentando fortes reações emocionais condicionadas, é provável que essa pessoa evite ou fuja de lembranças do trauma que surgem em situações objetivamente seguras. A teoria de dois fatores de Mowrer (1960) do condicionamento clássico e da evitação operante tornou-se mais comumente discutida, juntamente com a teoria do processamento emocional do TEPT, de Foa e Kozak (1986), que, por sua vez, foi baseada na teoria de Lang (1977) de que as pessoas desenvolvem redes de medo com elementos de estímulo, resposta e significado. No entanto, como havia clientes suficientes que responderam aos seus eventos traumáticos com reações como "Eu sabia que ele não ia me matar, mas foi uma traição tão grande" ou "Sinto tanta vergonha e nojo do que eles fizeram comigo", tínhamos dúvidas de que o TEPT era apenas um transtorno de medo/ansiedade. Essas exceções nos levaram a acreditar que a teoria sobre as respostas ao trauma precisava ser revisada. Começamos a olhar para as teorias cognitivas do TEPT.

INFLUÊNCIAS TEÓRICAS

Nas décadas de 1960 e 1970, Aaron T. Beck estudou as causas da depressão e desenvolveu sua teoria cognitiva, que se concentra em como as pessoas absorvem crenças negativas e distorcidas do mundo, deixando-as envergonhadas e deprimidas. Ele e seus colaboradores produziram um manual de tratamento para a terapia cognitiva na depressão (Beck et al., 1979). Embora esse tenha sido um dos primeiros tratamentos em formato de manual, queríamos algo mais específico e progressivo, que dissesse aos terapeutas como proceder sessão a sessão no tratamento do TEPT. Também queríamos ajudar os clientes a se tornarem seus próprios terapeutas, ensinando-lhes maneiras novas e mais equilibradas de lidar e pensar no problema. No entanto, a terapia cognitiva de Beck et al. para depressão se concentrava nos pensamentos atuais, e acreditávamos que, ao tratar o TEPT, primeiro precisávamos revisitar os eventos traumáticos, para ver onde o pensamento dos clientes foi impactado pelo trauma e como eles processaram emocionalmente os eventos traumáticos na época — se é que o fizeram. Começamos a conceitualizar que aqueles que não conseguiram se recuperar estavam "presos" em seus pensamentos desde a época dos eventos traumáticos e começamos a chamar os pensamentos desses clientes de "pontos de bloqueio".

Uma inspiração adicional veio do trabalho de McCann e colaboradores (McCann, Sakheim, & Abrahamson, 1988; McCann & Pearlman, 1990), que desenvolveram a teoria construtivista do autodesenvolvimento da vitimização traumática. Essa teoria foi baseada na perspectiva construtivista de Mahoney (1981), na qual os humanos criam ativamente suas realidades pessoais, de modo que novas experiências são restritas a se adequar às determinações das pessoas sobre o que é "realidade" (Mahoney & Lyddon, 1988). McCann et al. propuseram uma teoria construtivista do trauma na qual as pessoas constroem significado a partir dos eventos. A teoria deles foi que, além do quadro de referência (ou seja, a necessidade de uma estrutura estável e coerente para a compreensão das experiências), os esquemas (ou seja, estruturas mentais e necessidades) que provavelmente serão afetados pelo trauma são aqueles relacionados à segurança, à confiança, ao poder/controle, à estima e à intimidade. Esses esquemas podem ser autodirecionados ou direcionados a outros. Como esses construtos apareceram com tanta frequência em nossas discussões com os clientes, começamos a pensar que poderíamos usar o trabalho de McCann e seus colaboradores em uma terapia cognitiva mais breve.

Também fomos influenciados por Hollon e Garber (1988), que propuseram que, quando um indivíduo é exposto a eventos congruentes com o esquema (por exemplo, por experiência própria, ele sabe que eventos ruins podem acontecer a pessoas boas), então, ao vivenciar um evento traumático, esse evento é assimilado em suas crenças preexistentes, sem nenhuma mudança nessas crenças ou interpretações anteriores do evento. Esse é o processo que ocorre quando alguém tem crenças saudáveis e não desenvolve TEPT. No entanto, para informações divergentes do esquema (o novo evento não corresponde ao sistema de crenças anterior da pessoa), acontece uma de duas coisas. A primeira possibilidade é que a pessoa possa tentar alterar sua memória ou interpretação, para que ela possa ser assimilada às crenças/aos esquemas existentes da pessoa sem alterar as crenças anteriores (por exemplo, "Não foi um estupro, foi um mal-entendido; devo ter feito algo para ele pensar que eu concordei"). A alternativa é que a pessoa pode mudar as crenças existentes (por exemplo, "Apenas estranhos estupram") para incorporar informações novas e discrepantes (por exemplo, "É possível ser estuprado por alguém que você conhece"). Esse novo aprendizado representa acomodação e é um objetivo para a terapia. A proposta de Hollon e Garber, é claro, foi baseada no trabalho de Piaget (1971), mas não havia sido considerada anteriormente no contexto da terapia para trauma.

Com esta edição do livro, refinamos ainda mais nossa compreensão dos processos cognitivos envolvidos no processamento do trauma (ver Capítulo 4) para, em última análise, facilitar uma conceitualização cognitiva individualizada da apresentação de determinado paciente. Mais especificamente, estendendo a teoria de Hollon e Garber (1988), esclarecemos que os clientes com TEPT estão *tentando* assimilar informações divergentes do esquema. No entanto, essas tentativas não são bem-sucedidas e levam aos sintomas intrusivos clássicos do TEPT (memórias indesejadas, pesadelos), porque a acomodação não foi bem-sucedida. Dessa forma, as informações da memória traumática são deixadas sem categoria ou não processadas e causam sintomas. Nesta edição, também ajudamos a identificar uma série de cognições que podem interferir no processamento do trauma e fornecemos orientação adicional sobre como assumir uma postura socrática na prestação da terapia de processamento cognitivo (TPC).

Ao trabalhar com sobreviventes de traumas, percebemos ainda que, às vezes, as pessoas podem alterar suas crenças de forma extrema, mesmo enquanto distorcem e tentam assimilar os eventos traumáticos. Elas generalizam demais suas crenças para classes inteiras de esquemas (por exemplo, "Eu sempre tomo decisões erradas", "Não se pode confiar em ninguém", "Devo controlar todos ao meu redor"). Chamamos esse fenômeno de "superacomodação" (Resick & Schnicke, 1992, 1993). Embora estivéssemos nos estágios iniciais de desenvolvimento da TPC, reconhecemos que era importante trabalhar primeiro na acomodação fracassada do trauma e não prosseguir para as crenças superacomodadas até que o trauma central (ou seja, mais angustiante) fosse resolvido. Por exemplo, uma vez que os clientes param de se culpar pela ocorrência do evento traumático, é mais fácil lidar com a ideia de que eles não podem tomar boas decisões. Assim, colocamos o trabalho com esquemas superacomodados mais tarde na terapia.

Nesta edição, também esclarecemos para os terapeutas que as pessoas podem assimilar novas informações recebidas em crenças superacomodadas, aparentemente confirmando suas crenças já negativas. Dessa forma, a assimilação não consiste apenas em avaliações históricas, mas sim no que acontece quando as pessoas recebem novas informações. Devido a vieses de atenção negativos, as pessoas com TEPT costumam se concentrar em informações negativas e relacionadas a ameaças que confirmam e são facilmente assimiladas às crenças superacomodadas existentes.

DESENVOLVIMENTO INICIAL DA TPC

O primeiro estudo da TPC foi um ensaio aberto da TPC em grupos (Resick & Schnicke, 1992). O primeiro manual da TPC foi publicado em 1993, com foco no TEPT relacionado ao estupro, que incluiu os resultados dos primeiros 35 participantes no tratamento em grupo e dos primeiros 9 clientes no tratamento individual (Resick & Schnicke, 1993).

No processo de desenvolvimento de uma adaptação da TPC para adultos que foram abusados sexualmente quando crianças, Chard (2005) concluiu o primeiro estudo de sobreviventes adultos de abuso sexual infantil que foram diagnosticados com TEPT. Ela observou que nem todas as pessoas tiveram suas crenças rompidas pelo trauma (Janoff-Bulman, 1992), porque algumas já tinham crenças negativas que se desenvolveram como resultado de experiências negativas de desenvolvimento. Ela observou que, se os clientes tivessem sido abusados (emocional, física ou sexualmente) quando crianças, ou tivessem outros traumas anteriores, eles já poderiam ter (e talvez sempre tivessem) crenças negativas sobre si mesmos e sobre seus papéis nos eventos traumáticos (por exemplo, "Eu devo merecer que coisas ruins aconteçam comigo"). Qualquer novo trauma seria assimilado sem alteração porque não divergia do esquema, mas era congruente ao esquema. Então surgiu a pergunta: por que essas pessoas teriam TEPT, se suas crenças já correspondiam aos novos eventos? É possível que esses indivíduos não tenham recebido *um novo* TEPT; eles podem já tê-lo. No entanto, os novos eventos podem ter fortalecido suas crenças distorcidas sobre si mesmos, sobre os outros e sobre seus papéis nos eventos traumáticos. Em outras palavras, eles podem estar usando os novos eventos como "prova" de que suas crenças anteriores estavam corretas: seu TEPT pioraria e suas crenças se tornariam mais arraigadas (Resick, 2001; Resick et al. 2007). Por outro lado, mesmo com esquemas negativos anteriores sobre si mesmas ou sobre os outros, as pessoas ainda podem se perguntar: "Por que eu?" ou "Por que de novo?". Elas podem continuar a considerar novos eventos traumáticos discrepantes em relação aos seus esquemas, porque elas fizeram tudo o que podiam para mudar o que consideravam ser a causa de um trauma anterior ("Tentei ser perfeito"), ou viram como os membros de outras famílias se comportam uns com os outros e não conseguem entender o que estão fazendo de errado. E, no caso de esforços para assimilar, seja alterando sua memória do evento para se adequar a crenças positivas anteriores, seja concordando com crenças negativas anteriores, se a tática funcionasse, elas não teriam TEPT. As repetidas memórias intrusivas do evento ocorrem porque, de alguma forma, as explicações que o sobrevivente do trauma apresentou não resolveram o problema e ainda estão em conflito.

Outra diferença entre a abordagem teórica que levou à TPC e as teorias nas quais outras terapias se baseiam está no alcance e no tipo de emoções abordadas na TPC. Como o TEPT era classificado como um transtorno de ansiedade antes da publicação da 5ª edição do *Manual diagnóstico e estatístico de transtornos mentais* (DSM-5; American Psychiatric Association, 2013), a maioria das teorias existentes sobre TEPT se concentrava no medo e na ansiedade. No entanto, como clínicos de trauma, ficamos impressionados com a quantidade de culpa, vergonha, nojo, tristeza e outros sentimentos "errôneos" que encontramos entre os clientes. Nos estudos longitudinais que realizamos, quase todos disseram que estavam com medo durante o evento

— mas a maioria das pessoas se recuperou do medo, e o medo nem sempre parecia ser a força motriz por trás dos *flashbacks*, das memórias intrusivas, dos pesadelos e da evitação que foram observados. Além disso, se o TEPT fosse apenas sobre o condicionamento do medo, não importaria qual fosse o trauma — as taxas de TEPT deveriam ser iguais. Os estudos epidemiológicos do TEPT (por exemplo, Kessler et al., 1995) deixaram claro que os traumas não tiveram todos os mesmos efeitos: o estupro e outros traumas interpessoais produziram taxas maiores de TEPT do que os traumas impessoais, como desastres naturais e acidentes. Algo mais estava acontecendo além do condicionamento do medo, porque as pessoas que vivenciaram esses eventos traumáticos os avaliaram em relação às suas crenças e experiências anteriores.

Além disso, a autoculpa e/ou a acusação errônea do outro, levando à culpa ou vergonha, foram quase universais entre aqueles com TEPT. Na época em que Resick escreveu um manual não publicado para uma versão genérica da TPC (Resick, 2001), após os eventos de 11 de setembro de 2001, ela estava diferenciando emoções "naturais" de emoções "fabricadas". As emoções "naturais" são aquelas com as quais nós, humanos, estamos conectados e não precisamos pensar com esforço (por exemplo, luta-fuga leva ao medo ou à raiva; as perdas provocam tristeza). As emoções chamadas de "fabricadas" resultam de cognições defeituosas sobre o evento traumático. Embora as emoções naturais possam demorar um pouco para se dissipar, se não forem evitadas, as emoções geradas por pensamentos ("Deve ter sido minha culpa, porque coisas assim não acontecem com pessoas boas") desaparecerão imediatamente se o pensamento for alterado com informações mais precisas. Por outro lado, se a pessoa traumatizada continuar repetindo e acreditando em declarações errôneas sobre o trauma, as emoções negativas podem durar a vida toda.

O primeiro ensaio clínico randomizado (ECR) da TPC comparou-a com a exposição prolongada (EP) e uma lista de espera de atenção mínima entre mulheres que foram estupradas. A maior parte das participantes (85%) havia sofrido outros traumas interpessoais, e 41% tinham sofrido abuso sexual na infância (Resick et al., 2002). Os resultados desse estudo também foram examinados para ver se os efeitos durariam ao longo do tempo. Resick, Williams e seus colegas (2012) realizaram um acompanhamento de longo prazo, em média, 6 anos após o tratamento, com todos os que puderam ser localizados (70%), e conduziram uma análise de intenção de tratar (IT) usando as mesmas medidas como linha de base. Eles descobriram que os clientes que receberam a TPC ou a EP continuaram a ter sintomas muito baixos e não foram diferentes no TEPT ou na depressão.

O segundo ECR incluiu mulheres que sofreram qualquer tipo de violência interpessoal na idade adulta ou na infância como seu trauma central para iniciar o tratamento (Resick et al., 2008). Esse estudo desmantelou os componentes da TPC para ver se tanto a terapia cognitiva quanto os relatos escritos eram componentes necessários. Verificou-se que a TPC com relatos (mais tarde denominada TPC+A) não tinha valor agregado para conduzir o tratamento sem os relatos (agora, TPC), que funcionava melhor em geral do que apenas os relatos escritos. O protocolo apresentado na

Parte II do livro é a TPC (sem relatos escritos), embora a alternativa com relatos escritos seja apresentada no Capítulo 18, na Parte III.

Monson et al. (2006) receberam uma bolsa do Departamento de Assuntos de Veteranos (AV) dos Estados Unidos (EUA) para realizarem o primeiro estudo da TPC+A com os veteranos. A maioria dos participantes eram homens veteranos da Guerra do Vietnã. Dado que a maioria deles recebeu tratamento por anos e que todos tinham histórico de abuso de substâncias, a perda de um diagnóstico de TEPT em 12 sessões entre 40% desses veteranos teve um impacto imediato no campo. Monson et al. também observaram que havia mais semelhanças do que diferenças entre os sobreviventes de trauma e que as interpretações dos veteranos sobre seus traumas eram muito semelhantes às das vítimas de violência interpessoal nos estudos anteriores.

Desde esses primeiros estudos, houve dezenas de ECRs e muitos estudos de avaliação de programas. O próximo capítulo descreve a pesquisa sobre a TPC e como ela continuou a evoluir, quais populações foram estudadas e quais fatores influenciam os resultados.

DISSEMINAÇÃO DA TPC

Em 2006, as autoras deste manual receberam financiamento do Escritório Central de AV para começar a desenvolver materiais para disseminar a TPC em todo o sistema de AV dos EUA. Escrevemos um manual de tratamento para militares e veteranos na ativa; desenvolvemos materiais de treinamento (por exemplo, *slides* com anotações, vídeos, manual do instrutor, manual do consultor); e depois treinamos um primeiro grupo de instrutores nacionais. Como havia tão poucas pessoas no sistema de AV que haviam conduzido a TPC, muitos dos instrutores eram de St. Louis (ex-colegas do corpo docente, pós-doutorandos ou alunos de pós-graduação). Até então, Resick havia realizado apenas *workshops* de um dia, sem acompanhamento de consulta de casos. Monson sugeriu, com razão, que enfatizássemos o ensino do método socrático como a parte mais difícil da terapia, levando-nos a pensar em como ensinar essa habilidade a outros terapeutas, que poderiam ter sido ensinados a nunca fazer uma pergunta ou externar seus pensamentos em vez de mudá-los. Também tivemos que ensinar o raciocínio por trás da abordagem de fazer perguntas que ajudassem os clientes a examinar seus pontos de bloqueio (pensamentos e crenças errôneas que datam da época do trauma, como já foi explicado), para colocá-los de volta no contexto do que eles realmente sabiam na época, quais escolhas eles realmente tinham (se é que tinham escolhas) e por que eles fizeram o que fizeram. Também tivemos que ajudar os clientes a diferenciar entre intencionalidade, responsabilidade e o imprevisível. Finalmente, Chard observou que precisávamos incluir um registro de pontos de bloqueio, que serviria como um documento "vivo" durante toda a terapia. Esse registro ajudaria a manter o cliente e o terapeuta focados nas cognições prejudiciais e não se desviar para formas de terapia mais favoráveis.

Os primeiros 2 anos do projeto de disseminação incluíram 22 *workshops* por ano; em seguida, o projeto foi reduzido lentamente, à medida que mais terapeutas de AV concluíram o treinamento, que incluiu *workshops* e consulta de casos. Ao longo do caminho, recebemos *feedback* criterioso dos instrutores sobre maneiras de agilizar as fichas e torná-las mais acessíveis a pessoas com níveis de escolaridade mais baixos ou com lesões cerebrais traumáticas. Também desenvolvemos "fichas de ajuda" para entender os pontos de bloqueio e responder a perguntas exploratórias. No momento em que este livro foi escrito, dezenas de milhares de provedores já haviam recebido treinamento sobre a TPC em AV. Além do contexto de AV, a TPC também foi amplamente disseminada por meio de centros de saúde mental nos EUA, bem como em diferentes países, e por meio de vários ensaios de implementação financiados, testando diferentes estratégias para treinar médicos em TPC (por exemplo, LoSavio, Dillon, Murphy, & Goetz, et al., 2019; Monson et al., 2018).

Os manuais da TPC foram traduzidos para 14 idiomas até agora, e a terapia parece funcionar bem em todas as culturas (ver Capítulo 20). Como o impacto cognitivo de um evento traumático é muito individualizado, os clientes de todas as culturas podem descrever por que acham que seus eventos aconteceram e o que os eventos significam para eles. Embora possa haver diferenças em alguns conceitos, muitos deles se traduzem bem — e, mesmo em culturas tradicionais muito rígidas, pode-se apontar que nem todas as pessoas acreditam de forma idêntica e que há alguma flexibilidade nas crenças. As pessoas podem mudar de ideia.

UM MODELO BIOLÓGICO DE TEPT E TPC

As adições mais recentes ao nosso treinamento e à nossa conceitualização envolvem as conexões entre os fundamentos biológicos do TEPT e as razões pelas quais a TPC funciona. A maior parte desse material reflete pesquisas sobre a ativação da amígdala, que dispara emoções fortes e envia neurotransmissores por todo o cérebro para ativar a resposta de emergência. Fatores adicionais, que não foram notados imediatamente, mas na verdade são encontrados com mais frequência em pesquisas, são a responsividade diminuída e o tamanho menor do córtex pré-frontal (Shin et al., 2006) entre aqueles com TEPT.

Em uma resposta normal de luta-fuga, a atividade no córtex pré-frontal (que é a sede da tomada de decisão e controle sobre a amígdala) diminui, juntamente com outras funções imunológicas e processos físicos normais, como digerir alimentos, a fim de liberar todos os recursos disponíveis para correr ou lutar. As emoções naturais que acompanham a fuga e a luta são medo e raiva. Durante uma emergência com risco de morte, é mais importante ativar o tronco cerebral e os neurotransmissores para ajudar na resposta de luta-fuga do que pensar no que comer no jantar ou se deve mudar de emprego. No entanto, em uma resposta de emergência bem modulada (ver Figura 1.1), o córtex pré-frontal é ativado o suficiente para perceber quando o perigo

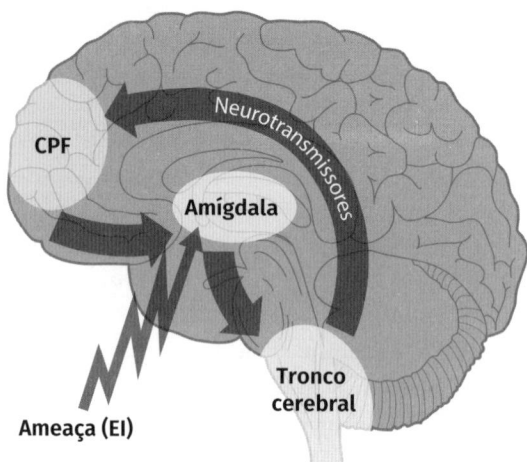

FIGURA 1.1 Resposta de emergência bem modulada. EI, estímulo incondicionado; CPF, córtex pré-frontal.

acabou e enviar mensagens para a amígdala para interromper a resposta de luta-fuga e retornar ao funcionamento parassimpático normal. Em outras palavras, existe uma relação recíproca entre o córtex pré-frontal e a amígdala.

Nos estudos de pessoas com TEPT, por outro lado, os pesquisadores descobriram que a amígdala mostra maior responsividade, enquanto o córtex pré-frontal mostra uma atividade muito diminuída, e que existe uma relação funcional entre os dois (Shin et al., 2004). Como a amígdala é altamente ativada e a atividade no córtex pré-frontal é diminuída (ver Figura 1.2), uma pessoa com TEPT leva muito mais tempo para reconhecer que o perigo percebido terminou e se acalmar.

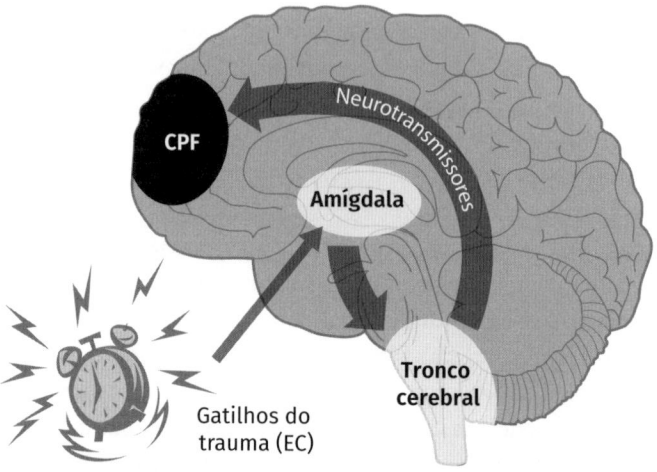

FIGURA 1.2 Resposta de emergência em TEPT. EC, estímulo condicionado. Dados de Liberzon e Sripada (2008), Milad et al. (2009), Rauch et al. (2000) e Shin et al. (2001).

Em estudos de imagens, Hariri e colaboradores (Hariri et al., 2000, 2003) descobriram que, quando os participantes viram fotos de rostos emocionados ou objetos perigosos e foram solicitados (1) a escolher imagens que correspondessem às imagens originais, ou (2) a rotular as emoções ou os objetos, no primeiro caso não houve mudança na ativação da amígdala. No entanto, quando os participantes foram solicitados a rotular os objetos ou descrever se cada imagem era de um perigo natural ou artificialmente criado, a instrução para usar palavras resultou na ativação do córtex pré-frontal (incluindo a área de Broca, que é a área da fala), enquanto a amígdala se acalmava.

Ocorreu-nos que, se apenas rotular objetos ou imagens fosse suficiente para ativar o córtex pré-frontal e acalmar a amígdala, poderíamos realizar muito mais no que diz respeito à regulação do afeto por meio da terapia cognitiva — especificamente, fazendo com que os clientes falassem e respondessem a perguntas sobre o trauma — do que fazendo com que os clientes revivessem as imagens dos eventos traumáticos. Em outras palavras, essas descobertas reforçaram a ideia de que a terapia cognitiva poderia ser um caminho mais direto para a mudança do que fazer com que os clientes imaginassem os eventos traumáticos repetidamente (ver Figura 1.3).

A neurobiologia também nos ajuda a entender por que os mais jovens são mais propensos a desenvolver TEPT, além do fato de que abuso físico e sexual, estupros, agressões, acidentes de carro e combates são mais prováveis de ocorrer entre aqueles que não atingiram a idade adulta completa. O córtex pré-frontal não está totalmente desenvolvido até que os humanos estejam na faixa dos 20 anos, portanto, os jovens não apenas tendem a ficar traumatizados, mas também têm menos recursos para lidar com o trauma quando ele ocorre (Johnson et al., 2009). De acordo com Johnson et al. (2009):

> O córtex pré-frontal coordena os processos cognitivos de ordem superior e o funcionamento executivo. As funções executivas são um conjunto de habilidades cognitivas de supervisão necessárias para o comportamento direcionado a objetivos, incluindo planejamento, inibição de resposta, memória de trabalho e atenção. Essas habilidades permitem que um indivíduo faça uma pausa longa o suficiente para fazer um balanço de uma situação, avaliar suas opções, planejar um curso de ação e executá-lo. O mau funcionamento executivo leva a dificuldades de planejamento, atenção, uso de *feedback* e inflexibilidade mental, o que pode prejudicar o julgamento e a tomada de decisões. (p. 218)

No momento em que crianças e adolescentes vítimas de trauma recebem terapia como adultos, eles podem ter se estabelecido em cognições que foram construídas em um momento em que suas funções executivas não estavam totalmente desenvolvidas. Essa imaturidade cerebral é provavelmente a razão pela qual tantos clientes com TEPT têm crenças extremas e têm sido traumatizados repetidamente. A TPC pode muito bem ajudar esses clientes a desenvolver a regulação do afeto, aumentando sua flexibilidade cognitiva e mudando muitas suposições e crenças que foram desenvolvidas em um período de imaturidade cognitiva e que nunca foram reexaminadas por causa dos sintomas de evitação. Um dos objetivos da TPC é ensinar a esses

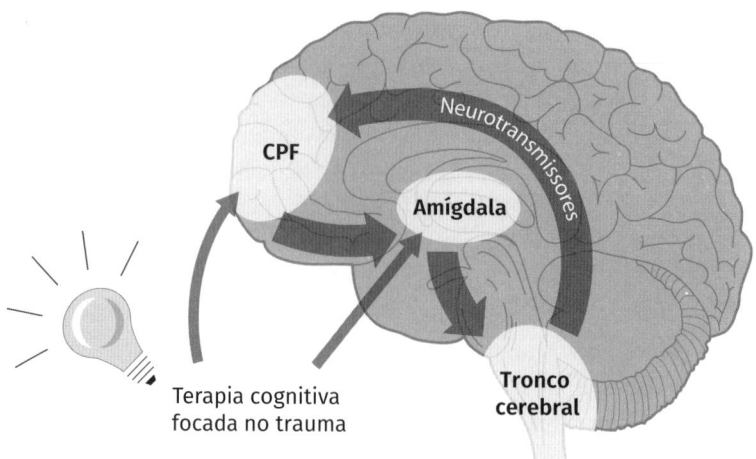

FIGURA 1.3 Como a terapia cognitiva pode funcionar: ela pode forçar a ativação do lobo frontal, o que inibe a amígdala e evita respostas emocionais extremas, mesmo quando o circuito do trauma é simultânea e suficientemente ativado.

clientes maior flexibilidade de pensamento — especificamente, ensiná-los a pensar criticamente sobre o que têm dito a si mesmos sobre as razões pelas quais os eventos traumáticos aconteceram e as implicações dos eventos sobre eles e os outros.

Como observado anteriormente, o TEPT nem sempre inclui a resposta de luta-fuga. Algumas pessoas não sentem medo durante o evento traumático, portanto, os circuitos do medo podem não estar envolvidos. Ramage et al. (2016) classificaram os militares da ativa de acordo com seu tipo de trauma: traumas relacionados ao perigo (por exemplo, ameaça à própria vida ou à vida de outras pessoas) e traumas não perigosos (por exemplo, exposição a imagens, sons ou cheiros, perda traumática ou dano moral). Eles também incluíram amostras de veteranos de combate sem TEPT e controles civis. Como esperado, aqueles que sofreram traumas baseados em perigo mostraram ativação na amígdala, enquanto o grupo sem perigo e com TEPT parecia o mesmo que os dois grupos de controle. No entanto, o grupo com TEPT e sem perigo mostrou maior responsividade no precuneus, que está associado a uma atividade cerebral coesiva aumentada em repouso, maior introspecção e cognição moral.

A TPC oferece uma abordagem de tratamento que teve resultados profundos para os pacientes. Este livro fornece uma explicação dessa abordagem e orienta você na implementação do protocolo com seus pacientes. Antes de entrar nesses detalhes, no Capítulo 2, discutimos algumas das evidências de pesquisa que apoiam a TPC no tratamento de pessoas que lutam contra o TEPT e outros problemas decorrentes da exposição ao trauma. Ainda, antes de passar para um exame do protocolo propriamente dito no Capítulo 6, discutiremos a avaliação, a conceitualização cognitiva de caso e a preparação para oferecer a TPC.

2

Pesquisa sobre TPC

A pesquisa sobre TPC aumentou significativamente nos últimos 30 anos, desde que foi inicialmente desenvolvida e testada. Diversas perguntas foram respondidas, desde "Ela funciona e é segura?" até "Ela funciona melhor que outros tratamentos para TEPT?", "Você pode oferecê-la por vídeo?" e os prós e contras da oferta em grupo *versus* individual. Há também questões clinicamente relevantes que foram investigadas: para quem ela funciona e como funciona para orientar na prática a oferta do tratamento pelos terapeutas. Neste capítulo, começamos com a questão mais básica de por que é importante realizar ECRs e os seus resultados com a TPC; em seguida, examinamos as várias outras perguntas que foram feitas e o que sabemos até agora sobre a TPC.

POR QUE REALIZAR ECRS?

Qualquer um pode dizer que tem um tratamento que funciona para TEPT. É sempre possível que um cliente melhore com o tempo e a atenção de um terapeuta, porque está dedicando tempo para se concentrar em seus sintomas e problemas, e não os evitar. Esses são fatores inespecíficos importantes no tratamento de qualquer transtorno. O valor agregado de um determinado tipo de terapia depende de ela funcionar acima e além da atenção de um terapeuta cuidadoso e da consideração de um cliente em observar sua própria vida. Se alguém acredita que tem um tratamento eficaz para um transtorno, precisa pesquisar para mostrar que ele funciona melhor do que a simples passagem do tempo, que acrescenta algo aos benefícios gerais de frequentar uma boa terapia, e que outras pessoas podem replicar a terapia com fidelidade. Para fazer isso, são realizados ECRs.

Nos ECRs, a terapia deve ser conduzida da mesma forma entre os terapeutas; portanto, é necessário um manual, juntamente com treinamento e supervisão. São necessários especialistas independentes para julgar se a terapia foi implementada com adesão e competência. Deve-se estabelecer uma condição de comparação para controlar o tempo, uma terapia inespecífica ou outras terapias concorrentes, e os participantes precisam ser designados aleatoriamente para uma das condições, sem favoritismo ou viés (ou seja, de forma randômica). Avaliações válidas do transtorno devem ser usadas para medir a mudança de forma confiável e objetiva. Para o TEPT, normalmente são usadas medidas-padrão, que foram desenvolvidas e testadas para garantir sua precisão e confiabilidade, e a maioria dos estudos inclui medidas de outros transtornos que são comumente comórbidos com o TEPT, como depressão ou ansiedade. Com o passar do tempo, os requisitos para a realização de ECRs de alto padrão se tornaram mais rigorosos e estatisticamente sofisticados. Devido à despesa de atender a todos os requisitos de um ECR rigoroso, normalmente é preciso haver financiamento com subsídios. No entanto, se esses requisitos do estudo forem atendidos, você terá maior segurança de que a terapia está sendo avaliada de maneira adequada para determinar se ela realmente funciona.

Até agora, houve pelo menos 44 ECRs realizados sobre a TPC. Quase todos eles descobriram que a TPC oferece melhorias significativas nos sintomas de TEPT, com um grande tamanho de efeito, além de melhorias em diversas condições conhecidas por serem comórbidas com TEPT. Os ECRs na TPC foram realizados com uma série de eventos traumáticos e com civis, veteranos, militares na ativa, diferentes gêneros, adultos e adolescentes. Os ECRs foram conduzidos e publicados em oito países diferentes até o momento em que este livro foi escrito. Existem dados fortes que apoiam a eficiência e a eficácia da TPC em suas várias formas e com várias populações. De fato, três metanálises de tratamentos do TEPT (Haagen et al., 2015; Watts et al., 2013; Yunitri et al., 2023), comparando várias terapias cognitivo-comportamentais e medicamentos baseados em evidências, descobriram que a TPC teve a maior média de efeito de todas as intervenções examinadas. Asmundson et al. (2019) examinaram estudos de TPC em comparação com condições de controle inativo e ativo e descobriram que a TPC é um tratamento eficaz com benefícios duradouros em uma ampla gama de populações. Em alguns casos, a TPC foi usada como condição de controle e testada pelos próprios criadores de uma terapia concorrente. Esses estudos mostram que as outras terapias não são inferiores ou equivalentes à TPC (por exemplo, Bayley et al., 2022; Kearney et al., 2021).

Uma vez que uma terapia tenha se mostrado eficaz por meio de ECRs, é importante mostrar que ela funciona em clínicas comunitárias e hospitalares com menos controles. Estudos de avaliação de programas e ensaios de eficácia são bons para isso. Embora tenha havido estudos de caso importantes e estudos-piloto menores documentando inicialmente a eficácia da TPC e a aplicação a traumas e comorbidades, limitamos este capítulo a uma revisão de ECRs, achados secundários desses ensaios clínicos controlados, estudos de avaliação de programas e estudos de eficácia clínica maiores. Em capítulos posteriores, quando for relevante, incluímos estudos de caso e estudos menores de avaliação de programas não controlados. Organizamos este capítulo para responder às perguntas que a maioria dos leitores pode ter sobre a TPC.

PARA QUEM A TPC FUNCIONA?

Diferentes tipos de trauma

Embora saibamos que traumas interpessoais são mais propensos a causar TEPT do que desastres naturais ou acidentes, pesquisas sobre TPC mostraram que os pacientes respondem igualmente bem à terapia, independentemente do histórico de trauma, incluindo abuso infantil e agressão sexual (Christ et al., 2022; LoSavio, Hale, et al., 2021; Walter, Buckley, et al., 2014).

Como alguns médicos e pesquisadores estão preocupados com o fato de que pessoas com histórico de trauma de desenvolvimento podem precisar de mais do que um ciclo curto de TPC, uma análise de acompanhamento de um estudo comparativo de TPC+A (TPC com relatos) e exposição prolongada (EP; Resick et al., 2003) examinou sintomas mais extensos usando o Trauma Symptom Inventory (TSI; Briere, 1995), que inclui sintomas de TEPT e outros sintomas, como dissociação, comportamento sexual disfuncional, autorreferência prejudicada e comportamento de redução de tensão. A amostra de tratamento de mulheres que foram recrutadas para tratamento de TEPT resultante de estupro foi dividida com base naquelas que tinham histórico de abuso sexual infantil (41%), além de estupro adulto, *versus* estupro adulto sem histórico de abuso sexual infantil. Ambos os grupos experimentaram melhoras significativas (com grandes tamanhos de efeito) no TEPT, na depressão e em todos os problemas medidos nas subescalas do TSI. Essas melhoras foram mantidas em um acompanhamento de 9 meses. Além disso, não houve diferenças nesses resultados entre aqueles que tinham histórico de abuso sexual infantil e aqueles que não o tinham.

Resick e colegas (2014) também realizaram análises secundárias dos dados tanto do estudo comparativo direto entre TPC+A *versus* EP, quanto do estudo de desmantelamento de TPC+A (TPC com relatos escritos) *versus* TPC sem relatos escritos *versus* apenas relatos escritos (RE; Resick et al., 2008). Essas análises examinaram se havia diferenças nos desfechos para indivíduos com e sem histórico de abuso sexual infantil ou abuso físico infantil. No estudo TPC+A em comparação com a EP, eles descobriram que a frequência de abuso sexual infantil previa o abandono de ambos os tratamentos; no entanto, a gravidade do abuso físico infantil foi associada a maior abandono da EP do que da TPC+A. Em relação aos resultados do tratamento, nenhuma forma ou quantidade de abuso infantil foi associada aos resultados do tratamento de TEPT. No estudo de desmantelamento, não houve diferenças no abandono por histórico de abuso infantil para as três condições. No entanto, os pacientes sem histórico de abuso na infância se saíram melhor com TPC do que com TPC+A ou apenas relatos escritos (RE). Além disso, aqueles com abuso infantil mais frequente responderam melhor à TPC e à TPC+A do que aos REs.

LoSavio, Hale, et al. (2021) realizaram uma análise secundária de um estudo de militares na ativa tratados para TEPT relacionado ao desdobramento de suas missões, investigando se o histórico de abuso infantil pode influenciar os desfechos do tratamento. A maioria dos pacientes era do sexo masculino (91%), e 42% relataram abuso sexual ou físico na infância (91%). Por causa da sobreposição, esses dois tipos de abuso foram reunidos. Eles não encontraram diferenças na linha de base da sintomatologia, e a história de abuso na infância não foi associada aos resultados do tratamento.

A experiência de perda traumática está associada a uma maior prevalência de sintomas de TEPT (Amick-McMullan et al., 1991; Boelen et al., 2015; Green et al., 2001). Entre os militares, Charney et al. (2018) e Simon et al. (2018) descobriram que a perda traumática de um colega de serviço foi associada a uma maior prevalência de transtorno de luto prolongado, que está associado a níveis mais altos de TEPT, mais tentativas de suicídio ao longo da vida, maior depressão e pior funcionamento psicossocial. Jacoby e colegas (2019; Jacoby et al., 2023) examinaram se a perda traumática e os sintomas de luto afetam negativamente o tratamento do TEPT. Em seu primeiro estudo com militares, Jacoby et al. (2019) descobriram que os militares que sofreram perdas traumáticas mostraram uma resposta menos robusta à TPC em comparação com aqueles que experimentaram outros tipos de eventos traumáticos e que a redução dos sintomas do TEPT foi suprimida por menos mudanças nos sintomas de depressão durante o tratamento. Em um segundo estudo (Jacoby et al., 2023), foi incluída uma medida de sintomas de luto complicado. Eles não encontraram relação entre perda traumática e resposta ao tratamento do TEPT. No entanto, maiores sintomas de luto complicado previram menos resposta ao tratamento do TEPT durante a TPC.

Populações

Diferenças de gênero

A maioria dos estudos de TPC foi conduzida com amostras de mulheres sobreviventes de violência interpessoal ou homens veteranos de combate; portanto, são necessárias mais pesquisas que examinem especificamente as diferenças de gênero. No entanto, em uma análise secundária do estudo de tamanho flexível de Galovski et al. (2012) com pessoas com TEPT que sofreram trauma interpessoal, Galovski e colegas (2013) examinaram possíveis diferenças de gênero nos resultados da TPC+A. Eles encontraram poucas diferenças de gênero em relação à história de trauma ou aos sintomas antes da terapia, exceto que as mulheres eram mais propensas a serem agredidas sexualmente e os homens eram mais propensos a direcionar a raiva para si mesmos. Não houve diferenças entre homens e mulheres quanto ao número total de sessões realizadas ou ao grau de alterações no TEPT e nos sintomas depressivos com o tratamento. No entanto, no acompanhamento de 3 meses, as mulheres apresentaram níveis significativamente mais baixos de TEPT, sintomas depressivos, culpa, raiva/irritabilidade e sintomas dissociativos em comparação com os homens.

Os autores concluíram que precisaremos ajustar tratamentos existentes ou desenvolver novos para atender de forma mais eficaz os homens com TEPT.

Voelkel e colegas (2015) examinaram a eficácia da TPC com veteranos masculinos e femininos com TEPT devido a trauma sexual militar em comparação com aqueles sem histórico de tal trauma. Dos 481 veteranos, 41% endossaram uma história de trauma sexual militar como seu trauma primário, e as pontuações no pós-tratamento mostraram que ambos os grupos melhoraram significativamente após realizar a TPC, sugerindo que a TPC pode ser um tratamento eficaz para esse tipo de trauma, independentemente do sexo dos veteranos.

Raça e etnia

Atualmente, há pouca pesquisa direta sobre a diversidade no uso da TPC em relação à raça e etnia, embora essa questão tenda a ser incluída em estudos preditivos e metanálises. Foram realizadas diversas metanálises e uma revisão de metanálises para examinar a relação entre raça/etnia e os resultados do tratamento de forma geral, considerando diversos transtornos e intervenções. Elas não revelam diferenças nos resultados do tratamento entre os grupos étnicos, e esses resultados também se aplicam à TPC (Cougle & Grubaugh, 2022; Haagen et al., 2015). Embora haja mais pesquisas sobre adaptações transculturais (discutidas mais adiante neste capítulo), a quantidade é relativamente menor em comparação com os estudos realizados na cultura ocidental, em que a TPC foi desenvolvida. Lester e colaboradores (2010) analisaram a desistência e os resultados entre pacientes mulheres europeias-americanas e afro-americanas em dois estudos combinados de Resick et al. (2002, 2008). Os autores descobriram que, embora as pacientes afro-americanas fossem mais propensas a abandonar o tratamento, elas se saíram igualmente bem de acordo com as análises de intenção de tratamento (ITT) e melhoraram significativamente mais do que as mulheres brancas que abandonaram o tratamento. Eles sugerem que mensagens culturais e o estigma relacionado à busca por terapia podem ter motivado as pacientes afro-americanas a alcançar o máximo de resultados no menor tempo possível.

Uma análise secundária de um estudo com veteranas que sofreram trauma sexual militar, conduzida por Holliday et al. (2017), revelou que veteranas negras e brancas experimentaram reduções significativas no TEPT sem diferenças nos resultados ou nas sessões frequentadas. Da mesma forma, em uma iniciativa de aprendizado colaborativo para capacitar os profissionais de centros de saúde mental na aplicação da TPC, 22% dos participantes eram hispânicos (LoSavio, Murphy, et al., 2021). Como estavam comparando as respostas de adolescentes *versus* adultos à TPC (tema discutido na próxima seção), e os adolescentes eram mais propensos a serem hispânicos (44% *versus* 17%), os autores compararam esses dois grupos étnicos. Não foram encontradas diferenças nos resultados entre as etnias.

Em três estudos sobre a aplicação da TPC em populações militares em função, Resick e colegas (Resick et al., 2015, 2021; Resick, Wachen, et al., 2017) encontraram diferenças raciais em um dos estudos. No estudo de Resick et al. (2021), que testou uma aplicação de TPC com duração variável, foram identificados quatro preditores de terapia mais longa ou de não resposta: gravidade pré-tratamento do TEPT e depressão, estar no estágio de pré-contemplação em relação à prontidão para mudança e ser negro. As duas últimas variáveis apresentaram correlação, indicando maior necessidade de preparar os membros negros das forças armadas para o tratamento.

Idade

Vários estudos mostraram que a TPC pode ser efetivamente implementada em adolescentes até a idade adulta. O primeiro estudo a ser publicado sobre TPC em adolescentes foi de Ahrens e Rexford (2002), no qual testaram a TPC com adolescentes do sexo masculino (15 a 18 anos) encarcerados, em comparação com uma lista de espera. Em uma iniciativa estadual de treinamento em TPC, LoSavio, Murphy, et al. (2021) descobriram que mais adolescentes concluíram o tratamento (72%) em comparação com os adultos (47%). No entanto, ambos os grupos apresentaram melhoras significativas e equivalentes em seus sintomas de TEPT e depressão.

Ao examinar vários preditores demográficos, militares, de implementação e psicológicos dos resultados do tratamento em militares que receberam TPC em grupo ou individualmente, a idade foi o único preditor da resposta ao tratamento após o controle de todas as outras variáveis (Resick et al., 2020). Além disso, a idade foi a única variável entre os preditores que interagiu com o formato TPC (formato em grupo *versus* individual). Os participantes com menos de 35 anos apresentaram melhores resultados no tratamento, principalmente quando tratados individualmente. Não houve diferenças na resposta ao tratamento em indivíduos mais velhos, independentemente de terem recebido terapia individual ou em grupo, mas eles tiveram respostas ao tratamento menos robustas do que os indivíduos mais jovens. Por fim, Chard e colaboradores (2010) descobriram que os veteranos mais velhos não se saíram tão bem na TPC quanto os veteranos mais jovens, embora tenham alcançado melhoras significativas.

LGBTQIA+

Ao conduzir estudos de TPC, buscamos recrutar o maior número possível de indivíduos com uma variedade de diversidades e realizamos análises para determinar se variáveis demográficas pré-tratamento predizem os resultados. Essa tem sido uma parte importante para determinar quem obtém bons resultados com a TPC. Embora nunca tenhamos conduzido um estudo sobre pacientes heterossexuais *versus* LGBTQIA+, examinamos os resultados do tratamento em algumas de nossas populações clínicas. Uma descoberta interessante de Chard e colaboradores (2023) foi que pacientes LGBTQIA+ que se identificam como mulheres tinham pontuações mais altas de TEPT e depressão pré-tratamento no início do estudo em sua clínica em comparação com pacientes heterossexuais que se identificam como mulheres. No entanto, foi observado que os pacientes LGBTQIA+ tiveram maiores ganhos no tratamento, com pontuações mais baixas no final da terapia do que seus colegas. Eles descobriram que pacientes LGBTQIA+ que se identificam como homens também relataram sintomas mais severos no pré-tratamento do que seus colegas heterossexuais; ambos os grupos melhoraram no pós-tratamento, sem diferenças significativas no resultado entre os dois grupos.

Civis versus *militares aposentados/militares em serviço*

Nos EUA, as amostras de pesquisa mais proeminentes em estudos de resultados de tratamento em TEPT foram vítimas civis de trauma interpessoal ou veteranos de combate e militares em serviço. Como a maioria das amostras civis foi composta por mulheres que sofreram abuso sexual ou físico, e as amostras de militares e veteranos eram principalmente homens que sofreram traumas de combate, de modo geral, não foi possível comparar os dois grupos. No entanto, na maioria dos estudos, observou-se que as amostras civis experimentam uma resposta maior à TPC do que as amostras de veteranos e militares no que diz respeito à melhora na gravidade dos sintomas, bem como na remissão do diagnóstico. Não se sabe se isso está relacionado ao gênero, ao tipo de trauma, às variáveis contextuais relacionadas ao serviço ou ao *status* de veterano, ou algumas outras diferenças entre esses grupos.

Um estudo comparou os preditores de resultados do tratamento entre veteranas e civis que receberam TPC pessoalmente ou por meio de telessaúde para explorar por que as mulheres civis tiveram resultados melhores do que as veteranas (Gobin et al., 2018). O ECR original não encontrou diferenças entre os formatos de terapia (Morland et al., 2015). Eles examinaram uma série de preditores históricos e de sintomas e descobriram que, embora semelhantes no pré-tratamento, as mulheres civis tinham cognições negativas mais baixas no pós-tratamento. Esse achado foi pelo menos parcialmente influenciado por expectativas de tratamento mais baixas das veteranas.

Alguns estudos em amostras da comunidade compararam amostras de veteranos e civis. Dillon et al. (2019) analisaram uma iniciativa de aprendizado colaborativo com profissionais de saúde comunitários localizados perto de bases militares na Carolina do Norte. Eles compararam 136 civis com 63 pacientes afiliados a militares (tanto em serviço quanto veteranos) que receberam TPC de provedores em treinamento. Não houve diferenças na conclusão do tratamento entre os pacientes afiliados aos militares e aqueles que não eram. Embora ambos os grupos tenham mostrado grandes melhoras, os civis melhoraram mais nos sintomas de TEPT e depressão. Curiosamente, houve maior variabilidade nos resultados de pacientes com *status* militar, dependendo do profissional que os atendeu, sugerindo que os profissionais precisam desenvolver ainda mais suas habilidades para lidar com a subcultura militar.

Jacoby et al. (2022) também foram capazes de comparar pacientes afiliados a militares com pacientes civis em um projeto de treinamento maior, que se concentrou no treinamento de terapeutas em TPC ou EP que estavam situados em clínicas comunitárias e atendiam a ambas as populações. Houve diferenças significativas entre os dois grupos em variáveis como idade, sexo, estado civil, raça, etnia, educação e ambiente de tratamento, que foram covariadas nas análises. Ambos os grupos mostraram grandes reduções no TEPT, embora os civis novamente tenham mostrado melhoras maiores nos sintomas de TEPT e depressão.

Aplicações interculturais

A TPC foi traduzida para vários idiomas, à medida que médicos e pesquisadores a implementaram em todo o mundo. Em geral, constatamos que não são necessárias alterações no protocolo, mesmo quando se usa a terapia em locais com menos recursos. No entanto, existem algumas situações em que foram necessárias adaptações linguísticas ou culturais, e descrevemos isso mais adiante, no Capítulo 20. Essas mudanças estão documentadas em artigos sobre esses esforços de disseminação, e algumas cópias das fichas alteradas estão no *site https://cptforptsd.com/cpt-resources/*.

Nos EUA, em um estudo com refugiados nascidos no exterior, Schulz, Resick, et al. (2006) descobriram que a TPC+A foi eficaz no tratamento do TEPT quando foi ministrada na língua nativa (seja por um terapeuta de língua nativa ou por meio de um intérprete). Como esse estudo foi um relatório dos resultados do programa, e não um ECR, o número de sessões não foi controlado. O número médio de sessões de TPC nesse estudo foi de 17, incluindo várias sessões de avaliação antes do início do tratamento. Houve melhorias significativas e com grande tamanho de efeito para ambas as estratégias de aplicação.

Bass et al. (2013) conduziram um ECR de TPC na República Democrática do Congo, um país não apenas com baixos recursos, mas também com altos níveis de violência contínua. Os autores designaram aleatoriamente os participantes para tratamentos por aldeia, com mulheres em sete aldeias recebendo a TPC em grupo e mulheres em oito aldeias recebendo apoio e recursos individuais. Os terapeutas tinham, no máximo, o ensino médio, e a maioria dos pacientes era analfabeta. Bass e colegas constataram que a TPC em grupo foi superior ao apoio individual e recursos na redução do TEPT, ansiedade e depressão, além de melhorar o comprometimento funcional. No acompanhamento de 6 meses, apenas 9% daqueles que receberam TPC preencheram os critérios para provável TEPT, ansiedade ou depressão, em oposição a 42% dos participantes da terapia de suporte. Bass et al. (2022) realizaram acompanhamentos em 12 meses e um acompanhamento de longo prazo em 6,3 anos após a linha de base. No acompanhamento de longo prazo de 103 mulheres em seis das sete aldeias com TPC (uma aldeia era muito perigosa), cerca de metade continuou a manter baixos escores de sintomas, com taxas de recaída de TEPT, ansiedade e depressão em cerca de 20%.

Bolton et al. (2014) conduziram um ECR com agentes comunitários de saúde mental que trabalham em clínicas de saúde rurais no Curdistão iraquiano. Eles foram treinados em tratamento de ativação comportamental para depressão (BA — do inglês *behavioral activation*); Lejuez et al., 2001, 2011) e TPC; uma condição de lista de espera também foi incluída. Todos os participantes haviam vivenciado violência sistemática e foram selecionados com base na gravidade dos sintomas de depressão. A BA teve efeitos significativos na depressão e nos prejuízos funcionais, enquanto a TPC teve efeitos significativos apenas nos prejuízos funcionais. Esses achados podem ser atribuídos ao critério de inclusão focado em depressão *versus* TEPT, pois estudos anteriores com sobreviventes de tortura e refugiados recrutados especificamente para TEPT revelam efeitos significativos para TEPT e outras comorbidades (por exemplo, Hinton et al., 2004).

Pearson et al. (2019) realizaram um ECR de uma versão da TPC culturalmente adaptada para mulheres nativas americanas com TEPT, abuso de substâncias e comportamento sexual de risco relacionado ao HIV. Eles compararam a TPC adaptada com uma condição de lista de espera e observaram reduções significativas no TEPT e no sexo de alto risco. Eles também descobriram que a TPC teve reduções de tamanho de efeito médio a grande no abuso de álcool.

El Barazi, Badary, et al. (2022) realizaram um ECR no Egito para TEPT comórbido e transtorno por uso de substâncias (TUS) com pacientes que procuravam ajuda inicialmente para seu TUS. Eles foram randomizados para três condições: TPC, sertralina e placebo em pílula. Tanto a TPC quanto a sertralina mostraram grandes reduções no tamanho do efeito nos sintomas de TEPT em comparação com o placebo, mas a TPC também apresentou melhorias muito maiores do que a sertralina nos sintomas de TEPT. Nos acompanhamentos pós-tratamento de 5 e 12 meses, os grupos com TPC e sertralina apresentaram menores sintomas de depressão e TUS do que o grupo com placebo. El Barazi, Tikmdas, et al. (2022) também realizaram um estudo de avaliação do programa de TPC com refugiados sírios que vivem no Egito. Os pacientes mostraram reduções significativas no tamanho do efeito de TEPT, depressão e ansiedade no decorrer do acompanhamento de 1 ano.

A TPC MELHORA OS SINTOMAS COMÓRBIDOS E O FUNCIONAMENTO PSICOSSOCIAL?

Características do transtorno da personalidade *borderline* e outros

Clarke e colaboradores (2008) examinaram os efeitos das características de personalidade *borderline* pré-tratamento nos resultados do tratamento no estudo TPC+A *versus* EP. Eles dividiram a amostra entre indivíduos com características *borderline* altas ou baixas, conforme medidas pelo Schedule for Nonadaptive and Adaptive Personality (SNAP; Clark, 1993). Eles descobriram que aqueles com traços de personalidade *borderline* altos *versus* baixos tinham sintomas de TEPT e depressão mais graves na avaliação inicial, mas não eram mais propensos a abandonar o tratamento. É importante ressaltar que o nível de características de personalidade *borderline* pré-tratamento não previu os resultados do tratamento. O grupo com alto teor dessas características, com sintomas de TEPT e depressão mais graves antes do tratamento, apresentou melhoras ao longo da terapia e terminou em níveis não significativamente diferentes de TEPT em comparação ao grupo com baixo teor de características *borderline*.

Essa descoberta foi replicada para transtornos da personalidade *borderline* (TPBs) e outros por Walter e colegas (2012), que examinaram pacientes com e sem transtornos da personalidade que procuravam auxílio em um programa de tratamento residencial para veteranos, o qual fornecia TPC+A combinada em grupo e individual. Eles não encontraram diferenças significativas nos ganhos do tratamento para TEPT entre os dois grupos; de fato, aqueles com transtornos da personalidade experimentaram melhora significativa na depressão pré e pós-tratamento do que aqueles sem transtorno da personalidade.

Bovin et al. (2017) examinaram as mudanças nos sintomas do transtorno da personalidade em um acompanhamento de longo prazo do estudo de TPC+A e EP. Eles descobriram que a melhora na gravidade do TEPT estava associada a melhoras em vários sintomas de transtorno da personalidade: paranoica, esquizotípica, antissocial, *borderline* e dependente. Bohus et al. (2020) também realizaram um ECR em vários locais na Alemanha, com pacientes que exibiam sintomas de TPB e TEPT resultantes de abuso sexual na infância. Eles compararam uma combinação de terapia comportamental dialética (TCD) e intervenções de exposição (TCD-TEPT) com TPC. A terapia foi realizada ao longo de 1 ano. Ambos os tratamentos mostraram grandes reduções no TEPT, mas o grupo TCD-TEPT mostrou uma vantagem pequena, mas significativa, sobre a TPC.

Rosner et al. (2019) realizaram um estudo de TPC com adolescentes na Alemanha que apresentavam histórico de abuso sexual ou físico e tinham TEPT. Eles também administraram uma entrevista diagnóstica que incluiu um módulo para TPB, bem como uma medida de autorrelato de TPB. Os participantes foram randomizados para TPC modificada (com acréscimo de quatro sessões relacionadas ao desenvolvimento do adolescente) ou qualquer outro tratamento usual. Embora ambos os grupos tenham melhorado, a condição da TPC melhorou mais do que a condição de tratamento usual para TEPT e outras comorbidades, incluindo TPB.

Abuso de substância

Kaysen et al. (2014) examinaram os registros dos veteranos de um hospital do Meio-Oeste dos EUA que compareceram a pelo menos uma sessão de TPC+A ou TPC, para determinar o efeito dos transtornos por uso de álcool no TEPT. Eles descobriram que 49% da amostra relataram um diagnóstico atual ou passado de tal transtorno. Os veteranos tiveram uma média de nove sessões de TPC, e não houve diferenças nos resultados do tratamento entre três grupos: aqueles sem histórico de transtorno por uso de álcool, aqueles com esse histórico e aqueles com transtornos atuais por uso de álcool. Todos os grupos apresentaram reduções significativas tanto no TEPT quanto na depressão.

Em dois estudos diferentes com militares em serviço que receberam TPC para TEPT, de 17 a 24% foram classificados como bebedores de risco (Dondanville et al., 2019; Straud et al., 2021). Na linha de base, os bebedores com consumo de risco e sem risco de bebidas não diferiram na gravidade do TEPT. No estudo de Dondanville et al. (2019), eles descobriram que a TPC não exacerbou o consumo de álcool, e o consumo de risco diminuiu ao longo da TPC. Straud et al. (2021) compararam os efeitos de ser randomizado para tratamento individual ou em grupo. Em quatro grupos (consumo de risco de bebidas *versus* sem risco em terapia em grupo *versus* individual), houve melhorias significativas no TEPT, e ambos os formatos melhoraram o consumo de risco de álcool.

Em um terceiro estudo com militares em serviço que participaram de um estudo de TPC de duração variável (LoSavio, Straud, et al., 2023), os consumidores de risco ao álcool tiveram a mesma probabilidade que os de consumo sem risco de alcançar um bom funcionamento final e não apresentaram maior propensão a abandonar o tratamento. Não houve diferenças no número de sessões necessárias para alcançar um bom funcionamento do estado final ou na taxa de abandono. De acordo com os sintomas de TEPT avaliados pelos médicos, aqueles com consumo de risco ao álcool evidenciaram reduções significativas nos sintomas de TEPT do que aqueles sem o risco para o consumo.

Em análises secundárias do estudo de desmantelamento da TPC (Resick et al., 2008), Jaffe et al. (2021) examinaram mulheres que foram estupradas em situações que substâncias estavam envolvidas (seja porque estavam sob a influência de álcool ou drogas no momento do evento). Das mulheres que relataram envolvimento com substâncias no momento do estupro, a maioria mencionou o álcool, e 71% relataram algum tipo de comprometimento. Embora tanto a TPC quanto a TPC+A tenham resultado em grandes reduções nos sintomas do TEPT, a TPC teve um efeito de tratamento maior. No entanto, deve-se notar que, embora não tenha havido diferenças nos escores dos sintomas de TEPT no pós-tratamento entre aqueles com e sem envolvimento de substâncias durante o estupro, existiram diferenças no acompanhamento de 6 meses. Para aqueles na condição TPC+A e na condição de relato escrito, houve mais sintomas residuais e perda de ganhos entre aqueles que estavam envolvidos com substâncias do que para aqueles na TPC.

Simpson, Kaysen, et al. (2022) compararam TPC, prevenção de recaída e avaliação apenas entre pacientes com TEPT comórbido e transtorno por uso de álcool. Eles constataram que a TPC apresentou maior melhora nos sintomas de TEPT em comparação à avaliação isolada, enquanto a prevenção de recaídas e a avaliação não apresentaram diferenças nos resultados relacionados ao TEPT. Tanto a TPC quanto a prevenção de recaída diminuíram os dias de consumo excessivo de álcool em comparação apenas com a avaliação. Uma vez que o grupo de avaliação foi randomizado para uma das duas condições ativas, a prevenção de recaídas mostrou uma redução maior nos dias de consumo do que a TPC, e ambas mostraram reduções nos sintomas de TEPT. No acompanhamento de 12 meses, tanto a TPC quanto a prevenção de recaída foram quase idênticas na obtenção do *status* de consumo de baixo risco e abstinência no último mês.

Depressão

Quase todos (se não todos) os estudos de TPC incluíram alguma medida de depressão, bem como sintomas de TEPT, normalmente como medidas de autorrelato. Os estudos que fornecem um diagnóstico clínico de depressão revelam que até 50% da maioria das amostras de TEPT também atendem aos critérios para transtorno depressivo maior (por exemplo, Resick et al., 2002, 2008). Na maioria dos casos, a depressão diminui, com grandes melhorias no tamanho do efeito. No estudo de Resick et al. usando diagnósticos definidos por clínicos (2008), 50% da amostra atendiam aos critérios para transtorno depressivo maior antes do tratamento, 24% da amostra atendiam aos critérios após o tratamento, e 21% no acompanhamento de 6 meses.

Em um estudo de militares em serviço que receberam terapia em grupo ou individual, a gravidade da depressão no pré-tratamento não foi um preditor dos resultados para TEPT (Resick et al., 2020). Ambas as condições de tratamento melhoraram em relação à depressão, sem diferenças entre elas, e as melhorias foram mantidas durante o acompanhamento de 6 meses (Resick, Wachen, et al., 2017). No entanto, ao examinar os preditores de maior tempo de resposta ou nenhuma resposta na TPC de duração variável, a gravidade da depressão pré-tratamento foi um preditor significativo dos resultados para TEPT (Resick et al., 2021).

Em um estudo de resultados do programa com veteranos, Asamsama et al. (2015) avaliaram o impacto da depressão nos resultados da TPC para veteranos que recebem tratamento ambulatorial para TEPT. Eles descobriram que 60,7% dos participantes preencheram os critérios para depressão maior no pré-tratamento e que 75% apresentaram uma redução clinicamente significativa nos sintomas de depressão com a TPC. Não houve diferença na resposta ao tratamento com base nos grupos de gravidade da depressão, sugerindo que a TPC é um tratamento eficaz, mesmo em casos concomitantes com depressão grave.

Suicídio

Gradus e colaboradores (Gradus, Suvak, et al., 2013) examinaram os efeitos do tratamento com TEPT na ideação suicida, que é muito comum entre aqueles com TEPT, no estudo frente a frente de TPC+A *versus* EP. Eles descobriram que a ideação suicida diminuiu rapidamente durante ambos os tratamentos, com diminuições contínuas, porém mais sutis, durante o período de acompanhamento. No entanto, a TPC resultou em maiores reduções na ideação suicida do que a EP. Reduções na ideação suicida foram associadas a melhorias nos sintomas de TEPT em ambos os tratamentos, com algumas evidências de uma associação mais forte para TPC+A do que para EP. Essas associações não foram explicadas pelo diagnóstico de depressão no início do estudo ou por mudanças na falta de esperança ao longo do tratamento.

Bryan et al. (2016) examinaram se a TPC estava associada ao risco de suicídio iatrogênico entre militares em serviço, como uma análise secundária do estudo de Resick et al. (2015) da TPC de grupo *versus* terapia centrada no presente. Eles descobriram que as taxas de ideação suicida diminuíram em ambos os tipos de tratamento. Entre os soldados com ideação suicida pré-tratamento, a gravidade da ideação suicida diminuiu significativamente em ambos os tratamentos e foi mantida por até 12 meses após o término do tratamento. A exacerbação da ideação suicida preexistente foi menos comum no grupo da TPC (9%) do que no grupo da terapia centrada no presente (TCP; 37,5%). No estudo comparando a TPC em grupo e individual (Resick, Wachen, et al., 2017), uma das principais medidas do estudo foi a ideação suicida. Foi constatado que a proporção de pessoas com ideação suicida diminuiu significativamente ao longo do tratamento, sem diferenças entre o tratamento em grupo ou individual.

Por fim, Chard e seus colaboradores (Blain et al., 2021; Pease et al., 2022; Stayton et al., 2019) publicaram vários artigos mostrando que a ideação suicida melhora no decorrer das sessões de TPC. Especificamente, eles demonstraram melhorias nos pensamentos de sobrecarga (muitas vezes relacionados à vergonha) e pertencimento, duas áreas que estão significativamente ligadas a pensamentos suicidas.

Transtornos alimentares

Com base nos dados de um estudo que avaliou diferentes componentes da TPC, Mitchell e colaboradores (2012) investigaram se as três versões da terapia resultaram em melhoras nos sintomas de distúrbios alimentares. O Inventário de Transtornos Alimentares-2 (Garner, 1991) foi usado para medir o comportamento alimentar problemático em uma subamostra do estudo. Eles descobriram que alguns sintomas de transtorno alimentar (ou seja, insatisfação corporal, consciência interoceptiva, desconfiança interpessoal, regulação de impulsos, ineficácia e maturidade) melhoraram ao longo das três terapias. Além disso, essas melhoras nos sintomas, exceto a insatisfação corporal, foram associadas a mudanças nos sintomas de TEPT ao longo da terapia. Os autores observaram que os sintomas mais sobrepostos de transtornos alimentares e TEPT podem ser mais responsivos aos vários componentes da TPC+A.

Trottier e Monson (2021) desenvolveram uma terapia integrada para pessoas com diagnósticos comórbidos de TEPT e transtornos alimentares (TA): o projeto RECOVER. Esse tratamento envolve a integração da compreensão do papel dos sintomas do TEPT na formulação individualizada cognitivo-comportamental da manutenção do TA e a integração do TA na psicoeducação sobre TEPT dentro do protocolo TPC. Além disso, há um foco na identificação de crenças desadaptativas que conectam TA e TEPT como pontos de bloqueio. Em um ECR comparando esse tratamento TPC integrado com o tratamento padrão para TA (Trottier et al., 2021), o tratamento TPC integrado resultou em melhorias significativamente maiores nos sintomas de TEPT do que o tratamento para TA. As melhoras foram mantidas em um acompanhamento de 6 meses. Além disso, houve uma preferência pelo tratamento integrado em relação ao tratamento padrão de TA entre os pacientes.

Outros sintomas e alterações cognitivas

Culpa, vergonha e danos morais

Medidas de cognições de culpa foram incluídas nos estudos de Resick e colaboradores (2002, 2008), embora a culpa não fosse um sintoma de TEPT até a publicação do DSM-5 (American Psychiatric Association, 2013). No estudo comparando TPC+A e EP (Resick et al., 2002), todas as medidas de cognição de culpa melhoraram, e a TPC apresentou vantagens sobre a EP no viés retrospectivo e nas irregularidades. Nishith et al. (2005) acompanharam esses achados para examinar se as melhorias na culpa estavam relacionadas à depressão e descobriram que a TPC era tão eficaz no tratamento do TEPT comórbido com depressão quanto sem. Mudanças na culpa e vergonha foram examinadas no estudo de avaliação de diferentes componentes da TPC de Resick et al. (2008), revelando significância tanto na culpa quanto na vergonha entre os tratamentos, sem diferenças entre si. Além disso, Monson et al. (2006) encontraram melhoras significativas na culpa com TPC em seu estudo com veteranos na lista de espera.

Associado à culpa e à vergonha está o conceito de danos morais, em que alguém se considera moralmente responsável por um evento traumático ou falha em agir em situações em que o dano poderia ter sido evitado (Litz et al., 2009). Litz et al. (2021) compararam a TPC e a divulgação adaptativa, sua terapia destinada a tratar perdas traumáticas e danos morais, em um ensaio de não inferioridade. Eles descobriram que seis a nove sessões de 90 minutos de divulgação adaptativa não são inferiores à TPC com relação aos sintomas de TEPT. Curiosamente, os fuzileiros navais dos EUA recrutados para o estudo foram incluídos com base em seu *status* de diagnóstico de TEPT, e não de perda traumática ou danos morais. Além disso, não foi relatada a presença de danos morais em suas histórias.

LoSavio, Hale, et al. (2023) reuniram dados de cinco ensaios clínicos de TPC com militares em serviço ou veteranos. O dano moral foi determinado pelo autorrelato quando os pacientes foram questionados sobre seu evento traumático central. Mais especificamente, eles foram questionados se, durante o evento, agiram de maneira a violar seu código moral ou foi a outra pessoa que agiu dessa forma. Os autores não encontraram diferenças na resposta ao tratamento à TPC com base no endosso do dano moral.

Cognições como resultados

Diferentes tipos de cognições foram examinados como desfechos em ensaios da TPC; isso porque, como terapia cognitiva, a TPC deve influenciar as crenças dos pacientes. Usando dados do estudo de Chard (2005) com sobreviventes adultos de abuso sexual na infância, Owens et al. (2001) examinaram as mudanças na Escala de Crenças e Reações Pessoais (ECRP; Resick et al., 1991) e na Escala Mundial de Suposições (EMS; Janoff-Bulman, 1989). Embora nenhuma das subescalas da EMS tenha sido correlacionada com os sintomas de TEPT em qualquer momento (pré-tratamento, pós-tratamento, acompanhamento de 3 meses e acompanhamento de 1 ano), as subescalas da ECRP de segurança, confiança, poder/controle, estima e intimidade foram correlacionadas com TEPT em um ou mais momentos, e todas foram fortemente correlacionadas nas avaliações de acompanhamento. Diferenças significativas do pré para o pós-tratamento foram encontradas para as seguintes subescalas da ECRP: anulação, autoculpa, segurança, confiança, poder/controle, estima e intimidade. Não houve mais alterações do pós-tratamento para as duas avaliações de acompanhamento. Embora não tenham sido correlacionadas com o TEPT, diferenças significativas foram refletidas no EMS do pré para o pós-tratamento, que foram mantidas em duas das três subescalas: benevolência do mundo e autoestima.

Schumm e colaboradores (2015) conduziram uma análise de painel cruzada do pré ao intermediário e ao pós-tratamento entre veteranos dos sexos masculino e feminino que realizaram TPC, para determinar a relação longitudinal entre cognições (ou seja, crenças negativas sobre si mesmo, crenças negativas sobre o mundo e autoculpa), TEPT e depressão. Eles encontraram melhorias significativas nas pontuações em todas as escalas ao longo do tratamento. Eles também descobriram que as mudanças pré-tratamento e intermediárias na autoculpa e nas crenças negativas sobre o eu previram positivamente e precederam temporalmente desde as mudanças intermediárias até as mudanças pós-tratamento na sintomatologia do TEPT. Além disso, eles determinaram que as mudanças nas crenças negativas sobre o eu precederam as mudanças na depressão, mas que as mudanças pré-tratamento e intermediárias na depressão precederam as mudanças na autoculpa e no TEPT. Essas descobertas apoiam a ideia de que melhorias nas cognições negativas são um importante mecanismo de mudança na terapia cognitiva para TEPT.

Vários grupos de pesquisadores analisaram as Declarações de Impacto, que são as primeiras e últimas tarefas da TPC sobre o significado do evento-alvo, para determinar se as crenças dos pacientes mudaram e se estão associadas à melhora no TEPT. O primeiro estudo foi conduzido por Sobel e colegas (2009), que analisaram as Declarações de Impacto relativas às cláusulas de pensamento em uma das quatro categorias: assimilação, acomodação, superacomodação e informação. Como as

Declarações de Impacto variavam em tamanho, os autores analisaram a porcentagem do total de declarações, bem como a frequência total. Eles descobriram que, do início ao fim do tratamento, os pacientes apresentaram aumentos significativos na acomodação e diminuições na superacomodação e na assimilação. Outros estudos encontraram mudanças semelhantes entre clientes que melhoraram como resultado da TPC (Dondanville et al., 2016; Iverson et al., 2015; Price et al., 2016).

Gallagher e Resick (2012) relataram dados sobre a desesperança a partir da comparação realizada por Resick et al. (2002) entre TPC+A e EP e incluíram dados do acompanhamento em longo prazo. Eles descobriram que a desesperança melhorou e foi mantida para TPC+A e EP por 5 a 10 anos após o tratamento. No entanto, a TPC mostrou melhorias maiores do que a EP em todo o processo. Eles também examinaram se as cognições de desesperança eram um mediador do efeito da TPC nos sintomas do TEPT e descobriram que as melhoras na desesperança apresentaram efeito significativo para os sintomas.

Gilman e colaboradores (2011) também examinaram a esperança em veteranos que procuram tratamento para TEPT. Medidas de sintomas de TEPT, depressão e esperança foram coletadas ao longo do tratamento em um programa residencial. Os autores descobriram que níveis mais altos de esperança no meio do tratamento estavam associados a reduções nos sintomas de TEPT e na depressão do meio para o pós-tratamento, e não o contrário; esse achado apoia a ideia de que a esperança é um mecanismo de mudança na redução dos sintomas.

Funcionamento psicofisiológico e biológico

Um acompanhamento do estudo de análise de diferentes componentes da TPC examinou as mudanças na reatividade fisiológica e, especificamente, na resposta de sobressalto a sons altos como resultado do tratamento (Griffin et al., 2012). Os participantes que completaram o tratamento foram agrupados em "respondedores" (72%) e "não respondedores" (28%), com base no diagnóstico de TEPT e na gravidade dos sintomas. Respondedores e não respondedores não diferiram nas medidas fisiológicas de eletromiograma de piscar de olhos, frequência cardíaca ou condutância da pele antes do tratamento. Com o tratamento, os respondedores demonstraram uma redução significativa no sobressalto conforme as três medidas. Além disso, as respostas eletromiográficas e de frequência cardíaca aos sons altos foram significativamente menores entre os respondedores do que entre os não respondedores no pós-tratamento. Devido ao tamanho do estudo, os autores não conseguiram examinar as possíveis diferenças por tipo de tratamento. Esse estudo demonstra que várias formas de TPC, quando concluídas, são eficazes na redução do sobressalto em geral (não apenas relacionado ao trauma); esse estudo fornece dados mais objetivos sobre os efeitos do tratamento.

Abdallah et al. (2019) realizaram ressonância magnética (RM) em repouso e durante provocações com imagens de roteiros de trauma com militares em serviço que buscavam tratamento antes e depois de receberem TPC em grupo ou terapia de grupo centrada no presente. Eles descobriram que a ativação da rede de saliência (ou seja, a rede envolvida na percepção de gatilhos salientes ou lembranças de trauma) foi reduzida no tratamento centrado no presente, enquanto a ativação da rede executiva central aumentou após a TPC. Esse estudo sugere diferentes mecanismos de ação para os dois diferentes tratamentos investigados.

Em um ensaio clínico controlado por lista de espera da TPC, Watkins et al. (2023) estudaram o funcionamento da frequência cardíaca entre pacientes civis com TEPT com idade entre 40 e 64 anos. Em comparação com a lista de espera, o grupo da TPC melhorou em várias medidas cardiovasculares, bem como nos sintomas de TEPT e depressão. Os autores concluíram que a TPC pode ajudar a melhorar o risco aumentado de doença cardíaca coronária.

Lesão cerebral traumática

Walter, Dickstein, et al. (2014) compararam pacientes que receberam TPC ou TPC+A em um programa residencial para veteranos de combate para indivíduos com traumatismo craniencefálico e TEPT; esse programa combina terapia em grupo e individual. Eles não encontraram diferença nos resultados dos sintomas de TEPT ou nas taxas de abandono do tratamento, mas uma possível diferença na depressão, com os participantes da TPC+A mostrando melhora mais acentuada. No entanto, quando uma correção alfa foi aplicada, o achado desapareceu; portanto, não está claro se achados semelhantes podem surgir em um ambiente ambulatorial. Resick, Wachen, et al. (2017) conduziram um ECR comparando a TPC em grupo e individual para militares em serviço e descobriram que o tratamento individual teve melhores resultados do que o formato de grupo. No entanto, em um estudo secundário examinando aqueles que sofreram traumatismo craniano e ainda apresentavam sintomas, Wachen et al. (2022) encontraram uma imagem um pouco diferente. A maioria dos participantes do estudo original sofreu traumatismo craniano e sintomas atuais relacionados. Entre aqueles com traumatismo craniano e sintomas relacionados, o tratamento em grupo não foi tão eficaz quanto para aqueles sem traumatismo craniano. No entanto, não houve diferenças significativas nos resultados entre os participantes com e sem traumatismo craniano e sintomas relacionados ao receberem a TPC individual. Entre aqueles sem traumatismo craniano, não houve diferenças nos resultados entre aqueles que receberam TPC em grupo ou individual.

Galovski et al. (2021) combinaram os resultados de três ECRs com pacientes civis que procuraram tratamento para TEPT relacionado à violência interpessoal (92% mulheres, 56% brancos). Nessa análise secundária, os participantes foram avaliados quanto à frequência de traumatismo craniano, conforme indicado por ossos quebrados na face, mandíbula ou pescoço ou por terem ficado inconscientes. A frequência de outros ferimentos não cranianos também foi registrada. Complicações médicas contínuas foram coletadas. Três grupos foram direcionados: traumatismo craniano, traumatismo não craniano ou nenhum traumatismo. A maioria da amostra (75%) relatou traumatismo craniano durante pelo menos um trauma interpessoal, e maiores taxas de traumatismo cranioencefálico (85%) foram encontradas entre aqueles que relataram violência por parceiro íntimo (VPI). Não houve diferenças significativas no TEPT ou na depressão após o tratamento entre os grupos com melhora significativa em geral.

Condições relacionadas à saúde e ao sono

Galovski et al. (2009) investigaram os efeitos da TPC+A e da EP sobre preocupações percebidas com a saúde e nos distúrbios do sono, considerando a alta coocorrência dessas condições comórbidas em pessoas que sofrem de TEPT. Ambos os tratamentos melhoraram as preocupações relacionadas à saúde, porém a resposta foi significativamente maior com TPC+A do que com EP. Em relação aos comprometimentos do sono, ambos os tratamentos apresentaram melhoras no tratamento e no acompanhamento, sem diferenças significativas entre eles. No entanto, o comprometimento do sono não melhorou ao ponto de os participantes passarem a dormir bem. Os autores observam que a vantagem da TPC+A sobre a EP em termos de queixas de saúde física pode ser explicada pelas intervenções cognitivas empregadas na TPC+A, que podem generalizar para a interpretação de uma série de experiências, incluindo o estado de saúde percebido.

Taylor et al. (2023) examinaram o sequenciamento de TPC e terapia cognitivo-comportamental para insônia e pesadelos (TCC-I&P), um tratamento de seis sessões para melhorar a insônia e os sintomas de TEPT. O ECR incluiu três condições: TCC-I&P semanal e, em seguida, TPC duas vezes por semana; TPC duas vezes por semana, depois TCC-I&P semanal; e TPC duas vezes por semana, depois TPC semanal por 6 semanas. Quando eles combinaram os grupos de TCC-I&P para aumentar o poder estatístico, descobriram que os tratamentos combinados tinham maior eficácia para os sintomas de TEPT e sono do que a TPC isolada. Ao comparar as duas sequências de TCC-I&P, parece que houve uma vantagem da TCC-I&P após a TPC.

Mesa et al. (2017) analisaram especificamente a resposta dos veteranos à TPC que tinham ou não apneia obstrutiva do sono (AOS). Eles descobriram que aqueles com AOS tiveram TEPT mais grave durante a terapia, embora aqueles que estavam usando pressão positiva contínua nas vias aéreas (CPAP – sigla em inglês) tivessem melhores resultados do que aqueles que não a usavam.

Funcionamento psicossocial

Estendendo a pesquisa para além dos sintomas individuais de saúde mental e da fisiologia, Galovski e colaboradores (2005) avaliaram as mudanças no funcionamento psicossocial como resultado da TPC+A e da EP em um estudo comparativo direto entre os participantes que concluíram o tratamento. Eles encontraram melhoras em todos os tipos de funcionamento psicossocial medidos após esses tratamentos, incluindo melhorias nos domínios ocupacional, social/lazer, família estendida, unidade familiar, medo de intimidade, preocupações sexuais e comportamento sexual disfuncional em diversas escalas.

Monson e colaboradores (2012) realizaram análises de acompanhamento dos estudos de Monson et al. (2006) da lista de espera de TPC+A com veteranos dos EUA. Eles examinaram diferentes esferas do funcionamento social que melhoraram após um curso de TPC+A e como essas mudanças estavam associadas a mudanças nos sintomas de TEPT com o tratamento. O ajuste social geral, o funcionamento do relacionamento familiar estendido e a conclusão do trabalho doméstico melhoraram com a TPC+A em comparação com a condição de lista de espera. Além disso, as melhoras no entorpecimento emocional foram especificamente associadas a melhoras em todas essas esferas. Da mesma forma, melhoras nos sintomas de evitação foram associadas a melhoras nas tarefas domésticas; no entanto, a melhora dos sintomas de evitação foi associada a declínios no ajuste da família estendida. Com relação a essa última descoberta, os autores sugerem que o aumento do contato com os membros da família devido à diminuição da evitação, desacompanhado de melhores habilidades interpessoais para interagir nesses relacionamentos, pode levar a um menor ajuste relatado com a família estendida.

Da mesma forma, Shnaider et al. (2014) examinaram domínios do funcionamento psicossocial (ou seja, vida diária, tarefas domésticas, trabalho, lazer/recreação, relações familiares e relações não familiares) após o tratamento dentro do estudo que examinou diferentes componentes das intervenções, bem como as associações entre mudanças no funcionamento e mudanças nos sintomas do TEPT. Eles encontraram melhoras no funcionamento psicossocial para os três tratamentos, sem diferenças entre os tratamentos no pós-tratamento ou no acompanhamento. Como não houve diferenças com base no tratamento, eles combinaram a amostra para examinar as associações entre as mudanças no funcionamento psicossocial e quatro grupos de sintomas do TEPT (revivência, evitação, entorpecimento emocional e hiperexcitação). Eles descobriram que as melhoras nos sintomas de entorpecimento emocional estavam mais especificamente associadas a melhoras nas relações não familiares; e as melhoras nos sintomas de hiperexcitação estavam associadas ao funcionamento geral, na vida diária e nas tarefas domésticas.

Wachen e colaboradores (2014) examinaram as mudanças no funcionamento social no estudo da TPC+A *versus* EP. Eles examinaram o funcionamento social geral, as atividades sociais e de lazer, o trabalho, as relações dentro da unidade familiar e o *status* econômico desde o pré-tratamento até o acompanhamento de longo prazo com modelagem linear hierárquica. Eles encontraram grandes melhorias em todas as medidas, mas nenhuma diferença entre os dois tipos de tratamento. Usando dados do ensaio clínico de Monson et al. (2018) da implementação da TPC na comunidade, Lord e colegas (2020) avaliaram as associações longitudinais entre ajuste social e alterações nos sintomas de TEPT durante a TPC. Houve efeitos bidirecionais entre as variáveis, de modo que a TPC resultou em mudanças tanto no ajuste social quanto nos sintomas de TEPT que foram associados entre si, sugerindo que os efeitos da TPC são mais amplos do que no nível dos sintomas e que as mudanças de ajuste social influenciam os sintomas de TEPT e vice-versa.

Relacionado ao funcionamento social, Iverson et al. (2011) investigaram a violência por parceiro íntimo (VPI) no estudo de análise de componentes de intervenção (Resick et al., 2008). Eles descobriram que aqueles que tiveram uma resposta mais forte ao tratamento em relação ao TEPT e/ou à depressão eram muito menos propensos a experimentar VPI após o tratamento. Essas descobertas foram válidas para as mulheres que estavam atualmente em relacionamentos com parceiros que cometeram VPI, quanto àquelas que sofreram VPI em algum momento de suas vidas.

A TPC FUNCIONARÁ NO MEU AMBIENTE DE TRATAMENTO?

A TPC pode ser facilmente implementada em diversos ambientes, e as pesquisas mostram que ela é eficaz quando administrada em diferentes tipos de clínicas. Uma quantidade significativa de pesquisas examinou a eficácia da TPC em ambulatórios civis e militares, e estudos mostraram que a TPC pode ser realizada semanalmente ou até com mais frequência com bastante eficácia (por exemplo, LoSavio, Dillon, Murphy, Goetz, et al., 2019; Monson et al., 2018). Além disso, vários estudos mostraram que a TPC também pode ser usada com eficácia em centros de aconselhamento universitário, onde os alunos costumam ser temporários ou precisam ajustar o tratamento às pausas durante o ano por conta de feriados (Wilkinson-Truong et al., 2020; Wilkinson et al., 2017). Bryan et al. (2022) realizaram um ECR em um *campus* universitário (entrega diária ou semanal) e em uma instalação recreativa para militares em serviço ou veteranos. Eles descobriram que a terapia diária no *campus* produziu os melhores resultados, embora a terapia semanal no *campus* também tenha sido melhor do que a realizada em uma instalação recreativa.

Muitos pacientes precisam obter tratamento de sintomas do TEPT enquanto estão em um nível mais alto de atendimento, como um tratamento diurno ou programa de tratamento residencial, que pode se concentrar apenas no TEPT ou pode incluir também o trabalho em outro distúrbio, como sintomas de personalidade, sintomas de transtorno alimentar ou sintomas de uso de substâncias, para citar apenas alguns. Walter, Varkovitzky, et al. (2014) observaram que os pacientes em cuidados residenciais geralmente apresentam sintomas mais graves do que aqueles em ambulatórios, mas não houve diferenças na resposta ao tratamento com base no ambiente. A TPC também foi estudada com adolescentes encarcerados (Ahrens & Rexford, 1992).

Estudos de avaliação dos programas (Cook et al., 2013, 2015) mostraram que a implementação bem-sucedida da TPC em um programa de tratamento residencial é amplamente baseada no apoio da liderança, uma cultura que valoriza práticas baseadas em evidências, apoio de pares e tempo dedicado à TPC. Os terapeutas que incorporaram a TPC demonstraram taxas mais baixas de *burnout*, relataram melhoras em seus pacientes e valorizaram mais a TPC em relação aos formatos tradicionais de terapia. Da mesma forma, Sijercic et al. (2019) descobriram que os fatores organizacionais estavam associados à fidelidade precoce dos médicos à TPC no ensaio de implementação de Monson et al. (2018).

VOCÊ PRECISA FAZER UM PRÉ-TRATAMENTO ANTES DE INICIAR A TPC?

Como os projetos de pesquisa sobre TPC geralmente iniciam a terapia imediatamente após a avaliação inicial e a randomização do paciente no estudo, há muitas evidências de que a maioria das pessoas não precisa de habilidades de enfrentamento antes de iniciar a TPC. No entanto, alguns estudos abordam mais diretamente a questão da preparação para se envolver na TPC (ou outro tratamento focado no trauma). De Jongh et al. (2016) revisaram a literatura sobre a fase de estabilização em adultos com TEPT complexo e chegaram à mesma conclusão, mesmo com os pacientes mais graves, como aqueles com doença mental grave. Na maioria dos casos, gastar tempo fazendo tratamento não focado no trauma apenas atrasa o tratamento recomendado na linha de frente e pode aumentar a desistência.

Dedert et al. (2021) analisaram a prática comum em clínicas voltadas a veteranos de combate de incluir pacientes em grupos preparatórios não focados no trauma, com o objetivo de aumentar a prontidão antes de iniciar a TPC ou outras terapias focadas no trauma. Eles estudaram 778 veteranos em busca de tratamento para TEPT. Entre eles, 391 iniciaram um tratamento preparatório e 575 começaram um tratamento baseado em evidências (TBE) com foco em trauma. Eles descobriram que houve apenas pequenas melhorias nos tratamentos preparatórios em TEPT e depressão. Quando um tratamento focado no trauma seguia o tratamento preparatório, novamente eram observadas apenas pequenas diminuições nos sintomas de TEPT. Quando os pacientes realizavam diretamente o TBE, eles experimentavam reduções moderadas a grandes nos sintomas de TEPT e na depressão. É importante ressaltar que menos de um quarto dos veteranos que participaram de um grupo preparatório se envolveu posteriormente em um TBE. Portanto, os veteranos não apenas responderam melhor ao entrar diretamente no tratamento focado no trauma, mas também eram menos propensos a se envolver em tal tratamento se começassem com um tratamento preparatório.

Em outro ECR realizado com adolescentes na Alemanha, Rosner et al. (2019) adaptaram a TPC para adicionar uma fase inicial começando com o compromisso de aumentar a motivação para o tratamento e a aliança terapêutica e ensinar técnicas de gerenciamento de emoções. A TPC era realizada após a avaliação do tratamento intermediário em 15 sessões durante 4 semanas. Eles encontraram uma ligeira melhora na primeira etapa do tratamento, idêntica à condição de lista de espera. Uma forte melhora ocorreu durante a segunda etapa do tratamento, quando os participantes recebiam TPC. Em sua discussão, Rosner et al. questionaram a necessidade de uma fase de estabilização para os adolescentes.

QUE FATORES INFLUENCIAM A EFICÁCIA DO TRATAMENTO?

Fatores relacionados ao tratamento e ao terapeuta

Uma questão que às vezes surge é se a TPC é apropriada para alguém que não atende a todos os critérios para o diagnóstico de TEPT. Um diagnóstico completo é normalmente usado para fins de pesquisa, mas não é necessário na prática. Dickstein et al. (2013) descobriram que os veteranos com TEPT subclínico se saíram tão bem quanto aqueles que atenderam a todos os critérios para TEPT quando esses grupos receberam a TPC em um ambulatório voltado ao atendimento de veteranos de combate. Pouquíssimos estudos examinaram participantes que não atendem a todos os critérios para TEPT, e esses participantes geralmente são excluídos dos ECRs. Com exceção de McGeary et al. (2022). Eles realizaram um ECR para veteranos com dor de cabeça pós-traumática e sintomas de TEPT. Para inclusão, além das dores de cabeça relacionadas ao traumatismo cranioencefálico, eles tiveram que pontuar 25 ou mais na Escala TEPT Administrada pelo Clínico (CAPS), com um ou mais sintomas de intrusão e um ou mais sintomas de evitação. A maioria acabou preenchendo os critérios para TEPT (85%), mas o grupo como um todo apresentou reduções grandes e significativas após a TPC.

Embora em todos os estudos de Resick os participantes tenham sido solicitados a participar de sessões duas vezes por semana, em vez de semanalmente, é comum que os pacientes faltem às sessões devido a doenças, trabalho, cuidados com as crianças ou problemas de transporte e similares. Gutner et al. (2016) estudaram a frequência de sessões como uma análise secundária da comparação de Resick et al. (2002) de TPC+A e EP. Eles definiram a frequência como o número de dias entre as sessões e descobriram que, quanto maior a média de dias entre as sessões, menor a melhora nos sintomas de TEPT. Recomendamos a TPC duas ou mais vezes por semana (veja os tratamentos intensivos a seguir), se possível, e nunca menos de uma vez por semana.

Larsen et al. (2020) examinaram os efeitos do aumento temporário dos sintomas que às vezes acompanha os tratamentos focados no trauma. Eles descobriram que a maioria dos participantes (67%) experimentou pelo menos um aumento temporário dos sintomas. Esses aumentos não previram abandono, níveis de TEPT pós-tratamento ou perda de diagnóstico provável. Também não houve preditores demográficos para um aumento temporário dos sintomas (idade, sexo, escolaridade, raça/etnia, estado civil, trabalho militar). Esses resultados devem tranquilizar os terapeutas que ficam nervosos ao observar um aumento, geralmente por volta da quarta sessão, mas possivelmente mais tarde na terapia.

Ao conduzir colaborações de aprendizagem em todo o estado, LoSavio, Dillon, Murphy e Resick (2019) desenvolveram uma escala para medir os pontos de bloqueio do terapeuta. Nesse caso, os pontos de bloqueio se referem a crenças sobre a estrutura ou o conteúdo da TPC — particularmente, crenças sobre a recuperação do TEPT e preocupações sobre a implementação de um protocolo estruturado. Eles descobriram que os pontos de bloqueio diminuíram durante o treinamento, mas que os provedores com pontuações mais altas de pontos de bloqueio no final do treinamento eram menos propensos a concluir os requisitos de treinamento para o *status* de provedor, tinham menor fidelidade e eram menos propensos a usar a TPC durante o acompanhamento.

Farmer et al. (2017) analisaram a fidelidade no tratamento, especificamente a habilidade em questionamento socrático, priorizando a assimilação, a atenção às atribuições práticas e a ênfase na expressão do afeto natural, codificando 533 sessões de TPC gravadas. Não houve mudança de sintomas de sessão para sessão com base na fidelidade do terapeuta, mas a habilidade no questionamento socrático e a priorização da assimilação antes da acomodação excessiva foram relacionadas a uma melhora significativa na gravidade dos sintomas de TEPT. Em um estudo de codificação de sessão de Alpert et al. (2023), os preditores de maior probabilidade de conclusão do tratamento incluíram o terapeuta usando o questionamento socrático e menos incentivo do terapeuta ao afeto do paciente. A expressão de empatia do terapeuta não previu o abandono ou os resultados do tratamento. Holder et al. (2018) examinaram a fidelidade do terapeuta em um ECR com vítimas militares de trauma sexual e compararam terapeutas com boa fidelidade ao tratamento com aqueles que tinham fidelidade abaixo da média à TPC. Eles encontraram diferenças significativas nos resultados dos pacientes em TEPT, sintomas depressivos e cognições negativas.

Woolley et al. (2023) codificaram mais de 500 gravações de sessões e descobriram que, em relação à prática fora da sessão com planilhas, a competência do terapeuta com a lição de casa moderou o tempo gasto com essa tarefa e no resultado do tratamento. Mais tempo gasto com a lição de casa foi associado a piores resultados do tratamento, com baixos níveis de competência do terapeuta na lição de casa.

Em um estudo alemão comparando a TCD com TPC e sintomas de personalidade *borderline* (Bohus et al., 2020), uma análise secundária foi conduzida classificando a adesão do terapeuta aos tratamentos (Steil et al., 2023). Maior adesão aos protocolos foi associada à menor gravidade do TEPT, bem como sintomas de personalidade *borderline* e intensidade de dissociação. Isso foi particularmente pronunciado na TPC.

Fatores relacionados ao paciente

Wiltsey Stirman et al. (2021) examinaram a fidelidade ao protocolo TPC por meio de planilhas de classificação realizadas entre e durante as sessões. Eles descobriram que a competência do paciente no preenchimento de planilhas estava associada a uma maior diminuição do TEPT. Alpert et al. (2023) também usaram codificação, mas nesse caso com gravações de sessões de TPC que foram avaliadas por especialistas. Em relação aos pacientes, os preditores de melhores resultados com TEPT incluíram diminuição do medo no paciente, menos evitação de se envolver com o terapeuta e mais flexibilidade cognitiva. A tristeza e a raiva do paciente durante as sessões não previram os resultados dos sintomas ou o abandono do tratamento.

Embora isso possa ser considerado um fator relacionado ao paciente ou ao terapeuta, Chen et al. (2020) compararam a TPC com os cuidados habituais em ambientes ambulatoriais voltados ao atendimento de veteranos de combate. Os pacientes relataram aliança terapêutica semelhante em TPC ou em um tratamento focado no trauma com mais cuidados habituais não diretivos. Usando dados do ensaio de implementação de Monson e colegas (2018), tanto a competência do terapeuta na entrega da TPC quanto a aliança de trabalho terapeuta-cliente foram positivamente associadas aos resultados do tratamento para TEPT (Keefe et al., 2022).

O FUTURO DA PESQUISA DE TPC

Muitos estudos financiados recentemente podem afetar a implementação da TPC no futuro. Devido à menor taxa de abandono com tratamentos administrados intensivamente, mais ECRs serão realizados com administração massiva da TPC (realizada em 1-3 semanas). Para determinar se transtornos comórbidos difíceis, como problemas de sono, transtornos alimentares e transtornos por uso de substâncias, podem ser tratados de forma mais eficaz do que apenas com TPC (sem adicionar tempo ao curso do tratamento), os pesquisadores estão integrando a TPC com outros tratamentos. Alguns estudos estão tentando aumentar a eficácia do aprendizado da TPC com o uso de estimulação cerebral ou psicodélicos. E, embora não seja nova, a TPC nunca foi comparada à terapia de dessensibilização e reprocessamento por movimentos oculares (EMDR – sigla em inglês), e um estudo está em andamento para comparar esses dois tratamentos populares.

3

Avaliação pré-tratamento

Este capítulo aborda as perguntas que os terapeutas costumam fazer sobre quando iniciar a TPC, para quais tipos de clientes ela é apropriada e como avaliar o TEPT e as comorbidades clínicas. No passado, médicos e pesquisadores propuseram que a terapia focada no trauma não poderia começar sem uma extensa construção de relacionamento e o desenvolvimento de habilidades de enfrentamento, embora não houvesse evidências de que isso fosse necessário. Além disso, as terapias focadas no trauma frequentemente não eram oferecidas a clientes com comorbidades, incluindo uso indevido de substâncias, características de transtorno da personalidade, TEPT complexo e sintomas psicóticos ou bipolares. Conforme revisado no Capítulo 2, nossos estudos sobre a TPC incluíram indivíduos com diversas histórias de trauma e apresentações variadas dos sintomas; os critérios de exclusão foram mínimos, e os clientes muitas vezes iniciaram o tratamento imediatamente após a conclusão de sua avaliação de admissão. A orientação a seguir é baseada em nossos vários estudos controlados e de avaliação de programas, bem como em nossa experiência clínica no fornecimento da TPC.

PARA QUAIS CLIENTES A TPC É APROPRIADA?

Estudos epidemiológicos documentam claramente que o TEPT raramente é diagnosticado sozinho. Nesse sentido, a TPC foi desenvolvida para pessoas não apenas com TEPT, mas também com outros distúrbios e condições. Conforme revisado no Capítulo 2, a TPC leva a melhoras em uma série de problemas psicossociais e de saúde mental comórbidos. Isso não é surpreendente, uma vez que a TPC é baseada na terapia cognitiva de Beck (Beck et al., 1979; Beck & Greenberg, 1984), que é eficaz para uma série de transtornos, incluindo condições depressivas, relacionadas à ansiedade e psicóticas. Tanto na pesquisa quanto na prática clínica, usamos a TPC de forma bem-sucedida com indivíduos a qualquer momento após vivenciarem um evento traumático, de 3 meses a mais de 80 anos, e alguns médicos e pesquisadores estão usando-a ainda mais cedo em situações de crise, como combate, violência doméstica, trabalho com refugiados e agressão sexual (por exemplo, transtorno de estresse agudo; ver Nixon et al., 2016). Além disso, a TPC foi implementada, com adaptações, com indivíduos que têm pouca ou nenhuma alfabetização (p. ex., Bass et al., 2013). Dito isso, é importante encontrar maneiras de tornar o material e as técnicas o mais acessíveis possível aos clientes. Nesse sentido, criamos três versões modificadas/simplificadas de algumas planilhas para indivíduos que acham as planilhas originais muito complexas (consulte o Apêndice B).

Além do TEPT, a maioria de nossos clientes em estudos de pesquisa e nos consultórios atende aos critérios para múltiplos diagnósticos de comorbidades, como transtornos depressivos, transtornos de ansiedade, transtornos da personalidade e TUSs. Além disso, indivíduos com "TEPT complexo" também podem ser tratados com TPC imediatamente, apresentando melhoras em uma variedade de sintomas que compõem esse construto (por exemplo, Resick et al., 2003). A TPC também pode ser implementada com pessoas que não atendem necessariamente a todos os critérios para um diagnóstico de TEPT (Dickstein et al., 2013; McGeary et al., 2022; Monson et al., 2018). O único cuidado em casos de TEPT subclínico é que os indivíduos devem ter pelo menos um sintoma intrusivo e um sintoma de evitação relacionado ao trauma, pois esses são considerados sintomas característicos do TEPT que o diferenciam de outras condições. Também é importante lembrar que, se for subclínico, a quantidade de mudança não será tão grande quanto nos casos que começam em níveis mais graves. Se os indivíduos não atenderem aos critérios para TEPT ou pelo menos subclínico, mas tiverem outros diagnósticos, como depressão maior ou transtorno do pânico, eles não devem receber TPC. Em vez disso, eles devem receber um tratamento baseado em evidências para esses distúrbios. Um equívoco comum é que o TEPT é o único transtorno que ocorre após eventos traumáticos; na verdade, uma grande proporção de indivíduos nunca passa a ter TEPT, e alguns podem desenvolver outro(s) transtorno(s).

Os terapeutas costumam perguntar se existem regras rígidas sobre a exclusão de clientes da TPC. Recomendamos que os médicos sigam os mesmos critérios (liberais) que usamos em nossa pesquisa clínica para decidir quando pode ser melhor adiar a intervenção com a TPC. Uma das coisas mais importantes a considerar é se uma pessoa representa algum *perigo iminente* para si ou para os outros, caso em que deverá ocorrer o gerenciamento imediato da crise. Existem linhas de pesquisa que incorporam o planejamento de resposta a crises junto com a TPC para aqueles que têm probabilidade de suicídio (Rozek & Bryan, 2020). Atualmente, estamos testando a TPC aplicada a pessoas com TEPT e TPB comórbidos, integrando o planejamento de segurança (Kuo & Monson, 2020). Ideação suicida e homicida nunca foram critérios de exclusão para a TPC, pois a maioria dos clientes apresenta tais ideações e responde muito bem ao tratamento com TPC. Conforme revisado no Capítulo 2, a ideação suicida melhora com a TPC. Incentivamos os médicos a conceitualizarem o suicídio e a automutilação como comportamentos de evitação, em que os clientes querem escapar de sua angústia, e a compartilharem esse entendimento com seus clientes.

Com relação ao perigo potencial de mais traumatização, temos muitos terapeutas fornecendo TPC nas forças armadas americana, incluindo aqueles destacados para situações de combate, e muitas vezes somos solicitados a fornecer TPC para membros do serviço antes de sua próxima incursão. A TPC também está sendo oferecida a socorristas e profissionais de saúde que são continuamente expostos a eventos potencialmente traumáticos. Da mesma forma, a TPC é usada em abrigos para indivíduos que sofrem VPI. Estudos internacionais apoiam o uso da TPC com indivíduos em meio à guerra e ao genocídio (por exemplo, na República Democrática do Congo; Bass et al., 2013). Nesses casos, é importante identificar cuidadosamente os pontos de bloqueio e diferenciá-los de crenças e avaliações de ameaças que podem ser objetivamente verdadeiras. Por exemplo, um cliente que mora em uma zona de guerra ou um bairro perigoso pode ter a crença "posso ser morto a qualquer momento", o que pode ser verdade; portanto, um terapeuta deve se aprofundar com o cliente para descobrir o que isso significa para ele e se existem situações alternativas no aqui e agora que sejam relativamente mais seguras.

As possíveis contraindicações à TPC são outras condições de saúde mental que podem interferir na conclusão bem-sucedida do tratamento pelos clientes. Duas das preocupações mais significativas são episódio de mania franca ou psicose, se seu nível de gravidade representar uma ameaça potencial para o cliente ou impedi-lo de se manter presente na sessão. Uma vez que essas condições estejam estabilizadas, será mais fácil para esses clientes concluírem a psicoterapia. Indivíduos com TUSs que requerem desintoxicação hospitalar ou ambulatorial para prevenir sintomas de abstinência também podem iniciar a TPC imediatamente se o serviço estiver disponível em seu programa.

A dissociação ou um subtipo dissociativo de TEPT nunca foi um critério de exclusão para a TPC. No entanto, como outras comorbidades (por exemplo, uso indevido de substâncias, distúrbios alimentares), é importante controlar os sintomas dissociativos, pois eles podem interferir no processamento do trauma durante o tratamento. Quando os clientes se apresentam para tratamento e indicam que experienciam dissociação, recomendamos uma análise refinada de sua dissociação (incluindo frequência, contextos, fatores agravantes, nível de consciência ao se dissociar, estratégias usadas para gerenciar de forma eficaz). A dissociação é acionada por gatilhos, mesmo que o cliente não esteja totalmente consciente dos estímulos internos ou externos que a provocam. Eles conseguem identificar esses gatilhos? Além disso, os clientes frequentemente relatam que permitem dissociar-se como uma estratégia para gerir o sofrimento. Nesses momentos, a dissociação está sob seu controle consciente. O mais importante é que terapeutas e clientes discutam estratégias para manter o nível de consciência do cliente o mais alto possível para promover novos aprendizados na sessão e entre as sessões ao realizar tarefas práticas. Além disso, ao contratar o tratamento com clientes com dissociação clinicamente significativa, recomendamos discutir as vantagens potenciais de realizar a TPC+A em relação à TPC, visto que há dados que indicam que os clientes que têm níveis mais altos de dissociação se saem melhor com TPC+A do que com TPC. Isso pode ocorrer pela necessidade de processar o trauma com mais detalhes e de reorganizar memórias fragmentadas em uma narrativa, no caso de indivíduos que dissociaram de forma intensa durante o(s) evento(s) traumático(s) (Resick, Suvak, et al., 2012).

No final, a motivação dos clientes para lidar com seus sintomas de TEPT é provavelmente o fator mais importante a ser considerado na decisão de prosseguir com a TPC. Mesmo clientes com poucas habilidades de enfrentamento, histórias significativas de trauma e várias comorbidades se saíram muito bem nas diferentes versões da TPC. Assim, em resumo, as únicas razões para não iniciar a TPC logo após uma sessão de admissão são suicídio ou homicídio iminente, psicose ou episódios de mania franca e, em alguns casos, uso de substâncias que requerem desintoxicação. Na verdade, muitas vezes, descobrimos que a prontidão dos terapeutas para envolver seus clientes no tratamento focado no trauma é tão importante quanto a prontidão dos clientes. Discutimos isso com mais detalhes no Capítulo 5.

QUANDO O PROTOCOLO TPC DEVE SER INICIADO?

As próximas perguntas que nos fazem com frequência são quantas sessões de tratamento devem ocorrer antes do início do protocolo TPC e se é importante gastar tempo desenvolvendo um relacionamento de confiança com um cliente antes de iniciar o processamento do trauma. Nossa resposta a ambas as perguntas é que as sessões dedicadas exclusivamente à construção de confiança não são necessárias, mesmo que um clínico que não seja o terapeuta TPC tenha concluído o processo de avaliação e admissão psicossocial. Conforme destacado anteriormente (e no Capítulo 2), se o terapeuta esperar semanas ou meses antes de iniciar o processamento do trauma, o cliente pode deduzir que o terapeuta não acredita que o cliente esteja pronto ou seja capaz de lidar com a TPC. Na verdade, a relutância por parte do terapeuta pode realmente reforçar o desejo natural do cliente de evitar o trabalho de trauma, devido aos sintomas de evitação do TEPT. Argumentamos que existe até mesmo uma questão ética em adiar o tratamento focado no trauma, pois o cliente está sendo privado de um tratamento que pode melhorar os sintomas de TEPT e comorbidades.

Em nosso trabalho clínico e estudos de pesquisa, descobrimos que a aliança terapêutica pode se desenvolver muito rapidamente quando o terapeuta usa um estilo socrático de interação com o cliente e é igual à aliança obtida com terapias de suporte (Chen et al., 2020). Esse tipo de diálogo permite que o terapeuta transmita um interesse focado em entender como o cliente pensa e sente seu mundo em geral e o evento traumático em particular. Por fim, se o terapeuta se envolver em sessões de pré-tratamento que são ministradas em um estilo de aconselhamento mais aberto e de apoio, o cliente pode vir a acreditar que é assim que a terapia deve ser, e pode ser difícil remodelar as interações de tratamento para se adequar àquelas necessárias em um tratamento estruturado como a TPC.

Se um terapeuta estiver envolvido na TPC com um novo cliente, recomendamos que, antes do início da TPC, o cliente passe por uma a duas sessões de avaliação e coleta de informações psicossociais (dependendo da duração das sessões e das abordagens de avaliação utilizadas). Essas sessões podem ser conduzidas pelo terapeuta que implementará a TPC ou por outro clínico que realiza avaliações de admissão na clínica ou no ambulatório. A avaliação deve se concentrar em: determinar quais são os pontos fortes do cliente, os possíveis déficits de enfrentamento e o histórico de trauma do cliente; escolher um evento-alvo para avaliar o TEPT e avaliar se o cliente realmente tem TEPT de acordo com uma medida de avaliação padronizada; e identificar se há transtornos comórbidos (particularmente aqueles com sintomas que podem complicar ou interferir no tratamento; consulte a seção anterior).

Se um terapeuta estiver iniciando a TPC com um cliente já estabelecido, será importante pensar na transição do estilo de terapia anterior para a TPC como um tratamento estruturado. Recomendamos que o terapeuta seja muito transparente com o cliente ao discutir a opção de iniciar a TPC. Quando um terapeuta atende um cliente por meses ou até anos, geralmente é mais fácil iniciar essa conversa discutindo os objetivos do tratamento e observando que houve pouco ou nenhum progresso em direção a esses objetivos em algum tempo. Isso oferece uma boa oportunidade para reavaliar os sintomas do cliente e oferecer gentilmente uma nova abordagem. O terapeuta pode fornecer informações sobre a eficácia da TPC com uma ampla variedade de pessoas que sofrem de vários tipos de eventos traumáticos. O terapeuta pode então apontar que tem treinamento nesse tratamento e que acredita que essa intervenção seria muito útil, considerando os sintomas apresentados.

A conversa com o cliente não deve incluir apenas as razões para tentar algo diferente, mas também uma explicação de como a abordagem de TPC será diferente de outros tipos de terapia em termos de estrutura de sessão e expectativas em relação às tarefas fora das sessões. Se o terapeuta não estiver usando intervenções cognitivo-comportamentais, seguindo uma agenda durante as sessões, atribuindo lição de casa ou concentrando-se em um evento traumático específico durante o tratamento, a mudança para a TPC pode parecer bem diferente, e o terapeuta vai querer ter certeza de que o cliente está ciente e confortável com as mudanças. Constatamos que, quando os terapeutas são francos e claros com seus clientes, poucos indivíduos têm dificuldade com a mudança; na verdade, muitos clientes ficam muito empolgados em experimentar algo novo que pode ajudá-los a se recuperar ainda mais de seu TEPT. Uma vez tomada a decisão de iniciar a TPC, é muito importante que o terapeuta busque manter a consistência com o novo processo terapêutico. Os sintomas de evitação do TEPT levarão continuamente o cliente a querer reverter para um tratamento não focado no trauma, portanto, lembrar o cliente da justificativa para a mudança para a TPC pode ser importante durante as sessões iniciais do novo curso de tratamento contratado.

Se o terapeuta ou o cliente não acredita que conseguirão gerenciar juntos a mudança para a TPC, uma opção é encaminhar o cliente para outro terapeuta que ofereça a TPC. Independentemente de um terapeuta estar iniciando a TPC com um cliente novo ou antigo, constatamos que o contrato de tratamento de TPC (discutido posteriormente) é uma ferramenta útil para delinear as expectativas do terapeuta e do cliente, além de facilitar a adesão ao protocolo.

AVALIAÇÃO PRÉ-TRATAMENTO

Reunindo o histórico de trauma do cliente

A maioria dos indivíduos com TEPT apresenta múltiplos traumas. Assim, uma história completa de eventos traumáticos deve fazer parte de qualquer procedimento de admissão. Recomendamos o uso da Lista de Verificação de Eventos da Vida (LEC, do inglês Life Events Checklist; Weathers et al., 2013b) como uma estratégia eficiente e abrangente para avaliar a gama de eventos potencialmente traumáticos que um cliente pode ter experimentado. Esse formulário pede ao cliente que indique se, entre outras coisas, experimentou, testemunhou ou ouviu falar de vários tipos de trauma. Essa lista de verificação pode ser usada com o cliente para determinar o "trauma central". Ao longo deste livro, quando nos referimos ao trauma central, estamos nos referindo ao evento traumático para o qual o cliente está experimentando mais sintomas de TEPT. Na TPC, aconselhamos trabalhar primeiro no trauma central, porque os ganhos terapêuticos nesse trauma provavelmente levarão a melhorias mais rápidas nos sintomas do TEPT e generalizarão para outros traumas, especialmente aqueles que são tematicamente semelhantes (por exemplo, traumas interpessoais na idade adulta e na infância). Ao determinar o trauma central, o clínico deve prestar atenção nestes aspectos: (1) o conteúdo específico das intrusões; (2) o conteúdo de cognições negativas sobre o trauma; e (3) as pessoas, os lugares e os eventos que são evitados. Outra estratégia é perguntar ao cliente qual é o trauma sobre o qual ele *menos* quer falar. Isso fornece dicas sobre o(s) trauma(s) mais evitado(s).

Determinar o evento-alvo nem sempre é uma tarefa fácil. Às vezes, o abuso ocorreu desde quando o cliente se lembra, ou ele tem dificuldade em identificar um evento que seja mais angustiante, pois os eventos traumáticos ocorreram de forma sequencial. Às vezes, os clientes se concentram no evento mais recente e não percebem que tiveram TEPT antes do evento traumático mais recente. Se o terapeuta perguntar: "Qual evento mais te incomoda?", os clientes podem indicar um evento negativo da vida que está atualmente em suas mentes, mas não é necessariamente um estressor traumático. Outras perguntas que podem ser usadas para identificar o trauma central incluem: "Sobre qual deles você tem as memórias ou os pesadelos mais intrusivos?", "Quando você está tentando adormecer à noite, qual evento vem à sua mente?", "Qual evento você espera não ter que falar na terapia ou não quer me contar?" ou "Em qual evento você evita pensar a todo custo?". Os terapeutas devem consultar o DSM-5-TR

(American Psychiatric Association, 2022) ou a 11ª revisão da *Classificação Internacional de Doenças* (CID-11; Organização Mundial da Saúde, 2019) para ajudar na determinação dos eventos do Critério A. Se um cliente relatar que o evento que mais o assombra não é um evento do Critério A, mas que tem outros eventos do Critério A, o cliente deve ser tranquilizado de que esse "evento mais assustador" pode ser abordado durante o tratamento, mas que a TPC deve começar com um estressor traumático do Critério A.

Se um cliente passou por uma série de eventos traumáticos e estressantes, pode ser útil desenvolver uma linha do tempo escrita da vida da pessoa durante a avaliação pré-tratamento, com os eventos significativos marcados nela. A construção da linha do tempo dará ao terapeuta informações sobre estressores significativos que ocorreram, além de quando ocorreram eventos traumáticos. No exemplo mostrado na Figura 3.1, a cliente relatou que o estupro foi o evento-alvo porque ela pensou que seria morta, mas, durante o curso da TPC, tornou-se aparente que muitos de seus pontos de bloqueio eram crenças centrais que ela havia desenvolvido no início da infância, como resultado de ser abusada sexualmente por seu pai.

Muitos de nossos clientes têm traumas de desenvolvimento (por exemplo, abuso sexual e físico na infância) e traumas adultos que envolvem casos repetitivos de traumatização (por exemplo, combate, socorristas, violência por parceiro). Se eventos traumáticos ocorreram repetidamente durante um período, a linha do tempo pode incluir o início e o fim desse tipo de trauma e pode delinear quaisquer eventos particularmente ruins associados a ele. Se o cliente tiver dificuldade em determinar um episódio que se destaca para ele como especialmente difícil, o terapeuta deve avaliar o padrão emblemático da experiência. Por exemplo, um sobrevivente de abuso sexual na infância pode descrever que cada um de seus episódios de abuso envolveu o agressor esperando até que todos na casa estivessem dormindo, acordando-o, ligando a música para abafar quaisquer sons que pudessem acordar os outros, ameaçando-o se fizesse barulho e colocando um travesseiro em seu rosto enquanto o agredia. Os clientes podem relatar variações no padrão, mas também algumas características comuns do padrão de seus abusos repetidos.

Ao entrevistar inicialmente sobre eventos traumáticos, os terapeutas devem se certificar de não usar termos que os clientes ainda não tenham aplicado a si mesmos

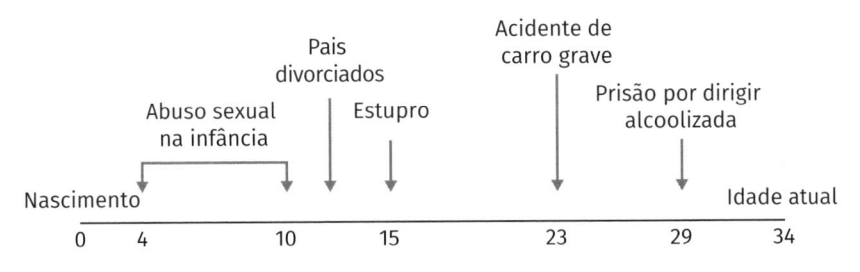

FIGURA 3.1 Exemplo de uma linha do tempo de eventos significativos da vida.

(por exemplo, "estupro", "abuso infantil"). Em vez disso, as perguntas devem usar descritores comportamentais: "Você já foi forçado a ter contato sexual com alguém quando não queria?", "Você já teve algum tipo de contato sexual quando criança com um adulto (ou alguém que era pelo menos 5 anos mais velho que você)?", "Como você foi punido quando criança? Você já se machucou?". (Na linha do tempo e, mais tarde, na terapia, os termos precisos devem ser usados.) Esses tipos de perguntas devem ser seguidos por perguntas que exigem mais detalhes sobre o que ocorreu e quando ocorreu, se havia um agressor (e, em caso afirmativo, qual era o relacionamento do cliente com o agressor), se o trauma ocorreu em uma série de eventos, quanto tempo durou e se houve uma ocasião que se destacou mais do que outras.

Avaliação para TEPT

Uma vez selecionado o evento-alvo, o terapeuta deve avaliar o TEPT com uma entrevista e/ou uma escala de autorrelato. A Escala CAPS-5 (CAPS-5, do inglês Clinician-Administered PTSD Scale; Weathers et al., 2013a) avalia o TEPT de acordo com o DSM-5, indicando *status* diagnóstico e gravidade.* Começar com uma entrevista é importante, se possível, porque o terapeuta pode reorientar o cliente sobre o evento-alvo, se ele tender a usá-lo como uma medida de sofrimento geral ou começar a misturar traumas e seus efeitos. Os terapeutas também podem fazer perguntas de sondagem, para verificar se os clientes realmente atendem ao critério de diagnóstico para um único item, e podem pedir exemplos. Eles podem então identificar se os clientes atendem a todos os critérios para TEPT por pelo menos 1 mês e, portanto, atualmente têm o transtorno. É possível que os médicos precisem avaliar outro evento, se ficar claro que os clientes não têm TEPT para o evento-alvo inicial especificado. Entrevistas formais podem não ser sempre necessárias, especialmente se um diagnóstico formal não for requerido. No entanto, o CAPS-5 é uma ferramenta valiosa, oferecendo excelente orientação para terapeutas que estão começando a trabalhar com TEPT ou para aqueles cujo escopo de prática não inclui a realização de diagnósticos formais. Ele ajuda a determinar se o cliente está apresentando sintomas clinicamente significativos do transtorno. O objetivo de usar uma escala de autorrelato é que os clientes sejam socializados para responder às perguntas com foco no evento traumático-alvo, em vez de estressores gerais da vida. Escalas de autorrelato são usadas durante toda a terapia para avaliar o progresso, da mesma forma que um médico avaliaria a pressão arterial ou mediria a temperatura se o cliente estivesse fisicamente doente.

Existem várias escalas TEPT de autorrelato. A lista de verificação do TEPT para o DSM-5 – PCL-5 sigla em inglês (Weathers, Litz, et al., 2013) é a lista de verificação

---

* N. de R. T. Ver Oliveira-Watanabe TT, Ramos-Lima LF, Santos RC, Mello MF, Mello AF. The Clinician-Administered PTSD Scale (CAPS-5): adaptation to Brazilian Portuguese. Braz J Psychiatry [Internet]. 2019 Jan;41(1):92–3. Disponível em: https://doi.org/10.1590/1516-4446-2018-0136

recomendada, disponível em domínio público, e é consistente com os sintomas de TEPT do DSM-5.* Ela abrange 20 itens pontuados de 0 (nada) a 4 (extremamente), com pontuações mais altas indicando maior gravidade dos sintomas. Existem versões da PCL-5 que pedem aos clientes que relatem a gravidade de seus sintomas no último mês em comparação com a última semana; fornecemos ambas na Ficha 3.1.** Recomendamos o uso da versão mensal na avaliação inicial, para corresponder ao período para o diagnóstico do DSM-5-TR, e da versão semanal ao longo da terapia. Embora haja alguma variabilidade nos pontos de corte clínicos recomendados para o provável diagnóstico de TEPT, recomendamos o uso de uma pontuação total ≥ 31-33 (Bovin et al., 2016), para ser o mais inclusivo possível. Dito isso, conforme discutido anteriormente neste capítulo, se um cliente estiver abaixo do limiar para um diagnóstico de TEPT, a TPC ainda pode ser apropriada se houver sintomas característicos do TEPT (ou seja, intrusões, evitação).

Embora seja possível pontuar a PCL-5 para se concentrar em grupos de sintomas individuais, é mais comum usar um escore total ao longo do tratamento. Duas ressalvas sobre a PCL-5 se referem aos itens 8 e 10. No DSM-5, o item 8 pergunta sobre problemas para relembrar partes importantes da experiência estressante. Esse item tenta avaliar memórias dissociativas ou evitadas. Esse é um sintoma que pode melhorar. No entanto, se a pessoa não se lembrar de um evento porque sofreu um ferimento na cabeça ou estava sob a influência de muito álcool ou drogas (incluindo ser drogada por outra pessoa), ela pode nunca se lembrar. Isso seria um fato, e não um sintoma, porque a lembrança do evento não pode ser melhorada se nunca foi armazenada na memória. Modificamos a PCL-5 neste livro para ajudar com esse item.

O item 10 sobre autocrítica equivocada ou distorcida foi elaborado para identificar a tendência comum das pessoas de se culparem por eventos que não pretendiam, não causaram e não poderiam ter evitado. Essa autocrítica é muitas vezes óbvia para o terapeuta em declarações como "Eu deveria ter sido capaz de lutar contra meu pai" ou "Se eu tivesse quebrado o protocolo, teria salvado meu amigo". A natureza definitiva (por exemplo, "deveria ter", "teria") das afirmações é um indicador da improbabilidade de que sejam verdadeiras.

Por outro lado, a culpa distorcida direcionada a outras pessoas é um pouco mais difícil de detectar com uma medida de autorrelato. A culpa distorcida ocorre quando um cliente culpa alguém próximo ao evento traumático, em vez da pessoa que realmente pretendia causar o dano e cometeu o ato. Por exemplo, em vez de culpar a pessoa que enterrou uma mina que explodiu um caminhão, um soldado com TEPT pode culpar o comandante que enviou as tropas pela estrada, como se o comandante

---

* N. de R. T. Ver Osório FL, Silva TDAD, Santos, RGD, Chagas MHN, Chagas, NMS, Sanches, RF, & Crippa, JADS. (2017). Posttraumatic Stress Disorder Checklist for DSM-5 (PCL-5): transcultural adaptation of the Brazilian version. *Archives of Clinical Psychiatry (São Paulo)*, 44(1), 10–19. https://doi.org/10.1590/0101-60830000000107
** Todas as fichas estão localizadas no final dos capítulos.

soubesse o que iria acontecer. Não é raro culpar a mãe tanto ou mais pelo abuso sexual de um parente do sexo masculino, mesmo que ela não soubesse disso (por exemplo, "Ela deveria saber, mesmo que estivesse no trabalho"). Culpar alguém próximo ao evento ou à vítima permite que o cliente mantenha a ilusão de que o evento era evitável e traz o foco para alguém que, de fato, não pretendia prejudicar. Se os terapeutas não explicarem cuidadosamente o item 10 da PCL-5, é possível que não haja mudança nas pontuações dos clientes se eles deixarem de culpar um espectador inocente para culpar o verdadeiro agressor. O administrador da medida de autorrelato pode precisar verificar se há uma mudança em relação a quem o cliente está culpando pelo evento ao longo do tratamento. Novamente, modificamos ligeiramente o item neste livro para ajudar nessa distinção.

Avaliação do TEPT complexo

Em ambientes de prática que usam a CID-11 como nomenclatura diagnóstica, existe a opção de diagnosticar o TEPT complexo (TEPT-C). Na CID-11, o TEPT consiste em três grupos de sintomas primários: (1) revivência do evento traumático no presente, (2) evitação de lembranças traumáticas e (3) uma sensação de ameaça atual. O TEPT-C inclui esses elementos centrais do TEPT, bem como distúrbios na auto--organização (DAO) que são difundidos e ocorrem em vários contextos. Esses distúrbios são organizados em (1) dificuldades de regulação emocional (por exemplo, problemas para se acalmar), (2) autoconceito negativo (por exemplo, crenças sobre si mesmo como inútil ou um fracasso) e (3) dificuldades de relacionamento (por exemplo, evitar relacionamentos).

A Entrevista Internacional de Trauma (EIT) foi validada como uma medida administrada por clínico para avaliar TEPT e TEPT-C de acordo com a CID-11 (Bondjers et al., 2019). A primeira parte da entrevista é baseada na CAPS-5 (Weathers et al., 2013a) e inclui dois itens para cada um dos três grupos de sintomas de TEPT. Cada sintoma é avaliado em relação à sua intensidade e frequência no último mês, para determinar uma classificação em uma escala de 5 pontos (0 = ausente, 4 = extremo). A primeira parte também inclui duas perguntas sobre comprometimento no funcionamento social e ocupacional em relação aos sintomas do TEPT e é pontuada de "Sem impacto adverso" (0) a "Impacto extremo, pouco ou nenhum funcionamento" (4). A segunda parte da entrevista diz respeito aos sintomas de DAO, com dois itens por grupo de sintomas. A EIT gera uma pontuação de gravidade para TEPT (intervalo = 0 a 24), DAO (intervalo = 0 a 24) e uma pontuação combinada de TEPT-C (intervalo = 0 a 48), bem como pontuações de gravidade do grupo (todos os intervalos = 0 a 8).

O Questionário Internacional de Trauma (QIT; Cloitre et al., 2018) é uma medida de autorrelato projetada para avaliar os sintomas de TEPT e TEPT-C. O QIT inclui seis itens que medem os elementos centrais do TEPT, e esses itens são respondidos em termos de quão incômodo esse sintoma foi no mês passado. O QIT também inclui seis itens que medem os elementos de DAO do TEPT-C. Esses itens são respondidos em termos de como um entrevistado normalmente se sente, pensa sobre si mesmo e se relaciona com os outros. Os sintomas de TEPT e DAO são acompanhados por três itens que medem as deficiências funcionais associadas nos domínios social, ocupacional e outras áreas importantes da vida. Todos os itens do QIT são respondidos em uma escala Likert de 5 pontos, variando de 0 (nada) a 4 (extremamente). Assim, os escores de sintomas de TEPT e DAO variam de 0 a 24 (ou seja, a soma dos seis itens de cada subescala), e os escores de sintomas de TEPT-C variam de 0 a 48 (ou seja, a soma dos 12 itens do QIT).

Há pesquisas empíricas para apoiar o uso da TPC para melhorar os sintomas adicionais de DAO capturados no diagnóstico de TEPT-C da CID-11 (Resick et al., 2003). Você pode optar por usar essas medidas ou medidas dessas comorbidades e problemas com outras medidas de autorrelato (revisadas mais adiante). Os estudos de TPC nunca excluíram pacientes com apresentações complexas de TEPT, e seria seguro dizer que muitos, senão a maioria dos pacientes que procuram tratamento, apresentam problemas com regulação de afeto, autoconceito negativo e dificuldades de relacionamento. A TPC mostrou melhorias, independentemente da complexidade dos casos, particularmente em um formato de duração flexível (ver Capítulo 18).

Avaliação de condições comórbidas e outras considerações clínicas

Conforme descrito no Capítulo 2, problemas psicossociais e de saúde mental concomitantes são comuns no TEPT, e a TPC foi testada com uma ampla gama de indivíduos com essas questões. Dito isso, é importante que um terapeuta considere essas outras condições na conceitualização de caso individual de um determinado cliente (ver Capítulo 4) e ajude o cliente a gerenciá-las para aproveitar ao máximo a TPC. Na maioria das vezes, esses problemas melhoram junto com a melhora bem-sucedida do TEPT, mas os sintomas dessas condições podem precisar ser tratados durante o curso do tratamento para não interferir no seu sucesso. Um cliente também pode ter pontos fortes ou limitações psicossociais que o terapeuta pode ajudá-lo a alavancar ou tratar para obter o máximo benefício da TPC (por exemplo, funcionamento familiar). Além disso, o terapeuta deve considerar questões de desenvolvimento ao longo da vida ao trabalhar com clientes individuais. Essas questões são abordadas mais adiante neste capítulo.

Depressão

Os transtornos depressivos são os transtornos comórbidos mais comuns com TEPT. A depressão não é uma regra para a TPC, conforme observado no Capítulo 2, e os estudos de resultados do tratamento sobre a TPC encontraram mudanças substanciais e duradouras nos sintomas depressivos, juntamente com a melhora dos sintomas do TEPT. O Questionário de Saúde do Paciente-9 (PHQ-9; Kroenke et al., 2001), um módulo mais longo do Questionário de Saúde do Paciente (PHQ), é um instrumento breve para triagem e monitoramento da depressão; deve ser usado se um cliente tiver depressão, além do TEPT. O PHQ-9 é fornecido na Ficha 3.2.

Para alguns clientes e terapeutas, pode ser tentador iniciar os antidepressivos ao mesmo tempo que a TPC, adotando o ditado de que "mais é melhor". No entanto, se um cliente está iniciando ou aumentando um medicamento enquanto inicia a psicoterapia, nem o cliente nem o médico saberão qual elemento do tratamento foi mais eficaz. Assim, quando o cliente começa a se sentir melhor, ele pode atribuir a mudança à medicação, mesmo que não seja o caso, e pode não atribuir a mudança aos seus próprios esforços na TPC. Isso pode levar o cliente a decidir abandonar o tratamento, acreditando que só precisa dos medicamentos para controlar os sintomas. Achamos útil alertar os clientes que iniciam a TPC ao mesmo tempo que os medicamentos que eles não devem presumir que todos os ganhos resultam dos medicamentos, interrompendo assim o tratamento. Em vez disso, eles devem completar o protocolo TPC e, em seguida, ter seu TEPT e sintomas depressivos formalmente avaliados ao final do tratamento.

É igualmente importante colaborar com os prescritores/psiquiatras dos clientes caso eles comecem a apresentar um aumento nos sintomas durante o protocolo. Alguns prescritores/psiquiatras presumirão que esses clientes precisam de uma dose mais alta e farão essa alteração automaticamente se não forem informados sobre o risco de alguns clientes experimentarem piora dos sintomas (por exemplo, mais pesadelos ou ruminação sobre o evento traumático) durante o tratamento. Infelizmente, ainda não temos uma vasta literatura sobre a combinação ou o sequenciamento de medicamentos e psicoterapia para TEPT para nos guiar nesse momento. A comunicação aberta entre os médicos pode auxiliar na tomada de decisões sobre a adequação e o sequenciamento da medicação com a TPC.

Transtornos por uso de substâncias

Constatamos que os clientes usuários de substâncias podem se sair muito bem na TPC, especialmente se forem tomadas medidas para ajudar a aumentar a probabilidade de seu sucesso. Primeiro, uma avaliação completa do uso de substâncias deve ser realizada para determinar se os clientes precisam de um programa de desintoxicação médica antes de iniciar o tratamento. Em segundo lugar, os terapeutas podem querer empregar técnicas de entrevista motivacional (EM) para ajudar os clientes a se comprometerem a não usar substâncias antes, durante ou após as sessões de terapia ou os horários que alocam para a conclusão da tarefa prática. Dito isso, tratamos com muito sucesso clientes que fazem uso significativo de substâncias (por exemplo, álcool, heroína, cocaína e maconha), não restringindo totalmente o uso e não punindo os clientes ou interrompendo o tratamento se eles tiverem compulsão ou recaídas entre as sessões. Em vez disso, normalmente rotulamos o uso de substâncias como uma forma de evitação e trabalhamos com os clientes para identificar os pontos de bloqueio que levaram ao seu uso, bem como pontos de bloqueio específicos sobre o uso que estão dificultando a recuperação dos clientes. Além disso, não descartamos iniciar a TPC logo após a conclusão de um programa de tratamento de uso de substâncias; na verdade, muitas clínicas americanas com programas de uso de substâncias estão adotando a TPC como parte de seu tratamento. Frequentemente, quando os clientes diminuem ou param de usar substâncias, eles experimentam um aumento de pesadelos, *flashbacks* e emoções dolorosas que não estão mais sendo medicadas pelas drogas. Esse pode ser o momento ideal para iniciar o tratamento, enquanto os clientes estão motivados e antes que os sintomas do TEPT causem uma recaída ou uma mudança para outro comportamento de evitação doentio.

Transtornos psicóticos e afetivos bipolares

Indivíduos com transtornos psicóticos e afetivos bipolares bem gerenciados têm conseguido se envolver com sucesso na TPC. É importante que o terapeuta consulte o psiquiatra do cliente e outros provedores de tratamento para conscientizá-los sobre o início da TPC e envolvê-los no monitoramento, caso ocorra alguma mudança no estado mental do cliente, ainda que improvável. O terapeuta provavelmente também precisará tranquilizar outros provedores sobre a segurança da TPC para clientes com distúrbios psicológicos graves e persistentes, citando a pesquisa de resultados sobre TPC. É importante destacar que diminuir a carga de sintomas de TEPT nesses clientes pode torná-los menos suscetíveis a recaídas de suas outras condições graves de saúde mental.

Nossa experiência mostra que os clientes com transtornos psicóticos podem ser mais rígidos do que outros clientes em seu modo de pensar. Além disso, os sintomas de hipervigilância do TEPT podem se sobrepor ou exacerbar a paranoia experimentada por esses clientes. Assim, o terapeuta deve tomar cuidado no uso do questionamento socrático para minimizar a defensiva. Caso os sintomas do cliente comecem a se intensificar diante de questionamentos ao seu modo de pensar, o terapeuta deve recuar imediatamente, para evitar que o pensamento do cliente se torne ainda mais arraigado. Incentivar o cliente a explorar seu próprio pensamento com as planilhas cognitivas pode ser mais benéfico; durante esse processo, o terapeuta deve estar especialmente sintonizado para se juntar ao cliente e desenvolver uma forte aliança de trabalho para navegar na paranoia do cliente.

Risco de danos a si mesmo e aos outros

Muitos clientes com TEPT que se envolvem em TPC relatam ideação suicida e homicida. Conforme observado, é apropriado que tal cliente busque a TPC, desde que não haja um plano ou uma intenção iminente de prejudicar a si mesmo ou a outros. O terapeuta deve monitorar consistentemente quaisquer mudanças no risco nessas áreas e deve estabelecer um plano de segurança que seja mantido. Da mesma forma, os clientes podem ter um histórico de comportamento autolesivo. Os ECRs geralmente exigem que os clientes mantenham um período de 3 meses sem automutilação. Na prática clínica, tratamos clientes com histórias mais recentes de automutilação e interagimos com clientes em estudos de pesquisa que não se automutilaram durante os 3 meses anteriores, mas que se envolveram em tal comportamento durante o tratamento. Uma de nós também tratou uma mulher com tricotilomania grave com início na infância; para ela, puxar o cabelo serviu como uma estratégia de gerenciamento/distração da ansiedade. Contanto que um cliente autolesivo não esteja envolvido em *automutilação potencialmente letal*, acreditamos que é seguro (e, em última análise, melhor para o cliente) tentar um curso de TPC para diminuir a necessidade de tal comportamento de fuga. É claro que a automutilação deve ser abordada e monitorada diretamente.

O comportamento imprudente e agressivo em relação aos outros foi reconhecido como um sintoma potencial de TEPT. Isso representa um maior reconhecimento do aspecto de "luta" da resposta peritraumática de luta-fuga-congelamento do sistema nervoso simpático. O comportamento imprudente pode ser visto em clientes adolescentes e jovens adultos que dirigem muito rápido, se envolvem em comportamento sexual imprudente ou têm outros comportamentos impulsivos. Temos uma vasta experiência no tratamento de veteranos que apresentaram tal comportamento. Assim como o comportamento de automutilação, o comportamento agressivo em relação aos outros pode servir como uma estratégia disfuncional de regulação emocional. A probabilidade de comportamento agressivo também pode ser potencializada pelo uso de substâncias, que geralmente é comórbido com TEPT. Assim, os médicos da TPC devem avaliar e monitorar cuidadosamente o uso de substâncias e o potencial de agressão contra outras pessoas ou outro comportamento imprudente. Uma de nós tinha um cliente com histórico de uso de substâncias, um extenso histórico de brigas com outras pessoas e um histórico de violência contra sua esposa e seus filhos. Esse cliente achou seu comportamento agressivo inconsistente com sua autoimagem desejada e estava disposto a se envolver na TPC com o objetivo de diminuir seus sintomas de TEPT, seu uso de substâncias e seu comportamento agressivo.

É importante que o terapeuta, assim como o cliente, entenda que a ideação suicida/agressiva/homicida, bem como a automutilação e o dano aos outros, representam esforços para evitar e escapar das emoções. Em reação ao sofrimento emocional, os clientes podem se envolver em tal ideação ou comportamento em um esforço para escapar da dor psicológica. Fazer isso serve para reforçar a evitação de emoções e, consequentemente, mantém a percepção deles de que não podem tolerar suas emoções naturais ou fabricadas. Devem ser encorajados a abraçar e mergulhar nas emoções naturais que emanam dos eventos traumáticos que sofreram, porque essas emoções seguirão seu curso natural e diminuirão se forem experimentadas, em vez de evitadas. As emoções fabricadas, que são produtos dos esforços para assimilar o trauma e as crenças superacomodadas resultantes do trauma, devem ser abordadas diretamente com o uso de planilhas cognitivas.

Traços de transtorno da personalidade

Conforme descrito no Capítulo 2, indivíduos com transtornos da personalidade comórbidos nunca foram excluídos dos ensaios ou da prática clínica da TPC; de fato, há evidências de que essas características melhoram no decorrer da TPC. Dito isso, indivíduos com transtornos da personalidade ou traços desses transtornos podem exigir mais trabalho por parte de seus terapeutas para gerenciar seus pensamentos, suas emoções e seus comportamentos característicos.

Os traços de transtorno da personalidade mais típicos que os médicos antecipam ou acham difícil de gerenciar na TPC são traços de TPB. Mais especificamente, dificuldades com a regulação emocional e comportamentos impulsivos relacionados (por exemplo, automutilação e suicídio) podem interferir no tratamento. Descobrimos que a estrutura e as expectativas claras do protocolo ajudam a conter emocionalmente esses clientes. Se forem propensos a crises, recomendamos que os médicos façam um contrato com os pacientes para ter um certo número de sessões não protocolares ou "urgentes" (geralmente, duas sessões) que os pacientes podem optar por usar ao longo do tratamento. Ao apresentar um problema urgente, os clientes são questionados se desejam usar uma de suas sessões não protocolares contratadas para discutir o problema. Se os clientes souberem com antecedência que têm um número limitado dessas sessões não protocolares e tiverem controle sobre quando as usarão, isso tende a diminuir sua tendência de apresentar cronicamente problemas urgentes. Se um cliente optar por não utilizar uma sessão contratada, um terapeuta ainda pode abordar o problema no final da sessão, para reforçar a conclusão do trabalho focado no trauma, ou pode incorporar o problema à habilidade que está sendo ensinada em uma determinada sessão (por exemplo, o terapeuta pode identificar um ponto de bloqueio relacionado ao problema e atribuí-lo como o tópico de uma planilha de perguntas exploratórias). Independentemente do tema, o terapeuta deve permanecer dentro da estrutura cognitiva e usar materiais da TPC adequados ao estágio de tratamento do cliente.

Os terapeutas devem estar cientes de outros traços de transtorno da personalidade que podem afetar o processo terapêutico. Por exemplo, aqueles com traços de transtorno da personalidade evitativa podem ser particularmente resistentes a abordar *versus* evitar. Indivíduos com traços de transtorno da personalidade narcisista podem achar mais difícil desenvolver os elementos inespecíficos necessários em qualquer psicoterapia (como aliança de trabalho e empatia) ou podem ser relativamente mais defensivos do que outros clientes ao se envolverem em um diálogo socrático. Pessoas com traços de transtorno da personalidade obsessivo-compulsiva podem ser mais rígidas em seu pensamento e se prender ao processo de preencher as planilhas cognitivas com precisão, em vez de usá-las como um recurso para desenvolver pensamentos alternativos sobre eventos traumáticos ou cotidianos, conforme o propósito original das planilhas. Não é incomum ver traços de personalidade dependente em mulheres que foram abusadas por parceiros e cuja autoestima foi tão prejudicada que elas não acreditam que podem tomar decisões ou sobreviver por conta própria. É fundamental evitar oferecer respostas ou conselhos diretos, mantendo uma abordagem socrática para que possam aprender as habilidades da TPC por conta própria.

Conforme discutido no capítulo sobre conceitualização cognitiva de caso (Capítulo 4), os médicos são encorajados a pensar nos traços de transtorno da personalidade como resultados de esquemas/crenças centrais desenvolvidas no início da vida, que orientam como as pessoas processam informações sobre si mesmas, os outros e o mundo. Quando são considerados dessa forma, os traços de personalidade são modificáveis; eles não constituem uma sentença de prisão perpétua de funcionamento prejudicado. Também explica por que a TPC resulta em mudanças nos traços de personalidade. Embora os terapeutas possam precisar trabalhar mais com esses clientes para manter a fidelidade ao protocolo, vimos melhoras significativas nos sintomas do TEPT, nas comorbidades e no funcionamento geral desses clientes.

Interrupções do sono

O protocolo TPC não inclui intervenções específicas para lidar com distúrbios do sono (como higiene do sono e restrição do sono). Conforme revisado no Capítulo 2, descobriu-se que a TPC melhora o sono (Pruiksma et al., 2016); no entanto, em alguns casos, o tratamento do TEPT antes ou depois da terapia cognitivo-comportamental para insônia (TCC-I; Edinger & Carney, 2008; Taylor & Pruiksma, 2014) pode melhorar os resultados do tratamento (Taylor et al., 2023).

Para pessoas com insônia ou problemas gerais associados ao sono, as cognições relacionadas ao distúrbio do sono podem ser melhoradas com as tarefas práticas da TPC. Por exemplo, aqueles com distúrbios do sono muitas vezes catastrofizam sobre sua perda de sono (por exemplo, "Se eu não dormir pelo menos 7 horas, não poderei trabalhar amanhã" ou "Meu corpo está sendo permanentemente prejudicado pela minha insônia"). Os terapeutas devem ter em mente que o foco no distúrbio do sono pode servir como estratégia para evitar o material relacionado ao trauma; portanto, recomendamos que esse trabalho cognitivo ocorra por meio do uso de planilhas fora das sessões. Se um cliente concluir o protocolo bem-sucedido de TPC e o distúrbio do sono persistir, recomendamos estabelecer um plano para um protocolo de TCC-I ou encaminhar o cliente a um médico com experiência nessas intervenções específicas.

Medicamentos

Em ensaios clínicos, os clientes são solicitados a manter seu esquema psicofarmacológico, a fim de descartar a possibilidade de que o início ou alterações nos medicamentos possam ser responsáveis por alterações no TEPT ou em condições de comorbidade. Na prática clínica, incentivamos os médicos a firmar um acordo com seus clientes e consultar seus psiquiatras para garantir que o regime medicamentoso seja mantido durante o curso da TPC. Como sugerido anteriormente, quando as mudanças de medicação são feitas durante a psicoterapia, os clientes tendem a atribuir quaisquer alterações em sua sintomatologia às mudanças de medicação, e não à psicoterapia, o que pode prejudicar a autoeficácia e o senso de realização dos clientes na terapia. De modo geral, é importante transmitir aos clientes que as mudanças são resultado de seu esforço e não podem ser atribuídas aos medicamentos, aos médicos ou aos terapeutas. Por outro lado, é importante que os clientes não parem de tomar medicamentos bruscamente. Isso pode produzir efeito rebote, o que pode levar à interrupção do tratamento e ser mal interpretado. Por fim, os clientes e (sempre que possível) os terapeutas da TPC devem consultar os médicos sobre o uso de medicamentos, especialmente agentes ansiolíticos, que podem ser prescritos conforme necessário. Esses medicamentos podem impedir o surgimento de emoções naturais e podem se tornar viciantes e um meio de evitação se tomados pouco antes de uma sessão de terapia ou quando os clientes estão fazendo as tarefas práticas.

Envolvimento da família

Até agora, vários estudos documentam a importância de fatores interpessoais, incluindo o funcionamento familiar, nos resultados individuais do tratamento para TEPT. Em um estudo inicial comparando a exposição imaginária individual e a terapia cognitiva para TEPT, Tarrier e colaboradores (Tarrier, Sommerfield, & Pilgrim, 1999) descobriram que os pacientes cujos parentes exibiam altos níveis de crítica ou hostilidade (ou seja, alta "emoção expressa") exibiam significativamente menos melhora nos sintomas de TEPT, nos sintomas depressivos e na ansiedade geral após o tratamento do que pacientes com parentes que expressavam baixos níveis desses comportamentos. Da mesma forma, Monson e colaboradores (Monson, Rodriguez, & Warner, 2005) estudaram o papel das variáveis de relacionamento interpessoal em duas formas de TCC em grupo para veteranos com TEPT. As duas formas foram a TCC focada no trauma (ou seja, exposição a memórias traumáticas e reestruturação cognitiva de crenças relacionadas ao trauma) e o tratamento focado em habilidades (ou seja, habilidades de gerenciamento de sintomas sem foco em memórias e lembranças traumáticas). Embora não tenha havido diferenças nos resultados do TEPT nas duas formas de tratamento, o funcionamento do relacionamento íntimo pré-tratamento foi mais fortemente associado aos resultados do tratamento na terapia focada no trauma do que no tratamento focado em habilidades. No grupo focado no trauma, existia uma relação mais forte entre o funcionamento do relacionamento íntimo pré-tratamento e os resultados da perpetração da VPI. Um melhor ajuste do relacionamento íntimo no pré-tratamento foi associado a níveis mais baixos de perpetração da VPI no acompanhamento para veteranos que receberam tratamento focado no trauma *versus* tratamento focado em habilidades.

Em uma linha relacionada, estudos investigaram o papel do apoio social pré-tratamento nos resultados do tratamento do TEPT. Usando dados de um ECR comparando a exposição e/ou intervenções cognitivas com o relaxamento para civis com TEPT crônico, Thrasher e colaboradores (2010) investigaram os efeitos do apoio social percebido específico para lidar com os efeitos do trauma, calculado a partir de duas pessoas importantes indicadas por cada participante (a maioria eram membros da família). O apoio social pré-tratamento foi positivamente associado aos resultados do tratamento do TEPT em todas as condições. No entanto, o efeito do apoio social pré-tratamento foi mais forte entre aqueles que receberam exposição e/ou intervenção cognitiva do que entre aqueles na condição de relaxamento.

Com base nessas descobertas, agora existem várias intervenções de casal/família resumidas (por exemplo, Meis et al., 2022; Thompson-Hollands et al., 2021) e estendidas (por exemplo, Monson & Fredman, 2012; Sautter et al., 2015) para TEPT. As intervenções breves são usadas juntamente com tratamentos focados no trauma para TEPT, incluindo TPC. Eles fornecem informações psicoeducacionais importantes sobre o TEPT e a justificativa para fazer o tratamento focado no trauma. Há também uma ênfase nas maneiras pelas quais os entes queridos podem estar "acomodando" os sintomas do TEPT ou contornando os sintomas para minimizar o sofrimento que aqueles com TEPT experimentam (por exemplo, Fredman et al., 2014). Essa acomodação mantém os sintomas do TEPT e interfere nos resultados ideais do tratamento do TEPT focado no trauma. Por exemplo, algumas pessoas importantes para o paciente podem contribuir para a evitação, oferecendo-se para fazer todas as compras em lojas lotadas ou para dirigir (ou, inversamente, nunca dirigir, para que os clientes possam ter o controle). Elas podem tentar convencer os clientes a desistir da terapia mais cedo se eles diminuírem sua evitação e, posteriormente, tiverem mais pesadelos ou *flashbacks*. Elas podem perceber que a terapia está piorando os clientes e podem não perceber que os clientes estão finalmente processando suas emoções naturais e pensando sobre o significado dos eventos traumáticos. Alguns cônjuges/parceiros ou outros membros da família podem se sentir ameaçados por estarem perdendo papéis importantes em seus relacionamentos com os clientes e podem temer que não sejam mais necessários. São apresentadas formas alternativas de mostrar cuidado e preocupação que estejam em harmonia com as intervenções focadas no trauma. As terapias estendidas de casal/família para TEPT não devem ser usadas simultaneamente com a TPC, porque são elaboradas como intervenções autônomas para TEPT, administradas em um quadro de terapia conjunta/de casal para melhorar o TEPT, o funcionamento relacional, a saúde mental e o bem-estar do parceiro.

Em resumo, esses estudos sugerem que os familiares podem desempenhar um papel importante no sucesso da TPC com os pacientes. Como resultado, sugerimos que os médicos pelo menos considerem incluir membros da família ou outras pessoas próximas na avaliação dos clientes. Alguns pacientes podem não ter uma boa visão de seus sintomas de TEPT; relatórios colaterais sobre esses sintomas podem, portanto, ser úteis para obter uma imagem completa de seu tipo e sua gravidade. Além disso, as avaliações colaterais podem ser extremamente importantes em várias comorbidades possíveis. Por exemplo, os clientes podem não relatar ou minimizar distúrbios ou sintomas relacionados ao impulso (ou seja, uso de substâncias, sintomas de transtorno alimentar, uso de pornografia). Pacientes com sintomas dissociativos também podem estar menos cientes da extensão de seus sintomas.

Incluir outras pessoas significativas como informantes colaterais no processo de avaliação também pode servir como uma porta de entrada para incorporar essas outras pessoas na provisão de TPC. Recomendamos, se possível, que outras pessoas significativas ouçam dos médicos a justificativa e a visão geral do tratamento; se isso não for possível, os clientes devem ser incentivados a compartilhar sua compreensão desse material com pessoas significativas. O *site* do National Center for PTSD, do Departamento de AV dos EUA (*www.ptsd.va.gov*), tem informações muito boas sobre TEPT para famílias, bem como informações sobre TPC. Além disso, os clientes devem estar cientes das maneiras pelas quais os entes queridos podem estar interferindo no tratamento, consciente ou inconscientemente. Por exemplo, uma de nós teve um cliente que relatou que sua esposa estava sendo "útil" para ele ao fazer relatos de trauma, oferecendo-lhe uma taça de vinho antes de começar a escrevê-los.

Avaliação contínua

A avaliação não é apenas para a determinação inicial de se os clientes atendem aos critérios para TEPT e transtornos comórbidos. A avaliação deve ocorrer durante todo o tratamento. Se os clientes forem atendidos uma vez por semana, a lista de verificação PCL-5 (ou outra medida de autorrelato do TEPT) deve ser administrada uma vez por semana. Se os clientes forem atendidos mais de uma vez por semana, ela não deve ser administrada mais do que duas vezes por semana.

A PCL-5 deve ser administrada regularmente para determinar se os clientes estão se recuperando ou não e quais sintomas melhoraram ou não. Se as pontuações do TEPT de um cliente não estiverem diminuindo, especialmente após cinco ou seis sessões com foco significativo no evento-alvo, recomendamos que o terapeuta considere vários motivos diferentes pelos quais isso pode estar ocorrendo. A primeira classe de considerações tem a ver com a medição. É importante que o terapeuta determine se o cliente está ou não completando a PCL-5 ancorando os itens de volta ao evento-alvo em vez de medir seu sofrimento geral. Ele está considerando um estressor recente ao completar a medida? Ele mudou o evento-índice em relação ao evento-índice original? Alguns clientes minimizaram o relato de seus sintomas de TEPT na admissão por vários motivos (por exemplo, implicações no trabalho, menor percepção dos sintomas do TEPT), fazendo com que pontuações mais altas em todo o tratamento potencialmente pareçam exacerbações ou fazendo com que as melhoras pareçam menos substanciais. Outra classe de considerações são aquelas relacionadas às implicações da melhora dos sintomas do TEPT. Mais especificamente, quais são as consequências (ou não) se houver melhorias em uma medida objetiva do TEPT? Seria esperado mais dos clientes em casa ou em seus relacionamentos se eles melhorassem? Os clientes têm preocupações sobre sua identidade se não tiverem TEPT (por exemplo, "Se eu não tiver TEPT, isso significa que o que aconteceu comigo não foi tão ruim?", "Quem sou eu se não tenho TEPT?")? Outra coisa a verificar é o quanto o paciente tem praticado entre as sessões. Preencher apenas uma planilha não é suficiente. A última classe de considerações está relacionada ao conteúdo e à entrega do tratamento. O terapeuta tem focado em pensamentos excessivamente acomodados em vez de pensamentos assimilados? Em uma linha semelhante, existem pontos de bloqueio assimilados que foram perdidos? Outra possibilidade é que o cliente tenha deixado de fora uma parte essencial do incidente por algum motivo, impedindo, assim, o processamento completo do evento traumático. O terapeuta também pode querer considerar se o cliente está tentando assimilar o trauma na proteção de ideias mais assustadoras para manter uma crença central (por exemplo, "Se eu realmente acredito que não poderia ter feito outra coisa durante o evento traumático, então eu teria que aceitar que o mundo é imprevisível e incontrolável"). Essa classe de considerações é elaborada em mais detalhes ao longo do protocolo de sessão a sessão, a partir do Capítulo 6.

FICHA 3.1
Lista de Verificação do TEPT (PCL-5) Modificada: Escala e Pontuação

Data: _____   Cliente: _____

Para seus propósitos, some as pontuações do seu cliente nos 20 itens. Se a pontuação total for 28 ou superior, ele provavelmente tem TEPT. Você pode acompanhar as pontuações do seu cliente representando-as no gráfico de PCL, ao final desta ficha. Uma pontuação de 18 ou menos indica que a pessoa não tem TEPT. Pontuações entre 18 e 28 indicam TEPT parcial/subclínico e podem justificar o tratamento com TPC se o paciente estiver passando por sofrimento por causa disso.

Existem duas versões da PCL-5:

1. A PCL-5 Mensal é administrada antes do início da Sessão 1 da TPC. Ela usa o *mês* anterior como referência de período. Existe um formato alternativo da PCL-5 Mensal, que pode ser usado antes do início da Sessão 1 para avaliar o trauma do Critério A com mais profundidade (PCL-5 com breve avaliação do Critério A).

2. A PCL-5 Semanal é usada durante a TPC para a Sessão 2 e para todas as outras sessões. Lembre o cliente de usar apenas a *semana* anterior como o período de tempo para cada item. Marque-a imediatamente após o recebimento e peça ao cliente os esclarecimentos necessários.

Se as pontuações do cliente não diminuírem significativamente na Sessão 6, o terapeuta deve explorar se o cliente ainda está evitando o afeto, se está se envolvendo em automutilação ou outro comportamento que interfira na terapia ou se não mudou suas crenças assimiladas sobre o evento traumático. Nesse ponto, será importante processar a falta de melhora com o cliente.

(Continua)

Da Lista de Verificação do TEPT para DSM-5 (PCL-5) por Weathers, Litz, et al. (2013). A escala está disponível no National Center for PTSD em *www.ptsd.va.gov* e é de domínio público. Adaptada em Osório FL, Silva TDAD, Santos, RGD, Chagas M HN, Chagas NMS, Sanches RF, & Crippa JADS. (2017). Posttraumatic Stress Disorder Checklist for DSM-5 (PCL-5): transcultural adaptation of the Brazilian version. *Archives of Clinical Psychiatry (São Paulo), 44(1)*, 10–19. https://doi.org/10.1590/0101-60830000000107. Os compradores deste livro podem baixar cópias adicionais desta planilha na página do livro em loja.grupoa.com.br.

FICHA 3.1 *(p. 2 de 7)*
PCL-5 Modificada com breve avaliação do Critério A: mensal

Instruções: Este questionário pergunta sobre problemas que você possa ter tido após uma experiência muito estressante envolvendo *morte real ou ameaça de morte, ferimentos graves* ou *violência sexual*. Essas experiências podem ser algo que aconteceu diretamente com você, algo que você testemunhou, ou algo que você ficou sabendo ter acontecido com um familiar próximo ou amigo próximo. Alguns exemplos são: *um grave acidente, incêndio, catástrofes como furacão, tornado ou tremor/deslizamento de terra; agressão ou abuso físico ou sexual; guerra; homicídio;* ou *suicídio.*

Em primeiro lugar, por favor, responda a algumas perguntas sobre o seu *pior evento*, o qual, para este questionário, significa o evento que mais incomoda você neste momento. Esse evento pode ser um dos exemplos acima ou alguma outra experiência muito estressante. Você e a pessoa que o avalia ou trata o ajudarão a escolher em qual evento se concentrar. Também pode ser um evento único (por exemplo, um acidente de carro) ou vários eventos semelhantes (por exemplo, vários eventos estressantes em uma zona de guerra ou abuso sexual repetido). Se houve uma série de traumas, a pessoa que trabalha com você o ajudará a decidir qual evento individual dentro da série teve o maior impacto e deve ser o foco da avaliação durante todo o tratamento.

Resumidamente identifique o pior evento (se você se sentir confortável para fazer isto):

Há quanto tempo isso aconteceu? (por favor, faça uma estimativa se você não tem certeza)

Envolveu morte real ou ameaça de morte, ferimentos graves ou violência sexual?
- ☐ Sim
- ☐ Não

Como você vivenciou esse evento?
- ☐ Aconteceu comigo diretamente.
- ☐ Eu testemunhei esse evento.
- ☐ Eu fiquei sabendo que o evento aconteceu com um membro próximo da família ou um amigo próximo.
- ☐ Eu fui exposto repetidamente a detalhes desse evento como parte do meu trabalho (por exemplo, paramédico, policial civil, militar ou outro socorrista).
- ☐ Outros, por favor descreva: _____

Se o evento envolveu a morte de um membro próximo da família ou amigo próximo, foi devido a algum tipo de acidente ou violência, ou foi devido a causas naturais?
- ☐ Acidente ou violência
- ☐ Causas naturais
- ☐ Não se aplica (o evento não envolveu a morte de um membro próximo da família ou amigo próximo)

Em segundo lugar, veja abaixo uma lista de problemas que as pessoas às vezes apresentam em resposta a uma experiência muito estressante. Pensando em seu pior evento, por favor, leia cuidadosamente cada problema e então circule um dos números à direita para indicar o quanto você tem sido incomodado por esse problema no último mês.

(Continua)

FICHA 3.1 *(p. 3 de 7)*
PCL-5: mensal

Instruções: Veja abaixo uma lista de problemas que as pessoas às vezes apresentam em resposta a uma experiência muito estressante. Por favor, leia cada um dos problemas com atenção e então circule um dos números à direita para indicar o quanto você se incomodou com esse problema *no último mês*.

No último mês, quanto você foi incomodado por:	Nada	Um pouco	Moderadamente	Muito	Extremamente
1. Lembranças indesejáveis, perturbadoras e repetitivas da experiência estressante?	0	1	2	3	4
2. Sonhos perturbadores e repetitivos com a experiência estressante?	0	1	2	3	4
3. De repente, sentindo ou agindo como se a experiência estressante estivesse, de fato, acontecendo de novo (como se *você estivesse revivendo-a, de verdade, lá no passado*)?	0	1	2	3	4
4. Sentir-se muito chateado quando algo lembra você da experiência estressante?	0	1	2	3	4
5. Ter reações físicas intensas quando algo lembra você da experiência estressante (*por exemplo, coração apertado, dificuldade para respirar, suor excessivo*)?	0	1	2	3	4
6. Evitar lembranças, pensamentos ou sentimentos relacionados à experiência estressante?	0	1	2	3	4
7. Evitar lembranças externas da experiência estressante (*por exemplo, pessoas, lugares, conversas, atividades, objetos ou situações*)?	0	1	2	3	4
8. Não conseguir se lembrar de partes importantes da experiência estressante?	0	1	2	3	4
9. Ter crenças negativas intensas sobre você, outras pessoas ou o mundo (*por exemplo, ter pensamentos tais como:* "Eu sou ruim", "existe algo seriamente errado comigo", "ninguém é confiável", "o mundo todo é perigoso")?	0	1	2	3	4

(Continua)

(Continuação)

FICHA 3.1 *(p. 4 de 7)*

No último mês, quanto você foi incomodado por:	De modo nenhum	Um pouco	Moderadamente	Muito	Extremamente
10. Culpar a si mesmo ou aos outros pela experiência estressante ou pelo que aconteceu depois dela?	0	1	2	3	4
11. Por ter sentimentos negativos intensos como medo, pavor, raiva, culpa ou vergonha?	0	1	2	3	4
12. Perder o interesse em atividades que você costumava apreciar?	0	1	2	3	4
13. Sentir-se distante ou isolado das outras pessoas?	0	1	2	3	4
14. Dificuldades para vivenciar sentimentos positivos (*por exemplo, ser incapaz de sentir felicidade ou sentimentos amorosos por pessoas próximas a você*)?	0	1	2	3	4
15. Comportamento irritado, explosões de raiva ou agir agressivamente?	0	1	2	3	4
16. Correr muitos riscos ou fazer coisas que podem lhe causar algum mal?	0	1	2	3	4
17. Ficar "super" alerta, vigilante ou de sobreaviso?	0	1	2	3	4
18. Sentir-se apreensivo ou assustado facilmente?	0	1	2	3	4
19. Ter dificuldades para se concentrar?	0	1	2	3	4
20. Problemas para adormecer ou continuar dormindo?	0	1	2	3	4

(Continua)

FICHA 3.1 *(p. 5 de 7)*

PCL-5: semanal*

Instruções: Veja abaixo uma lista de problemas que as pessoas às vezes apresentam em resposta a uma experiência muito estressante. Por favor, leia cada um dos problemas com atenção e então circule um dos números à direita para indicar o quanto você se incomodou com esse problema *na última semana*.

Na última semana, quanto você foi incomodado por:	Nada	Um pouco	Moderadamente	Muito	Extremamente
1. Lembranças indesejáveis, perturbadoras e repetitivas da experiência estressante?	0	1	2	3	4
2. Sonhos perturbadores e repetitivos com a experiência estressante?	0	1	2	3	4
3. De repente, sentindo ou agindo como se a experiência estressante estivesse, de fato, acontecendo de novo (*como se você estivesse revivendo-a, de verdade, lá no passado*)?	0	1	2	3	4
4. Sentir-se muito chateado quando algo lembra você da experiência estressante?	0	1	2	3	4
5. Ter reações físicas intensas quando algo lembra você da experiência estressante (*por exemplo, coração apertado, dificuldade para respirar, suor excessivo*)?	0	1	2	3	4
6. Evitar lembranças, pensamentos ou sentimentos relacionados à experiência estressante?	0	1	2	3	4
7. Evitar lembranças externas da experiência estressante (*por exemplo, pessoas, lugares, conversas, atividades, objetos ou situações*)?	0	1	2	3	4
8. Não conseguir se lembrar de partes importantes da experiência estressante?	0	1	2	3	4
9. Ter crenças negativas intensas sobre você, outras pessoas ou o mundo (*por exemplo, ter pensamentos tais como:* "Eu sou ruim", "existe algo seriamente errado comigo", "ninguém é confiável", "o mundo todo é perigoso")?	0	1	2	3	4

(Continua)

---

* N. de R. T. Escala ainda não validada no Brasil.

(Continuação)

FICHA 3.1 *(p. 6 de 7)*

Na última semana, quanto você foi incomodado por:	De modo nenhum	Um pouco	Moderadamente	Muito	Extremamente
10. Culpar a si mesmo ou aos outros pela experiência estressante ou pelo que aconteceu depois dela?	0	1	2	3	4
11. Por ter sentimentos negativos intensos como medo, pavor, raiva, culpa ou vergonha?	0	1	2	3	4
12. Perder o interesse em atividades que você costumava apreciar?	0	1	2	3	4
13. Sentir-se distante ou isolado das outras pessoas?	0	1	2	3	4
14. Dificuldades para vivenciar sentimentos positivos (*por exemplo, ser incapaz de sentir felicidade ou sentimentos amorosos por pessoas próximas a você*)?	0	1	2	3	4
15. Comportamento irritado, explosões de raiva ou agir agressivamente?	0	1	2	3	4
16. Correr muitos riscos ou fazer coisas que podem lhe causar algum mal?	0	1	2	3	4
17. Ficar "super" alerta, vigilante ou de sobreaviso?	0	1	2	3	4
18. Sentir-se apreensivo ou assustado facilmente?	0	1	2	3	4
19. Ter dificuldades para se concentrar?	0	1	2	3	4
20. Problemas para adormecer ou continuar dormindo?	0	1	2	3	4

(Continua)

FICHA 3.1 (*p. 7 de 7*)

Planilha de pontuação da PCL-5

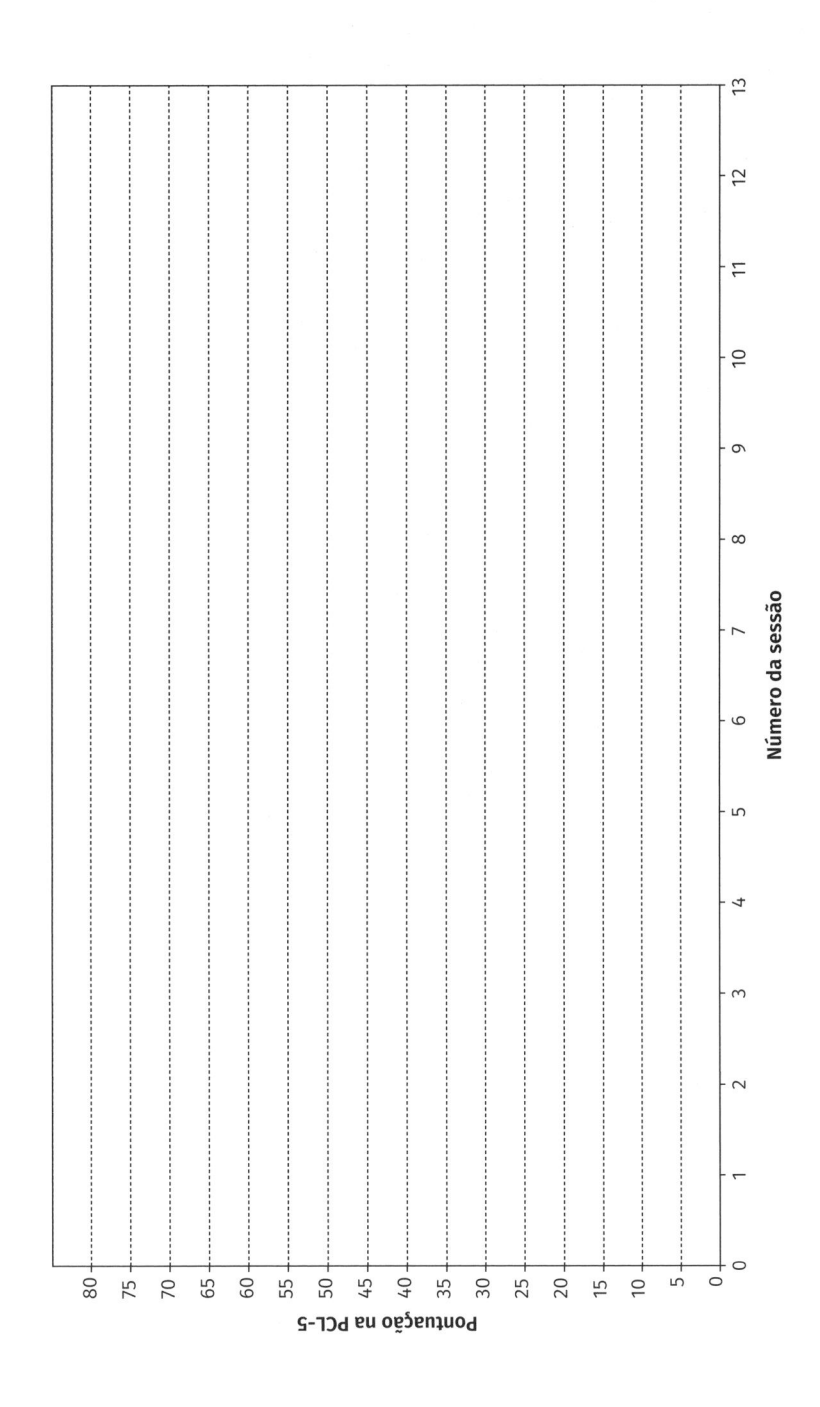

Pontuação na PCL-5 (eixo y: 0, 5, 10, 15, 20, 25, 30, 35, 40, 45, 50, 55, 60, 65, 70, 75, 80)

Número da sessão (eixo x: 0 a 13)

FICHA 3.2
Questionário de Saúde do Paciente-9 (PHQ-9): escala e pontuação

Data: _____   Cliente: _____

O monitoramento dos sintomas depressivos é opcional no protocolo TPC, mas é incentivado quando os clientes endossam a sintomatologia depressiva. Nesse caso, o PHQ-9 pode ser administrado a cada duas semanas no decorrer da TPC para monitorar os sintomas depressivos.

Embora esse instrumento por si só não seja suficiente para diagnosticar transtornos depressivos, ele indica se um indivíduo está apresentando sintomas depressivos e a gravidade de seus sintomas.

Para seus propósitos, some as pontuações do seu cliente nos 9 itens fornecidos a seguir. As diretrizes de pontuação total são as seguintes:

Gravidade da depressão pela pontuação total

Pontuação	Gravidade da depressão
1-4	Depressão mínima
5-9	Depressão leve
10-14	Depressão moderada
15-19	Depressão moderadamente grave
20-27	Depressão grave

Há um item adicional, no final da medição, que avalia o impacto desses sintomas sobre o funcionamento.

Inicial do sobrenome do cliente: _____

Iniciais do terapeuta: _____   Data: _____   Sessão: _____

Formato da TPC: ☐ Individual ☐ Grupo ☐ TPC ☐ TPC+A

(Continua)

O PHQ-9 foi desenvolvido pelos Drs. Robert L. Spitzer, Janet B. W. Williams, Kurt Kroenke e colegas, com uma bolsa educacional da Pfizer, Inc. Nenhuma permissão é necessária para seu uso. Reproduzido em *Vencendo o transtorno de estresse pós-traumático com a terapia de processamento cognitivo: manual do terapeuta*, 2ª edição (The Guilford Press, 2024). Os compradores deste livro podem baixar cópias adicionais desta planilha na página do livro em loja.grupoa.com.br.

FICHA 3.2 *(p. 2 de 2)*

PHQ-9*

Agora vamos falar sobre como o(a) sr.(a) tem se sentido nas últimas duas semanas.

1. Nas últimas duas semanas, quantos dias o(a) sr.(a) teve pouco interesse ou pouco prazer em fazer as coisas?

    (0) Nenhum dia
    (1) Menos de uma semana
    (2) Uma semana ou mais
    (3) Quase todos os dias

2. Nas últimas duas semanas, quantos dias o(a) sr.(a) se sentiu para baixo, deprimido(a) ou sem perspectiva?

    (0) Nenhum dia
    (1) Menos de uma semana
    (2) Uma semana ou mais
    (3) Quase todos os dias

3. Nas últimas duas semanas, quantos dias o(a) sr.(a) teve dificuldade para pegar no sono ou permanecer dormindo ou dormiu mais do que de costume?

    (0) Nenhum dia
    (1) Menos de uma semana
    (2) Uma semana ou mais
    (3) Quase todos os dias

4. Nas últimas duas semanas, quantos dias o(a) sr.(a) se sentiu cansado(a) ou com pouca energia?

    (0) Nenhum dia
    (1) Menos de uma semana
    (2) Uma semana ou mais
    (3) Quase todos os dias

5. Nas últimas duas semanas, quantos dias o(a) sr.(a) teve falta de apetite ou comeu demais?

    (0) Nenhum dia
    (1) Menos de uma semana
    (2) Uma semana ou mais
    (3) Quase todos os dias

(Continua)

---

* N. de R. T. Ver Santos IS, Tavares BF, Munhoz TN, Almeida LS, Silva NT, Tams BD, Patella AM, Matijasevich A. Sensibilidade e especificidade do Patient Health Questionnaire-9 (PHQ-9) entre adultos da população geral [Sensitivity and specificity of the Patient Health Questionnaire-9 (PHQ-9) among adults from the general population]. *Cad Saude Publica. 2013 Aug;29(8):1533-43.* Portuguese. doi: 10.1590/0102-311x00144612. PMID: 24005919.

6. Nas últimas duas semanas, quantos dias o(a) sr.(a) se sentiu mal consigo mesmo(a) ou achou que é um fracasso ou que decepcionou sua família ou a você mesmo(a)?

   (0) Nenhum dia
   (1) Menos de uma semana
   (2) Uma semana ou mais
   (3) Quase todos os dias

7. Nas últimas duas semanas, quantos dias o(a) sr.(a) teve dificuldade para se concentrar nas coisas (como ler o jornal ou ver televisão)?

   (0) Nenhum dia
   (1) Menos de uma semana
   (2) Uma semana ou mais
   (3) Quase todos os dias

8. Nas últimas duas semanas, quantos dias o(a) sr.(a) teve lentidão para se movimentar ou falar (a ponto das outras pessoas perceberem), ou ao contrário, esteve tão agitado(a) que você ficava andando de um lado para o outro mais do que de costume?

   (0) Nenhum dia
   (1) Menos de uma semana
   (2) Uma semana ou mais
   (3) Quase todos os dias

9. Nas últimas duas semanas, quantos dias o(a) sr.(a) pensou em se ferir de alguma maneira ou que seria melhor estar morto(a)?

   (0) Nenhum dia
   (1) Menos de uma semana
   (2) Uma semana ou mais
   (3) Quase todos os dias

10. Considerando as últimas duas semanas, os sintomas anteriores lhe causaram algum tipo de dificuldade para trabalhar ou estudar ou tomar conta das coisas em casa ou para se relacionar com as pessoas?

    (0) Nenhuma dificuldade
    (1) Pouca dificuldade
    (2) Muita dificuldade
    (3) Extrema dificuldade

4

Conceitualização cognitiva de caso

Uma das coisas mais importantes que queremos transmitir como autoras da TPC é que não acreditamos que os terapeutas sejam meros técnicos aplicando um protocolo de terapia com um conjunto de técnicas. Sim, existem procedimentos de sessão prescritos e tarefas fora da sessão, mas cada cliente traz seu conteúdo único para as sessões. Eles apresentam sua própria manifestação do TEPT, sintomas comórbidos, circunstâncias psicossociais e pontos fortes. Cabe lembrar que existem 636.120 maneiras de ter TEPT, de acordo com o atual sistema de diagnóstico DSM-5-TR (Galatzer-Levy & Bryant, 2013), e isso não leva em conta os outros elementos de sua apresentação, incluindo diagnósticos comórbidos, problemas clínicos e problemas psicossociais. A mensagem principal é que aqueles que empregam a TPC são médicos e psicoterapeutas pensantes que personalizam a entrega da TPC com base em uma forte conceitualização de um determinado cliente, seguindo o modelo cognitivo que sustenta a TPC.

Com esta nova edição do manual, incluímos um Formulário de Conceitualização Cognitiva de Caso. (Um Formulário de Conceitualização de Caso em branco é fornecido para terapeutas no Apêndice A.1, o Apêndice de materiais do terapeuta.) A Figura 4.1 é uma versão preenchida que ilustra como ele pode ser utilizado. Esse formulário é para uso dos terapeutas (e não dos clientes) para ajudar na conceitualização inicial e contínua de cada cliente. O uso individualizado desse formulário ajudará a traduzir a teoria que apoia a TPC, facilitando a compreensão dos impedimentos do cliente para a recuperação e promovendo a continuidade do tratamento nas sessões. Não é necessário que o terapeuta compartilhe o formulário com seus clientes como parte da avaliação e do processo de tratamento. Em vez disso, ele serve para ajudar o terapeuta a conceitualizar e personalizar de forma mais eficaz a entrega da TPC a seu cliente.

A conceitualização cognitiva de caso sempre foi parte integrante da entrega da TPC, pois ajuda o clínico e o cliente a identificar os pontos de bloqueio específicos que serão direcionados na terapia, bem como a ordem de abordagem dos pontos de bloqueio personalizados no decorrer do tratamento. Incluímos esse formulário nesta edição do livro para ajudar os terapeutas a visualizar e formalizar esse processo.

Esforços para assimilar

"Eu fui promíscua."

"Eu deveria ter percebido."

"Eu não teria sido estuprada se estivesse sóbria."

"Eu dei a ele a impressão errada quando flertei com ele."

"Se eu tivesse lutado de volta, eu não teria sido estuprada."

"Eu não deveria ter usado a cor vermelha."

Trauma central

Superacomodação

"Não confie em ninguém."

"Nenhum lugar é seguro."

"Se eu chegar perto de alguém, vou me machucar."

"Cada um cuida de si."

"Os homens só querem sexo."

_____

_____

_____

_____

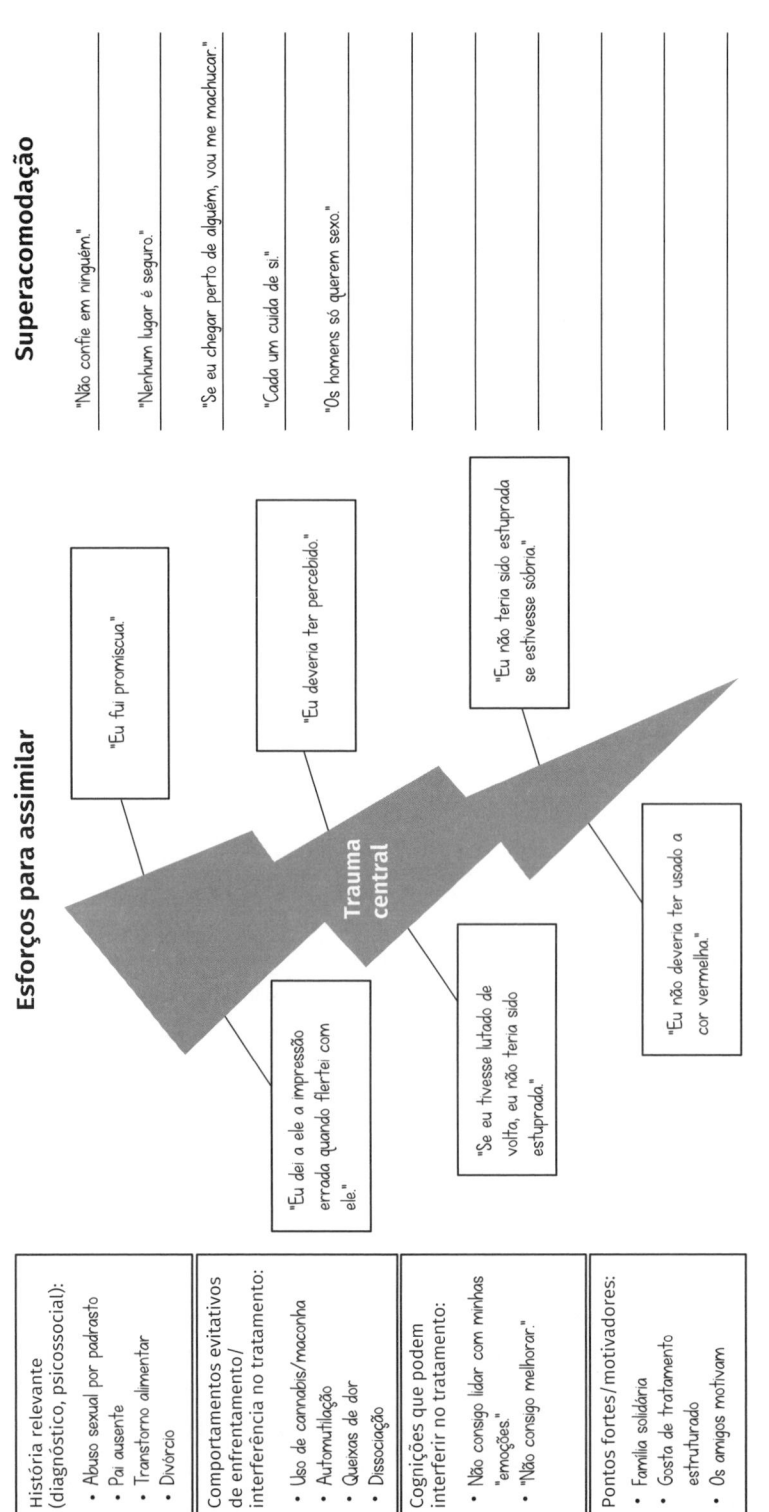

História relevante (diagnóstico, psicossocial):
- Abuso sexual por padrasto
- Pai ausente
- Transtorno alimentar
- Divórcio

Comportamentos evitativos de enfrentamento/ interferência no tratamento:
- Uso de cannabis/maconha
- Automutilação
- Queixas de dor
- Dissociação

Cognições que podem interferir no tratamento:
- "Não consigo lidar com minhas emoções."
- "Não consigo melhorar."

Pontos fortes/motivadores:
- Família solidária
- Gosta de tratamento estruturado
- Os amigos motivam

FIGURA 4.1 Exemplo do Formulário de Conceitualização de Caso preenchido.

A conceitualização de caso inerente à TPC não deve ser confundida com o modelo de "formulação de caso explícito" da TPC, adaptado por Nixon e Bralo (2019). Seu método explícito de formulação de caso aplicado à TPC envolve extensivamente o cliente no processo de formulação do caso (incluindo o terapeuta escrevendo uma carta terapêutica) e incorporação de outras estratégias de tratamento (por exemplo, entrevista motivacional, intervenções de insônia), além de potencialmente estender a duração do tratamento. Esse modelo está sendo testado para determinar se essas adições melhoram os resultados da TPC. Nas seções a seguir, revisamos cada área do formulário de conceitualização de caso cognitiva e discutimos refinamentos no modelo teórico cognitivo que apoia a TPC.

HISTÓRIA RELEVANTE

No lado esquerdo do Formulário de Conceitualização de Caso da TPC, o terapeuta considerará fatores relevantes da história do cliente. Como a TPC leva em consideração o histórico de aprendizado do cliente e como ele contribuiu para as crenças anteriores ao trauma, incentivamos os terapeutas a analisarem o histórico de traumas, eventos psicossociais importantes, passados e atuais, e qualquer comorbidade. Em relação ao histórico de traumas, terapeutas relatam que apreciam a teoria cognitiva que fundamenta a TPC, pois considera o histórico de desenvolvimento de cada cliente e como eventos traumáticos anteriores afetam os sistemas de crença das pessoas. É por isso que completar uma linha do tempo de trauma e um bom histórico psicossocial é importante para entender os sistemas de crenças do cliente antes de iniciar o tratamento. Por exemplo, se um cliente tem um histórico de negligência e abuso na infância, é provável que ele chegue ao trauma com crenças negativas como "Não posso confiar nas pessoas para me proteger". Nesse caso, os eventos-alvo podem confirmar esse conjunto preexistente de crenças. Outros podem não ter tido experiências particularmente negativas na infância e ter crescido em ambientes relativamente protegidos. Eles podem ter crenças como: "Se eu seguir as regras, coisas boas acontecerão". Essas crenças preexistentes interagem com a forma como as pessoas avaliam ou dão sentido às experiências traumáticas subsequentes.

A seção "História relevante" do formulário também é um local onde os médicos podem registrar problemas psicossociais atuais que são importantes para entender a apresentação do cliente. Por exemplo, o cliente pode ter sido diagnosticado recentemente com uma condição médica ou buscado a separação de seu cônjuge ou parceiro. Embora esses estressores ambientais não sejam um foco direto do processamento do trauma, os pensamentos em torno desses eventos podem ser alvos de automonitoramento de várias formas. Conforme discutido anteriormente, é provável que os clientes tenham condições concomitantes ou problemas clínicos. Essas outras condições devem ser monitoradas ao longo da terapia, juntamente com os sintomas de TEPT (ver Capítulo 3). Também é importante considerar como os sintomas desses distúrbios podem servir a uma função de evitação/fuga que pode interferir no processamento do trauma.

POTENCIAIS COMPORTAMENTOS DE INTERFERÊNCIA NO TRATAMENTO E EVITATIVOS

Conforme detalhado no Capítulo 1, os comportamentos de evitação mantêm os sintomas do TEPT e devem ser continuamente abordados em toda a TPC para otimizar os resultados do tratamento — um lembrete de que há uma série de comportamentos além dos comportamentos clássicos de evitação relacionados ao trauma, que podem servir para manter o transtorno e interferir nos resultados desejados. Ao conceitualizar um caso, a gama de possíveis comportamentos de evitação deve ser considerada. Esses comportamentos são muitos e variados; alguns exemplos comuns são: uso excessivo de substâncias, foco na dor, automutilação, tentativas de suicídio, dissociação, busca por jogos, trabalho excessivo, busca por amor ou sexo, compulsão alimentar, tabagismo, exercícios em excesso, arrancar os cabelos e cutucar a pele. Com base na avaliação, o médico pode registrar os comportamentos candidatos a serem observados e monitorados com um determinado cliente.

POTENCIAIS COGNIÇÕES QUE INTERFEREM NO TRATAMENTO

No decorrer da avaliação, o terapeuta provavelmente ouvirá cognições que podem interferir na recuperação. Monson e Shnaider (2014) delinearam exemplos de cognições que podem potencialmente interferir no curso bem-sucedido da TPC. Por exemplo, o cliente pode ter pensamentos de que suas condições de TEPT e comórbidas não vão melhorar. Esses pensamentos podem ter sido reforçados por profissionais de saúde, familiares e amigos, pela sociedade ou por experiências de tratamentos anteriores. Em relação a este último, tivemos casos em que clientes nos procuraram dizendo que haviam recebido TPC no passado e não funcionou. Nesses casos, e de acordo com a postura socrática da TPC, começamos perguntando por que o cliente acredita que a TPC não funcionou. Isso geralmente ilumina a direção que os terapeutas podem tomar para determinar como tornar outra rodada de TPC útil (e há evidências de que isso é possível; Walter, Dickstein, et al., 2014). Também recomendamos perguntar no que o terapeuta se concentrou nas sessões para determinar o quanto o terapeuta estava focado em pensamentos assimilados ou focados no trauma e, mais importante, quão engajado o cliente estava em fazer a terapia (por exemplo, faltar às sessões, não fazer as tarefas práticas). Para ser justo, a maioria dos clientes, até certo ponto, se perguntará se pode melhorar e o quanto, dada sua história de TEPT, e esses pensamentos devem ser abordados diretamente na medida em que estão atrapalhando o envolvimento na TPC.

Outra classe de cognições que podem interferir no tratamento são aquelas relacionadas ao medo que o cliente tem de suas emoções. Muitos clientes com TEPT têm medo de suas emoções, e um ingrediente ativo da TPC é sentir emoções naturais e identificar e melhorar as emoções fabricadas. Alguns exemplos desses pensamentos podem ser "Não consigo lidar com meus sentimentos" ou "Vou enlouquecer se enfrentar o que aconteceu". Nos casos em que os clientes têm uma comorbidade caracterizada por desregulação emocional grave (por exemplo, TPB) ou histórico de automutilação e agressão ao outro, é importante coletar informações comportamentais objetivas para avaliar o risco de automutilação/agressão ao outro e, desde que não seja iminente, fazer um plano de segurança que incentive estratégias de tolerância ao sofrimento ao sentir tais emoções.

Recomendamos o uso da Planilha ABC no início da terapia para identificar essas cognições que interferem no tratamento, caso haja problemas com o envolvimento ou evidências de que o cliente não está melhorando com o tratamento. Encorajamos o cliente a inserir essas cognições no registro de pontos de bloqueio junto com outras crenças relacionadas ao trauma e usar as intervenções cognitivas para melhorar o envolvimento e os resultados.

PONTOS FORTES DO CLIENTE E RAZÕES PARA MUDAR

Os tratamentos focados no trauma são muito eficazes, mas devemos sempre lembrar que os clientes geralmente antecipam que são tratamentos nocivos. Assim, incentivamos os terapeutas a fazerem um balanço, com seus clientes, dos recursos e pontos fortes que eles têm para realizar a TPC. Nesse mesmo sentido, a maioria dos clientes que inicia a TPC apresenta alguma ambivalência, e sua motivação provavelmente oscilará ao longo do tratamento. A caixa inferior no lado esquerdo do Formulário de Conceitualização de Caso é um local para registrar os pontos fortes e os motivos para mudar.

Há uma grande variedade de pontos fortes que um cliente pode ter. Esses pontos fortes podem incluir forças sociais/relacionais, como família apoiadora, rede de amigos, colegas de trabalho, outros profissionais de saúde, comunidade religiosa e afins. Eles podem oferecer recursos financeiros que permitam ao cliente pagar por sessões, faltar ao trabalho, pagar por creches ou ter sessões por meio de um pagador ou uma instituição terceirizada (por exemplo, benefícios de veteranos). Há uma série de pontos fortes intrapessoais que o cliente pode ter, como intelecto, compreensão psicológica, resistência, flexibilidade cognitiva, "coragem", perseverança, autoatividade, esperança e motivação para mudar, para citar apenas alguns. Um ponto forte adicional pode ser sua resposta anterior ao tratamento. Eles se beneficiaram de alguma forma de tratamento no passado? Em que áreas tiveram sucesso fora do tratamento de saúde mental?

Em relação à motivação para mudar, os terapeutas devem considerar cuidadosamente quais são as razões específicas para a mudança do cliente que eles estão tratando. Isso é importante devido à ambivalência mencionada acima que a maioria dos clientes (senão todos) experimenta em relação ao tratamento focado no trauma, além da motivação para mudar, que oscila ao longo do tratamento. Uma de nós tinha um cliente que procurou tratamento para TEPT mais de 35 anos após o trauma, porque queria manter relacionamentos positivos e próximos com seus netos. Em sua balança de decisão, valia a pena suportar o que ele considerava ser a dor da TPC para ter um melhor relacionamento com sua família. Para alguns clientes, o relacionamento com seu parceiro íntimo pode ser um motivo para iniciar a TPC; para outros, a interferência do TEPT no funcionamento ocupacional é um motivo para tratar seu TEPT. Quando o tratamento se torna difícil para um cliente específico e o envolvimento na terapia diminui (por exemplo, faltando às sessões, não fazendo tarefas práticas), encorajamos os terapeutas a usar o diálogo socrático com os clientes para ajudar a extrair deles as vantagens de suportar a avaliação de pensamentos e emoções para colher os benefícios de fazer o trabalho envolvido na TPC.

DIFERENCIANDO OS ESFORÇOS DE ASSIMILAÇÃO, ACOMODAÇÃO E SUPERACOMODAÇÃO

Uma habilidade crítica de conceitualização cognitiva de caso para os médicos é diferenciar entre cognições que representam esforços para assimilar informações traumáticas, crenças superacomodadas e crenças acomodadas, porque essa diferenciação orienta a priorização de pontos de bloqueio a serem direcionados ao longo da terapia. O terapeuta desejará começar com os pontos de bloqueio assimilados antes de passar para os pontos de bloqueio superacomodados. A assimilação é um processo cognitivo em que novas informações, incluindo informações sobre eventos traumáticos, são trazidas para as estruturas de crenças existentes sem modificar a estrutura. Por exemplo, se uma pessoa tem uma crença pré-trauma de que "coisas boas acontecem a pessoas boas e coisas ruins acontecem a pessoas más", após o trauma, ela pode ter dificuldade em assimilar as informações sobre o evento e acabar deduzindo que "o trauma aconteceu porque devo ter feito algo ruim". A superacomodação ocorre quando as pessoas mudam radicalmente suas crenças como resultado de novas informações, incluindo a experiência do trauma. Exemplos de crenças superacomodadas incluem "Não posso confiar em ninguém", "Todo mundo está contra mim" e "Se eu não estiver no controle de tudo, algo ruim acontecerá". Acomodação é o processo pelo qual as pessoas modificam suas crenças para incorporar novas informações, incluindo aquelas sobre eventos traumáticos, sem exagerar ou generalizar demais. No caso do TEPT, o objetivo é a acomodação da informação traumática em estruturas de crenças modificadas.

Esses processos cognitivos são dinâmicos, com informações recebidas que resultam em mudanças nas estruturas de crenças (ou seja, acomodação e superacomodação) ou não (esforços para assimilar). Além disso, os processos de assimilação e acomodação não são negativos por si sós. Por exemplo, se uma pessoa tem visões multifacetadas e realistas sobre si mesma, o mundo e os outros, e ocorre um evento traumático, as informações sobre o evento traumático podem ser assimiladas à estrutura de crenças saudáveis, e o TEPT teoricamente não ocorrerá. Por outro lado, a recuperação é impedida por crenças desadaptativas relacionadas ao trauma, que representam esforços para assimilar informações traumáticas em esquemas desadaptativos preexistentes. Em outras palavras, essas são as maneiras problemáticas pelas quais os clientes olham "para trás" em relação ao evento-alvo, em um esforço para não mudar suas estruturas de crenças existentes. Esses pensamentos geralmente envolvem viés retrospectivo e esforços para "desfazer" o evento. Isso pode incluir a tentativa de se perguntar "por que" o evento aconteceu com eles, indicando uma tentativa de manter a "crença do mundo justo" (ou seja, a crença de que o mundo deve ser fundamentalmente imparcial e justo) e a sensação de que o mundo é previsível e controlável. Indivíduos com TEPT tentam assimilar as novas informações sobre o evento-alvo, mas não conseguem. Esses pensamentos não assimilados causam dissonância e os sintomas intrusivos característicos do TEPT.

Uma chave para descobrir esses pontos de bloqueio é entender a crença do cliente de que ele deveria ter sido onisciente ou onipotente para prever e controlar o evento-alvo. Por exemplo, uma de nós tratou uma paramédica que testemunhou duas crianças se afogando. A crença que representara os esforços para assimilar o evento traumático é que ela deveria ter agido de forma diferente para evitar que as crianças se afogassem. Especificamente, ela avaliou que: as crianças não teriam se afogado se o gelo do reservatório não tivesse se rompido por causa de seu peso; seu medo atrapalhou a resposta (embora, como uma "novata", ela tenha respondido quando os outros não sabiam o que fazer); e se ela tivesse chegado ao local segundos antes, as crianças não teriam morrido. Ela manteve essas crenças, apesar das evidências realistas de que: seu parceiro (que era aproximadamente do mesmo tamanho que ela) também quebrou o gelo; uma das crianças foi recuperada, mas morreu no dia seguinte; e, apesar de seu medo, ela agiu bravamente.

Ao identificar os pontos de bloqueio de um cliente relacionados a esforços de assimilação fracassados, é importante considerar seus sistemas de crenças anteriores ao trauma. O evento-alvo pode ser incongruente ou congruente com as crenças e os esquemas anteriores do cliente. As crenças anteriores podem ser relativamente positivas, como no caso da paramédica descrito acima, e o trauma pode ser incongruente ou discordante com essas crenças. A paramédica era uma paciente excepcionalmente resistente, alguém que havia superado adversidades significativas na infância e na idade adulta para se tornar uma paramédica. Antes da morte das crianças, ela acreditava que era capaz de resolver bem os problemas, especialmente sob pressão, e que era a pessoa, em sua família relativamente caótica, que cuidava dos outros financeira, social e emocionalmente. Ela também mantinha a crença comum de que crianças não deveriam morrer, além do pensamento *ex consequentia* (ou seja, baseado nas consequências) de que bons esforços devem levar a bons resultados. Foi difícil para ela aceitar que, apesar de seus esforços heroicos que levaram a elogios e prêmios, nem todas as coisas ruins são previsíveis ou evitáveis. Hipoteticamente, a paramédica poderia ter tido as crenças pré-traumáticas de que ela é incapaz, torna-se excessivamente emocional sob pressão e é um "ímã" para resultados ruins. Se ela tivesse essas crenças pré-mórbidas, o trauma teria aparentemente confirmado essa maneira negativa de pensar.

A avaliação do trauma pré-tratamento dará ao médico/terapeuta informações substanciais sobre o histórico de traumatização e como o cliente entendeu esses traumas. Por exemplo, uma pessoa com eventos traumáticos na infância, que fica posteriormente traumatizada na idade adulta, pode usar o trauma da idade adulta como evidência defeituosa para apoiar crenças negativas anteriormente mantidas, decorrentes da infância. Mesmo que um cliente não tenha sofrido um evento traumático do Critério A do DSM-5-TR na infância, ele pode ter experimentado uma criação negativa de modo geral — levando a crenças negativas que foram autorreforçadas na interpretação de experiências traumáticas subsequentes.

Os termos "esquemas" e "crenças centrais" se referem a crenças profundamente arraigadas, de longa data e amplamente aplicadas, que uma pessoa aceita fundamentalmente como certezas. Todo tipo de nova informação (novas experiências) é ajustado para se encaixar nessas crenças centrais sem alteração, é distorcido para se adaptar aos esquemas ou é ignorado. As crenças centrais são mais propensas a serem tratadas durante a última parte da terapia, com os pontos de bloqueio superacomodados, mas também podem aparecer no início do processo, com um padrão familiar de culpar a si ou ao outro. Os clientes que acreditam que "mereceram" o evento traumático porque são "ruins" ou "inúteis" têm uma crença central que foi estabelecida antes do evento-alvo ou foi reforçada por traumas subsequentes. Devido à natureza automática das crenças centrais, podem ser necessárias várias sessões para um terapeuta perceber um padrão, e pode ser preciso usar muitas planilhas sobre eventos específicos para neutralizar a crença central com informações factuais que eventualmente desgastam a suposição automática. O mito do mundo justo pode ser uma crença central que é aceita sem questionamento, porque foi ensinada desde a mais tenra infância.

A Declaração de Impacto fornecida após a Sessão 1 também dá ao terapeuta informações integrais de conceitualização cognitiva de caso sobre pontos de bloqueio e possíveis obstáculos à recuperação. Especificamente, a parte da tarefa relacionada ao *motivo pelo qual* o evento-alvo traumático ocorreu ajudará a elucidar as crenças assimiladas. Às vezes, os clientes não têm uma resposta para essa pergunta porque não pensaram sobre o evento traumático o suficiente para formar uma narrativa sobre por que isso aconteceu. Por outro lado, a narrativa de um cliente pode ser particularmente culpar a si mesmo ou aos outros pelo desejo de que alguém tenha previsto o evento e impedido que ele acontecesse. No primeiro tipo de caso, o princípio é que o terapeuta ajude o cliente a desenvolver uma avaliação saudável e equilibrada do evento. No segundo, o princípio é que o terapeuta corrija a avaliação doentia do cliente — considerando o que realisticamente poderia ter sido feito na época, naquele contexto específico, e ajudando o cliente a aceitar que o evento não era evitável (especialmente após o fato). Tudo isso será trabalhado no decorrer das sessões, mas é importante que o terapeuta comece a pensar agora sobre as maneiras pelas quais o cliente está preso em suas crenças.

É útil fazer a si mesmo, como terapeuta envolvido na conceitualização do caso, a seguinte pergunta: "Como eu precisaria pensar sobre esse evento para me recuperar?". Em outras palavras, quais são as acomodações que precisam ser feitas no pensamento de alguém para incorporar as informações traumáticas sem ir longe demais na mudança de crenças? No caso citado, da paramédica, pode-se pensar:

> "Fiz o melhor que pude em um caso extremamente imprevisível. Na verdade, eu era a paramédica mais jovem e estava oferecendo sugestões sobre o que poderíamos fazer quando os outros que me treinavam não sabiam o que fazer. Outros que investigaram nossos procedimentos me elogiaram. Não sei se alcançar o menino que eu estava tentando alcançar teria necessariamente o salvado, porque o outro menino morreu no dia seguinte. Embora eu possa usar os melhores procedimentos e conhecimentos que tenho no momento, isso ainda pode não funcionar. Eu não sou sobre-humana; sou apenas uma pessoa tentando proteger nossa sociedade, e tenho que lidar com a incerteza que pode surgir em futuros chamados."

Esses são os tipos de crenças acomodadas saudáveis que um clínico está ansioso para ver na Declaração de Impacto no final do tratamento.

É fundamental que o clínico busque os pontos de bloqueio que representam tentativas de assimilar a informação traumática para trabalhar neles primeiro, porque corrigir essas crenças terá efeitos mais adiante, nas crenças superacomodadas. Por definição, um evento traumático é um evento-sentinela que pode ter efeitos consequentes nas crenças de um cliente. Se o cliente mudar suas crenças sobre um evento-chave, isso terá efeitos nas cognições resultantes dessas avaliações. Assim, é importante que o clínico e o cliente priorizem essas crenças carregadas de emoção para ter efeitos sobre outras crenças que podem se formar como consequência — crenças relacionadas a aspectos como segurança, confiança, poder/controle, estima e intimidade. Por exemplo, se um cliente passa a acreditar que "Fiz o melhor que pude em uma situação impossível, imprevisível e desamparada", essa nova crença terá algum efeito sobre quanto poder ou controle ele tem em qualquer situação. Se o cliente aceitar que ele e os outros fizeram o máximo que podiam fazer na situação, precisará ajustar as visões relacionadas à estima de si mesmo e dos outros para acomodar a nova crença de que todas as pessoas, incluindo o cliente, são humanas e limitadas.

Como os tópicos de pontos de bloqueio superacomodados aparecem em um momento avançado na TPC, os clientes já têm habilidades para examinar seu pensamento nessas áreas com as planilhas cognitivas. No entanto, os clínicos devem se concentrar nos pontos de bloqueio relacionados aos esforços de assimilação até que haja uma acomodação crescente antes de focar nos pontos de bloqueio superacomodados, visando à eficiência.

5

Preparando-se para iniciar a TPC

Este capítulo aborda vários tópicos diferentes a serem considerados antes da implementação da TPC. Primeiro, é discutida a introdução da TPC aos clientes a fim de aumentar seu envolvimento na terapia. Em seguida, são apresentados os princípios do diálogo socrático, uma prática fundamental da TPC, juntamente com os tipos de questionamentos socráticos que um terapeuta pode fazer. A seção final do capítulo discute a preparação do terapeuta para a TPC, bem como erros comuns e pontos de bloqueio que podem impedir os terapeutas de usar a TPC ou aplicá-la de forma eficaz.

APRESENTANDO A TPC

O terapeuta deve apresentar e descrever vários tratamentos que foram considerados eficazes no tratamento do TEPT. Se o terapeuta não for treinado para implementar uma terapia que o cliente possa estar interessado em seguir, então é necessário um encaminhamento para um terapeuta treinado nesse tipo de tratamento. Se os clientes e terapeutas escolherem a TPC, é preciso verificar qual tipo de tratamento beneficiará mais o paciente: TPC ou a TPC+A (ver Capítulo 18). Conforme descrito anteriormente, a grande maioria dos clientes em nossas clínicas opta por não escrever os relatos de trauma, e é importante que o terapeuta não tente influenciar o cliente a sentir a necessidade de recontar sua história. No entanto, alguns clientes podem querer "contar a história" de seu(s) trauma(s), e escrever relatos de trauma pode facilitar o processamento dos eventos de várias maneiras. Primeiro, a escrita pode ajudar a colocar uma narrativa de trauma fragmentada em seu contexto histórico adequado, dando corpo a imagens únicas em um quadro maior; também pode permitir um melhor exame dos fatos, bem como das suposições que o cliente pode ter feito, e pode ajudar a fundamentar as memórias do trauma. Em segundo lugar, algumas pessoas gostam de escrever e querem dar seus relatos de trauma dessa forma. Alguns de nossos clientes afirmaram que escrever seus relatos de trauma no papel os ajudou a olhar para os eventos de forma mais objetiva e aceitar que os eventos realmente aconteceram. Por outro lado, algumas pessoas podem escrever seus relatos, pulando e evitando os aspectos mais cruciais do evento traumático, em que o TEPT realmente "reside", e o terapeuta deve estar vigilante para tal evitação. Outros clientes afirmaram categoricamente que, se tivessem sido solicitados a escrever seus relatos, não teriam se envolvido na terapia.

Fazer um cliente e terapeuta escolherem a versão da TPC a ser seguida tende a resultar em maior adesão do que se o terapeuta tomasse essa decisão sozinho. No entanto, há algumas considerações a serem lembradas. Primeiro, um cliente que decide fazer TPC+A e escrever relatos do trauma central *não* deve ser encorajado a mudar para a TPC se evitar escrever os relatos quando chegar o momento. Reforçar a evitação é sempre contraindicado. Nesse caso, o cliente deve fazer um relato oral do trauma central depois que o terapeuta discutir o problema de evitação na manutenção dos sintomas do TEPT. Quando o cliente percebe que pode fazer um relato verbal do evento sem desmoronar, fica mais fácil escrever o relato para a próxima sessão. O Capítulo 18 contém uma descrição mais detalhada da TPC+A.

Caso o paciente tenha disponibilidade para poucas sessões, a TPC pode ser a escolha mais adequada, pois os sintomas de TEPT autorrelatados tendem a melhorar mais rapidamente com essa abordagem (já na Sessão 4), enquanto, na TPC+A, os escores de TEPT podem não apresentar melhora clínica até que dois relatos de trauma sejam escritos e processados (por volta da Sessão 6; Resick et al., 2008). Se menos sessões estiverem disponíveis para o tratamento, o terapeuta deve se concentrar no trauma central, atribuir a Declaração de Impacto e, em seguida, usar o diálogo socrático, juntamente com as Planilhas ABC, para resolver os pontos de bloqueio mais problemáticos. O objetivo é sempre resolver os pontos de bloqueio mais urgentes, concentrando-se nos esforços para assimilar antes de passar para pontos de bloqueio superacomodados.

A versão do tratamento escolhida deve ser apresentada, e todas as dúvidas do cliente devem ser respondidas. Mesmo que os pacientes não sejam veteranos, é importante que faça uma psicoeducação sobre o que é o TEPT e seus sintomas de forma bem breve ou acessar um vídeo introdutório, em inglês, em *http://cptforptsd.com/cpt-resources/*. O vídeo descreve os sintomas do TEPT, e pessoas com TEPT de diferentes idades, gêneros e etnias contam como foi para elas ter TEPT e como isso afetou suas vidas. O vídeo também descreve as experiências das pessoas ao receberem a TPC e como a participação na TPC mudou suas vidas para melhor. Embora a terapia de casais esteja além do escopo deste livro, existe um tratamento para TEPT com casais que inclui elementos de TPC, e este foi considerado eficaz (Monson & Fredman, 2012). Mesmo dentro da TPC, pode ser útil realizar uma sessão com uma pessoa mais significativa e o cliente (ou o cliente adolescente e um dos pais) juntos para explicar os sintomas do TEPT, o curso do tratamento e as maneiras pelas quais a outra pessoa pode ajudar, em vez de permitir a evitação.

Embora o ciclo original da TPC tenha sido estabelecido como um tratamento de 12 sessões, é importante não presumir que os clientes precisarão de 12 sessões para melhorar seu TEPT e seus sintomas comórbidos. Conforme as pesquisas discutidas no Capítulo 2 (por exemplo, Galovski et al., 2012), o terapeuta deve declarar que o protocolo foi originalmente desenvolvido para durar 12 sessões, mas que a resposta ao tratamento provavelmente será alcançada dentro de 7 a 15 sessões, porque a maioria das pessoas é capaz de se recuperar mais rapidamente, enquanto outras precisam de um pouco mais de 12 sessões. Ainda não conhecemos todos os preditores de quem pode responder mais rapidamente ou demorar mais, mas os clientes devem ser incentivados a participar das sessões e concluir as tarefas práticas da melhor maneira possível até que tenham mostrado melhora significativa em seus sintomas.

O estudo de Galovski et al. (2012) incluiu a prática de permitir até duas sessões emergenciais (urgentes) caso precisem interromper o protocolo devido a uma emergência real (por exemplo, morte de um membro da família, perda de casa ou emprego). Atualmente, recomendamos que o terapeuta informe ao cliente que até duas sessões de apoio emergencial podem ser incorporadas ao tratamento. Com esse limite, os pacientes tendem a ser menos evitativos, e, geralmente, quando o terapeuta pergunta se o paciente deseja usar uma das sessões emergenciais, eles recusam. Ao discutir com o paciente, o terapeuta pode incorporar o tópico urgente à sessão usando qualquer planilha que esteja sendo trabalhada ou atribuí-lo como lição de casa. Os pacientes frequentemente relatam que isso lhes dá mais controle emocional sobre qualquer problema urgente que esteja ocorrendo em sua vida, e lidar com problemas presentes utilizando as planilhas ensina o cliente a usar as planilhas se ocorrerem emergências futuras em suas vidas. Se o paciente solicitar uma sessão urgente, o terapeuta pode fornecer suporte ou ajudar a resolver o problema, mas tentando manter o estilo socrático. Além disso, podemos frequentemente encontrar pontos de bloqueio adicionais relacionados ao tópico urgente e ajudá-lo a os adicionar ao registro de pontos de bloqueio.

Uma vez acordado em participar da TPC, o terapeuta e o cliente podem assinar o contrato de terapia (ver Ficha 5.1). Embora esse contrato não seja, obviamente, juridicamente vinculativo, pode ser um acordo útil sobre o papel do terapeuta (ou seja, comparecer às sessões no horário e estar preparado, manter a sessão no caminho certo e monitorar o progresso do cliente em direção à melhora dos sintomas do TEPT e quaisquer transtornos comórbidos) e o papel do paciente (ou seja, comparecer às sessões no horário e estar preparado, participar de sessões focadas no trauma e concluir as tarefas práticas). Esse contrato pode ser um lembrete útil quando o paciente deseja evitar ou mudar de assunto.

DIÁLOGO SOCRÁTICO

Uma prática fundamental na maioria das terapias cognitivas, incluindo a TPC, é o diálogo socrático. Essa prática envolve o clínico fazendo uma série de perguntas destinadas a levar o cliente a uma avaliação mais saudável de eventos traumáticos e os efeitos desses eventos traumáticos nas avaliações de situações no presente. Essa prática é fundamentada no método socrático de aprendizagem, que valoriza o poder dos indivíduos de conhecer algo novo por si mesmos em vez de receber de outros uma visão ou um conhecimento. Além disso, ela modela para os pacientes uma abordagem de aprendizado baseada na curiosidade e no questionamento (Anderson & Goolishian, 1992; Padesky, 1993). Como outros clínicos e pesquisadores (Bolten, 2001; Rutter & Friedberg, 1990), preferimos o termo "diálogo socrático" a "questionamento socrático", pois "diálogo" conota que o cliente e o clínico, em um contexto de psicoterapia, estão em uma troca muito equilibrada um com o outro. "Questionar", por outro lado, sugere um papel professor-aluno, desequilibrado em termos de poder, em que o "professor" faz perguntas ao "aluno", que precisa aprender o conhecimento prescrito. No diálogo socrático, o clínico e o cliente são unidos como uma equipe; o cliente traz suas experiências de vida, incluindo experiências traumáticas e interpretações dessas experiências, e o clínico traz sua experiência para lidar com a recuperação de traumas e intervenções cognitivas.

Vários escritores ofereceram diferentes classes de questões que podem ser colocadas no diálogo socrático (por exemplo, Bishop & Fish, 1999; Paul & Elder, 2006; Wright et al., 2017). Oferecemos aqui uma síntese desses esforços anteriores, sugerindo uma abordagem hierárquica para os tipos de perguntas que um terapeuta de TPC pode fazer no diálogo socrático. O Capítulo 4, sobre conceituação cognitiva, fornece classes de cognições que precisam ser abordadas na TPC. Os tipos de perguntas a seguir, mais hierarquicamente organizadas, podem ser usados nas classes de cognições descritas no Capítulo 4.

Perguntas de esclarecimento

No nível mais fundamental, o terapeuta deve fazer o máximo de perguntas esclarecedoras possível, para estabelecer um contexto em torno do momento do evento traumático principal e compreender quais escolhas e habilidades o paciente realmente possuía na época, em vez de se basear no que o paciente pensou posteriormente. É extremamente importante que os terapeutas que realizam a TPC estejam dispostos a fazer perguntas esclarecedoras sensíveis e difíceis, formulando-as de maneira imparcial e objetiva. Um exemplo do trabalho com vítimas de agressão/abuso sexual é a capacidade de perguntar se elas experimentaram excitação sexual durante suas agressões. O paciente pode ter concluído que uma resposta sexual durante um evento traumático significava que ele queria ser agredido ou era, de alguma forma, responsável pela agressão. Às vezes, diferenciar excitação física de prazer pode ser útil com vítimas de estupro. No entanto, sobreviventes de abuso sexual na infância frequentemente relatam que houve aspectos prazerosos nas agressões (por exemplo, sentir-se "especial" ou mais próximo do agressor). Para o benefício desses pacientes, é importante conseguir fazer esse tipo de pergunta e discutir as respostas de forma direta e acolhedora, para promover a recuperação. Outro exemplo vem do trabalho com veteranos, policiais e outros agentes de segurança, que podem ter experimentado emoções positivas no momento de cometer um ato de violência contra outra pessoa. Em retrospectiva, eles podem ter deduzido que essas emoções positivas indicavam algo negativo sobre seu caráter (por exemplo, "Que tipo de pessoa gosta de matar outra pessoa?") e podem não ter considerado o contexto do evento e as reações psicofisiológicas envolvidas em uma situação estressante.

Examinando suposições

No próximo nível estão as perguntas destinadas a examinar as suposições subjacentes às conclusões dos pacientes sobre eventos traumáticos. Uma suposição fundamental mantida por indivíduos com TEPT que deve ser explorada é a "crença do mundo justo" (Lerner, 1980). A crença do mundo justo sustenta que coisas boas acontecem a pessoas boas, que coisas ruins acontecem a pessoas más e que o mundo *deve* ser um lugar imparcial e justo. Essa crença emana do desejo de encontrar uma associação ordenada de causa e efeito entre o comportamento de um indivíduo e as consequências desse comportamento. No caso de eventos traumáticos, que são interpretados como coisas ruins, aqueles com TEPT assumirão que fizeram algo ruim por merecê-lo e persistirão em tentar encontrar o mau comportamento anterior ou más decisões dentro do evento traumático que explicam o resultado ruim. Muitas vezes, o cliente expressará a necessidade de descobrir o que fez de errado para que possa se manter seguro no futuro. É importante ressaltar que alguns indivíduos podem não concordar com a crença do mundo justo (por causa de sua história de aprendizado, cultura, religiosidade etc.). Nesses casos, não há necessidade de insistir sobre a noção do desejo de um mundo justo. Tirando a noção de justiça ou equidade, o terapeuta pode descrever esse desejo como uma necessidade evolutiva e programada dos humanos de prever e controlar eventos para sobreviver. Enfatizar a universalidade desse desejo, juntamente com a incapacidade de prever e controlar tudo, é mais aplicável a esses casos.

Uma suposição abrangente comum que os indivíduos com TEPT fazem ao avaliar eventos traumáticos é que eles ou outra pessoa poderiam ter exercido mais controle sobre esses eventos ou seus resultados. Essa suposição é evidenciada nos esforços dos clientes para exercer um viés retrospectivo: "Se eu tivesse virado à esquerda em vez de à direita, não teria sofrido o acidente". "Se eu tivesse revidado, não teria sido agredida." Ou: "Eu deveria ter pulado na água atrás dele". Indivíduos com TEPT não conseguem perceber que uma ação alternativa pode ter tido uma consequência igualmente negativa ou pior. Dessa forma, os clientes estão tentando "desfazer" resultados negativos por meio de seu pensamento.

Ao examinar as suposições, é importante que os terapeutas da TPC não façam suas próprias suposições errôneas sobre os contextos que cercam eventos traumáticos. Observamos terapeutas que assumem intenções positivas por parte de seus clientes, deixando-os relutantes em descrever ações, pensamentos ou sentimentos sobre os eventos traumáticos que eles acreditam que podem ser percebidos como contrários às suposições positivas dos terapeutas sobre o evento. Por exemplo, um membro do serviço ou um policial pode não ter seguido as regras de engajamento que deveria. Se o terapeuta assumir muito rapidamente que os procedimentos apropriados foram seguidos, o paciente pode relutar em revelar a realidade do evento traumático ou pode se sentir cada vez pior por não ter seguido as regras porque o terapeuta assume o contrário.

Por outro lado, supervisionamos terapeutas que fizeram suposições negativas sobre o comportamento de seus clientes e, assim, inadvertidamente bloquearam o progresso dos clientes na terapia. Entendemos essa tendência, pois muitos de nós testemunhamos componentes da culpabilização da vítima em nossas vidas. Sabemos que a culpabilização da vítima geralmente resulta da própria necessidade de um indivíduo de ser capaz de prever e controlar eventos e de manter os outros e a si mesmo seguros. No entanto, esse tipo de pensamento pode ser um impedimento para processar os eventos traumáticos consumidos pelos clientes. Um exemplo comum é a alocação de culpa se a vítima usou substâncias antes de um evento traumático. O uso de substâncias pode ou não desempenhar um papel em eventos traumáticos; é somente com uma consideração cuidadosa da quantidade de uso, do contexto e das intenções do cliente que o terapeuta e o cliente podem avaliar melhor o papel do uso de substâncias no evento, o que acaba facilitando o processamento do evento traumático como um todo. No caso de agressão sexual, nenhuma quantidade de consumo de substâncias deve resultar em culpabilização da vítima. Na verdade, o perpetrador pode ter sido muito mais predatório ao observar uma vítima que consumiu muita substância. O comportamento de risco envolvendo uso de substâncias pode precisar ser abordado na terapia, mas mais tarde no protocolo TPC (ou seja, durante o módulo de segurança), quando o uso indevido de substâncias provavelmente terá começado a diminuir como um comportamento de evitação e quando o cliente tiver lidado efetivamente com pensamentos como: "Eu sou responsável [em vez do agressor] pelo evento traumático porque usei substâncias". Os clientes geralmente trazem mudanças em seu comportamento que representam redução de risco e que ocorrem naturalmente como parte do processo de terapia.

Avaliando evidências objetivas

Se não houver suposições problemáticas subjacentes às conclusões dos clientes, o próximo nível de diálogo socrático que recomendamos visa a ajudá-los a avaliar as evidências que podem ou não apoiar as conclusões a que chegaram. Indivíduos com TEPT têm um viés cognitivo direcionado à ameaça percebida, em particular, e à informação negativa de maneira geral. Assim, esse tipo de informação se torna mais prontamente acessível, e os clientes podem supervalorizar essas informações em relação a dados que não necessariamente sustentam suas conclusões. A superestimação de um cliente do perigo aqui e agora é um exemplo comum de um pensamento relacionado ao TEPT para o qual um terapeuta pode usar o diálogo socrático focado na avaliação de evidências objetivas para o pensamento. A superestimação da ameaça em situações como estar em uma multidão, estar em espaços abertos, estar em espaços apertados, dirigir veículos motorizados, verificar repetidamente as fechaduras e estar perto de indivíduos que se assemelham a perpetradores são exemplos para os quais um terapeuta da TPC provavelmente incentivará seus clientes a avaliar os dados de forma mais objetiva. Isso também se aplica à superestimação das escolhas ou do controle de um cliente durante o evento-alvo ou ao seu nível de responsabilidade e culpa.

Explorando crenças subjacentes ou mais profundas

Em alguns momentos, os clientes podem relatar que entendem intelectualmente, mas não apreciam emocionalmente, que seu pensamento não faz sentido, ou que as mudanças emocionais não estão ocorrendo com seus novos pensamentos. As declarações típicas incluem "Eu ouço o que você está dizendo, mas...", "Eu sei que o que estou dizendo não faz sentido, mas parece ser assim", ou "Eu faço as planilhas sobre meus pontos de bloqueio, mas realmente não acredito neles". Nesses casos, começamos elogiando o cliente e lembrando-o de que, no início da terapia, ele talvez nem tivesse considerado pensamentos alternativos em relação aos eventos traumáticos. Em seguida, explicamos aos pacientes que suas emoções podem ainda não ter alcançado as novas estruturas cognitivas, então a velha maneira de pensar pode parecer mais "real". Alguns clientes precisarão abordar um ponto de bloqueio em várias planilhas diferentes, ou redigir de várias maneiras diferentes, antes de poderem estabelecer firmemente uma maneira nova ou mais flexível de olhar para os eventos traumáticos.

Também encorajamos os terapeutas a considerar a possibilidade de que seus clientes estejam mantendo crenças subjacentes mais profundas, que podem estar impedindo-os de abraçar totalmente formas alternativas de pensar. Crenças mais profundas podem ser impulsionadas pelo medo e, muitas vezes, protegem os clientes contra as implicações envolvidas na mudança de seus pensamentos. Por exemplo, se um sobrevivente de trauma realmente abraça o pensamento de que não poderia ter feito mais nada para evitar que o evento traumático acontecesse, isso implica que ele pode enfrentar no futuro uma situação traumática na qual poderá ou não ser capaz de mudar o desfecho. Essa conjectura pode fazer o cliente se sentir assustado ou vulnerável e, consequentemente, menos motivado a examinar suas crenças originais sobre prevenção.

Uma de nós teve uma cliente que era sobrevivente de abuso sexual na infância e estava relutante em mudar sua crença de que seu pai não tinha culpa pelo abuso. A implicação mais profunda de mudar essa crença era que isso teria um efeito negativo no relacionamento que ela manteve com o pai ao longo dos anos. Basicamente, as mudanças nas avaliações sobre eventos traumáticos têm implicações em cascata para as crenças no aqui e agora além de serem orientadas para o futuro. Nesse caso, a nova avaliação era incongruente com o desejo de manter a crença de que o futuro é previsível e controlável. Por meio do processo de terapia, a cliente foi capaz de ver que poderia culpá-lo apropriadamente pelo abuso e fazer escolhas sobre seu relacionamento no presente que pareceriam aceitáveis para ela, considerando todas as informações que ela tinha.

Uma intervenção cognitiva mais profunda também pode ser necessária quando indivíduos com TEPT têm crenças ou esquemas negativos centrais preexistentes. Essas crenças preexistentes podem servir como fatores de risco para a ocorrência de TEPT após a exposição a um evento traumático. Nesses casos, o terapeuta cognitivo provavelmente precisará investigar mais profundamente para determinar como o cliente chegou a essas crenças antes do trauma (por exemplo, experiências aversivas na infância, ambientes invalidantes) e trabalhar em colaboração com o cliente para examinar essas crenças centrais mais profundas a fim de evitar que ele faça avaliações do trauma que pareçam confirmar a crença negativa. Por exemplo, se os clientes têm um esquema preexistente em que não podem confiar em seu julgamento, é provável que vejam o evento traumático (ou outros eventos negativos da vida) como confirmações desse esquema e se envolvam em avaliações de atribuições de culpa a si mesmo. Alterar as interpretações de culpa voltada para si sobre o trauma vai de encontro à crença negativa mais profunda, muitas vezes exigindo uma intervenção cognitiva mais intensa com esse esquema central para promover mudanças emocionais e comportamentais. No entanto, uma crença central frequentemente precisa ser modificada por meio do preenchimento de planilhas sempre que a crença emerge, pois é difícil mudar uma crença abrangente de forma abstrata. Se houver muitos exemplos que refutam a crença subjacente (por exemplo, "Eu sou um fracasso"), então a crença central finalmente cai sob o peso da evidência oposta em exemplos concretos específicos.

PRONTIDÃO DO TERAPEUTA

Um terapeuta que esteja incerto sobre o uso de tratamento manualizado, terapia cognitiva ou sessões estruturadas pode, intencionalmente ou não, transmitir mensagens ao cliente de que ele não está pronto para a TPC, mesmo quando as evidências sugerem o contrário. Conhecemos terapeutas que disseram aos clientes que eles não deveriam fazer TPC ou não estavam prontos para TPC, mesmo quando eles estavam pedindo para iniciar a terapia. Isso pode enviar uma mensagem aos clientes de que seus terapeutas não têm fé neles e não confiam no seu julgamento. Se os clientes tiverem que esperar os meses necessários em outra forma de terapia, podem começar a acreditar que são frágeis demais para lidar com o trauma, temendo que "desmoronem" ao falar minimamente sobre os pensamentos associados a seus eventos traumáticos. Descrevemos isso como "fragilizar" os clientes, o que é tão problemático quanto empurrá-los quando eles não estão prontos para fazer a terapia focada no trauma. Adicionar sessões de algum outro tipo de terapia pode realmente fazer mais mal do que bem para os clientes e pode levá-los a se sentirem impotentes.

Outra razão pela qual muitos terapeutas não iniciam com os clientes o protocolo de TPC pode ser sua própria confusão sobre o papel das emoções na TPC. Alguns terapeutas foram ensinados e acreditam que os clientes devem expressar plenamente todas as suas emoções na sessão para processar o trauma. Assim, eles acreditam que, se os clientes não estiverem preparados para chorar e sofrer externamente nas sessões, eles não poderão lidar com o protocolo. Um problema com essa crença é a suposição de que a melhora exige reviver as emoções ligadas a um evento. Conforme discutido anteriormente no livro, sabemos que expressar emoção na TPC não é necessário para que um cliente se recupere e que o foco do terapeuta na emoção durante as sessões foi associado a mais desistências do tratamento (Alpert et al., 2023). Sabemos agora que, para muitas pessoas, as emoções relacionadas ao trauma se conectaram à sua culpa inadequada pelo evento, o que resultou em intensos sentimentos de culpa e vergonha. Nesses casos, os clientes provavelmente precisam passar mais tempo pensando nas mensagens que estão dando a si mesmos sobre o evento que está levando a essas emoções dolorosas. Um problema adicional com essa crença é que ela pressupõe que todas as pessoas processam suas emoções da mesma maneira na frente do terapeuta, em vez de em casa, e que demonstrações externas de emoção são necessárias para ajudar os clientes a resolver seus sentimentos sobre o trauma. Na verdade, muitas pessoas não choram quando sentem tristeza, mas isso não significa que não estejam sentindo suas emoções. Por fim, muitos clientes estão se envolvendo em comportamentos extensivos, muitas vezes prejudiciais à saúde, para controlar suas emoções dolorosas. Ao focar inicialmente no trabalho cognitivo, ajudamos o cliente a neutralizar muitas dessas emoções (por exemplo, vergonha, culpa) e liberar as emoções mais naturais (por exemplo, tristeza) que ele não foi capaz de experimentar após o evento traumático.

Alguns terapeutas também estão preocupados com o fato de que, se os clientes mostrarem fortes emoções em resposta ao seu material traumático, isso significa que os terapeutas estarão "retraumatizando" os clientes. É importante distinguir entre o processamento saudável das emoções naturais que ocorre na TPC e o desencadeamento dos sintomas de TEPT que pode acontecer diariamente na vida dos clientes. Na verdade, é importante ajudar os clientes a entender que eles revivem o trauma quase todos os dias, por meio dos sintomas de reexperiência, e que abordar as memórias traumáticas em seus próprios termos, em vez de reagir a gatilhos, possibilita o processamento seguro e saudável dessas emoções, permitindo que eles assumam controle sobre os gatilhos. Essa discussão é uma forma de o terapeuta incentivar o cliente a participar da TPC, se ele estiver evitativo ou cético.

Outra preocupação para alguns terapeutas é sua própria relutância em ouvir histórias de trauma nas sessões. Por exemplo, quando um cliente mostra alguma emoção, um terapeuta pode interromper a história. Isso pode enviar diversas mensagens ao cliente: (1) o cliente não deve falar sobre o trauma; (2) o terapeuta não consegue escutar o trauma do cliente; (3) o terapeuta acredita que o cliente é muito frágil para falar sobre o evento traumático; e/ou (4) pesadelos e *flashbacks* devem ser temidos e afastados. Embora essas mensagens talvez não sejam intencionais, todas elas podem atrasar significativamente a recuperação do cliente. Em vez disso, recomendamos deixar os clientes decidirem se estão prontos para falar sobre seu trauma e deixá-los escolher quando iniciar a TPC e qual versão da TPC vão seguir (TPC ou TPC+A). Isso capacita os clientes e os ajuda a perceber que podem ter controle sobre o curso da terapia e as memórias do trauma. Se os clientes não estão prontos para fazer o trabalho de trauma, não fazemos terapia de "preenchimento", mas pedimos que voltem quando estiverem prontos para trabalhar em seu TEPT e abordar suas memórias. Além disso, incentivamos os clientes a vivenciar plenamente seus pesadelos, seus *flashbacks* e suas memórias intrusivas, porque adiá-los apenas faz com que eles voltem.

Identificamos vários "pontos de bloqueio do terapeuta" que recomendamos revisar antes de iniciar a TPC (veja a discussão a seguir). Se os terapeutas endossarem qualquer um deles, nós os encorajamos a usar uma planilha de pensamentos alternativos para explorar seus próprios pontos de bloqueio. Isso ajudará os terapeutas não apenas a examinar esses pensamentos, mas também a praticar o uso dessa planilha antes de atender seus primeiros clientes de TPC.

PROBLEMAS DO TERAPEUTA: ERROS E PONTOS DE BLOQUEIO DO TERAPEUTA

Erros comuns do terapeuta

Um dos maiores erros do terapeuta é estar mal preparado para fazer a TPC. Além de ler este livro (na ordem em que foi escrito), recomendamos participar de um *workshop* com um instrutor de TPC qualificado, seguido de pelo menos 20 sessões de consulta de caso com um consultor qualificado. Nosso *site* (*http://cptforptsd.com*) inclui um endereço de *e-mail* em que podemos ser contatados sobre instrutores, caso você ou uma agência queira patrocinar um *workshop*. Há também uma seção no *site* que lista os *workshops* abertos. Além disso, o CPTweb[2.0], um curso de revisão baseado na *web* e com baixo custo (disponível em *http://cpt2.musc.edu*), não apenas analisa o protocolo, mas também oferece exemplos, em vídeo, de cada sessão. Esse *site* foi projetado para fornecer treinamento de atualização, e não treinamento independente.

O protocolo da TPC deve ser conduzido na ordem descrita do manual (Capítulos 6 a 17 deste livro), sem adicionar outras habilidades durante o tratamento. Alguns erros comuns que os terapeutas cometem são: escolher alguns componentes da terapia e usar apenas esses; pensar que eles devem mudar o protocolo para mostrar sua criatividade; ou assumir que a TPC deve ser alterada para suas populações clínicas sem antes testá-la conforme apresentado no manual. A TPC foi desenvolvida há mais de três décadas e foi testada em diversos tipos de trauma e populações, desde a América do Norte até países com poucos recursos. Nós, e outros, a pesquisamos e a modificamos em circunstâncias particulares, como baixa alfabetização, aplicações interculturais e questões linguísticas; algumas dessas circunstâncias são discutidas no Capítulo 20. A TPC já tem uma grande flexibilidade para que possa ser adaptada a situações específicas, e acreditamos que oferece a flexibilidade necessária para atender à maioria das necessidades clínicas de nossos clientes. Se for modificada sem testagem científica, não é TPC e não é uma terapia baseada em evidências.

Provavelmente, o erro mais comum do terapeuta na condução do protocolo de TPC é tentar convencer os clientes a mudar de ideia sobre seus pontos de bloqueio, em vez de usar o diálogo socrático para extrair informações e permitir que os clientes percebam que continuam voltando às suas memórias do trauma porque suas suposições entram em conflito com outras informações que possuem. Pensar em coisas que eles poderiam (deveriam) ter feito meses ou anos após um evento não muda o fato de que eles não tinham esse conhecimento ou as habilidades necessárias na época. Os clientes podem estar ignorando fatos que não se encaixam em suas suposições, mas eles têm esses fatos, e os terapeutas precisam extraí-los de seus clientes (por exemplo, "Qual era o seu tamanho? Qual era o tamanho do seu tio? Você poderia realmente ter lutado contra ele? Se ele ameaçou sua família, você deveria contar a alguém, ou tinha alguma outra opção?"). Se um terapeuta toma um lado do conflito e tenta convencer um cliente de que o evento traumático não foi culpa dele, é provável que o cliente se torne ainda mais rígido ao argumentar pelo outro lado e diga ao terapeuta: "Você simplesmente não entende", "Você não estava lá" ou algo parecido. Se o cliente insistir com "Você não entende", é responsabilidade do terapeuta dizer: "Você está certo. Eu não entendo. Por favor, diga-me o que não estou entendendo". Isso é um bom lembrete para voltar a fazer perguntas de maneira gentil e esclarecedora. O estilo do terapeuta deve ser curioso e até confuso, mas não argumentativo ou desafiador. (Um terapeuta não é um advogado de acusação!)

Outro erro comum é um terapeuta pular para perguntas exploratórias (ou seja, explorar as evidências; veja acima) antes de fazer perguntas esclarecedoras suficientes. Mesmo que o paciente escreva relatos de trauma (ver Capítulo 18), podem estar faltando informações importantes sobre o contexto da situação que o terapeuta precisa saber para orientar o diálogo. Ao realizar a TPC, um terapeuta precisa fazer muitas perguntas esclarecedoras para entender o contexto e as opções reais que o cliente tinha. Por exemplo, se um homem não conseguiu salvar um ente querido em um incêndio, o terapeuta pode perguntar onde e a que distância ele estava quando percebeu que a casa estava pegando fogo. Quantos segundos/minutos levou para ele perceber o que estava acontecendo e que alguém estava preso? O que ele fez (por exemplo, ele chamou o corpo de bombeiros ou tentou entrar)? E o que ele não foi capaz de fazer (por exemplo, ele foi repelido pelas chamas e pela fumaça)? O terapeuta pode perguntar que tipo de equipamento de combate a incêndios ele tinha (por exemplo, máscara, traje protetor contra fogo) para ajudá-lo a ver que ele não poderia ter feito mais no momento da crise. Quanto tempo demorou para os bombeiros chegarem? Se eles vieram rapidamente, o terapeuta pode perguntar por que os bombeiros (ou os médicos) também não conseguiram salvar a pessoa. Se o cliente estiver usando o termo "culpa" ou "fracasso", o terapeuta pode perguntar a ele sobre sua intenção na situação. Na verdade, esse homem pode ter sido muito corajoso em suas tentativas de salvar a outra pessoa, o que é exatamente o oposto da intenção de a pessoa morrer.

Como o diálogo socrático no início da terapia ocorre dentro das sessões, com o uso das Planilhas ABC, o terapeuta deve modelar as perguntas que em breve serão introduzidas na Planilha de Perguntas Exploratórias. No entanto, enquanto o cliente está processando o trauma, o terapeuta usará perguntas mais esclarecedoras para entender melhor o contexto do trauma e ajudar o cliente a perceber como esse contexto foi importante (por exemplo, quão jovem o cliente era, com que rapidez o evento aconteceu, como o cliente ficou surpreso demais para se orientar rapidamente para a situação, quais opções o cliente realmente tinha e poderia considerar durante o evento, como o cliente não poderia fazer o impossível). O ideal é que cerca de 80 a 90% das perguntas no diálogo socrático sejam perguntas esclarecedoras, incluindo algumas declarações resumidas ao longo do caminho, para garantir que o terapeuta esteja entendendo o paciente.

Outro erro comum é um terapeuta parar e não continuar a percorrer metodicamente o raciocínio do cliente. Os terapeutas iniciantes da TPC podem fazer uma pergunta sobre um ponto de bloqueio, obter uma resposta e, em seguida, parar ou mudar de assunto. Eles não sabem para onde ir em seguida. Os terapeutas que foram ensinados a não fazer perguntas na terapia às vezes se sentem desconfortáveis ao investigar os fatos e o raciocínio de seus clientes. A resposta a uma pergunta deve levar naturalmente à próxima, para estabelecer o contexto do trauma, quais opções um cliente realmente tinha no momento e (se o cliente tinha opções) por que escolheu uma em particular. Em nossa experiência, dado o tempo geralmente limitado para tomar uma decisão, a maioria dos clientes não tinha boas opções, escolheu a que achava ser a menos prejudicial ou precisou seguir ordens ou procedimentos.

Se perguntas esclarecedoras forem feitas com o espírito de curiosidade construtiva — isto é, tentando entender o que aconteceu e como o cliente chegou a fazer as suposições que levaram ao TEPT em andamento —, não há pergunta que esteja fora de questão. Por exemplo, se um homem vítima de abuso sexual na infância tem um ponto de bloqueio de que devia ter algo sobre ele que fez o agressor escolhê-lo, há muitas perguntas que o terapeuta pode fazer. O exemplo a seguir inclui perguntas esclarecedoras, algumas informações e declarações resumidas:

> **TERAPEUTA:** [O agressor] teve acesso a você quando ninguém mais estava por perto?
>
> **CLIENTE:** Sim, mas por que ele fez isso comigo? Ele achava que eu era um pervertido?

TERAPEUTA: Ele disse que você era um?

CLIENTE: Não, ele não falou muito.

TERAPEUTA: De onde veio a ideia de que ele deve ter pensado que você era um?

CLIENTE: Posso lhe dizer uma coisa?

TERAPEUTA: Claro. Você pode me dizer qualquer coisa.

CLIENTE: Fiquei excitado quando ele me acariciou, então isso deve significar que sou um pervertido. Eu não consigo acreditar que fiquei excitado.

TERAPEUTA: Então foi esse o seu pensamento, de que você era um pervertido? Deixe-me explicar algo para você que pode ser útil. Quando seus órgãos genitais são estimulados, eles têm terminações nervosas que respondem quer você queira ou não. É como fazer cócegas. Você reage automaticamente, e se a pessoa não parar ou você não quiser que ela faça isso, nem sempre é agradável. Há uma diferença entre excitação e prazer. Você sempre gostou do que ele estava fazendo com você?

CLIENTE: *Não!* Eu odiava isso. Eu me sentia sujo, mas eu era apenas uma criança. Às vezes parecia bom, mas outras vezes ele fazia coisas que me faziam sentir fora de controle.

TERAPEUTA: Por acaso você sabe a idade de consentimento para o sexo? Quantos anos alguém precisa ter antes de poder escolher fazer sexo com um adulto e não ser um crime?

CLIENTE: Quando você é adulto?

TERAPEUTA: Certo. Então, mesmo que ele estivesse fazendo você se sentir bem, o que pode ter acontecido às vezes, ele estava cometendo um crime contra você porque você era jovem demais para consentir. À luz disso, quem você diria que é o pervertido?

CLIENTE: Era ele. Não eu.

TERAPEUTA: E eu acho que você disse isso claramente — ele *fez* você fazer coisas.

CLIENTE: Mas por que ele me escolheu? Havia algo sobre mim?

TERAPEUTA: Que tal por conveniência? E você sabe se você foi o único que ele escolheu?

Uma observação neste ponto: alguns pontos de bloqueio estão tão enraizados no pensamento de alguns clientes que eles podem não responder a perguntas ou parecer particularmente teimosos, insistindo que a culpa é deles ou culpando erroneamente os outros. Em primeiro lugar, os terapeutas devem lembrar que o diálogo socrático começa cedo na terapia e que nem todos os pontos de bloqueio precisam ser resolvidos na primeira vez em que são abordados. Se um ponto de bloqueio parecer particularmente rígido, é possível que um cliente não queira aceitar que o evento aconteceu e esteja se apegando ao ponto de bloqueio, na tentativa de negá-lo após o fato. Esse é um tipo de evitação. Também é possível que o cliente esteja protegendo um ponto de bloqueio mais difícil ou uma crença central que é aceita como fato, conforme discutido anteriormente. Se o paciente parece ser particularmente resistente a um determinado ponto de bloqueio, o terapeuta pode dizer algo como: "Essa ideia parece muito importante para você. Acho que talvez precisemos passar mais tempo discutindo isso na terapia".

Outro erro do terapeuta é pular de um ponto de bloqueio para outro. É comum que os clientes usem outros pontos de bloqueio como evidência para o ponto de bloqueio que está sendo trabalhado, mas é um erro para o terapeuta começar a perseguir diferentes pontos de bloqueio sem terminar o processamento do primeiro. A resposta correta seria dizer: "Isso soa como outro pensamento, e não um fato. Vamos colocar isso no seu registro de pontos de bloqueio e voltar a essa questão mais tarde". Usar as planilhas de forma consistente também ajuda porque o terapeuta pode redirecionar o cliente para o pensamento na coluna B da Planilha ABC, ou fazer o cliente escrever uma nova Planilha ABC para que o ponto de bloqueio fique bem na frente deles (ver Capítulos 8 e 9).

Embora esse seja um modelo cognitivo, os terapeutas ainda devem dar aos clientes tempo para sentir suas emoções naturais assim que surgirem. Quando um cliente experimenta uma emoção natural, como tristeza, revive o medo genuíno que pode ter sentido no momento do evento traumático ou reexperimenta o desamparo com a percepção de que não havia nada que ele pudesse ter feito para impedir o evento, o terapeuta pode querer ficar em silêncio no início e permitir que o cliente experimente essa nova emoção. O terapeuta pode pedir ao cliente para nomear a emoção, perguntando quais sensações físicas ele está sentindo ou validando a emoção natural (por exemplo, "É compreensível que você se sinta triste com a perda de seus amigos"). As emoções naturais podem ser experimentadas de forma mais sutil do que as emoções fabricadas, alimentadas por cognições; os terapeutas podem se esquecer de procurar as emoções naturais em busca da mudança cognitiva.

A maioria das emoções pode ser natural ou fabricada. A raiva pode ser uma emoção natural se um cliente estiver com raiva de alguém que pretendia prejudicá-lo. No entanto, se ele está com raiva de alguém que não tinha controle sobre a situação ou nem sabia que ela tinha ocorrido, então essa é uma raiva baseada na cognição e, portanto, fabricada. A raiva também pode ser usada como uma estratégia de evitação para afastar as pessoas, incluindo o terapeuta. Além disso, a raiva pode ser a emoção recorrente para evitar emoções mais dolorosas e vulneráveis (por exemplo, tristeza, medo). Um paciente pode sentir nojo do que foi forçado a fazer durante uma agressão sexual, e esse nojo seria uma emoção natural. No entanto, se o paciente disser depois: "Eu sou nojento por causa do que aconteceu comigo", essa é uma autoavaliação, baseada em suas conclusões, e não no evento em si.

Se o terapeuta não sabe se uma emoção é natural ou fabricada por pensamentos, é perfeitamente aceitável perguntar sobre isso. No caso do cliente logo acima, por exemplo, o terapeuta pode perguntar: "Por que você sente nojo?". Se o cliente disser:

"Porque o que [o agressor] fizeram comigo foi nojento", o terapeuta deve concordar com essa afirmação. No entanto, se o cliente disser "Porque agora estou permanentemente danificado e sujo", o terapeuta pode fazer uma série de perguntas sobre quem cometeu o ato, a permanência do efeito (por exemplo, "Você sabe quantas vezes sua pele foi completamente renovada desde que isso aconteceu? Sabia que, neste momento, não há um único ponto em seu corpo, por dentro ou por fora, que [o agressor] tenha tocado?"), ou se sentir sujo é uma forma de raciocínio emocional (por exemplo, "Eu me sinto sujo; portanto, estou sujo"). Também é útil capturar essa declaração no momento e adicioná-la ao registro de pontos de bloqueio para um exame posterior, mais aprofundado.

Pontos de bloqueio do terapeuta

Não são apenas os clientes que têm pontos de bloqueio; todos nós podemos ter pontos de bloqueio em nossas vidas, e os terapeutas certamente podem encontrá-los no tratamento de pessoas com TEPT. Os terapeutas podem ter pontos de bloqueio sobre si mesmos como terapeutas, sobre as abordagens que aprenderam e aderiram, ou sobre seu próprio medo de tentar uma nova abordagem (por exemplo, "Isso quer dizer que eu tenho feito o trabalho errado esse tempo todo?"). Os pontos de bloqueio do terapeuta podem impedir que um terapeuta experimente a TPC ou podem afetar o curso do tratamento de um cliente (LoSavio, Dillon, Murphy, & Resick, 2019).

Pontos de bloqueio do terapeuta pré-tratamento

Os pontos de bloqueio do terapeuta antes de iniciar a TPC são comuns e provavelmente indicam que ele desconhece a pesquisa sobre essa terapia. Em particular, o terapeuta pode não perceber que os participantes da pesquisa sobre TPC apresentam características muito semelhantes às dos pacientes da prática clínica geral (na verdade, muitos casos podem ser ainda mais complexos). A seguir, são apresentados exemplos desses pontos de bloqueio e evidências que permitem examiná-los.

- ***"Meu cliente não está pronto para a terapia focada no trauma."*** Na verdade, há um crescente corpo de pesquisas indicando que os clientes não precisam estar preparados para lidar com o tratamento focado no trauma (por exemplo, Dedert et al., 2021; Resick et al., 2014). A maior parte das pesquisas sobre o TPC para TEPT inicia o tratamento focado no trauma imediatamente, sem preparar os clientes com habilidades de enfrentamento ou outros trabalhos preparatórios. Na verdade, atrasar o tratamento para "estabilização" envia a mensagem de que os clientes não conseguem lidar com o trabalho ou que ele é muito perigoso (ou seja, "fragilização", conforme descrito anteriormente). É importante lembrar que os clientes com TEPT vivem com suas memórias de eventos traumáticos há anos, e fazer terapia focada no trauma permite que eles assumam o controle de quando e como pensam sobre o trauma.

- **"Meus casos são mais complexos do que os de participantes de projetos de pesquisa."** Como revisado em capítulos anteriores, os estudos sobre o TPC, diferentemente de alguns estudos sobre tratamentos para TEPT, não excluíram participantes em potencial por apresentarem comorbidades como depressão, transtornos de ansiedade, transtornos da personalidade, TEPT complexo ou até mesmo transtornos dissociativos. A inclusão de indivíduos com TUSs foi ajustada ao longo do tempo. Os estudos de TPC nunca excluíram pessoas que abusam de substâncias, mas estudos anteriores poderiam tê-los feito esperar se houvesse dependência fisiológica. Alguns estudos recentes não excluíram clientes com qualquer tipo de TUS. Os projetos de pesquisa de TPC também incluem clientes com ideação suicida, excluindo-os apenas se houver risco iminente de dano a si próprios ou a outros e se precisarem de hospitalização.

- **"Meu cliente é muito frágil para um tratamento focado no trauma."** Semelhante ao ponto de bloqueio acima, sobre um cliente não estar pronto para a TPC, este ponto de bloqueio do terapeuta indica que o terapeuta está nervoso com a possibilidade de o cliente piorar. Conforme mencionado no capítulo sobre pesquisa, as reduções na ideação suicida começam na Sessão 1 da TPC.

- **"Se eu usar um manual, isso sufocará minha criatividade e interferirá no relacionamento" ou "Os manuais são muito restritivos".** Não é realista esperar que uma nova terapia seja criada para cada cliente. É claro que a TPC parece diferente para diferentes clientes, com base em conceitualizações de casos individuais e diferentes relacionamentos cliente-terapeuta. É nossa experiência, no entanto, que a conexão vem imediata e naturalmente com a atenção e o interesse do terapeuta no que o cliente pensa sobre o evento-alvo traumático. Muitos clientes tiveram a experiência de terapia anterior em que o terapeuta evitou falar sobre TEPT ou eventos traumáticos, então o fato de o terapeuta estar interessado em como o cliente pensa e sente de forma única sobre o trauma é um construtor de relacionamento imediato.

- **"A TPC não funcionará com comorbidades [depressão, abuso de substâncias, transtornos da personalidade]."** Consulte o Capítulo 2 para obter evidências contrárias a esse ponto de bloqueio.

- **"Os clientes não farão essa quantidade de tarefas."** Se um cliente completa as planilhas durante a TPC (e quantas ele completa) depende muito de como o terapeuta prepara o cenário para o trabalho fora das sessões. Esse assunto é abordado em mais detalhes no Capítulo 6. Alguns clientes não se envolvem na prática tanto quanto outros, mas isso deve ser discutido no contexto de evitação, bem como da importância da prática para aprender uma nova habilidade — uma nova forma de pensar. Pode ser útil lembrar aos clientes que, ao aprender um novo *hobby*, esporte ou instrumento musical, é comumente recomendada alguma prática na maioria dos dias para obter o máximo de melhora.

Pontos de bloqueio do terapeuta em relação à avaliação e ao tratamento em geral

- **"Levará muito tempo para avaliar o cliente regularmente."** O PCL-5 e o PHQ-9 levam cerca de 5 minutos cada para serem administrados. Se possível, peça ao cliente para comparecer à sessão 10 minutos antes, para que possa preencher a(s) escala(s) de avaliação antes de iniciar a sessão. Se o terapeuta tiver uma recepcionista, essa pessoa pode dar ao cliente a(s) escala(s) em uma prancheta, como aqueles formulários a serem preenchidos antes de uma consulta médica. Se não houver recepcionista, um envelope contendo as escalas pode ser deixado na sala de espera para o cliente. No início da sessão, o terapeuta pode pontuar rapidamente os instrumentos e observar se as pontuações indicam estabilidade, piora ou melhora dos sintomas. Se as pontuações estiverem piorando, o terapeuta precisa determinar se o cliente estava avaliando um evento diferente, se o cliente está usando a escala como uma medida geral de angústia para eventos atuais, se o cliente está usando o período de tempo errado (ou seja, não apenas a semana anterior) ou se as pontuações estão realmente piorando. É possível que, à medida que o cliente pare de evitar o pensamento excessivo sobre o evento traumático, ele experimente um aumento temporário nas pontuações devido a mais memórias intrusivas, pesadelos e emoções negativas, bem como o surgimento de pontos de bloqueio. Se for esse o caso, o cliente deve ser tranquilizado: "Na verdade, esse é um bom sinal de que você não está evitando pensar no evento, como tem feito desde o trauma, e que seu cérebro está fazendo você enfrentar o evento".

- **"Se as pontuações do TEPT do cliente não estiverem diminuindo, isso significa que... [estou fazendo a TPC errada, sou um mau terapeuta etc.]."** É importante que o terapeuta não leve para o lado pessoal se as pontuações do cliente não estiverem diminuindo. Alguns terapeutas evitam fazer avaliações durante o tratamento exatamente por este motivo: eles estão se concentrando em si mesmos e em suas próprias inseguranças, e não no progresso de seus clientes. Como indica o protocolo (Capítulos 6 a 17), há muitas razões pelas quais as pontuações de um cliente podem não estar diminuindo, especialmente no início da terapia. O cliente pode não estar fazendo as tarefas práticas, pode estar cancelando sessões com frequência ou pode estar trabalhando no evento traumático de forma errada em primeiro lugar. Ou o cliente pode não dizer ao terapeuta qual é o evento-alvo real, devido à evitação ou à vergonha. A falta de redução dos sintomas deve indicar ao terapeuta que é hora de parar e perguntar ao cliente o que está acontecendo ou recalibrar a avaliação.

- **"Se as pontuações do cliente não estão diminuindo, preciso mudar a terapia."** Conforme revisado na Sessão 11, os clientes que não concluírem sua recuperação em 12 sessões provavelmente o farão continuando a usar a TPC com o registro de pontos de bloqueio e as planilhas de pensamentos alternativos por algumas sessões adicionais. Alterar o tipo de terapia pode ser muito confuso para o cliente, especialmente se os fundamentos da nova terapia forem bem diferentes da TPC. O terapeuta pode considerar buscar uma consulta profissional, mas provavelmente deve manter o curso e revisar o conteúdo de *flashbacks*, lembranças intrusivas e pesadelos do cliente, bem como identificar o que ele ainda está evitando. Os pensamentos sobre as memórias evitadas ou lembranças do trauma podem ser pontos de bloqueio que ainda não foram tratados minuciosamente.

- **"Se eu interromper, vou ofender meu cliente", "Se eu não ouvir tudo o que meus clientes dizem, vou invalidá-los" ou "Se eu tratar da evitação, vou prejudicar nosso relacionamento".** Esses pontos de bloqueio são variações do mesmo tema: o terapeuta está preocupado com o que um cliente pensa dele e se preocupa com o fato de ofendê-lo de alguma forma. Alguns terapeutas foram ensinados a refletir ou fornecer interpretações, nunca interromper os clientes ou permitir que os clientes falem sobre o que quiserem na terapia. Na TPC, um terapeuta que permite que isso aconteça seria considerado conivente com a evitação, portanto, essas crenças são antitéticas aos princípios da TPC. É comum que os clientes venham às sessões de terapia e anunciem que querem falar sobre outra coisa naquela sessão, tomem a palavra e comecem a contar histórias que durem grande parte da sessão. Eles podem tentar outras maneiras de desviar o tópico das atribuições dessa sessão ou do trauma central. Tudo isso é evitação, e é importante que o terapeuta não contribua para essa evitação.

O terapeuta pode precisar definir algumas regras básicas sobre digressões e evitação no início do tratamento. Por exemplo, como há muito o que cobrir em cada sessão, o terapeuta pode interromper verbalmente ou dar algum sinal não verbal (por exemplo, levantar a mão como um sinal de parada ou fazer um "T" de "tempo limite") para colocar a sessão de volta nos trilhos. O terapeuta pode definir essas regras básicas com cuidado, mas com firmeza, para que as sessões não durem 2 horas. É bem possível atingir todos os objetivos de cada sessão dentro de 50 a 60 minutos, mas não se o terapeuta tiver um desses pontos de bloqueio. Revisar com o cliente a lógica do tratamento demonstrará que trazê-lo de volta ao conteúdo da sessão não é algo rude nem invalidante, mas sim uma abordagem que está no melhor interesse do progresso terapêutico do cliente.

Pontos de bloqueio do terapeuta específicos da TPC

- **"Não consigo cobrir o material da sessão."** Terapeutas experientes em TPC conseguem cobrir o conteúdo prescrito em cada sessão, então essa dificuldade provavelmente é um ponto de bloqueio de um terapeuta que é novo na TPC. Não é necessário examinar em detalhes todas as planilhas que o cliente completou durante a sessão. O terapeuta e o cliente podem analisar as planilhas de uma maneira geral, para ver se o cliente teve problemas para preenchê-las ou se entendeu os conceitos. Eles podem selecionar uma ou duas questões importantes para focar, especialmente aquelas relacionadas aos pontos de bloqueio assimilados mais relevantes, planilhas com as quais o cliente teve dificuldades, ou temas a serem abordados na segunda metade do tratamento. Além disso, muitos terapeutas costumam se perder na história que precede a planilha, em vez de se concentrar nos pontos de bloqueio e ajudar o cliente a examinar as evidências em torno dessa linha de pensamento.

- *"Não podemos seguir em frente se o cliente não dominar o material" ou "Tudo [apostilas, sessões etc.] tem que ser perfeito".* Algumas vezes atendemos terapeutas que continuavam atribuindo Planilhas ABC repetidamente como tarefas e não passavam para a Planilha de Perguntas Exploratórias porque não tinham certeza de que seus clientes podiam rotular suas emoções com precisão ou estruturar seus pensamentos como pontos de bloqueio. Contudo, o objetivo dessas atribuições sequenciais é chegar à Planilha de Pensamentos Alternativos o mais rápido possível, porque ela inclui declarações alternativas, mais equilibradas e mais baseadas em fatos para combater os pontos de bloqueio. A Planilha de Pensamentos Alternativos já inclui a Planilha ABC, permitindo que o cliente tenha diversas oportunidades de aprender a diferenciar fatos de pensamentos e a entender como os pensamentos levam a emoções específicas. A perfeição não é um objetivo para os terapeutas mais do que para os clientes. Como enfatizamos ao longo deste capítulo, encorajamos os terapeutas a permanecer consistentes com o manual da TPC.

- *"Se eu usar o manual, posso parecer incompetente."* Aconselhamos os terapeutas a manter seus manuais no colo ou na borda da mesa à sua frente, assim como os clientes usam seus fichários ou PDFs dos materiais de terapia. Nunca ouvimos um cliente reclamar quando o terapeuta diz: "Vou deixar o manual aberto para consultá-lo, para que eu não perca nada do que precisamos abordar nesta sessão. Eu quero te oferecer a melhor terapia possível".

- *"Não consigo fazer o cliente escolher um trauma."* É importante validar que todos os eventos traumáticos de um cliente são importantes, mas deixar claro que é melhor iniciar o tratamento com aquele que atualmente causa mais sintomas de TEPT. Após as sessões iniciais, o cliente pode trazer quaisquer outros traumas para a terapia com planilhas extras. Tentar processar todos os eventos traumáticos de uma só vez vai acabar sendo muito vago para examinar os pontos de bloqueio, e é provável que muitos dos eventos traumáticos tenham resultado em pontos de bloqueio semelhantes.

- *"Não saberei qual direção tomar em relação aos pontos de bloqueio do cliente."* Essa é uma preocupação comum para terapeutas que são novos na TPC e ainda não dominam o diálogo socrático. Em vez de se preocupar com o que perguntar a seguir, o terapeuta deve ouvir o que o cliente está dizendo, observar o que não faz sentido (por exemplo, "Como o cliente poderia estar em dois lugares ao mesmo tempo?" ou "Como uma criança de 6 anos poderia entender o que era um comportamento adulto inaceitável?"). Um lugar óbvio para começar é se perguntar sobre a intenção do cliente nessa situação e as expectativas do cliente com base em sua experiência anterior. O terapeuta pode então se concentrar em descobrir mais sobre o contexto real da situação e quais opções o cliente tinha realisticamente nessas circunstâncias. Esse ponto de bloqueio do terapeuta reflete ansiedade e autofoco, e a solução é focar no que o cliente estava pensando, sentindo e fazendo durante o trauma central.

- *"Se não fizermos o relato por escrito ou a exposição, o cliente não vai melhorar."* Esse último ponto de bloqueio decorre de uma crença comum que levou à proliferação de pesquisas de exposição que deu início ao campo do TEPT — a saber, que é necessário que os clientes revivam seus eventos traumáticos como um componente necessário do tratamento. O estudo de análise de componentes da TPC de Resick et al. (2008), revisado no Capítulo 2, demonstrou que a TPC+A não melhorou os resultados da terapia e, de fato, retardou o progresso para alcançar uma melhora clinicamente significativa. Schumm et al. (2015) também demonstraram que mudanças nas cognições predizem mudanças nos sintomas de TEPT, e, conforme mencionado anteriormente, Alpert et al. (2023) constataram que, quando os terapeutas incentivavam uma maior expressão emocional durante as sessões, os pacientes tinham maior probabilidade de abandonar o tratamento.

FICHA 5.1

Terapia de processamento cognitivo para transtorno de estresse pós-traumático: contrato

Data: _____   Cliente: _____

O que é terapia de processamento cognitivo?
A terapia de processamento cognitivo (TPC) é um tratamento cognitivo-comportamental para o transtorno do estresse pós-traumático (TEPT) e problemas relacionados.

Quais são os objetivos da TPC?
Os objetivos gerais da TPC são melhorar seus sintomas do TEPT e quaisquer sintomas associados que você possa ter (como depressão, ansiedade, culpa ou vergonha), bem como melhorar o seu dia a dia.

Em que consistirá a TPC?
A TPC consiste em 6 a 18 sessões de terapia individuais (consulta individualizada); a média é 12. Cada sessão dura de 50 a 60 minutos. Nessas sessões, você aprenderá sobre os sintomas do TEPT e as razões pelas quais algumas pessoas o desenvolvem.

Você e seu terapeuta também identificarão e explorarão como seu(s) trauma(s) mudou(aram) seus pensamentos e suas crenças e como algumas dessas formas de pensar podem mantê-lo "bloqueado" em seus sintomas. A TPC não envolve a revisão repetida dos detalhes de seu(s) trauma(s). No entanto, você será solicitado a examinar suas experiências para entender como elas afetaram seus pensamentos, sentimentos e comportamentos.

O que se espera de mim na TPC?
Talvez a expectativa mais importante da TPC seja que você se comprometa a comparecer às sessões.

Além disso, após cada sessão, você receberá tarefas práticas para concluir fora das sessões. Essas atribuições são projetadas para melhorar seus sintomas do TEPT mais rapidamente fora das sessões de tratamento. Você também é incentivado a fazer quaisquer perguntas que possa ter a qualquer momento ao fazer a TPC.

O que posso esperar do meu terapeuta de TPC?
Em cada sessão, seu terapeuta o ajudará a descobrir como o seu trauma afetou seus pensamentos e suas emoções e a fazer mudanças para se sentir melhor e atuar melhor.

(Continua)

De *Vencendo o transtorno de estresse pós-traumático com a terapia de processamento cognitivo: manual do terapeuta*, 2ª edição, Patricia A. Resick, Candice M. Monson e Kathleen M. Chard. Copyright © 2024 The Guilford Press. Os compradores deste livro podem baixar cópias adicionais desta planilha na página do livro em loja.grupoa.com.br.

FICHA 5.1 *(p. 2 de 2)*

Para fazer isso, seu terapeuta revisará suas tarefas de prática e compartilhará o que observar sobre seus pensamentos, sentimentos e comportamentos relacionados ao trauma. Seu terapeuta fará perguntas para examinar o que você tem pensado sobre seu(s) trauma(s) e seus efeitos em sua vida, e o ajudará a por à prova pensamentos que podem ser imprecisos. Seu terapeuta também lhe ensinará habilidades para mudar a maneira como você pensa sobre os eventos e sobre você e os outros. Outra parte do trabalho do seu terapeuta é perceber e apontar quando você está evitando trabalhar no trauma, mesmo quando você talvez não perceba que está fazendo isso. A evitação é um sintoma-chave do TEPT que o mantém preso na não recuperação.

Posso optar por interromper essa terapia?

Sua decisão de realizar a TPC é voluntária. Portanto, você pode optar por interromper o tratamento a qualquer momento. Se isso acontecer, você será solicitado a comparecer a uma sessão final para discutir suas preocupações antes de encerrar.

Com minha assinatura, estou indicando que revisei esses materiais e recebi informações sobre a TPC para o TEPT. Comprometo-me de forma otimista comigo mesmo, com este tratamento e com os objetivos listados acima. Receberei uma cópia deste contrato.

_____   _____
          Assinatura do cliente   Data

_____   _____
          Assinatura do cliente   Data

PARTE II

Manual da TPC

INTRODUÇÃO AO PROTOCOLO

Os 12 capítulos a seguir descrevem as 12 sessões-padrão da TPC. As margens externas são marcadas para referência rápida à respectiva sessão. As variações de tratamento de TPC+A, TPC de grupo, TPC de duração personalizada e TPC em massa são descritas nos capítulos seguintes. As avaliações (por exemplo, PCL-5, PHQ-9) aparecem no Capítulo 3, e quaisquer fichas ou planilhas são incluídas no final do capítulo em que são introduzidas. O Apêndice A.2 é um guia rápido com as fichas para os pacientes para serem usadas em cada sessão. Outras planilhas que serão usadas diversas vezes são apresentadas apenas uma vez, com uma nota encaminhando o leitor de volta a este capítulo para consultar a planilha. Todas as tarefas, fichas e outros materiais são apresentados com espaço suficiente no livro para serem impressos ou exibidos via tela compartilhada em uma videochamada. No entanto, também existem formulários em inglês no *site* da Guilford (*www.guilford.com/resick-forms*) que podem ser impressos ou enviados por *e-mail* ao paciente. Por fim, o aplicativo gratuito, CPT Coach, pode ser baixado em qualquer *smartphone*, *tablet* ou computador para completar qualquer formato da terapia; ele também contém todas as fichas e planilhas.

6

Sessão 1
Visão geral do TEPT e da TPC

OBJETIVOS PARA A SESSÃO 1

Os objetivos gerais para a primeira sessão da TPC para o TEPT são ajudar os clientes a compreender o que é o TEPT, como ficaram bloqueados em sua recuperação e como a TPC os ajudará a seguir no caminho para a recuperação. No entanto, o objetivo imediato mais importante é engajá-los no tratamento, para que não o evitem desistindo antes ou após a primeira sessão, algo que é comum em tratamentos para o TEPT. Primeiro, os terapeutas devem descrever os sintomas do TEPT e envolver os pacientes na descrição de exemplos de seus sintomas. Em seguida, os terapeutas explicam o que acontece com o corpo e o pensamento durante eventos traumáticos. Os terapeutas então passam para a teoria cognitiva do TEPT; eles explicam como as pessoas tentam manter suas crenças anteriores sobre previsão e controle e sua fé no mito do mundo justo. Por fim, os terapeutas explicam como a TPC os ensinará a se tornarem seus próprios terapeutas, dando-lhes as ferramentas para examinar seus pensamentos e rotular suas emoções de maneiras que não foram ensinadas anteriormente, com o objetivo de sentir as emoções naturais decorrentes do trauma e mudar os pensamentos que os mantêm bloqueados em emoções fabricadas. Essa sessão pressupõe que os pacientes já tiveram uma ou mais sessões de avaliação e concordaram com a TPC.

PROCEDIMENTOS PARA A SESSÃO 1

1. Definir a agenda e revisar a PCL-5 e o PHQ-9. (Fichas 3.1 e 3.2) (5 minutos)
2. Descrever os sintomas do TEPT e a teoria sobre por que algumas pessoas ficam bloqueadas no processo da recuperação. (10 minutos)
3. Descrever o TEPT e o cérebro. (10 minutos)
4. Descrever a teoria cognitiva. (10 minutos)
5. Discutir o papel das emoções na recuperação do trauma. (5 minutos)

6. Revisar brevemente o trauma central. (5 minutos)
7. Descrever o curso geral da terapia. (5 minutos)
8. Atribuir a primeira tarefa prática. (5 minutos)
9. Verificar as reações do cliente à sessão. (5 minutos)

DEFINIR A AGENDA

Os terapeutas devem explicar aos clientes que a primeira sessão é um pouco diferente das que se seguirão, porque o terapeuta falará mais na primeira sessão. Mas isso mudará com o tempo, com os clientes conversando mais enquanto os terapeutas atuam como consultores em relação a quaisquer problemas com as tarefas práticas. Nesta sessão, o terapeuta informará ao cliente sobre os sintomas do TEPT, explicando como o TEPT é um problema de não recuperação, discutindo o papel da evitação na manutenção dos sintomas do TEPT, descrevendo como o TEPT funciona no cérebro, explicando a teoria cognitiva do TEPT e descrevendo como a TPC funciona. A sessão termina com a primeira tarefa prática.

DISCUTIR OS SINTOMAS E O MODELO FUNCIONAL DO TEPT

Sintomas do TEPT

Em vez de apenas listar os sintomas e grupos de um diagnóstico de TEPT, o terapeuta precisa ajudar os clientes a entender por que algumas pessoas são posteriormente diagnosticadas com TEPT. Portanto, é importante que o terapeuta não apenas conheça a lista de sintomas do TEPT, mas entenda como eles interagem e evitam que algumas pessoas se recuperem. A definição de experiências traumáticas inclui o cliente ser exposto à ameaça de morte ou ferimentos graves, agressão sexual ou traumas relacionados a parentes ou amigos próximos. Na PCL-5 (Ficha 3.1), os cinco primeiros itens são sobre sintomas intrusivos. Esses sintomas devem ser descritos não como o ato de pensar sobre o evento repetidamente, mas como memórias indesejadas e angustiantes do evento traumático. Elas podem ocorrer durante o dia, como imagens intrusivas ou *flashbacks*, ou à noite, como sonhos ou pesadelos. Algumas pessoas experimentam angústia intrusiva quando "lembradas" de um evento, mesmo quando não se lembram de parte ou de todo o ocorrido. Os itens 6 e 7 da PCL-5 se concentram na evitação: evitar memórias internas do evento e evitar lembretes externos sobre o evento. No entanto, esses dois tipos de evitação podem se manifestar de inúmeras maneiras. Por exemplo, os tipos mais comuns de evitação relacionados à terapia são os pacientes não comparecerem às sessões, chegarem atrasados ou não fazerem as práticas fora da sessão. Eles também podem tentar mudar um tópico angustiante para algo mais comum em uma sessão. O uso de substâncias ou outros comportamentos de automutilação para entorpecer memórias e emoções ou dormir (sem pesadelos) são outras formas de evitação. Todos esses métodos são eficazes a curto prazo, mas impedem o processamento do evento traumático. Existem inúmeras formas de evitação; os terapeutas devem estar sempre atentos a essa evitação, rotulá-la como um sintoma e enfatizar que essa não é uma forma eficaz de enfrentamento a longo prazo em relação ao objetivo do cliente de reduzir o TEPT. A evitação não aparece no gráfico na parte superior da Ficha 6.1 porque aquela figura ilustra o processo de recuperação natural. O gráfico na parte inferior da Ficha 6.1 inclui os sintomas de evitação no TEPT e deve ser discutido por último, e não na ordem apresentada na PCL-5.

O próximo grupo de sintomas (itens 8 a 14 da PCL-5) inclui uma série de respostas cognitivas e emocionais problemáticas a eventos traumáticos. Embora os sintomas cognitivos sejam descritos como parte da teoria cognitiva do TEPT mais adiante na sessão, é bom obter as respostas dos clientes nesse ponto, para referenciá-las futuramente. Os sintomas cognitivos incluem crenças negativas sobre si mesmo (por exemplo, "Eu não valho nada"), sobre os outros (por exemplo, "Ninguém é gentil") ou sobre o mundo (por exemplo, "O mundo é terrível"); culpa distorcida e persistente sobre si mesmo (por exemplo, "A culpa é minha por ter bebido") ou sobre outros que não tinham intenção de causar o dano (por exemplo, "Ele não deveria ter nos mandado voltar para o prédio"); e até mesmo amnésia dissociativa de partes ou de todo o evento (não causada por lesão na cabeça, intoxicação ou perda de consciência). Embora geralmente seja muito fácil para os clientes se culparem por causar ou não prevenir eventos traumáticos, eles podem não reconhecer que culpar outras pessoas que não causaram ou não pretendiam causar os eventos (item 10) pode não corresponder à realidade. Por exemplo, um cliente que foi abusado quando criança pode culpar sua mãe por não o proteger do agressor, sem considerar que (1) a mãe talvez não soubesse sobre o abuso ou (2) talvez ela própria tenha sido abusada e não conseguiu se livrar da situação junto com o filho. Os membros do serviço militar podem ter sido ensinados implícita ou explicitamente que, se todos fizerem seu trabalho corretamente, todos voltarão para casa ilesos. Se os militares ou veteranos não conseguem encontrar uma falha em suas próprias ações, por exemplo, se sua unidade sofreu uma emboscada, podem acabar culpando outros membros da equipe, superiores ou até a própria instituição militar, em vez de reconhecer que a natureza de uma emboscada é o fator surpresa e que talvez ninguém, além de quem planejou o ataque, poderia prever o acontecimento.

As emoções negativas incluem: qualquer tipo de sentimento emocional negativo contínuo (por exemplo, medo, terror, raiva, culpa, nojo, vergonha); diminuição do interesse ou participação em atividades importantes; ou sentir-se distante ou isolado dos outros. Apesar de tentativas de entorpecer suas emoções, as pessoas com TEPT têm surtos de emoções negativas quando lembradas de seus eventos traumáticos. As únicas emoções que elas são realmente bem-sucedidas em entorpecer são emoções positivas, como alegria, felicidade e amor. A falta de emoções positivas e a presença de emoções negativas também contribuem para a diminuição do interesse em atividades anteriormente apreciadas ou para se sentir distante ou isolado dos outros.

O último grupo de itens (itens 15 a 20 da PCL-5) inclui reações que são marcadores de excitação fisiológica aumentada ou ações impulsivas. Esses sintomas incluem estar atento ou em guarda, reações pronunciadas de sobressalto, problemas de concentração e dificuldades para dormir (dificuldade em adormecer ou permanecer dormindo). Isso também inclui agressões como expressão de raiva, bem como comportamento imprudente ou autodestrutivo. Este último pode incluir comportamentos de automutilação, como dirigir de forma imprudente ou muito rápida, dirigir uma motocicleta sem capacete, comportamento sexual indiscriminado ou outro comportamento de risco que sugere que os clientes podem não se importar se vivem ou morrem.

TEPT PARA CLIENTES: PONTUAÇÃO DA PCL-5 E DO PHQ-9 E INTRODUÇÃO DE UM MODELO FUNCIONAL

Após a avaliação inicial, que inclui a coleta dos questionários PCL-5 e PHQ-9, o cliente deve completar o PCL-5 e o PHQ-9 (Fichas 3.1 e 3.2, no Capítulo 3) na sala de espera ou antes de iniciar a sessão. O terapeuta deve pontuar a PCL-5 e representá-la graficamente, mostrando ao cliente em que ponto eles estão iniciando o tratamento. O terapeuta deve perguntar sobre os sintomas do TEPT que são particularmente elevados e como o cliente os experimenta (por exemplo, quais intrusões ou pesadelos o cliente tem, quais sintomas de evitação o cliente mais experimenta). Então, em vez de revisar os sintomas como uma lista, o terapeuta apresentará o modelo funcional do TEPT.

Ao revisar a Ficha 6.1 com um paciente, o terapeuta deve se referir à parte superior da ficha como uma descrição da recuperação normal, observando que, se um trauma for demasiadamente grave, a maioria das pessoas experimentará alguns sintomas do TEPT pelo menos por um período de tempo após o evento. Uma vez que o trauma termina, torna-se uma memória que as pessoas devem integrar de forma equilibrada em sua compreensão das experiências e de por que elas acontecem, bem como em sua visão de si mesmas, dos outros e do mundo. Uma revisão dos grupos de sintomas do TEPT e uma discussão sobre quais sintomas um paciente está experimentando e quando eles ocorrem são um bom ponto de partida. Como exemplo de tal revisão, o terapeuta poderia dizer algo como o seguinte (em suas próprias palavras, não em uma leitura literal):

"Um conjunto de sintomas de TEPT são memórias intrusivas, ou memórias que 'se intrometem' em você de maneira indesejada. Elas vêm até você quando você não espera ou quer que elas o façam — talvez quando você está adormecendo ou não está se sentindo bem. Elas podem vir como imagens, sons do evento ou reações físicas ou emocionais quando você

encontra algo que o faz lembrar [do evento-alvo]. Você pode me dar algum exemplo dos tipos de sintomas intrusivos que você tem? Quando essas experiências se intrometem em você, é natural experimentar sentimentos fortes também. Essas emoções precisam seguir seu curso. Quando você pensa sobre o trauma, que emoções você experimenta?"

"Você também tem pensamentos sobre por que o evento aconteceu e, na tentativa de evitar eventos futuros, pode se culpar ou procurar erros que acha que cometeu. Esses tipos de pensamentos também estão associados a emoções, mas emoções diferentes daquelas que vêm naturalmente do evento. Suas emoções naturais sobre o evento podem ser medo, raiva ou tristeza. Se você se culpar, no entanto, pode sentir culpa ou vergonha, o que não é uma emoção natural (a menos que você tenha tido a intenção de causar o dano), mas baseada em seus pensamentos. Você já teve algum desses tipos de pensamentos ou sentimentos?"

"Se seus sintomas, suas emoções ou seus pensamentos intrusivos parecerem insuportáveis para você, você pode tentar escapar ou evitá-los. Há muitas maneiras pelas quais as pessoas evitam pensar ou sentir suas emoções sobre um evento traumático. Manter-se muito ocupado, beber ou usar drogas, não ir às sessões de terapia, chegar atrasado ou não fazer suas tarefas práticas são exemplos de evitação. Embora seja compreensível que você queira evitar lidar com o evento traumático, e você pode estar fazendo isso há muito tempo, a evitação impede que você se recupere."

Ao descrever a recuperação natural de um evento traumático, o terapeuta deve apontar que, quando são desencadeadas memórias intrusivas, emoções fortes, excitação e assim por diante, os indivíduos são mais propensos a ouvir *feedback* corretivo sobre as causas reais dos eventos e receber apoio para suas reações emocionais naturais se eles se permitirem sentir suas emoções, pensar sobre o trauma e conversar com pessoas que os apoiam sobre seus pensamentos. As emoções naturais que surgem diretamente da resposta de fuga-luta-congelamento (por exemplo, medo, raiva) tendem a diminuir rapidamente, junto com outras emoções que não são baseadas em pensamentos (exceto o luto, que é um processo contínuo). À medida que as emoções diminuem, os indivíduos se tornam mais receptivos a outros pontos de vista e à aceitação do evento traumático. A parte superior da Ficha 6.1 mostra como pensamentos, emoções e excitação interagem na recuperação natural e como eles diminuem e se desconectam uns dos outros ao longo do tempo. Depois de um tempo, o sobrevivente pode dizer: "Lembro-me de como esse evento foi horrível e de como me senti mal na época", em vez de continuar a sentir emoções fortes e precisar afastar as memórias. Isso se torna parte de sua história de vida.

A parte inferior da Ficha 6.1 mostra como as pessoas podem ficar presas nesses sintomas e ser diagnosticadas com TEPT. Em vez de sentir emoções naturais, falar sobre seus eventos traumáticos com outras pessoas, absorver as perspectivas dos outros e abordar, em vez de evitar, lembranças para integrar suas experiências adequadamente à memória (o processo de acomodação; ver Capítulo 1), as pessoas com TEPT interrompem o processo de recuperação natural, evitando todas e quaisquer emoções, pensamentos e outras reações ao evento traumático a todo custo.

Infelizmente, embora a evitação não seja uma parte inicial das reações pós-traumáticas, uma vez iniciada como uma estratégia de enfrentamento, ela acaba impedindo a recuperação. Além disso, infelizmente, a maioria das formas de evitação (como agressão, abuso de substâncias e isolamento social) funciona a curto prazo — mas como não funcionam a longo prazo, as pessoas aumentam seu uso, muitas vezes a tal ponto que esses comportamentos podem se tornar transtornos comórbidos por si só. Na verdade, se os clientes tinham tendência a se envolver em qualquer um desses comportamentos disfuncionais antes do trauma, eles podem piorar após o trauma. Conforme descrito na parte inferior da Ficha 6.1, os sintomas do TEPT podem ser ofuscados pelos sintomas de evitação do transtorno. No entanto, se uma pessoa com TEPT parar de se envolver no comportamento de evitação, surgem os sintomas do TEPT. Por exemplo, é bem sabido que pessoas com TEPT e abuso de substâncias são mais propensas a recaídas do que pessoas que apresentam apenas abuso de substâncias. Assim que esses clientes param de beber ou usar drogas, eles podem experimentar mais *flashbacks* ou pesadelos e, em seguida, são mais propensos a recair no uso de substâncias para diminuir esses sintomas do TEPT.

É importante que os clientes que recebem tratamento para o TEPT entendam o papel da evitação na manutenção dos sintomas do TEPT e aceitem que, para se recuperar, precisam acabar com as formas de evitação em que estão envolvidos. Além disso, um dos principais papéis dos terapeutas é ajudar os clientes a identificar comportamentos de evitação quando eles ocorrem, para que possam interromper os comportamentos. Portanto, a importância de comparecer às sessões na hora certa, concluir as tarefas práticas e não depender de outras formas de evitação é enfatizada e incluída em um contrato de terapia (ver Ficha 5.1, no Capítulo 5).

Os terapeutas também ajudarão os clientes a examinar seus pensamentos sobre as causas e as consequências de seus eventos traumáticos, ajudando-os a diferenciar pensamentos de fatos, facilitando o aprendizado de como pensamentos específicos levam a diferentes emoções e ajudando-os a aprender as habilidades envolvidas no exame de suas experiências de maneira equilibrada. Depois de revisar os sintomas do TEPT, os terapeutas dão aos clientes uma explicação da biologia do TEPT e da teoria cognitiva, com ênfase no papel dos pensamentos no TEPT e em como a mudança de pensamentos pode mudar os sintomas.

TEPT E O CÉREBRO

Pesquisas sobre como o cérebro é afetado pelo trauma cresceram exponencialmente, e pode ser útil normalizar os sintomas dos clientes mostrando uma imagem de como partes do cérebro interagem durante e após o trauma. A explicação mais simples envolve algumas partes do cérebro: o córtex pré-frontal (PFC, uma parte do cérebro que pensa e raciocina); a amígdala, a parte mais importante do cérebro para respostas emocionais; e a resposta de luta-fuga-congelamento. Abra as páginas do Capítulo 1 deste livro e mostre ao cliente os desenhos do cérebro (Figuras 1.1, 1.2 e 1.3). Quando uma ameaça real é percebida, a amígdala é ativada com emoção e envia mensagens para o tronco encefálico, acionando neurotransmissores que reduzem a atividade do córtex pré-frontal. Em situações de risco de vida, não há razão para considerar a filosofia de vida de alguém, aspectos do seu trabalho ou com quem se casar; a atenção se estreita para a ameaça em questão. Uma vez que a ameaça termina, o córtex pré-frontal envia uma mensagem de volta à amígdala para se acalmar. Existe um ciclo de *feedback* recíproco. Quando a amígdala é ativada, o córtex pré-frontal é desativado e vice-versa. Em alguém com TEPT, o PFC se desliga excessivamente, e não há mensagem para a amígdala para interromper a resposta de alto nível. Ela leva muito mais tempo para se acalmar. Um cliente pode até sentir "horror sem palavras" porque a área de Broca, o centro da fala do cérebro (que faz parte do PFC), está desligada. Falar sobre o trauma pode reativar o PFC. O problema com o TEPT é que, com o tempo, as lembranças também podem desencadear mais e mais respostas da amígdala, enquanto o córtex pré-frontal se desliga cada vez mais. Isso resulta em problemas com a regulação do afeto: emoções facilmente acessadas e dificuldade em desligá-las. Uma das razões pelas quais a TPC funciona é que, ao falar sobre o trauma, o córtex pré-frontal é ativado, o que acalma as emoções. A TPC ensina a regulação do afeto ao permitir que o cliente pense de forma diferente sobre eventos traumáticos. Rotular as emoções e manter o PFC ativo ao falar sobre o trauma, em vez de revivê-lo, pode ser o meio mais eficaz de ensinar a regulação do afeto ao cliente.

Entre aqueles que não temem a morte, pode não haver reação de luta-fuga-congelamento. Existem outras partes do cérebro (o precuneus esquerdo), bem como o córtex pré-frontal, que afetam o pensamento e as funções autorreflexivas. Se as pessoas vivenciam traição, vergonha ou outras cognições não perigosas, elas podem ruminar mais sobre as causas e consequências de seus traumas.

DESCREVER A TEORIA COGNITIVA

Parte do trabalho de envolver os clientes na TPC é ajudá-los a entender o modelo cognitivo do TEPT. Alguns clientes podem nunca ter ouvido falar sobre a teoria ou o modelo cognitivo, ou podem ter concepções equivocadas sobre o modelo — por exemplo, que é superficial, frio ou uma forma de controle mental. Os terapeutas podem iniciar o tratamento de forma eficaz se derem a seus clientes uma explicação clara sobre os fundamentos conceituais da TPC e a justificativa para o uso dessa abordagem.

A seguir está uma explicação típica da teoria cognitiva apresentada por um terapeuta. (Novamente, isso *não* tem por finalidade ser um roteiro a ser seguido palavra por palavra, mas simplesmente um exemplo de como apresentar esses conceitos aos clientes.)

> *"Desde o momento em que nascemos até o momento em que morremos, somos bombardeados com informações. A informação chega por meio de todos os nossos sentidos, a partir de nossas experiências e do que as pessoas nos ensinam. Todas essas informações seriam*

completamente esmagadoras se não encontrássemos uma maneira de organizá-las e descobrir no que prestar atenção e o que podemos ignorar. Como humanos, temos um forte desejo de prever e controlar nossa vida, e muitas vezes acreditamos que temos mais controle sobre outras pessoas e eventos do que realmente temos. Sem organizar todas as informações recebidas, teríamos dificuldade em determinar o que é perigoso ou seguro, o que gostamos e o que não gostamos, ou como queremos gastar nosso tempo e com quem.

Quando crianças, começamos a aprender a linguagem como uma forma de organizar as informações. No início, nosso ambiente e nossas experiências são muito limitados e temos apenas algumas palavras para descrevê-los. Uma criança pequena pode chamar um animal com quatro patas, uma cauda e um nariz de 'cachorro', porque essa é a única palavra que ela conhece — mesmo que o animal seja um gato, um porco, um cavalo ou um leão. À medida que envelhecemos, desenvolvemos categorias mais ajustadas, para que possamos nos comunicar com outras pessoas e ter um maior senso de controle sobre nosso mundo.

O 'mito do mundo justo' é ensinado às crianças por pais, professores, religião ou a sociedade em geral, porque, quando crianças, somos muito jovens para entender probabilidades ou resultados mais sutis de comportamento ou mau comportamento. O mito do mundo justo é mais ou menos assim: 'As pessoas recebem o que merecem. Se algo ruim acontece com alguém, então essa pessoa deve ter cometido algum erro anteriormente e está sendo punida. Se algo de bom acontece, então a pessoa deve ter feito algo corajoso, inteligente ou gentil antes, ou deve ter seguido as regras. Em outras palavras, coisas boas acontecem com pessoas boas e coisas ruins acontecem com pessoas más'.

Os pais geralmente não anunciam aos filhos que, se eles se comportarem, podem ou não ser recompensados. Eles não dizem 'Se você se comportar mal, pode ou não ser punido'. É somente com o passar do tempo e de um maior aprendizado que as pessoas percebem que coisas boas podem acontecer aos criminosos (por exemplo, eles podem escapar impunes de crimes), ou que coisas ruins podem acontecer com pessoas que seguem as regras e são gentis com os outros. Infelizmente, o aprendizado precoce não é apagado, e as pessoas muitas vezes voltam à pergunta "Por que eu?" quando passam por uma situação negativa. Elas acreditam que estão sendo punidas por algo que fizeram e, se puderem descobrir o que fizeram de errado, poderão evitar que coisas ruins aconteçam no futuro. Essa é provavelmente uma das razões pelas quais ouvimos tantos relatos de autoculpabilização após eventos traumáticos.

O outro lado da pergunta 'Por que eu?' é a pergunta 'Por que não eu?'. Essa é a fonte da culpa do sobrevivente. Muitas vezes ouvimos militares dizerem algo assim: 'Não é justo que meu amigo tenha sido morto. Ele era um cara legal, casado e com dois filhos pequenos. Sou solteiro e não tenho filhos. Por que fui poupado?'. Ou alguém pode se perguntar por que a enchente poupou sua casa, mas destruiu todas as outras casas da rua. Essa pessoa pode se sentir culpada por ter sido poupada, quando tantas outras pessoas não foram. Ambas as perguntas ('Por que eu?' e 'Por que não eu?') estão assumindo que todos os eventos da vida são explicáveis, justos e potencialmente controláveis.

Quando ocorre um evento traumático, esse é um grande evento, e há emoções muito naturais como terror, raiva, tristeza e horror que podem acompanhar o evento. Sua mente também precisa encontrar uma maneira de reconciliar o que aconteceu com suas crenças e experiências anteriores. Se você nunca experimentou um evento traumático antes, sua expectativa pode ser que apenas coisas boas aconteçam com você. O evento traumático puxa o tapete debaixo de você, e você tem que descobrir uma maneira de absorver essa nova informação de que coisas ruins podem acontecer com você. Outra coisa que as pessoas costumam fazer é tentar mudar a maneira como veem o evento para tentar encaixá-lo nas crenças positivas anteriores sobre o mundo e no senso de controle sobre eventos futuros. Elas podem distorcer sua memória do evento, como dizer a si mesmas que cometeram um erro, foi um mal-entendido ou deveriam ter evitado o evento. Se elas conseguirem descobrir o que fizeram de errado, acham que podem impedir que coisas ruins aconteçam no futuro.

Se uma pessoa veio de um lar abusivo ou negligente, o evento pode não ser tão difícil de aceitar. Essa pessoa já tem crenças negativas sobre si mesma, e esse novo evento traumático é usado como prova das crenças anteriores. A pessoa pode pensar: 'Eu sou um ímã de trauma' ou 'Coisas ruins sempre acontecem comigo'. De fato, se a pessoa já tem TEPT e crenças negativas decorrentes de traumas anteriores, essas crenças negativas podem ser ativadas após um novo evento traumático, mesmo que não se encaixem no novo evento. Um exemplo seria uma vítima de estupro que é agredida por um estranho e diz depois: 'Não confio em ninguém na minha vida de forma alguma'. Por que as ações de um estranho afetariam as crenças de alguém sobre confiança? Essa crença provavelmente surgiu de eventos anteriores e agora está sendo reativada.

Uma coisa que as pessoas com TEPT tentam fazer é se distrair ou evitar memórias de um evento traumático, como falamos anteriormente. Mas é muito difícil ignorar um evento tão grande, e a evitação não é bem-sucedida a longo prazo.

A recuperação de eventos traumáticos consiste em mudar crenças negativas sobre o eu e o mundo o suficiente para incluir essas novas informações. Significa aprender e aceitar que eventos traumáticos podem acontecer. Um novo pensamento pode ser mais ou menos assim: 'Eu não fiz nada de errado. Talvez coisas ruins possam acontecer com pessoas boas, e a pessoa que me prejudicou é a culpada'. Para algumas pessoas, esse pensamento é assustador, porque, se não for culpa delas, talvez todas as coisas ruins não possam ser evitadas. Se outras pessoas o culpassem por seu incidente traumático, isso também reforçaria a ideia de que você deve ter feito algo errado para que o evento ocorresse com você. Na verdade, se você foi muito abusado quando criança, pode vir a acreditar em uma versão extrema e inútil do mito do mundo justo: coisas ruins sempre acontecerão por causa de algo sobre você como pessoa. Em vez de se culpar por um único incidente, você pode sentir vergonha e uma profunda crença de que é uma pessoa má ou merece receber apenas maus-tratos.

Se você não estava sozinho durante o evento e tinha outra pessoa para culpar além do agressor e de si mesmo, você pode culpar alguém próximo que realmente não causou o evento ou pretendeu prejudicar. Essa é outra maneira como algumas pessoas pensam para tentar obter uma falsa sensação de controle — algo que culpar um perpetrador não lhes oferece. Nas forças armadas, muitas vezes é ensinado que, se todo o pessoal fizer seu trabalho corretamente, todos voltarão para casa ilesos. Mas, e se houver uma explosão e as pessoas forem mortas, e você não puder encontrar nada que fez de errado? Para manter a *ideia de que seu lado tem o controle, você pode culpar outra pessoa em sua unidade ou alguém mais alto na hierarquia de comando. Da mesma forma, uma criança que é abusada por um dos pais pode culpar mais o outro pai, mesmo que o outro pai nem esteja sabendo sobre o abuso.*

Outra maneira de lidar com um evento traumático é mudar suas crenças sobre si mesmo e o mundo ao extremo. Aqui estão alguns exemplos: 'Eu costumava confiar em meu julgamento e minha capacidade de tomada de decisão, mas agora não posso tomar decisões', 'Devo controlar todos ao meu redor', 'O mundo é sempre perigoso, e devo estar sempre em guarda', 'Pessoas em posição de autoridade vão me machucar'. Essas crenças negativas extremas podem decorrer de uma mudança de uma crença para o exato oposto, ou de se concentrar apenas em eventos e pessoas negativas e decidir que evitá-los é a melhor maneira de proteger e controlar seu futuro. Em vez de dizer: 'Essa pessoa me machucou, então vou ficar longe dessa pessoa no futuro', uma vítima de trauma pode culpar todos que se enquadram em uma classe compartilhada com essa pessoa (como homens, mulheres, militares ou pessoas em posição de autoridade). Assim, a pessoa pode concluir que as pessoas não são confiáveis de forma alguma e se afastar de qualquer pessoa que a lembre da causa presumida do evento. As crenças podem extrapolar após um trauma de várias maneiras, mas as mais comuns estão relacionadas aos temas de segurança, confiança, poder e controle, estima ou intimidade. Esses temas podem estar relacionados a você ou a outras pessoas. [Nota: Isso é superacomodação.] Quanto mais você diz algo para si mesmo, mais você pode vir a acreditar que é um fato, e você pode parar de notar qualquer evidência que contradiga o que você decidiu. O problema é que esses tipos de crenças têm sérios efeitos negativos em sua vida e nos sintomas contínuos de TEPT. Você precisa ignorar ou distorcer qualquer coisa ou pessoa que não se encaixe nas novas crenças, e assim você acaba se isolando dos outros. Chamamos esses pensamentos que impedem a recuperação de 'pontos de bloqueio'."

DISCUTIR O PAPEL DAS EMOÇÕES

Depois de discutir o papel dos pensamentos no impedimento da recuperação de eventos traumáticos, os terapeutas se voltam para o papel das emoções. Um grande evento negativo da vida deve naturalmente gerar emoções intensas. Elas podem ser geradas durante o próprio evento, como parte da resposta de luta-fuga-congelamento. Se alguém foi treinado para lutar, como nas forças armadas ou em outras posições de primeiros socorros (por exemplo, bombeiros, policiais), pode-se esperar uma resposta de aproximação à ameaça, e a luta pode ser acompanhada de raiva. A resposta de fuga é escapar, sendo acompanhada de medo. A resposta ao congelamento pode ser de dois tipos. Na primeira percepção de perigo, a pessoa pode congelar rapidamente para se orientar para a situação, determinar se há uma ameaça e decidir o que está acontecendo ou o que fazer. Às vezes, os clientes que fizeram isso se culpam por terem congelado por alguns segundos, como se isso pudesse ter mudado o resultado do evento. O outro tipo de congelamento pode estar associado à imobilidade tônica e à dissociação. Se a ameaça continuar e nem a luta nem a fuga estiverem funcionando, a resposta de congelamento pode ser a resposta de sobrevivência; isso pode ser acompanhado por dissociação, um achatamento do afeto ou um completo senso de objetividade sobre o evento, como se o observasse de fora (ou seja, desrealização, despersonalização). As emoções que são combinadas com respostas automáticas são todas emoções perfeitamente naturais e geradas diretamente pelo evento, sem a necessidade de uma avaliação demorada. Os seres humanos são programados para ter emoções naturais em resposta a ameaças, perdas, algo nojento ou até mesmo algo agradável. De uma perspectiva evolutiva, essas emoções fornecem informações importantes sobre como responder em uma situação. No entanto, uma vez que o perigo tenha passado, a pessoa deve retornar a um estado estacionário. No caso do TEPT, as pessoas reprimem suas emoções e não permitem que elas sigam seu curso natural. Na verdade, os terapeutas costumam usar o exemplo de uma garrafa de bebida gaseificada que foi agitada; se uma pessoa começa a levantar a tampa, pode parecer haver uma enorme erupção que é percebida como interminável, e a pessoa imediatamente coloca a tampa de volta. No entanto, se a pessoa deixasse a tampa da bebida aberta, a energia diminuiria após a erupção inicial, e a liberação do gás reduziria rapidamente.

Emoções de outro tipo são geradas pelos pensamentos do cliente após o evento. Essas emoções produzidas por pensamentos são o que chamamos na TPC de "emoções fabricadas" (o que outros podem chamar de "emoções secundárias"). Por exemplo, em vez de ficar com raiva do perpetrador em uma agressão — o que deixa a vítima se perguntando se tal evento poderia acontecer novamente —, a vítima se envolve em culpar-se e sente culpa ou raiva autodirigida. Com novas informações, e obtendo ajuda para olhar para o evento de maneiras diferentes, a pessoa pode aprender a mudar suas emoções fabricadas rapidamente. A analogia que costumamos usar para fazer a distinção é a de um incêndio. Podemos dizer algo assim:

> *"Um fogo em uma lareira tem muito calor e energia, como as emoções, e você pode não querer chegar muito perto. Se você apenas sentar lá e observar o fogo e não fizer nada com ele, o que acontece? [O cliente geralmente diz: "Ele apaga."] Sim, ele não pode continuar queimando para sempre, a menos que receba mais combustível. É isso que as emoções naturais do evento traumático fazem: elas se esgotam se você apenas as sentir até que a energia as queime. Mas, e se você jogar 'combustíveis de pensamento' nesse fogo emocional, como 'É tudo culpa minha', 'Eu sou tão estúpido' ou 'Eu deveria saber que isso ia acontecer'? Você pode manter esse fogo aceso enquanto continuar jogando combustíveis de pensamento nesse fogo. O problema é que essas não são as emoções naturais do evento. O fogo não se apaga justamente porque está sendo alimentado por diferentes tipos de pensamento, como ódio de si mesmo, culpar pessoas que não foram responsáveis por aquele evento específico, pensar que todas as pessoas são más ou indignas de confiança e assim por diante.*
>
> *Nesta terapia, o que queremos fazer é permitir que as emoções naturais queimem naturalmente, o que não leva muito tempo, e tirar o combustível que mantém as outras emoções queimando, mudando quaisquer pensamentos extremos ou imprecisos. Isso faz sentido?"*

REVISAR O TRAUMA CENTRAL

Depois que o terapeuta responder a quaisquer perguntas que o cliente tenha sobre a teoria cognitiva do TEPT e emoções naturais *versus* fabricadas, o terapeuta e o cliente definem o evento-alvo (o evento traumático que causa mais sofrimento e prejuízo, que será abordado primeiro na terapia). Em alguns casos, um avaliador ou o terapeuta se reúne com o cliente antes da primeira sessão da TPC, analisa o histórico de trauma e escolhe o trauma que o cliente considera o mais preocupante a fim de usá-lo como o evento-alvo ao conduzir a entrevista clínica para determinar se a pessoa tem TEPT (de preferência por meio da *Clinician-Administered PTSD Scale for DSM-5* – CAPS-5; consulte o Capítulo 3) e, em caso afirmativo, qual a sua gravidade. Mesmo que isso tenha sido feito, no entanto, o terapeuta deve revisar a história traumática e ajudar o cliente a decidir sobre o evento-alvo na primeira sessão. Isso porque o cliente pode ter receio, durante a primeira interação na avaliação, de discutir o que realmente é o trauma mais angustiante, pode se preocupar em ser julgado ou pode confundir "angústia" ou "o pior evento da vida" com "o pior evento traumático" e os sintomas do TEPT (por exemplo, "Quando meu pai morreu de câncer, esse foi o pior evento da minha vida. Tudo mudou depois disso"). Luto e TEPT não são a mesma coisa, e o cliente pode relatar um evento que não produziu realmente os sintomas de TEPT. O terapeuta deve revisar os eventos relatados como traumáticos e perguntar sobre qualquer um que o cliente tenha considerado desde a avaliação. Às vezes, é útil para o terapeuta fazer perguntas como estas: "Existe algum outro evento que você deixou de fora ou pensou desde a sessão de avaliação?", "Existe um evento sobre o qual você espera que eu não pergunte ou não apareça na terapia?", ou "Qual evento você tem mais pesadelos ou surge em sua cabeça com mais frequência quando você menos espera?".

A razão para iniciar a TPC com o evento traumático mais angustiante é que outros eventos provavelmente terão os mesmos pontos de bloqueio associados a eles e, se o tratamento começar com um evento menor, o cliente pode ter que recomeçar com o evento mais difícil, prolongando a terapia desnecessariamente. Uma vez que os clientes aprendam que podem tolerar suas emoções sobre os eventos mais angustiantes, os outros traumas podem ser tratados durante o curso da terapia, preenchendo as Planilhas de Perguntas Exploratórias (Ficha 9.2) e listando quaisquer pontos de bloqueio exclusivos no registro de pontos de bloqueio (Ficha 7.1).

Uma vez determinado o trauma central, o terapeuta pede ao cliente que dê uma breve descrição do trauma (com até 5 minutos de duração), caso isso não tenha sido feito durante a avaliação anterior ao tratamento. O objetivo dessa breve descrição é dar ao terapeuta alguns fatos sobre o que aconteceu, a fim de começar a gerar um plano de como orientar a terapia. É importante que essa descrição não se torne muito detalhada, com muita emoção. Nesse ponto da terapia, os clientes ocasionalmente têm vontade de falar sobre o trauma, mas, se eles se tornarem muito emotivos, podem muito bem fugir da terapia e assumir que seus terapeutas os estão julgando, assim como eles estão julgando a si mesmos. Nesse estágio inicial da terapia, eles não têm motivos para confiar que seu terapeuta será solidário, e não há sensação de que pode haver outras maneiras de olhar para seu evento traumático do que como eles têm visto o evento desde que aconteceu. Se o relato do paciente começar a ficar muito detalhado, o terapeuta pode ajudar a manter a sessão em andamento fazendo perguntas, direcionando o paciente para descrever a próxima parte do evento e perguntando como terminou. No entanto, descobrimos que a maioria dos clientes realmente dá versões curtas dos seus eventos, provavelmente porque desenvolveram versões curtas e sem emoção para consumo público.

DESCREVER A TERAPIA

Neste momento, o terapeuta deve fornecer uma breve visão geral do curso da terapia. Se o terapeuta e o cliente não definiram antes da primeira sessão sobre se devem fazer TPC+A ou TPC, esse será o momento de decidir. Algumas pessoas gostam de escrever seus relatos, mas outras pessoas desistiriam da terapia se tivessem que fazê-lo. Essa questão é discutida mais detalhadamente no Capítulo 18. Se os clientes puderem escolher a versão da terapia que desejam fazer, eles estarão mais capacitados e mais propensos a se envolver no tratamento. Os únicos casos em que os terapeutas podem recomendar a adição de relatos escritos são (1) quando o cliente é altamente dissociativo e, portanto, se beneficiaria de escrever seu relato para colocar os eventos de volta na ordem adequada, com começo, meio e fim, e para ficar mais envolvido com suas memórias traumáticas; ou (2) quando o cliente está emocionalmente entorpecido, já que, às vezes, os relatos escritos podem provocar emoções naturais, o que falar sobre os eventos traumáticos não provocaria. Se os clientes são extremamente emotivos ou têm doença mental comórbida grave e correm o risco de descompensação, provavelmente seria melhor fazer TPC, que ajuda na regulação do afeto por meio da ativação do córtex pré-frontal e das áreas de fala do cérebro, além da correspondente inibição da amígdala. Escrever os relatos, com as imagens e emoções associadas, pode ser desnecessariamente angustiante para esses últimos clientes e, conforme revisado no Capítulo 2, não contribui para os resultados da terapia.

Essa breve visão geral da terapia pode ser tão simples quanto dizer algo assim:

"Como acontece com todas as habilidades que aprendemos, a prática é necessária. E, como acontece com a maioria das coisas novas que você aprende, quanto mais você investe em algo, mais você vai tirar proveito disso. Esses fatos podem parecer contrastar bastante com o seu desejo de evitar pensar ou falar sobre seus traumas e de escapar de sentir as emoções que surgem quando você o faz. No entanto, o que você tem feito — evitando — não tem funcionado para você, como determinamos. Portanto, este tratamento vai pedir que você assuma a postura oposta e aborde como lidar com os traumas. A TPC fará isso ensinando novas habilidades, um passo de cada vez, para ajudá-lo a olhar para seus pensamentos, perceber a diferença entre um fato e um pensamento, fazer perguntas a si mesmo

sobre o pensamento e decidir como você se sente quando o pensa. Você receberá fichas que o ajudarão a colocar seus pensamentos no papel e mostrarão novas habilidades para questionar os fatos que cercam seu trauma e determinar como você pode pensar sobre isso de maneira diferente. Em última análise, você pode encontrar maneiras diferentes e mais eficazes de pensar sobre o trauma e seus efeitos e notará uma mudança em suas emoções.

Vamos passar a primeira metade desta terapia focando no trauma ou nos traumas em si e determinando o que você está dizendo a si mesmo. Juntos, faremos perguntas para ajudá-lo a descobrir quais foram os fatos naquela situação e se suas conclusões são precisas. Se não forem, trabalharemos para encontrar mais declarações factuais que você possa aprender a pensar. As pessoas podem mudar de ideia, e, se você tem pensado as mesmas coisas desde que o trauma aconteceu sem realmente reconsiderá-las, esses pensamentos podem ter se tornado hábitos que precisam ser explorados. Usaremos uma série de fichas informativas e planilhas para ajudá-lo a aprender algumas habilidades para examinar seus pensamentos que nunca foram ensinadas na escola. Se você está pensando de certas maneiras que se tornaram hábito, pode ser necessário um pouco de prática para mudar de ideia e tornar hábito as novas formas de pensar, mais baseadas em fatos. As fichas e planilhas ajudarão você a fazer isso. Na verdade, vamos manter uma lista dos tipos de pensamentos que interferiram na sua recuperação em um registro, que chamamos de registro de pontos de bloqueio. Um ponto de bloqueio é um pensamento que você provavelmente formou durante ou logo após o trauma sobre por que o trauma aconteceu ou o que isso significa sobre você, os outros e o mundo. Serve para mantê-lo preso no lugar e interrompe sua recuperação e seu crescimento. Esses pontos de bloqueio serão examinados ao longo da terapia, e você aprenderá novas maneiras de lidar com eles usando o registro de pontos de bloqueio e as outras planilhas.

Como seu TEPT está presente na sua vida, e não apenas nesta sala, é importante que você pratique essas novas habilidades com as planilhas todos os dias, onde elas farão um bem maior. Há 168 horas em uma semana, e, se você praticar a nova maneira de pensar apenas em 1 ou 2 horas de terapia por semana e a maneira antiga nas outras 166 ou 167 horas, você terá pouco progresso.

No final da terapia, abordaremos alguns temas específicos de pensamentos que são frequentemente afetados por eventos traumáticos: segurança, confiança, poder e controle, estima e intimidade. Mencionei esses temas anteriormente, e cada tema pode estar relacionado a você ou a outras pessoas. Você receberá materiais para ajudá-lo a pensar se você mudou suas crenças demais como resultado do(s) trauma(s) e não considerou todas as exceções a essas crenças negativas em sua vida."

ENTREGAR A PRIMEIRA TAREFA PRÁTICA

Para começar a entender como o trauma central afetou o pensamento do cliente, o terapeuta deve pedir a ele que conclua a primeira tarefa prática, chamada de Declaração de Impacto (ver Ficha 6.2). A Declaração de Impacto consiste em um ensaio curto (normalmente, uma página) descrevendo as *razões* pelas quais os pacientes atualmente acreditam que o evento traumático central aconteceu e as *consequências* do trauma em termos de suas crenças sobre si mesmos, os outros e o mundo. Ao determinar os efeitos do trauma em seu pensamento, os clientes são encorajados a considerar cada um dos temas em relação a si mesmos e aos outros.

O terapeuta não deve apenas descrever a tarefa e entregá-la ao cliente por escrito; ele também deve encorajar o cliente a iniciá-la o mais rápido possível, a acrescentar algo novo ao longo dos dias até a próxima sessão e a não a evitar. O terapeuta pode ajudar a definir quando e onde o cliente pode fazer suas tarefas práticas, caso não tenha muita privacidade. O cliente deve ser lembrado de que não está sendo solicitado a escrever sobre *o que* aconteceu, mas o que pensa sobre *por que* aconteceu e *como* isso afetou seu pensamento e seu comportamento. Essa pode ser a primeira chance que o terapeuta tem de fazer algumas perguntas esclarecedoras ao cliente. Se o cliente expressar apreensão em escrever de alguma forma ou em escrever sobre o significado do evento (por exemplo, "Tenho medo de que você me julgue e me expulse da terapia" ou "Posso sentir muitas emoções e ficar sobrecarregado"), o terapeuta pode rotular isso como ponto de bloqueio e fazer algumas perguntas. Aqui estão alguns exemplos dessas perguntas:

"Então, você está se perguntando se eu penso como você? ... Na TPC, chamamos isso de 'leitura mental'. Por que você não me pergunta em que condições eu o expulsaria da terapia?"

"O que acontece quando você sente emoções? ... E o que acontece depois? ... E depois disso?"

"O que são muitas emoções? Você já viu alguém cujas emoções nunca pararam?"

"Que emoções você provavelmente sentirá se pensar sobre o que o evento significa para você?"

"O que você poderia fazer para não se sentir sobrecarregado?"

"O que você poderia fazer se você se sentisse sobrecarregado?"

É importante que o terapeuta permaneça calmo e tranquilo, mas também firme ao afirmar que o cliente pode fazer a tarefa. Por exemplo, o terapeuta pode dizer:

"Eu não teria sugerido essa terapia se não achasse que você poderia lidar com isso. Ao conversar com você e fazer a avaliação, posso ver que você tem a capacidade de se beneficiar da TPC. Na verdade, assim que você passar pela fase inicial das primeiras sessões, pode até começar a gostar."

Um erro comum do terapeuta é assustar os clientes dizendo que eles podem piorar antes de melhorar, ou enfatizando demais quanto trabalho eles têm que fazer. Muitos clientes, especialmente na TPC, experimentam uma diminuição imediata dos sintomas. Um aumento de pesadelos ou *flashbacks* no início do tratamento pode ocorrer porque, pela primeira vez, eles não estão evitando suas memórias. Os terapeutas podem realmente ajudar esses clientes a considerar isso um bom começo e entender que os *flashbacks* e pesadelos diminuirão com o tempo. O aumento de alguns pontos nas medições da PCL-5 não é clinicamente significativo.

Os terapeutas também podem lembrar aos pacientes que a maioria das tarefas de terapia fora da sessão não leva muito tempo e são voltadas para ajudá-los a assumir o papel de seus próprios terapeutas até o final do tratamento com um novo conjunto de habilidades. Além disso, os terapeutas podem lembrar aos clientes que eles têm memórias de seus eventos traumáticos há muito tempo e que o objetivo da TPC é aliviá-los da dor dessas memórias intrusivas e encontrar uma maneira satisfatória de aceitar o que aconteceu sem todos os sintomas do TEPT.

VERIFICAR AS REAÇÕES DO CLIENTE À SESSÃO

O terapeuta deve encerrar a Sessão 1 perguntando sobre as reações do cliente à sessão e respondendo a quaisquer perguntas que o cliente possa ter sobre o conteúdo da sessão ou a tarefa prática. É essencial normalizar quaisquer emoções negativas e elogiar o cliente por dar esse passo importante em direção à recuperação. O terapeuta deve lembrar ao cliente que ele pode ter o desejo de evitar fazer a tarefa prática e comparecer à próxima sessão, mas que ambos são importantes para o processo de recuperação.

FICHA 6.1

Recuperação ou não recuperação dos sintomas do TEPT após eventos traumáticos

Na recuperação normal, intrusões, pensamentos, emoções e excitação física diminuem com o tempo e se desconectam uns dos outros.

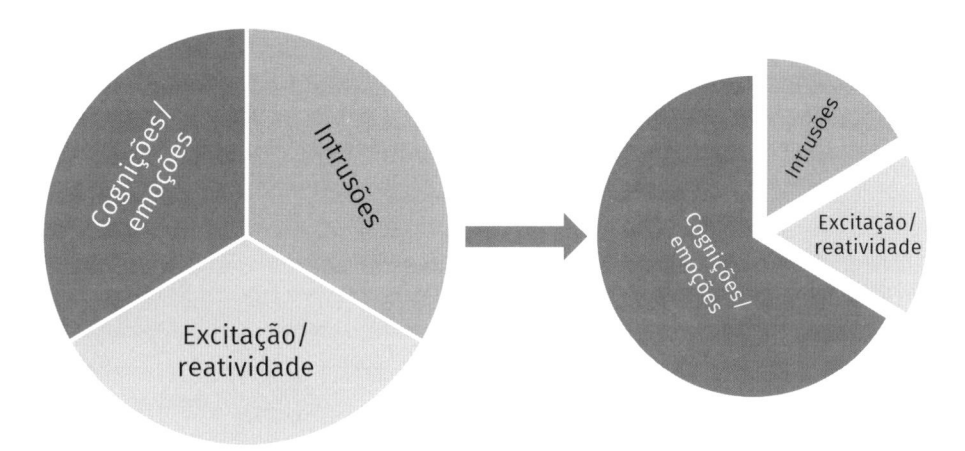

No entanto, naqueles que não se recuperam, fortes emoções, pensamentos e imagens negativas levam a comportamentos de fuga e evitação.

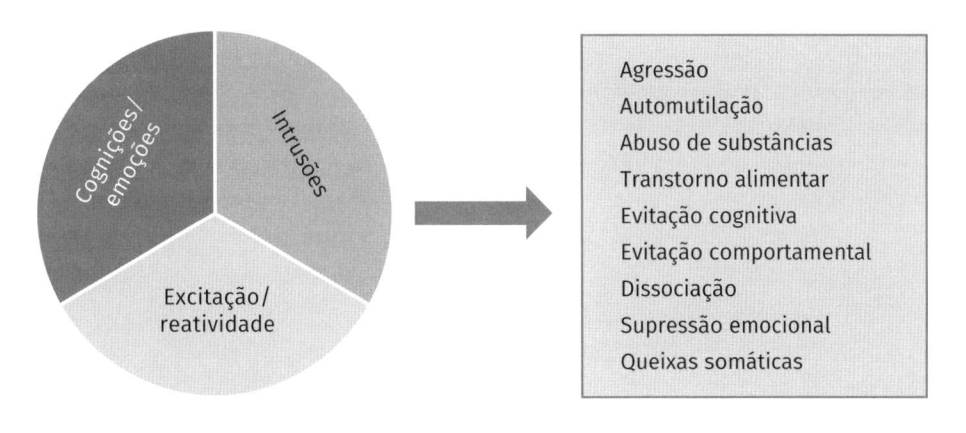

Reações centrais

Fuga e evitação

- Agressão
- Automutilação
- Abuso de substâncias
- Transtorno alimentar
- Evitação cognitiva
- Evitação comportamental
- Dissociação
- Supressão emocional
- Queixas somáticas

A evitação impede o processamento do trauma necessário para a recuperação e funciona apenas temporariamente.

De *Vencendo o transtorno de estresse pós-traumático com a terapia de processamento cognitivo: manual do terapeuta*, 2ª edição, Patricia A. Resick, Candice M. Monson e Kathleen M. Chard (The Guilford Press, 2024). Os compradores deste livro podem baixar cópias adicionais desta planilha na página do livro em loja.grupoa.com.br.

FICHA 6.2
Tarefa prática após a Sessão 1 da TPC

Data: _____   Cliente: _____

Por favor, escreva uma declaração de pelo menos uma página sobre *por que* você acha que seu evento traumático mais angustiante ocorreu. Você *não está* sendo solicitado a escrever detalhes específicos sobre esse evento. Escreva o que você tem pensado sobre a *causa* desse evento.

Além disso, considere os efeitos que esse evento traumático teve em suas crenças sobre si mesmo, os outros e o mundo nas seguintes áreas: segurança, confiança, poder/controle, estima e intimidade.

Traga esta declaração com você na próxima sessão. Além disso, leia a ficha que dei a você sobre os sintomas do TEPT, para que você entenda as ideias de que estamos falando.

De *Vencendo o transtorno de estresse pós-traumático com a terapia de processamento cognitivo: manual do terapeuta*, 2ª edição, Patricia A. Resick, Candice M. Monson e Kathleen M. Chard (The Guilford Press, 2024). Os compradores deste livro podem baixar cópias adicionais desta planilha na página do livro em loja.grupoa.com.br.

7

Sessão 2
Declaração de Impacto

OBJETIVOS DA SESSÃO 2

Os objetivos gerais da Sessão 2 do protocolo TPC são revisar a Declaração de Impacto que o cliente escreve como a primeira tarefa prática, com o objetivo principal de encontrar pontos de bloqueio que interferiram na recuperação do cliente após a traumatização. Essa sessão é fundamental para o desenvolvimento da compreensão do cliente sobre a associação entre pensamentos e sentimentos, uma compreensão que é promovida por meio do uso de materiais psicoeducativos e do automonitoramento dessas conexões. O terapeuta deve normalizar o cliente expressando emoções naturais que emanam desse entendimento mais preciso, tanto dentro quanto fora das sessões. Após essas sessões, o cliente deve praticar o automonitoramento diário de eventos, pensamentos e sentimentos, incluindo pelo menos um evento relacionado ao trauma central, como uma tarefa prática.

PROCEDIMENTOS PARA A SESSÃO 2

1. Administrar a PCL-5 (na sala de espera, se possível), coletar o formulário e revisá-lo. Definir uma agenda. (5 minutos)
2. Pedir ao paciente que leia sua Declaração de Impacto em voz alta. (5 minutos)
3. Discutir o significado da Declaração de Impacto com o paciente e identificar seus pontos de bloqueio. (Ficha 7.1) (20 minutos)
4. Examinar as conexões entre eventos, pensamentos e sentimentos, incluindo a gama de emoções, com a roda das emoções. (Ficha 7.2) (10 minutos)
5. Apresentar as Planilhas ABC e preencher uma em conjunto. (Fichas 7.3 e 7.3a, 7.3b, ou 7.3c) (10 minutos)
6. Descrever os pontos de bloqueio de forma mais completa. (Ficha 7.4) (5 minutos)
7. Atribuir a prática e o *check-in*. (Ficha 7.5) (5 minutos)

REVISAR AS PONTUAÇÕES DO CLIENTE NAS MEDIÇÕES DE AUTORRELATO

Para relembrar, o cliente deve ter preenchido a PCL-5 (Ficha 3.1; e talvez o PHQ-9, Ficha 3.2) desde a última vez que as medições foram feitas. Se estiver usando o aplicativo CPT Coach, o cliente deverá definir um alarme para concluir as medições antes da próxima sessão. Um celular também pode ser usado para definir lembretes. As pontuações totais da PCL-5 devem ser representadas graficamente na Ficha 3.1 ou no aplicativo, para serem compartilhadas com o cliente. O terapeuta deve registrar as pontuações, adicioná-las aos registros do cliente e dar-lhe *feedback* sobre os sintomas em cada avaliação.

A DECLARAÇÃO DE IMPACTO E A IDENTIFICAÇÃO DE PONTOS DE BLOQUEIO

Um objetivo da Declaração de Impacto (que o cliente deve ter escrito como a tarefa prática no final da Sessão 1) é obter as opiniões do cliente sobre a causa do evento traumático e pedir-lhe que examine os efeitos que o evento teve em sua vida em várias áreas diferentes (ou seja, segurança, confiança, poder/controle, estima, intimidade). Quando o cliente lê essa declaração, é importante que o terapeuta determine se esses objetivos foram alcançados. Ao ouvir a Declaração de Impacto, o terapeuta também deve estar sintonizado com os pontos de bloqueio que estão interferindo na aceitação do evento pelo cliente (ou seja, assimilação) e as crenças extremas e generalizadas (ou seja, superacomodação).

Vejamos um exemplo de uma cliente tentando assimilar um evento traumático. Uma cliente que foi agredida fisicamente por seu cônjuge pode escrever: "A razão pela qual a agressão aconteceu foi que eu queimei a comida do jantar". Depois que o terapeuta discute o evento com a cliente, ela pode acrescentar o seguinte ao registro de pontos de bloqueio (Ficha 7.1): "Quando não sou perfeita, meu cônjuge me bate". Isso muda o foco da declaração do jantar queimado para a reação do parceiro a quaisquer erros que essa cliente possa cometer. O terapeuta pode então avançar nas próximas sessões para examinar as evidências sobre se é possível ser perfeita e se uma agressão é uma resposta apropriada à imperfeição.

Um exemplo de superacomodação, nessa mesma linha, pode ser "Não consigo fazer nada certo". A cliente pode escrevê-lo exatamente como declarado, porque isso será abordado mais tarde na terapia. O terapeuta também pode aproveitar a oportunidade para praticar um pouco de diálogo socrático para avaliar a flexibilidade cognitiva dessa cliente. Por exemplo, o terapeuta pode dizer: "Você não pode fazer nada certo? Achei que você fez um bom trabalho na Declaração de Impacto. Quais são as coisas que você consegue fazer certo?".

Outro objetivo da Declaração de Impacto inicial é aumentar a motivação do cliente para a mudança. No processo de examinar as inúmeras maneiras pelas quais o evento traumático afetou as crenças do cliente sobre si mesmo e os outros, é possível que o terapeuta ajude o cliente a ver que o custo da evitação é muito alto e que lembrar de traumas e sentir emoções naturais dolorosas vale o risco. O terapeuta pode notar quantas áreas diferentes da vida do cliente foram afetadas pela interpretação do cliente do(s) evento(s) traumático(s): vida social, trabalho, autoestima, confiança, controle, intimidade e apego aos outros. Outra razão pela qual a Declaração de Impacto é importante é o seu uso como referência para mudanças no final da terapia, quando comparada com a Declaração de Impacto final do cliente.

O terapeuta deve iniciar essa sessão e todas as sessões subsequentes perguntando ao cliente sobre a conclusão da tarefa prática. Com base na convenção social ou em outros modelos de terapia, o terapeuta pode estar inclinado a iniciar as sessões com perguntas abertas, como "Como foi sua semana?" ou "Como você está?". Fazer essas perguntas permite que o cliente evite trabalhar no material traumático, e grande parte da sessão pode ser perdida para contar histórias irrelevantes. Iniciar consistentemente as sessões com uma pergunta sobre as tarefas práticas reforça a importância dessas tarefas na recuperação do cliente e ajuda a orientar o cliente para a natureza ativa e focada no objetivo do tratamento. O terapeuta deve elogiar o cliente por concluir as tarefas, especialmente a primeira Declaração de Impacto, que prepara o terreno para uma maior adesão. (O tratamento da não adesão às tarefas práticas, particularmente esta, é abordado em uma seção separada, mais adiante.)

O terapeuta deve pedir ao cliente que leia a Declaração de Impacto em voz alta nesta sessão. Isso é feito para apoiar o comportamento de abordagem do cliente sobre o comportamento de evitação e para reforçar o papel ativo do cliente na terapia. Depois de ouvir a Declaração de Impacto, o terapeuta deve normalizar o impacto do evento, mas também começar a incutir a ideia de que pode haver outras maneiras de interpretar eventos traumáticos, maneiras que permitirão ao cliente ir além deles. Se o cliente escreveu ou ditou sua declaração no aplicativo, ele deve enviá-la por *e-mail* ao terapeuta antes da sessão.

Em seguida, o terapeuta deve discutir a Declaração de Impacto em profundidade, fazendo perguntas esclarecedoras e determinando como o conteúdo da declaração faz o cliente se sentir. O terapeuta também deve ajudar o cliente a identificar pontos de bloqueio que estão dificultando a recuperação e se tornarão objetos de foco durante o tratamento. É possível colocar os pontos de bloqueio no registro de pontos de bloqueio sem formulá-los em um formato ideal; isso pode economizar tempo na sessão, e o terapeuta e o cliente trabalharão com os pontos de bloqueio um de cada vez, à medida que surgirem ao longo da terapia. No entanto, o terapeuta pode querer investir algum tempo nos pontos de bloqueio mais salientes, que são esforços para assimilar o evento traumático (se possível, o ponto de bloqueio que sustenta todos os outros), para colocá-los em um formato "se-então" adequado, em vez de "Eu deveria ter" ou "Eu não deveria ter bebido" (por exemplo, "Se eu não tivesse congelado por alguns segundos, teria evitado o evento").

Todo e qualquer ponto de bloqueio deve ser adicionado ao registro de pontos de bloqueio (Ficha 7.1). Se o cliente tentar argumentar que alguma afirmação não é um ponto de bloqueio (um pensamento), mas um fato, o terapeuta pode sugerir escrevê-la de qualquer maneira para que ambos possam decidir sobre isso mais tarde, juntos. Se o cliente ainda insistir que esse pensamento é um fato, o terapeuta deve anotá-lo por conta própria para que a declaração possa ser revista mais tarde. O terapeuta pode até dizer: "Dada a força com que você está dizendo isso, acho que talvez queiramos dedicar mais tempo a isso depois".

Em nossa experiência, os clientes são relativamente mais capazes de identificar pensamentos superacomodados que são consequências de eventos traumáticos do que pensamentos que são esforços para assimilar. É provável que isso seja resultado de evitar a retrospectiva do trauma em si ou simplesmente de estar mais sintonizado com os pensamentos aqui-e-agora na vida diária. Assim, o terapeuta deve prestar atenção especial em extrair pensamentos de assimilação ou pensamentos específicos sobre por que o evento traumático ocorreu, dada a sua importância na conceitualização do caso do terapeuta. Como lembrete, pensamentos superacomodados são consequências de pensamentos assimilados. Assim, o terapeuta pode muitas vezes deduzir, dos pensamentos superacomodados, os prováveis pensamentos assimilados que o cliente mantém.

Alguns clientes têm evitado pensar sobre o trauma a tal ponto que realmente não reconhecem seus esforços para assimilar o trauma ou não tiveram tempo para formar uma narrativa de trauma. Nesses casos, o terapeuta deve sondar com cuidado as possíveis interpretações problemáticas dos eventos traumáticos. Por exemplo, em resposta à declaração de um cliente sobre as outras maneiras pelas quais ele poderia ter lidado com uma situação traumática de maneira diferente, o terapeuta pode dizer: "Como você acha que deveria ter lidado com isso? Quais eram suas opções na época?". Viés retrospectivo ("Eu deveria saber que isso aconteceria"), culpa ("É minha culpa que isso aconteceu") e as várias formas de negação (por exemplo, "Eu continuo pensando que, se eu estivesse lá, ele não teria sido morto" ou "Eu sempre acho que deve ter havido algo que eu poderia ter feito para impedi-lo") são exemplos de assimilação ou tentativa de alterar as percepções do evento para se adequar a crenças anteriores. Lembre-se de que, se o cliente negar qualquer culpa, desvalorização ou pensamentos do mundo justo, sua assimilação do evento pode ser a culpa errônea de alguém que não cometeu o trauma ou pretendeu que ele ocorresse. Exemplos de acomodação excessiva incluem "Estamos em grave perigo o tempo todo", "Não posso confiar em meu próprio julgamento" e "Nunca mais poderei me sentir próximo de ninguém". O terapeuta pode gentilmente apontar que tais declarações extremas, embora destinadas a fazer o cliente se sentir mais seguro e no controle, têm um preço alto e, em última análise, não funcionam. O terapeuta pode dizer "Como esses pensamentos se relacionam com o que você acha que causou o trauma?".

Conforme discutido no Capítulo 4 sobre a conceitualização do caso, o terapeuta deve reconhecer os pontos de bloqueio que refletem tentativas de assimilar o evento ou pontos de bloqueio superacomodados, a fim de priorizar e ordenar os pontos de bloqueio que serão abordados no tratamento. Embora seja importante que o terapeuta possa reconhecer crenças assimiladas *versus* superacomodadas, já que ele precisa iniciar a terapia com crenças assimiladas focadas no trauma, não é necessário usar os termos "assimilação" e "superacomodação" com o cliente.

O que se segue é um exemplo de uma Declaração de Impacto escrita por um homem adulto que foi abusado sexualmente quando criança e foi vítima de várias agressões quando adulto. Embora ele esteja claramente se culpando pelos eventos (ou seja, assimilação), ele é intimidado por outras pessoas e tem crenças generalizadas sobre o perigo no mundo. Problemas com a autoestima também são evidentes.

"O sentimento geral do que significa ter sido agredido é o sentimento de que devo ser mau ou uma pessoa má para que algo assim tenha ocorrido. Devo ter feito algo para que eles pensassem que não havia problema em fazer isso. Eu sinto que isso vai ou pode acontecer novamente a qualquer momento. Sinto-me seguro apenas em casa. O mundo me assusta e acho que não é seguro. Sinto que todas as pessoas são mais poderosas do que eu e tenho medo da maioria delas. Eu me vejo como feio e estúpido. Eu não posso deixar as pessoas chegarem perto de mim. Tenho dificuldade em me comunicar com pessoas em posição de autoridade, então claramente não tenho sido capaz de trabalhar. Minha noiva e eu raramente fazemos sexo, e às vezes apenas um abraço me revolta e me assusta. Eu sinto que, se eu passar muito tempo no mundo, acontecerá um evento como os [eventos] que ocorreram. Sinto ódio e raiva de mim mesmo por deixar essas coisas acontecerem. Sinto-me culpado por ter causado problemas com minha família. [Os pais desse homem eram divorciados.] Eu me sinto sujo na maior parte do tempo e acredito que é assim que os outros me veem. Não confio nos outros quando eles fazem promessas. Acho difícil aceitar que esses eventos tenham acontecido comigo."

Depois de ouvir a Declaração de Impacto, o terapeuta, nesse caso, deve perguntar ao cliente como ele se sente depois de escrevê-la e lê-la para o terapeuta. O terapeuta deve elogiar o trabalho árduo do cliente e validar suas emoções, dado o que ele acredita. Eles devem então perguntar sobre quaisquer tópicos que podem ter sido omitidos e, em seguida, recorrer ao registro de pontos de bloqueio (com o terapeuta apresentando-o e dizendo ao cliente para colocar o registro na frente de seu fichário ou usar algum tipo de marcador), adicionando os pontos de bloqueio ao registro com base na discussão da Declaração de Impacto. O terapeuta deve trabalhar para refinar os pontos de bloqueio, para que sejam pensamentos, em vez de sentimentos exploráveis (sem usar todo o tempo da sessão). Com base no exemplo de Declaração de Impacto fornecido acima, exemplos de pontos de bloqueio incluiriam os seguintes:

"Devo ser ruim para que isso tenha ocorrido."
"Devo ter feito algo para que eles pensassem que estava tudo bem."
"Serei abusado a qualquer momento novamente."
"Todas as pessoas são mais poderosas do que eu."
"Eu sou feio e estúpido."
"O mundo não é seguro."
"O lar é o único lugar seguro."
"Eu não consigo trabalhar."
"Se eu passar muito tempo no mundo, acontecerá um evento como os [eventos] que ocorreram."
"Eu sou sujo."
"Outras pessoas me veem como sujo."
"Não se pode confiar nos outros quando eles fazem promessas."

O terapeuta mantém a primeira Declaração de Impacto de cada cliente em seus registros, para que o cliente não a use ao escrever sua Declaração de Impacto final. Além disso, o terapeuta deve fazer uma cópia do registro de pontos de bloqueio do cliente periodicamente ou manter seu próprio registro de pontos de bloqueio para cada cliente durante a terapia; assim, se o cliente esquecer o registro ou perder o acesso ao fichário da terapia, à pasta de trabalho ou ao aplicativo de telefone, a terapia poderá prosseguir da mesma forma.

ABORDAR A NÃO ADESÃO À DECLARAÇÃO DE IMPACTO E OUTRAS TAREFAS PRÁTICAS

Como acontece com qualquer forma de terapia cognitivo-comportamental, é imperativo que o terapeuta aborde de forma rápida e eficaz a não adesão à tarefa prática, para que os clientes recebam uma dose adequada de TPC. Abordar a não adesão é especialmente importante no tratamento do TEPT, porque a evitação é um fator integral que mantém esse distúrbio. Além disso, de todos os diversos fatores possíveis nos resultados do tratamento que foram examinados (por exemplo, tipo de trauma, duração do diagnóstico, cronicidade da traumatização), a quantidade de prática feita fora das sessões está entre os preditores mais robustos de melhora. Pode ser tentador permitir que os clientes façam nenhum ou o mínimo de trabalho nas tarefas práticas, mas os clientes podem concluir o tratamento sem melhorias ou com melhorias mínimas e podem acreditar que são "falhas de tratamento". Eles são menos propensos a se beneficiar com tratamentos futuros, e os futuros terapeutas terão que superar a ideação dos clientes de que eles não podem fazer nenhum ou o mínimo de trabalho fora das sessões. Por essas razões, é extremamente importante que o terapeuta aborde rapidamente a não adesão às tarefas práticas na TPC.

Se o cliente não escrever a Declaração de Impacto a ser entregue no final da Sessão 1, o terapeuta deve começar questionando o que impediu o cliente de concluir a tarefa, usando habilidades de diálogo socrático e talvez até fazendo uma Planilha ABC sobre não escrever a Declaração de Impacto. Em alguns casos, a dificuldade pode ser um déficit de conhecimento: o cliente pode não ter entendido a tarefa. No entanto, nossa experiência diz que a maioria das pessoas com um verdadeiro déficit de conhecimento pelo menos tentará realizar a tarefa. Na maioria dos casos, o problema é puramente a evitação, ou questões motivacionais atrapalharam. Por exemplo, os clientes podem se sentir sem esperança de que o tratamento funcione, ou podem ficar envergonhados com suas habilidades de alfabetização ou compreensão. O terapeuta deve identificar essas questões e atribuí-las como tópicos para as Planilhas ABC a serem preenchidas antes da próxima sessão (veja a discussão posterior sobre as Planilhas ABC), para ajudar a sensibilizar os clientes para suas formas de pensar e os efeitos desse pensamento na adesão.

Como, na maioria dos casos, evitar pensar sobre o trauma atrapalha a conclusão dessa tarefa pelos clientes, um segundo passo importante é reiterar o papel da evitação em manter os clientes presos em sua recuperação. Recomendamos perguntar aos clientes o que eles lembram sobre a psicoeducação fornecida na Sessão 1 sobre o papel da evitação, a fim de avaliar a compreensão dos clientes sobre a justificativa para enfrentar pensamentos relacionados ao trauma. Isso também cria uma situação em que os clientes argumentam para se aproximar, em vez de evitar. Esse método diminui qualquer tendência do terapeuta de soar como se estivesse "dando palestras" aos clientes ou aumentando a vergonha que os clientes podem estar sentindo por não concluir a tarefa.

O terceiro passo para lidar com a não adesão à tarefa da Declaração de Impacto é fazer os clientes compartilharem oralmente na sessão o que teriam escrito se tivessem preenchido sua Declaração de Impacto (ou o que escreveram, se disserem que se esqueceram de trazê-la). O terapeuta *não* deve interromper a sessão para que o cliente escreva a declaração. Esse é um passo crucial, porque o terapeuta não deve conspirar com a não adesão (ou seja, a evitação). Em vez disso, a terapia deve prosseguir. É aconselhável que os clientes façam algumas anotações ou usem o registro de pontos de bloqueio para anotar alguns de seus pensamentos sobre o que teriam escrito, para facilitar a conclusão dessa tarefa após a Sessão 2. O quarto passo para lidar com a não adesão é fazer com que cada cliente não aderente preencha a declaração de impacto em casa, além da próxima tarefa prática (ou seja, o uso de Planilhas ABC para automonitoramento). Essa estratégia de reatribuir tarefas práticas incompletas contorna qualquer possibilidade de um terapeuta evitar abordar os pontos de bloqueio que estão mantendo o TEPT e quaisquer comorbidades. Se o terapeuta não passar para a próxima tarefa, bem como instruir o cliente a concluir a tarefa anterior, o cliente receberá a mensagem de que é aceitável fazer as tarefas a cada duas sessões ou apenas ocasionalmente. O terapeuta estará então de acordo com a evitação.

Por fim, recomendamos que o terapeuta pergunte aos clientes, durante a parte de cada sessão focada em atribuir a próxima tarefa prática, o que eles farão concretamente para garantir a conclusão. Algumas sugestões que o terapeuta pode dar incluem começar cada tarefa no dia em que é atribuída, agendar um horário nos calendários dos clientes ou no CPT Coach, usar lembretes em seus calendários ou em seus celulares e recrutar outras pessoas de confiança para perguntar sobre seu progresso em cada tarefa. O terapeuta vai querer fazer tudo o que puder para reduzir as barreiras ao sucesso.

EXAMINAR CONEXÕES ENTRE EVENTOS, PENSAMENTOS E SENTIMENTOS

Depois que o terapeuta e o cliente discutiram a Declaração de Impacto do cliente, o terapeuta começa a ajudar o cliente a identificar e rotular pensamentos e emoções, a ajudar o cliente a ver as diferenças e conexões entre eventos, pensamentos e sentimentos, bem como apresenta ao cliente a ideia de que mudar seus pensamentos pode mudar o nível e o tipo de emoções que o cliente experimenta. O terapeuta primeiro dá ao cliente a Ficha de Identificação das Emoções (Ficha 7.2), para ajudar a fornecer psicoeducação sobre os diferentes tipos de emoções, seu alcance e sua intensidade. O terapeuta deve reservar pelo menos um terço da sessão para essa nova justificativa e material. Uma maneira de começar essa discussão é dizer algo assim:

"Hoje vamos trabalhar na identificação de diferentes sentimentos e também veremos as conexões entre seus pensamentos e suas emoções. Vamos começar com algumas emoções 'básicas', ou 'naturais': raiva, nojo, tristeza, medo e felicidade. Todos os seres humanos são programados para experimentar emoções básicas, que ocorrem automaticamente e nos fornecem informações importantes sobre como se comportar em situações semelhantes, atuais e futuras. Você pode me dar um exemplo de algo que te deixa com raiva? Quando você se sente triste? Que tal feliz? O que te assusta? Como você se sente fisicamente quando está com raiva? Como você se sente fisicamente quando está com medo? Como a raiva e o medo são diferentes para você?

Existem outros tipos de emoções que são baseadas em nossos pensamentos, e não resultantes diretamente de um evento. Chamamos isso de emoções 'fabricadas', porque é como se tivéssemos uma pequena fábrica dentro de nossa mente que continua produzindo pensamentos negativos sobre por que o evento aconteceu ou o que isso significa, e acabamos com emoções diferentes, como quando nos sentimos culpados ou envergonhados. Podemos até culpar alguém que não pretendia o resultado ou o dano, porque parece mais seguro culpar essa pessoa do que a pessoa real que causou o evento. Essas emoções, naturais ou fabricadas, podem ser combinadas para criar outras emoções, como ciúmes (raiva + medo), ou podem variar em intensidade (por exemplo, 'zangado' pode ser descrito como variação de 'irritado' a 'enfurecido'). Com emoções naturais, incentivamos você a permitir-se senti-las, e elas diminuirão naturalmente e de forma relativamente rápida. Com emoções fabricadas, você precisará aprender a dizer algo mais preciso a si mesmo, e as emoções mudarão à medida que seus pensamentos mudarem. Alguns dos pensamentos que você teve sobre o porquê do trauma ocorrer foram suposições que você fez após o evento, e talvez você fosse jovem ou não conhecesse todos os fatos. Como você tem evitado se lembrar do trauma, não teve a oportunidade de examinar os fatos por trás de seus pensamentos. Vamos olhar para isso juntos."

O terapeuta pode usar como exemplo um conhecido andando na rua e não cumprimentando o cliente, ou um amigo prometendo ligar e não ligando. Em seguida, pergunta-se ao cliente: "O que você sentiria?" e depois "O que você diria a si mesmo?" (por exemplo, "Estou ferido. Ele não deve gostar de mim" ou "Estou com raiva. Ela está sendo rude"). Se o cliente não conseguir gerar afirmações alternativas, o terapeuta deve apresentar várias outras autodeclarações possíveis (por exemplo, "Ele não deve estar usando óculos", "Eu me pergunto se ele está doente", "Ele não me viu" ou "Talvez o celular dela esteja descarregado"). Em seguida, o terapeuta pode perguntar o que o cliente sentiria se fizesse qualquer uma das outras declarações. Em seguida, deve-se apontar como diferentes autodeclarações produzem diferentes reações emocionais. A Declaração de Impacto do cliente deve ser usada como material para personalizar as conexões evento-pensamento-sentimento do cliente:

"Agora vamos voltar à Declaração de Impacto que você escreveu. Sobre que tipo de coisas você escreveu quando estava pensando sobre o que significa para você que isso [o evento--alvo] tenha acontecido com você? Que sentimentos você teve ao escrevê-lo?"

Quando os clientes são incapazes de rotular suas emoções com precisão, o terapeuta pode ajudá-los a diferenciar as emoções, concentrando-se em como as diferentes emoções se manifestam no corpo. Vale ressaltar que algumas emoções têm múltiplas funções, e pode ser necessário algum julgamento clínico, bem como um diálogo socrático, para determinar a função específica em uma instância específica. Por exemplo, a raiva pode ser uma emoção natural em resposta a um ataque — uma resposta de luta ou raiva justificada (mediada cognitivamente, mas precisa). A raiva também pode ser mediada cognitivamente e pode ser erroneamente autodirigida ou dirigida a outros ("É minha culpa que isso aconteceu", "Minha mãe deveria ter impedido o irmão dela de abusar de mim"). Por fim, alguns clientes usam a raiva para encobrir emoções mais dolorosas, como tristeza ou luto, ou para afastar terapeutas e outras pessoas como forma de evitar lidar com essas emoções.

Se os clientes não reconhecerem suas emoções ou as conexões de suas emoções com suas crenças, o terapeuta pode ajudá-los a vincular seus pensamentos a sentimentos e comportamentos, fazendo perguntas como "Como esses pensamentos influenciam seu humor? Como eles afetam seu comportamento?". O terapeuta deve certificar-se de que os clientes vejam as conexões entre eventos, pensamentos e sentimentos. Alguns clientes não conseguem entender a diferença entre um pensamento e um fato; às vezes, uma simples pergunta "por que" pode ajudar a provocar o pensamento do cliente.

TERAPEUTA: Por que você estava com raiva?

CLIENTE: Porque eu deveria saber.

TERAPEUTA: Então seu pensamento foi "Eu deveria saber que isso iria acontecer"?

CLIENTE: Sim.

TERAPEUTA: E sua raiva foi direcionada a si mesmo? [Nota: É sempre importante perguntar sobre a direção da raiva.]

Esse tipo de troca também permite que o terapeuta inicie um diálogo socrático gentil para avaliar melhor a flexibilidade do pensamento de seu cliente e determinar se o cliente fez algumas suposições simples "cegas" (por exemplo, "Eu deveria saber") ou desenvolveu padrões de pensamento complexos e complicados.

TERAPEUTA: Eu não entendo. Como você poderia saber que isso iria acontecer?

CLIENTE: Tive uma sensação estranha naquela manhã, como se algo fosse acontecer.

TERAPEUTA: Você já teve esse tipo de sentimento antes, mas nada aconteceu?

CLIENTE: Sim, mas foi muito forte. Eu deveria ter feito alguma coisa.

TERAPEUTA: Seu sentimento lhe disse o que iria acontecer ou quando iria acontecer?

CLIENTE: Não.

TERAPEUTA: Então o que você poderia ter feito?

CLIENTE: Eu não sei. Eu só deveria ter feito alguma coisa.

TERAPEUTA: Você tinha certeza sobre o seu sentimento? Você disse que às vezes teve esses sentimentos e nada aconteceu.

CLIENTE: Não, eu não tinha certeza.

TERAPEUTA: Então você não confiava muito nesses sentimentos e não saberia o que fazer, mesmo que tivesse certeza?

CLIENTE: Não, mas ainda me sinto culpado por ter feito algo.

TERAPEUTA: Vamos fingir por um segundo que você tenha tido uma visão clara de exatamente *o que* iria acontecer e exatamente *quando* iria acontecer, e sabia exatamente *para quem* ligar para avisar. Qual teria sido a reação deles?

CLIENTE: Eles não teriam acreditado em mim. Eles teriam pensado que eu era louco.

TERAPEUTA: E então como você se sentiria?

CLIENTE: Bem, eu não me sentiria culpado ou com raiva de mim mesmo. Eu ficaria com raiva deles e frustrado por não poder fazer nada.

TERAPEUTA: Sim, é frustrante não poder fazer nada para impedir um evento que está fora de seu controle, não é?

CLIENTE: Sim, eu odeio isso.

TERAPEUTA: É muito difícil aceitar que alguns eventos podem estar fora de nosso controle. Mas é sua culpa que isso aconteceu?

CLIENTE: Não, suponho que não.

Se o cliente começar a discutir com o terapeuta ou ficar na defensiva sobre suas crenças, o terapeuta deve recuar imediatamente e dizer algo assim: "Esse parece ser um tópico importante para retomarmos mais tarde" ou "Entendo o que você está pensando. Você estaria disposto a discutir isso mais tarde?".

Embora alguns clientes tenham um pensamento muito complicado que justifique seus pontos de bloqueio, muitas vezes o terapeuta obterá pouco retorno em resposta a perguntas no diálogo socrático, especialmente no início da terapia. Considere este exemplo:

CLIENTE: Eu deixei acontecer.

TERAPEUTA: Como você *deixou* isso acontecer?

CLIENTE: Eu não sei. Eu não evitei isso.

TERAPEUTA: Como você poderia ter evitado isso?

CLIENTE: Eu não sei. Eu só deveria ter evitado.

Em casos como esse, os clientes estão fazendo uma suposição impensada: eles chegaram à conclusão, após o evento traumático, de que *poderiam* tê-lo evitado, acreditaram sem questionar e nunca o examinaram melhor. Isso é particularmente comum quando eventos traumáticos aconteceram na infância, pois o nível de raciocínio dos clientes na época provavelmente era muito simplista. Uma vez que determinam uma crença não examinada, os clientes respondem como se a afirmação fosse verdadeira, só porque pensavam assim. Se os clientes se sentirem desconfortáveis porque não têm respostas para as perguntas, o terapeuta deve recuar e tranquilizá-los gentilmente de que é exatamente nisso que eles trabalharão na terapia. Em outras palavras, eles trabalharão juntos para ajudar os clientes a pensar na realidade da situação e experimentar os sentimentos naturais associados a essa realidade.

APRESENTAR A PLANILHA ABC

A Planilha ABC (Ficha 7.3; fornecemos exemplos completos dessa planilha nas Fichas 7.3a, 7.3b e 7.3c) é a primeira de várias planilhas de exercícios que se complementam e são usadas ao longo da terapia. O objetivo final dessas planilhas de exercícios é fazer os clientes se tornarem seus próprios terapeutas cognitivos. A Planilha ABC foi projetada para aumentar a conscientização dos clientes sobre como suas interpretações dos eventos do dia a dia, bem como as avaliações de traumas, influenciam como eles se sentem.

O terapeuta deve primeiro orientar os clientes sobre a Planilha ABC, apontando as diferentes colunas e demonstrando como preenchê-las. Inicialmente, incentivamos que apenas um evento seja colocado em uma planilha por vez, para simplificar o processo de monitoramento; em última análise, mais de um evento pode ser escrito em cada planilha, com uma linha entre um evento e o próximo, à medida que os clientes obtêm uma melhor compreensão da tarefa. Além disso, vários pensamentos podem ser ativados em resposta ao mesmo evento. O terapeuta deve ajudar os clientes a ver as ligações entre diferentes pensamentos e diferentes emoções.

O terapeuta e o cliente devem preencher uma planilha juntos durante a sessão. Um evento que o cliente já trouxe para a terapia, ou um evento que ocorreu nos últimos dias, deve ser usado. Recomendamos que o cliente escreva na planilha que é usada como exemplo, para garantir que a tarefa seja compreendida. Uma ou mais das planilhas ABC de amostra preenchidas (Fichas 7.3a, 7.3b e/ou 7.3c), que tenham alguma relevância para a situação do cliente, também devem ser fornecidas para uso como exemplo. O terapeuta deve fornecer cópias suficientes da Planilha ABC para automonitoramento diário antes da próxima sessão. Além disso, solicite que o cliente preencha pelo menos uma planilha relacionada ao evento-alvo.

> *"Essas planilhas de prática ajudarão você a perceber as conexões entre seus pensamentos e sentimentos após os eventos. Qualquer coisa que aconteça com você, ou qualquer coisa sobre a qual você pense, pode ser o evento a ser analisado. Você pode estar mais consciente de seus sentimentos do que de seus pensamentos no início. Se for esse o caso, vá em frente e preencha a coluna C primeiro. Em seguida, volte e decida qual foi o evento (coluna A). Em seguida, tente reconhecer o que você estava dizendo a si mesmo (coluna B). Pergunte a si mesmo por que você se sente assim, e a resposta provavelmente será o seu pensamento. Tente preencher essas planilhas o mais rápido possível após os eventos. Se você esperar até o final do dia (ou o final da semana), é menos provável que se lembre do que estava dizendo a si mesmo. Além disso, os eventos que você registra não precisam ser eventos negativos. Você também pode ter pensamentos e sentimentos sobre eventos agradáveis e neutros. No entanto, quero que você faça pelo menos uma Planilha ABC sobre o evento traumático com o qual decidimos começar".*

Na parte inferior da Planilha ABC, há duas perguntas que introduzem o conceito de interpretações alternativas dos eventos. Nesse ponto da TPC, o foco principal do cliente ao preencher as Planilhas ABC deve ser identificar as conexões entre eventos, pensamentos e sentimentos, antes de passar a explorar as cognições. Assim, o terapeuta deve usar seu julgamento para decidir quando introduzir essas perguntas na sessão, dependendo da compreensão do cliente sobre o processo básico de monitoramento do pensamento. Se, durante o diálogo socrático sobre a Planilha ABC, o cliente insistir que o pensamento extremo é realista, o terapeuta terá obtido uma informação importante sobre a rigidez cognitiva do cliente e pode querer focar mais na utilidade do pensamento.

No entanto, se o cliente responder à pergunta espontaneamente com uma avaliação de que o pensamento não é realista, isso pode indicar que o cliente já está começando a examinar seus próprios pensamentos. As duas perguntas na parte inferior podem ser atribuídas nesse caso, mas não precisam ser. As duas perguntas na parte inferior, além do restante do formulário, também podem ser usadas como uma alternativa às planilhas progressivamente mais sofisticadas (ou seja, Planilha de Perguntas Exploratórias, Ficha 9.2; Planilha de Padrões de Pensamento, Ficha 10.1; e Planilha de Pensamentos Alternativos, Ficha 11.1), caso esses formulários posteriores se mostrem muito difíceis para o cliente devido às limitações cognitivas, problemas de compreensão, lesão cerebral, questões de alfabetização ou semelhantes. Outras planilhas simplificadas serão fornecidas posteriormente.

DESCREVER E DISCUTIR PONTOS DE BLOQUEIO DE FORMA MAIS COMPLETA

O conceito de pontos de bloqueio, é claro, já foi introduzido em conexão com a leitura pelo cliente da Declaração de Impacto e a revisão dessa declaração pelo terapeuta e o cliente. No entanto, como os próprios terapeutas nem sempre têm clareza sobre o que é ou não é um ponto de bloqueio, incluímos um guia para ajudar os clientes a identificar pontos de bloqueio (Ficha 7.4). Terapeutas que trabalham com tipos específicos de clientes que sofreram trauma (por exemplo, refugiados, sobreviventes de acidentes de trânsito) podem querer criar seus próprios exemplos nas Planilhas ABC para essas populações. Um exemplo de como o terapeuta pode descrever os pontos de bloqueio é apresentado a seguir:

"Nesta terapia, nos concentramos em como seu pensamento pode atrapalhar sua recuperação do trauma. Chamamos esses tipos de pensamentos de 'pontos de bloqueio', porque são pensamentos que o mantêm 'bloqueado' em seus sintomas. Eles criam barreiras para sua recuperação. Exemplos de alguns pensamentos de ponto de bloqueio são 'É minha culpa', 'Eu deveria ter feito algo diferente' ou 'Deveríamos ter ido para a esquerda em vez de para a direita'. Lembre-se de que esses são pensamentos, não sentimentos.

Deixe-me dar um exemplo de como os pensamentos podem nos manter bloqueados e ser barreiras: quando você estava se preparando para vir para a sessão de hoje, provavelmente teve alguns pensamentos sobre vir. Quais foram seus pensamentos? [O terapeuta deve anotar esses pensamentos em um quadro branco ou em um pedaço de papel. Os pensamentos típicos são *'Não sei se posso fazer isso', 'Não sei se isso vai ajudar', 'Isso não é para mim', 'Você vai pensar que sou estúpido'.*]

Se é isso que você estava dizendo a si mesmo, como isso fez você se sentir? [O terapeuta deve anotar os sentimentos correspondentes no quadro branco ou no papel.] *Uau, posso ver como esses pensamentos fizeram você se sentir e como eles poderiam ter atrapalhado sua vinda aqui hoje e o trabalho de recuperação. Mas, de alguma forma, você chegou aqui. Você disse a si mesmo algo que o trouxe até aqui. Quais foram esses pensamentos?* [Não há necessidade de anotar esses pensamentos; o terapeuta deve simplesmente fazer o cliente responder. Os exemplos podem incluir *'Preciso fazer isso'*, *'Estou cansado de viver assim'* ou *'Quero fazer isso por minha família e por mim mesmo'*.]

Viu como os pensamentos que o trouxeram até aqui são diferentes dos primeiros que escrevemos? Os pensamentos que o trouxeram até aqui o moveram para a frente, enquanto os outros pensamentos podem segurá-lo e mantê-lo bloqueado — por isso chamamos esses tipos de pensamentos de pontos de bloqueio. Nesta terapia, queremos olhar para seus pontos de bloqueio e ver como eles estão mantendo você bloqueado na recuperação dos seus traumas.

DAR A NOVA TAREFA PRÁTICA

A tarefa prática após a Sessão 2 (ver Ficha 7.5) é para o cliente fazer o automonitoramento diário das relações entre eventos, pensamentos e sentimentos, usando as Planilhas ABC. Em pelo menos uma das planilhas, o terapeuta deve escrever o evento traumático central como o evento (A). Caso o cliente não tenha escrito uma Declaração de Impacto, a escrita dessa declaração deverá ser reforçada, além do preenchimento diário das Planilhas ABC (Ficha 7.3). Ele também deve ler o "Guia de ajuda para pontos de bloqueio" (Ficha 7.4).

VERIFICAR AS REAÇÕES DO CLIENTE À SESSÃO E ÀS TAREFAS PRÁTICAS

O terapeuta deve concluir a Sessão 2 solicitando as reações do cliente à sessão e perguntando se tem alguma dúvida sobre o conteúdo ou a nova tarefa prática. O terapeuta deve reforçar quaisquer ideias ou descobertas importantes feitas na sessão e observar as mensagens importantes que o cliente oferece.

FICHA 7.1
Registro de pontos de bloqueio

Usaremos este registro de ponto de bloqueio durante toda a terapia, e você sempre o deixará na frente de sua pasta de trabalho. Você acrescentará algo a esse registro à medida que reconhecer os pontos de bloqueio, depois de escrever sua Declaração de Impacto. Ao longo da terapia, vamos adicionar ou riscar pensamentos que você não acredita mais.

_____

_____

_____

_____

_____

_____

_____

_____

_____

_____

_____

_____

_____

_____

_____

_____

_____

_____

_____

_____

De *Vencendo o transtorno de estresse pós-traumático com a terapia de processamento cognitivo: manual do terapeuta*, 2ª edição, Patricia A. Resick, Candice M. Monson e Kathleen M. Chard (The Guilford Press, 2024). Os compradores deste livro podem baixar cópias adicionais desta planilha na página do livro em loja.grupoa.com.br.

FICHA 7.2
Ficha de identificação das emoções

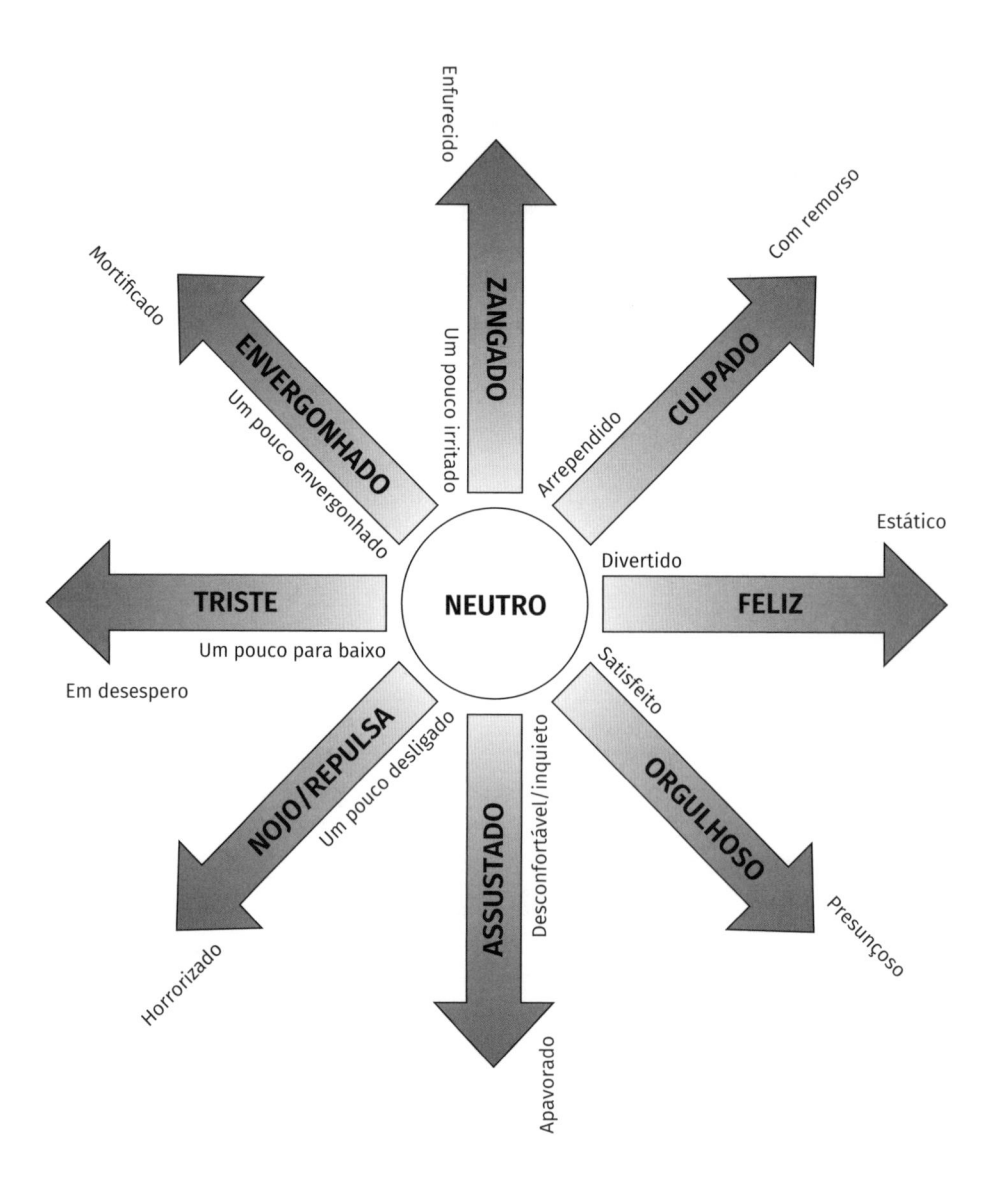

Diagrama com oito setas irradiando de um círculo central "NEUTRO":

- **ZANGADO** (seta para cima): Um pouco irritado → Enfurecido
- **CULPADO** (seta para o canto superior direito): Arrependido → Com remorso
- **FELIZ** (seta para a direita): Divertido → Estático
- **ORGULHOSO** (seta para o canto inferior direito): Satisfeito → Presunçoso
- **ASSUSTADO** (seta para baixo): Desconfortável/inquieto → Apavorado
- **NOJO/REPULSA** (seta para o canto inferior esquerdo): Um pouco desligado → Horrorizado
- **TRISTE** (seta para a esquerda): Um pouco para baixo → Em desespero
- **ENVERGONHADO** (seta para o canto superior esquerdo): Um pouco envergonhado → Mortificado

De *Vencendo o transtorno de estresse pós-traumático com a terapia de processamento cognitivo: manual do terapeuta*, 2ª edição, Patricia A. Resick, Candice M. Monson e Kathleen M. Chard (The Guilford Press, 2024). Os compradores deste livro podem baixar cópias adicionais desta planilha na página do livro em loja.grupoa.com.br.

FICHA 7.3
Planilha ABC

Data: _____ Cliente: _____

EVENTO DE ATIVAÇÃO A	CRENÇA/PONTO DE BLOQUEIO B	CONSEQUÊNCIA C
"Algo acontece."	"Eu digo algo a mim mesmo."	"Eu sinto alguma coisa."

Meus pensamentos acima em "B" são *realistas* e/ou *úteis*? _____

O que você pode dizer a si mesmo em tais ocasiões no futuro? _____

De *Vencendo o transtorno de estresse pós-traumático com a terapia de processamento cognitivo: manual do terapeuta*, 2ª edição, Patricia A. Resick, Candice M. Monson e Kathleen M. Chard (The Guilford Press, 2024). Os compradores deste livro podem baixar cópias adicionais desta planilha na página do livro em loja.grupoa.com.br.

FICHA 7.3a
Planilha ABC: Exemplo 1

Data: _____ Cliente: _____

EVENTO DE ATIVAÇÃO A "Algo acontece."	CRENÇA/PONTO DE BLOQUEIO B "Eu digo algo a mim mesmo."	CONSEQUÊNCIA C "Eu sinto alguma coisa."
Atirar em uma mulher durante um confronto entre facções no Rio de Janeiro.	Eu sou uma pessoa má porque matei um civil indefeso.	Culpa e raiva de mim mesmo.

Meus pensamentos acima em "B" são realistas e/ou úteis? Não. Um erro não me torna uma pessoa ruim. As pessoas cometem erros, e situações de alto estresse, como confrontos em áreas de risco, aumentam a probabilidade de tais erros. Civis também, infelizmente, são mortos nesses confrontos. E também, não posso afirmar com certeza se foi a minha bala que atingiu a mulher.

O que você pode dizer a si mesmo em tais ocasiões no futuro? Posso ter cometido erros na minha vida, mas isso não me torna uma pessoa ruim. Posso ter feito coisas das quais me arrependo, mas também fiz coisas boas na minha vida.

De Vencendo o transtorno de estresse pós-traumático com a terapia de processamento cognitivo: manual do terapeuta, 2ª edição, Patricia A. Resick, Candice M. Monson e Kathleen M. Chard (The Guilford Press, 2024). Os compradores deste livro podem baixar cópias adicionais desta planilha na página do livro em loja.grupoa.com.br.

FICHA 7.3b

Planilha ABC: Exemplo 2

Data: _____ Cliente: _____

EVENTO DE ATIVAÇÃO A "Algo acontece."	CRENÇA/PONTO DE BLOQUEIO B "Eu digo algo a mim mesmo."	CONSEQUÊNCIA C "Eu sinto alguma coisa."
Meu tio abusou de mim sexualmente.	Eu deixei acontecer e não contei a ninguém.	Culpa e vergonha.

Meus pensamentos acima em "B" são realistas e/ou úteis? Acho que não, né! Eu era apenas uma criança que estava sendo ameaçada por ele caso falasse alguma coisa.

O que você pode dizer a si mesmo em tais ocasiões no futuro? No futuro posso lembrar que eu era uma criança e não era responsável pelo comportamento dele. Toda criança merece segurança, respeito e amor de todos. O que aconteceu comigo não define quem eu sou e sim quem ele é. Hoje sou adulta e sou capaz de cuidar de mim e posso buscar ajuda e apoio quando precisar.

De *Vencendo o transtorno de estresse pós-traumático com a terapia de processamento cognitivo: manual do terapeuta*, 2ª edição, Patricia A. Resick, Candice M. Monson e Kathleen M. Chard (The Guilford Press, 2024). Os compradores deste livro podem baixar cópias adicionais desta planilha na página do livro em loja.grupoa.com.br.

FICHA 7.3c
Planilha ABC: Exemplo 3

Data: _____ Cliente: _____

EVENTO DE ATIVAÇÃO A "Algo acontece."	CRENÇA/PONTO DE BLOQUEIO B "Eu digo algo a mim mesmo."	CONSEQUÊNCIA C "Eu sinto alguma coisa."
Eu construí uma varanda, e o corrimão se soltou.	Eu nunca consigo fazer nada certo.	Raiva de mim mesmo e tristeza.

Meus pensamentos acima em "B" são *realistas* e/ou *úteis*? Não. Não se sustentaria em um tribunal porque eu faço ALGUMAS coisas certas.

O que você pode dizer a si mesmo em tais ocasiões no futuro? Há algumas coisas que eu faço bem. Não é verdade que eu "nunca" faço nada certo.

De Vencendo o transtorno de estresse pós-traumático com a terapia de processamento cognitivo: manual do terapeuta, 2ª edição, Patricia A. Resick, Candice M. Monson e Kathleen M. Chard (The Guilford Press, 2024). Os compradores deste livro podem baixar cópias adicionais desta planilha na página do livro em loja.grupoa.com.br.

FICHA 7.4
Guia de ajuda do ponto de bloqueio

O que é um ponto de bloqueio?

Pontos de bloqueio são pensamentos que você tem que o impedem de se recuperar.

- Esses pensamentos podem não ser 100% precisos.
- Os pontos de bloqueio podem ser:
  - pensamentos sobre sua compreensão do por que o evento traumático aconteceu;
  - pensamentos sobre si mesmo, dos outros e do mundo, os quais mudaram drasticamente após o evento traumático.
- Pontos de bloqueio são declarações concisas (mas devem ter mais de uma palavra — "confiança" não é um ponto de bloqueio).
- Os pontos de bloqueio geralmente podem ser formatados em uma estrutura "se-então". Aqui está um exemplo: "Se eu deixar os outros se aproximarem, vou me machucar".
- Os pontos de bloqueio costumam usar linguagem extrema, como "nunca", "sempre" ou "todos".

O que *não* é um ponto de bloqueio?

- **Comportamentos.** Por exemplo, "Eu brigo com minha filha o tempo todo" não é um ponto de bloqueio porque está descrevendo um comportamento. Em vez disso, considere quais pensamentos você tem quando está brigando com sua filha.
- **Sentimentos.** Por exemplo, "Fico nervoso sempre que vou a um encontro" não é um ponto de bloqueio porque está descrevendo uma emoção e um fato. Em vez disso, considere o que você está dizendo a si mesmo que está deixando você nervoso.
- **Fatos.** Por exemplo, "Eu testemunhei pessoas morrerem" não é um ponto de bloqueio porque isso é algo que realmente aconteceu. Em vez disso, considere quais pensamentos você teve quando isso aconteceu e o que você pensa sobre isso agora.
- **Perguntas.** Por exemplo, "O que vai acontecer comigo?" não é um ponto de bloqueio porque é uma pergunta. Em vez disso, considere qual resposta à sua pergunta está no fundo de sua mente, como "Não terei futuro".
- **Declarações morais.** Por exemplo, "O sistema de justiça criminal sempre deveria funcionar" não é um ponto de bloqueio porque reflete um padrão ideal de comportamento. Em vez disso, considere como essa declaração se refere a você especificamente, como "A justiça falhou comigo" ou "Não posso confiar no governo".

(Continua)

De *Vencendo o transtorno de estresse pós-traumático com a terapia de processamento cognitivo: manual do terapeuta*, 2ª edição, Patricia A. Resick, Candice M. Monson e Kathleen M. Chard (The Guilford Press, 2024). Os compradores deste livro podem baixar cópias adicionais desta planilha na página do livro em loja.grupoa.com.br.

FICHA 7.4 *(p. 2 de 2)*

Exemplos de pontos de bloqueio

1. Se eu tivesse feito meu trabalho melhor, outras pessoas teriam sobrevivido.
2. Como não contei a ninguém, sou o culpado pelo abuso.
3. Como eu não lutei contra meu agressor, o abuso é minha culpa.
4. Eu deveria saber que ele me machucaria.
5. É minha culpa que o acidente tenha acontecido.
6. Se eu estivesse prestado atenção, ninguém teria morrido.
7. Se eu não estivesse bebendo, isso não teria acontecido.
8. Eu não mereço viver enquanto outras pessoas perderam suas vidas.
9. Se eu deixar outras pessoas se aproximarem de mim, vou me machucar novamente.
10. Expressar qualquer emoção significa que vou perder o controle de mim mesmo.
11. Devo estar em guarda o tempo todo.
12. Eu deveria ser capaz de proteger os outros.
13. Devo controlar tudo o que acontece comigo.
14. Erros são intoleráveis e causam sérios danos ou morte.
15. Nenhum civil me entende.
16. Se eu me permitir pensar sobre o que aconteceu, nunca vou tirar isso da minha mente.
17. Devo responder a todas as ameaças com força.
18. Eu nunca poderei realmente ser uma pessoa boa e moral novamente por causa das coisas que fiz.
19. As outras pessoas não são confiáveis.
20. As outras pessoas não podem confiar em mim.
21. Se eu tiver uma vida feliz, estarei desonrando meus amigos.
22. Não tenho controle sobre meu futuro.
23. O governo não é confiável.
24. Pessoas em posição de autoridade sempre abusam do seu poder.
25. Estou fragilizado para sempre por causa do estupro.
26. Eu não sou amável por causa [do trauma].
27. Eu sou inútil porque não pude controlar o que aconteceu.
28. Eu mereço que coisas ruins aconteçam comigo.
29. Eu sou sujo.
30. Eu merecia ter sido abusado.
31. Somente as pessoas que estavam lá podem entender.

FICHA 7.5

Tarefa prática após a Sessão 2 da TPC

Por favor, preencha as Planilhas ABC para se conscientizar da conexão entre os eventos, os seus pensamentos e os seus sentimentos. Preencha pelo menos uma planilha por dia. Lembre-se de preencher cada formulário o mais rápido possível após um evento e, se você identificar novos pontos de bloqueio, acrescente-os ao registro de pontos de bloqueio. Preencha pelo menos uma planilha sobre o evento traumático que está causando a maioria dos sintomas de TEPT. Além disso, use a Ficha de Identificação das Emoções para ajudá-lo a determinar as emoções que você está sentindo.

De *Vencendo o transtorno de estresse pós-traumático com a terapia de processamento cognitivo: manual do terapeuta*, 2ª edição, Patricia A. Resick, Candice M. Monson e Kathleen M. Chard (The Guilford Press, 2024). Os compradores deste livro podem baixar cópias adicionais desta planilha na página do livro em loja.grupoa.com.br.

8

Sessão 3
Planilhas ABC

OBJETIVOS DA SESSÃO 3

Os principais objetivos da Sessão 3 são que os clientes identifiquem eventos, pensamentos e sentimentos, determinem como eles estão conectados e comecem a descobrir como os sentimentos podem mudar quando os pensamentos mudam. Um objetivo importante dessa sessão é ajudar o cliente a aprender a identificar diferentes emoções e rotulá-las com precisão. Em segundo lugar, o cliente deve começar a entender quais sentimentos vieram diretamente de um evento traumático (ou seja, emoções naturais como medo ou tristeza) e quais foram baseados em suas avaliações ou conclusões sobre o evento (por exemplo, culpa, vergonha ou culpa errônea do outro). Embora seja ideal que os clientes comecem a mudar o que estão dizendo (por exemplo, "Sabe, eu tenho pensado que deveria ter feito algo diferente, mas tudo o que eu imagino não era possível na época"), isso nem sempre é o caso nesse estágio. Os clientes que fazem suposições há muito tempo passam a acreditar que essas suposições são verdadeiras simplesmente porque acham isso. Eles passam a assumir que seus pensamentos são fatos por meio da repetição. É importante que os terapeutas sejam pacientes com o processo e permitam que os clientes cheguem ao novo conhecimento por conta própria, em vez de tentar convencê-los. Ao final desta sessão, se os clientes puderem reconhecer seus pensamentos e suas emoções correspondentes e começarem a colocá-los nas colunas corretas nas Planilhas ABC, a sessão terá sido bem-sucedida.

PROCEDIMENTOS PARA A SESSÃO 3

1. Administrar a PCL-5 e o PHQ-9 (na sala de espera, se possível), coletar os formulários e revisá-los. Definir uma agenda. (5 minutos)
2. Revisar a conclusão, com o cliente, das tarefas práticas dadas até esse ponto. (5 minutos)

3. Se o cliente não trouxer uma Declaração de Impacto preenchida para a Sessão 2, mas trouxer uma para a Sessão 3, o terapeuta deve fazer o cliente lê-la primeiro e adicione quaisquer novos pontos de bloqueio ao registro de pontos de bloqueio. Se o cliente não tiver concluído nenhuma das tarefas, o terapeuta precisa tratar a não adesão antes de fazer qualquer outra coisa. (10 minutos)
4. Se o cliente tiver preenchido algumas Planilhas ABC (Ficha 7.3), ajude-o a rotular pensamentos e emoções em resposta a eventos e introduza a noção de que a mudança de pensamentos pode mudar a intensidade ou o tipo de emoções experimentadas. (10 a 20 minutos, conforme a necessidade do cliente escrever a Declaração de Impacto)
5. Se o paciente tiver preenchido uma ou mais planilhas ABC relacionadas ao trauma, use-as para começar a examinar os pensamentos assimilados sobre o evento traumático central. (20 minutos)
6. Atribuir a nova tarefa prática. (Ficha 8.1) (5 minutos)
7. Verificar as reações do cliente à sessão e à tarefa prática. (5 minutos)

REVISAR AS PONTUAÇÕES DO CLIENTE NAS MEDIDAS DE AUTORRELATO

Como na Sessão 2, e em cada sessão subsequente, o cliente deve preencher a versão semanal da PCL-5 (Ficha 3.1) e talvez o PHQ-9 (Ficha 3.2) — se o cliente tiver depressão além do TEPT — no início da sessão de terapia ou na sala de espera antes da sessão. O terapeuta deve examinar as pontuações na(s) medida(s) de autorrelato e observar se houve uma diminuição nas pontuações gerais ou se a evitação diminuiu. Se o paciente disser que se sente pior, o terapeuta deve verificar as pontuações da PCL-5 para ver se esses números aumentaram em geral ou se há apenas um aumento nos sintomas intrusivos ou hiperexcitantes. (O terapeuta pode dizer: "Bom trabalho. Você não está piorando. Você está evitando menos e começando a processar o evento traumático. O que o seu cérebro está tentando fazer você pensar?")

REVISAR A CONCLUSÃO DAS TAREFAS PRÁTICAS DO CLIENTE

Abordar a não adesão contínua às atribuições práticas

Se o cliente não escreveu a Declaração de Impacto inicial após a Sessão 1 para revisão na Sessão 2 e não trouxe a Declaração de Impacto e as Planilhas ABC preenchidas para a sessão atual, nesse momento, o terapeuta e o cliente devem ter uma discussão séria sobre a motivação do cliente para continuar em tratamento. Os terapeutas devem ter cuidado para não prosseguir com um tratamento baseado em evidências se houver pouca ou nenhuma adesão às tarefas, devido ao potencial de criar maior resistência ao tratamento. Uma analogia que recomendamos usar para ajudar os clientes a entender a importância de fazer as tarefas práticas conforme prescrito é a do tratamento com antibióticos. Quando tomados conforme a prescrição, os antibióticos são eficazes para muitas infecções bacterianas; se esses medicamentos não forem tomados na dosagem recomendada pelo período de tempo prescrito, as bactérias podem se tornar resistentes ao tratamento. A menos que o cliente possa se comprometer claramente com a TPC, com um plano para alterar o comportamento não aderente, recomendamos encerrar o protocolo até o momento em que o cliente possa se comprometer totalmente. Pode decidir que outro tratamento de trauma pode ser mais adequado ou decidir tentar novamente em outro momento, quando puder se comprometer a fazer as tarefas práticas entre as sessões. Também recomendamos que o cliente seja encaminhado para alguém que não seja o terapeuta TPC ao mudar para outra terapia, para não reforçar a evitação.

Revisar a Declaração de Impacto e tratar a não adesão à Planilha ABC

Se o cliente não trouxe uma Declaração de Impacto para a Sessão 2, mas trouxe uma para a sessão atual, o terapeuta deve reforçar fortemente a adesão aprimorada do cliente e, em seguida, fazer ele ler a Declaração de Impacto em voz alta, com atenção para detalhar os pontos de bloqueio e colocar novos pontos de bloqueio no registro de pontos de bloqueio. É importante observar que o terapeuta precisará acompanhar esta sessão com mais cuidado, devido ao tempo adicional necessário para ler e discutir a Declaração de Impacto, ao mesmo tempo que fornece as intervenções prescritas para esta sessão. Se a Declaração de Impacto foi discutida minuciosamente na Sessão 2, o terapeuta pode perguntar e registrar novos pontos de bloqueio que surgiram sem que o cliente precise ler a declaração. Em seguida, o terapeuta deve guardar a Declaração de Impacto para usar na sessão final.

Se o paciente preencheu a Declaração de Impacto e a compartilhou na Sessão 2, mas não trouxe as Planilhas ABC preenchidas para a sessão atual, o terapeuta deve seguir as etapas descritas acima para abordar a não adesão geral. Dado que o cliente ainda não aderiu ao tratamento, pode ser útil procurar pontos de bloqueio para fazer tarefas práticas ou melhorar e preencher as Planilhas ABC sobre esses pontos de bloqueio. Em nossa experiência, os clientes geralmente continuam fazendo suas tarefas práticas se concluírem a primeira tarefa da Declaração de Impacto. No entanto, às vezes, há déficits de conhecimento ou problemas motivacionais crescentes e decrescentes que precisam ser abordados ao longo do tratamento. Os clientes devem ser constantemente lembrados do ditado, testado e comprovado, de que eles obterão da terapia aquilo que investirem nela. Cada nova tarefa deve ser precedida por uma justificativa convincente.

Isso levanta a importante questão de "Quanto é suficiente?" quando se trata de adesão. Existem riscos em continuar o protocolo de tratamento quando um cliente está fazendo apenas quantidades mínimas de prática. Recomendamos incentivar e apoiar consistentemente esse cliente a praticar mais, mas, em última análise, recomendamos usar os resultados da avaliação objetiva contínua de TEPT e sintomas comórbidos como o teste decisivo para saber se o cliente está recebendo uma dose suficiente. Mais especificamente, se as pontuações do cliente não estiverem melhorando ou melhorando muito pouco no decorrer das sessões, e o cliente não estiver praticando a quantidade recomendada, o terapeuta deve abordar o nível de esforço mais diretamente para melhorar os resultados finais do cliente.

REVISAR PLANILHAS ABC E USÁ-LAS PARA EXAMINAR EVENTOS, PENSAMENTOS E EMOÇÕES

Se o cliente preencheu e compartilhou a Declaração de Impacto na Sessão 2 e trouxe as Planilhas ABC preenchidas para esta sessão (ou seja, o cliente concluiu todas as tarefas práticas em tempo hábil), o terapeuta deve começar esta sessão revisando as Planilhas ABC. Ao examinar as planilhas preenchidas, o terapeuta deve considerar várias coisas. Primeiro, é muito comum que os clientes rotulem pensamentos como sentimentos. Por exemplo, um cliente trouxe uma Planilha ABC com o evento de ativação (na coluna A) "Gritam comigo antes mesmo de tomar meu café". Sua crença (na coluna B) era "Eu me esforço muito, mas nunca sou reconhecido", e seu sentimento consequente (na coluna C) era "Sinto que estou lutando uma batalha malsucedida". O terapeuta lembrou ao cliente as emoções a serem identificadas na coluna C da Planilha ABC, referenciando a Ficha de Identificação das Emoções (Ficha 7.2). O terapeuta então perguntou qual dos sentimentos se encaixava melhor na afirmação. Ele respondeu: "Triste e zangado". O terapeuta apontou que o que ele havia listado na coluna C foi na verdade outro pensamento que poderia ser listado na coluna B e, em seguida, desenhou uma seta da declaração para a coluna B. Assim, o cliente conseguiu entender a distinção entre pensamentos e sentimentos. O terapeuta também apontou que o uso das palavras "Eu sinto..." no início de um pensamento não faz desse pensamento um sentimento. Os clientes são incentivados a usar as palavras "Eu acho..." ou "Eu acredito..." para pensamentos e a reservar "Eu sinto..." para emoções de uma única palavra. Esse é um lembrete igualmente importante para os clínicos, porque o uso indevido da palavra "sentir" é tão comum que os terapeutas também podem se pegar usando mal o termo. É muito aceitável e, de fato, melhor que os terapeutas se corrijam durante a sessão se isso ocorrer, porque isso ilustra para os clientes como nossa linguagem falada pode ser mal aplicada.

Outro problema comum no preenchimento da Planilha ABC é que os pensamentos podem não fluir logicamente para os sentimentos relatados. Se não houver uma conexão lógica, provavelmente haverá outros pensamentos intermediários que estão sendo experimentados, mas não reconhecidos ou registrados. Por exemplo, um pensamento identificado pode ser "Não consigo fazer nada certo", com o sentimento identificado de culpa. O pensamento intermediário, nesse caso, pode ser "Eu decepcionei minha equipe quando não a protegi". O terapeuta também deve considerar se há uma correspondência entre os pensamentos e a magnitude das emoções (ou seja, pequeno evento, sentimentos desproporcionalmente grandes). Nesse caso, o cliente pode não estar registrando seus pensamentos reais; ou seja, a conversa interna do cliente pode ser mais inflamatória do que o que foi escrito para ser compartilhado com o terapeuta, ou pode ter sido uma sequência de pensamentos que levam a uma emoção maior. O terapeuta deve encorajar o cliente a registrar exatamente o que está pensando, em oposição a uma versão mais socialmente desejável. O terapeuta também deve considerar se uma determinada emoção dominante ocorre repetidamente (por exemplo, raiva de si mesmo, culpa). E, relacionado à possibilidade de emoções recorrentes, pode surgir um tema específico de pensamentos que emergem em todas as situações, o que pode indicar maior distorção do esquema/crença central (por exemplo, "Não consigo fazer nada certo" — baixa autoestima).

Ao ajudar um paciente a se tornar mais proficiente no preenchimento das Planilhas ABC, é importante que o terapeuta elogie os esforços do paciente e forneça correções de maneira discreta, principalmente se o cliente tiver problemas com autoavaliação negativa (por exemplo, "Tudo bem, vamos passar esse pensamento para a coluna B. Agora, que sentimento combina com esse pensamento, em apenas uma palavra?"). Além disso, quaisquer novos pontos de bloqueio devem ser registrados no registro de pontos de bloqueio. Ocasionalmente, quando os clientes usam as planilhas como evidência de que são estúpidos ou não conseguem fazer nada certo, é útil perguntar se eles já foram ensinados sobre emoções e pensamentos na escola; se não, lembre aos clientes de que não se deve esperar que saibam algo que nunca aprenderam.

USAR PLANILHAS ABC RELACIONADAS AO TRAUMA PARA COMEÇAR A EXAMINAR AS TENTATIVAS DE COGNIÇÕES ASSIMILADAS

Ao revisar a(s) planilha(s) sobre o evento traumático central, o terapeuta tem a oportunidade de usar o conteúdo para começar a examinar as cognições relacionadas à assimilação por meio do diálogo socrático. Se o paciente não completar um pensamento relacionado à assimilação sobre o trauma central (que, por definição, não funcionou), um lembrete aqui é que o terapeuta geralmente pode determinar pensamentos subjacentes relacionados à assimilação a partir dos pensamentos superacomodados do cliente. Por exemplo, se o cliente registra o pensamento "Estacionamentos são perigosos", o terapeuta pode deduzir que é provável que haja um pensamento relacionado à assimilação sobre o trauma em si, como "Se eu tivesse evitado o estacionamento naquele dia, não teria sido atacada". O terapeuta pode simplesmente fazer ao cliente uma pergunta como "Como você chegou à conclusão de que os estacionamentos são perigosos?" para chegar a pensamentos assimilados sobre o evento-alvo. Como observado anteriormente, nesse ponto da terapia, é importante focar na tentativa de pensamentos relacionados à assimilação. Por outro lado, os estacionamentos podem compartilhar atributos da situação em que o cliente estava quando o trauma ocorreu (estar sozinho, apenas alguns estranhos ao redor, o local escuro).

A seguir, temos um exemplo de diálogo socrático que se seguiu à revisão da Planilha ABC de um cliente relacionada ao luto traumático:

>**CLIENTE:** Na coluna A, escrevi: "Enviei meus soldados para uma emboscada e metade deles foi morta". Meus pensamentos eram "É minha culpa" e "Eu não valho nada". Na coluna C, escrevi: "Vergonha, raiva e cancelei meus planos para a noite".
>
>**TERAPEUTA:** Vamos começar com as emoções. De quem você estava com raiva?
>
>**CLIENTE:** Eu mesmo.
>
>**TERAPEUTA:** Tudo bem. Você pode me ajudar a entender por que a emboscada foi culpa sua?
>
>**CLIENTE:** Eu não sei — simplesmente foi.
>
>**TERAPEUTA:** (*Esperando em silêncio.*)
>
>**CLIENTE:** Bem, eu sou responsável pela minha unidade, e alguns foram mortos, então a culpa é minha.
>
>**TERAPEUTA:** Você pode controlar tudo em uma zona de guerra?
>
>**CLIENTE:** Não, mas eu deveria ter antecipado o ataque naquela estrada.
>
>**TERAPEUTA:** (*Pausa*) Deixe-me entender uma coisa. O que é uma emboscada?
>
>**CLIENTE:** É um ataque surpresa.
>
>**TERAPEUTA:** Então, se foi uma surpresa, como você poderia ter antecipado isso? Você recebeu informações de que o inimigo estava esperando por vocês?
>
>**CLIENTE:** Bem, não, mas isso significa apenas que nossa inteligência não era boa. Tem que ser culpa de alguém.
>
>**TERAPEUTA:** E as pessoas que pretendiam o dano? Que quantidade de culpa eles recebem?
>
>**CLIENTE:** Eles recebem muita culpa. Eles nos atacaram.
>
>**TERAPEUTA:** Se a culpa e o fracasso vão com a intenção, quem tinha a intenção de matar seus soldados?

CLIENTE: Eles tinham.

TERAPEUTA: Então, se a informação não estava lá, e você não tinha como saber que isso iria acontecer, quanta culpa você e seu comando recebem? Eles pretendiam esse resultado?

CLIENTE: Não, claro que não. Se eles soubessem, não teriam nos enviado para lá com tão pouca gente. E eu certamente não teria enviado minha unidade para lá.

TERAPEUTA: Você está dizendo agora que o inimigo recebe muita culpa. Quem mais leva a culpa? Quem pretendia o mal e emboscou seus soldados?

CLIENTE: Foram eles. Eu acho que eles recebem toda a culpa. Eu só gostaria de ter sabido.

TERAPEUTA: Eu concordo. Eu gostaria que você tivesse sabido também e que eles não tivessem morrido. É difícil aceitar que você pode não ter sido capaz de prever a situação e que seus soldados morreram. Isso parece diferente da culpa que você tem colocado em si mesmo?

CLIENTE: Sim, eu realmente tenho me martirizado, mas, quando você me faz olhar para trás... Foi uma emboscada, e não havia como saber que enfrentaríamos forças tão grandes contra nós naquele dia.

TERAPEUTA: Então, como você se sente quando olha para isso de outra maneira?

CLIENTE: Ainda triste, muito triste.

TERAPEUTA: Isso faz sentido. Você ainda pode precisar lamentar a perda deles. Você tem se concentrado em sua culpa e na raiva de si mesmo porque não conseguiu ver o imprevisível. A tristeza é a emoção natural, e é importante se permitir sentir essa tristeza para se recuperar.

DAR A TAREFA PRÁTICA

A tarefa prática após a Sessão 3 (Ficha 8.1) é que o paciente continue a preencher diariamente as Planilhas ABC, mas, dessa vez, o cliente deve preencher uma dessas planilhas todos os dias sobre os pontos de bloqueio relacionados à assimilação em relação ao evento-alvo. O terapeuta pode marcar alguns no registro de pontos de bloqueio ou com o aplicativo CPT Coach. O cliente pode preencher outras planilhas ABC sobre outros traumas, especialmente se ficar claro que outro evento traumático deveria ter sido usado como o evento-alvo. Não há necessidade de escrever outra Declaração de Impacto sobre outros traumas que são discutidos durante o curso do tratamento. Em vez disso, pontos de bloqueio adicionais, relacionados a esses outros eventos, devem ser adicionados ao registro de pontos de bloqueio e abordados em sessões subsequentes.

VERIFICAR AS REAÇÕES DO CLIENTE À SESSÃO E À TAREFA PRÁTICA

Assim como na Sessão 2, o terapeuta deve concluir a Sessão 3 explorando as reações do cliente à sessão e perguntando se o cliente tem alguma dúvida sobre o conteúdo da sessão ou a nova tarefa prática. O terapeuta deve reforçar quaisquer ideias ou descobertas importantes feitas na sessão e deve observar as mensagens importantes que o cliente oferece.

FICHA 8.1
Tarefa prática após a Sessão 3 da TPC

Por favor, continue a automonitorar eventos, pensamentos e sentimentos com as Planilhas ABC diariamente, para aumentar seu domínio dessa habilidade. Você deve preencher uma planilha por dia sobre o evento-alvo ou outros traumas, ou também pode criar itens adicionais na planilha sobre os eventos do dia a dia. Por favor, ao usar as Planilhas ABC, coloque todos os pontos de bloqueio recém-observados em seu registro de pontos de bloqueio.

De *Vencendo o transtorno de estresse pós-traumático com a terapia de processamento cognitivo: manual do terapeuta*, 2ª edição, Patricia A. Resick, Candice M. Monson e Kathleen M. Chard (The Guilford Press, 2024). Os compradores deste livro podem baixar cópias adicionais desta planilha na página do livro em loja.grupoa.com.br.

9

Sessão 4
Processamento do evento-alvo

OBJETIVOS DA SESSÃO 4

Os objetivos da Sessão 4 são garantir que os clientes possam rotular eventos, pensamentos e emoções e ver as conexões entre eles, bem como apresentar uma nova planilha, a Planilha de Perguntas Exploratórias (Ficha 9.2 e seus exemplos completos 9.2a e 9.2b), projetada para ajudar os clientes a se tornarem seus próprios terapeutas cognitivos, examinando seus pensamentos e considerando suas formas características de pensar. O diálogo socrático é usado ao longo dessas sessões para ajudar os clientes a examinar seus pontos de bloqueio. Sendo estes priorizados e assimilados, nessas sessões, em relação ao trauma central de cada cliente (e, potencialmente, outros traumas). Na Sessão 4, o terapeuta provavelmente vai realizar mais diálogos socráticos, especialmente fazendo perguntas esclarecedoras, do que em qualquer outra sessão.

PROCEDIMENTOS PARA A SESSÃO 4

1. Administrar a PCL-5 (na sala de espera, se possível), coletar o formulário e revisá-lo. Definir a agenda. (5 minutos)
2. Revisar as Planilhas ABC (Ficha 7.3), priorizando pensamentos assimilados. (10 minutos)
3. Abordar os pontos de bloqueio assimilados do cliente, usando o diálogo socrático para esclarecê-los e examiná-los. (15 minutos)
4. Explicar as diferenças entre o imprevisível, a responsabilidade e a culpa. (Ficha 9.1) (10 minutos)
5. Apresentar a Planilha de Perguntas Exploratórias (Fichas 9.2, 9.2a, 9.2b e 9.3) para ajudar o paciente a examinar seus pontos de bloqueio. (10 minutos)
6. Atribuir a tarefa prática. (Ficha 9.4) (5 minutos)
7. Verificar as reações do cliente à sessão e à tarefa prática. (5 minutos)

REVISAR AS PLANILHAS ABC DO CLIENTE

No final da Sessão 3, o terapeuta pediu ao cliente para preencher pelo menos uma Planilha ABC por dia sobre o trauma central e planilhas adicionais, conforme necessário, sobre outros traumas ou eventos da vida que possam ocorrer entre as sessões. Isso é particularmente importante se o cliente não escolheu o evento-alvo real na primeira sessão e ele surge com a revisão dos sintomas e da Declaração de Impacto. Quaisquer novos pontos de bloqueio que surgiram durante a sessão anterior devem ser adicionados ao registro de pontos de bloqueio e formatados adequadamente. Os pacientes provavelmente dirão na coluna B que um evento foi culpa deles ou que deveriam ter feito algo diferente. Ocasionalmente, eles dirão que não se culpam (por exemplo, "Eu era apenas uma criança"), mas podem duvidar que o evento tenha acontecido, talvez porque outras pessoas (por exemplo, seus pais) neguem. Essa também é uma acomodação fracassada (ou seja, "Isso não aconteceu") se eles tiverem *flashbacks* e memórias e pode incluir sentimentos subjacentes de injustiça sobre o trauma (ou seja, pensamento de mundo justo). Às vezes, como observado nos capítulos anteriores, os clientes também culpam erroneamente os outros; eles podem culpar as pessoas em sua proximidade que não pretendiam o dano ou o resultado, em vez das pessoas que o fizeram.

O esclarecimento de pensamentos assimilados deve levar diretamente ao diálogo socrático. Aqueles que têm apresentações internalizantes provavelmente estão focados em seu papel no trauma, estão engajados em autoculpa e talvez tenham depressão comórbida. Alguns pacientes oferecem apresentações mais raivosas e tendem a ter pensamentos externalizantes relacionados. Isso pode ser particularmente verdadeiro se houver outras pessoas com eles ou nas proximidades a quem eles possam culpar (não os perpetradores), ou se eles não acreditarem que cometeram erros. A culpa errônea do outro também é uma forma de pensamento do mundo justo que se concentra em como o evento poderia ter sido evitado por outra pessoa. Exemplos incluem: militares que culpam seus comandantes ou líderes de unidade, ignorando as pessoas que armaram uma emboscada ou enterraram uma mina terrestre; culpar pais não infratores que realmente não sabiam que seus filhos estavam sendo abusados; ou culpar espectadores em vez de perpetradores. Uma vez que essas emoções tenham sido rotuladas, o terapeuta deve começar a fazer perguntas focadas no pensamento distorcido (ou seja, assimilado) do cliente sobre o trauma.

PROCESSAMENTO COGNITIVO: ABORDANDO PONTOS DE BLOQUEIO ASSIMILADOS

Uma grande parte da Sessão 4 é reservada ao diálogo socrático focado no próprio trauma central. O terapeuta precisa começar esclarecendo perguntas para entender quais foram os fatos, para que possa entender se cada afirmação que o cliente está fazendo é factualmente correta ou um ponto de bloqueio. Como regra geral, é desejável uma divisão de 80/20% entre esclarecer perguntas e examinar as evidências reais ou os pensamentos alternativos. A seguir, você verá uma parte da sessão de um terapeuta com uma cliente que foi estuprada e acreditava que era culpa dela que o estupro tivesse acontecido. O terapeuta começa fazendo perguntas esclarecedoras e fazendo declarações resumidas.

> **TERAPEUTA:** OK, na coluna B, você disse: "É tudo culpa minha". Você pode me dizer quais opções você tinha no momento do estupro?
>
> **CLIENTE:** Eu deveria ter dito "Não" mais vezes. Eles podem não ter me ouvido ou entendido mal.
>
> **TERAPEUTA:** Quantas vezes você disse "Não"?
>
> **CLIENTE:** Quatro ou cinco. Então um deles me disse para calar a boca.
>
> **TERAPEUTA:** Se eles lhe disseram para calar a boca, isso não poderia significar que eles te ouviram?
>
> **CLIENTE:** Eu acho que sim, mas talvez eles não tenham acreditado em mim. Um deles disse "Você sabe que quer isso".
>
> **TERAPEUTA:** E você queria isso?
>
> **CLIENTE:** Não.
>
> **TERAPEUTA:** E você disse isso a eles?
>
> **CLIENTE:** Sim, e eu estava tentando empurrá-los para longe de mim, mas eles eram muito grandes.
>
> **TERAPEUTA:** Dadas essas circunstâncias, em que ponto você acha que deixa de ser sua culpa e se torna culpa deles? Existe algo na lei sobre quantas vezes você tem que dizer "não" antes que se torne um crime?
>
> **CLIENTE:** Acho que apenas uma vez.
>
> **TERAPEUTA:** Deixe-me ter certeza de que entendi você corretamente. Você disse que não queria fazer sexo com eles, e você disse "Não" várias vezes, e você tentou empurrá-los, mas não conseguiu. Está correto?
>
> **CLIENTE:** Sim.
>
> **TERAPEUTA:** E quantos agressores havia?
>
> **CLIENTE:** Dois.
>
> **TERAPEUTA:** E isso é relevante para o fato de você não ter conseguido afastá-los? Você não acha que pode estar minimizando esse fato?
>
> **CLIENTE:** Eu nunca tinha pensado nisso. Um deles estava mais observando enquanto o outro estava me estuprando.
>
> **TERAPEUTA:** À luz disso, que outras opções você acha que tinha na época?
>
> **CLIENTE:** Eu deveria ter lutado mais.

TERAPEUTA: (*Tom intrigado*) Você pode explicar como você poderia ter lutado mais? Você disse que não conseguiu afastá-los. Eles prenderam você?

CLIENTE: Sim. Eu não conseguia mover minhas pernas, então não conseguia chutar, e um dos meus braços estava preso sob minhas costas. Quando um deles me disse para calar a boca, fui atingida no rosto.

TERAPEUTA: Oh, eu não ouvi essa parte antes. Isso é importante. Você estava dizendo "não" repetidamente e empurrando com um braço, enquanto o outro braço estava embaixo de você, e suas pernas estavam presas. Então você foi atingida. Quando eu repito isso para você, isso parece um mal-entendido?

CLIENTE: (*Chorando baixinho*) Não, eles me estupraram.

TERAPEUTA: (*Depois de alguns momentos, quando a cliente olha para cima*) Como você está se sentindo?

CLIENTE: Triste.

TERAPEUTA: Isso faz sentido. (*Pausa até que a cliente pare de chorar.*) Então, na coluna A, você escreveu: "Fui estuprada". O que mais você poderia dizer na coluna B?

CLIENTE: Não foi minha culpa. Eu fiz o que pude.

TERAPEUTA: E, se você disser isso, como você se sente?

CLIENTE: Triste e um pouco zangada com eles. Não tão culpada e envergonhada.

TERAPEUTA: Então você pode escrever esse novo pensamento na parte inferior da página?

Nesse caso, depois de permitir que a cliente sinta emoções naturais e de ajudá-la a rotulá-las, o terapeuta deve continuar explorando o que normalmente aconteceria durante uma interação sexual consensual ou em um "dia normal", para ajudar a cliente a perceber que o estupro foi indesejado e que assumir a culpa por isso não é justificável.

O terapeuta também pode perguntar qual seria o "protocolo" típico se o cliente percebesse uma situação perigosa. A seguir, está uma demonstração terapeuta-cliente envolvendo um ponto de bloqueio relacionado ao combate.

TERAPEUTA: O ponto de bloqueio que parece mais forte para você é "Se eu tivesse sido capaz de dar cobertura a meu amigo, ele não teria sido morto".

CLIENTE: Isso mesmo. Ele estaria vivo hoje se eu estivesse lá para dar cobertura a ele.

TERAPEUTA: E é isso que você coloca na coluna A. E, quando você diz isso, o que você sente?

CLIENTE: Eu sinto raiva.

TERAPEUTA: De quem você sente raiva?

CLIENTE: Do comandante da unidade. A culpa é dele. Mas também estou com raiva de mim mesmo por não ter ido com meu amigo.

TERAPEUTA: Em relação a si mesmo, existem outras emoções que você sente sobre sua crença de que deveria ter ido com seu amigo?

CLIENTE: Culpa também.

TERAPEUTA: Tudo bem, vamos colocá-los na coluna C. Parece que há dois pontos de bloqueio com os quais você está lutando. Um é sobre ser capaz de dar cobertura a seu amigo, e o outro é que, se você pudesse ter feito isso, ele não teria sido morto. Vamos escrevê-los na coluna B e dar uma olhada neles, um de cada vez. O que o impediu de dar cobertura a ele no tiroteio?

CLIENTE: Fui enviado pelo meu comandante para um local diferente. Recebemos a notícia de que havia um insurgente em uma casa em particular, o qual deveríamos prender, e meu amigo estava com o grupo que estava entrando pela porta da frente. Fui mandado de volta para cobrir a porta traseira e as janelas com algumas outras pessoas.

TERAPEUTA: E essa era a maneira normal de entrar em uma casa como aquela?

CLIENTE: Para nós cobrirmos a frente e os fundos? Sim. Estávamos indo em nossas posições habituais, mas algo não parecia certo naquela noite.

TERAPEUTA: Como assim?

CLIENTE: Havia menos pessoas na rua do que o normal. Estava muito quieto. Eu deveria saber o que ia acontecer.

TERAPEUTA: Eu acho que esse é outro ponto de bloqueio que devemos anotar em seu registro de pontos de bloqueio. Parece que você está dizendo que deveria ter tido a capacidade de prever o futuro. Eu me pergunto se é daí que vem parte da culpa. Mas vamos voltar ao primeiro ponto de bloqueio agora. Estava mais silencioso do que o normal. Isso significava, de acordo com o protocolo normal, que você deveria ter mudado de posição e se mudado para a frente da casa?

CLIENTE: Não. Comecei a me sentir mais nervoso porque deveria ter sido uma simples incursão, mas não parecia isso; não fui mandado para a frente da casa, então mantive minha posição. Os insurgentes poderiam tentar fugir por uma janela ou uma porta dos fundos.

TERAPEUTA: O que aconteceu então?

CLIENTE: Todo o inferno começou. Foi uma armação. Os insurgentes saíram pela porta da frente e mataram três dos homens da minha unidade. Dois outros ficaram feridos. Viemos correndo por trás e atirei em um cara; dois outros também foram baleados, e dois fugiram. Não tínhamos um médico conosco, então fizemos o possível por nossos rapazes até que a ajuda chegasse.

TERAPEUTA: Dado que seu pensamento foi "Se eu tivesse sido capaz de cobrir meu amigo, ele não teria sido morto", que evidência você tem de que, se estivesse na frente da casa em vez de outra pessoa, teria sido capaz de protegê-lo? Dado que todos na frente foram baleados, por que você acha que não teria sido baleado também?

CLIENTE: Eu não sei. Eu só imagino que, se eu estivesse lá, eu poderia ter atirado no cara que matou Mark. Eu atirei nele tarde demais.

TERAPEUTA: (*Silêncio por um momento*) Posso te fazer uma pergunta?

CLIENTE: Sim.

TERAPEUTA: Você viu o cara que atirou em Mark? Eu pergunto porque pensei que você não deu a volta na casa até depois de ouvir os tiros.

CLIENTE: Hm. Deixe-me pensar um minuto. Sabe, não sei se aquele foi o cara que atirou no Mark. Quando chegamos à frente da casa e começamos a atirar, nossos companheiros estavam caídos. O cara que eu suspeito estava mais próximo de Mark, então suponho que foi ele.

TERAPEUTA: Mas você disse que atirou nele "tarde demais". Antes de ouvir os tiros, havia algum motivo para deixar sua posição?

CLIENTE: Não, na verdade não. Eu só gostaria de ter salvado Mark.

TERAPEUTA: Eu gostaria que Mark não tivesse sido morto também. (*Pausa*) No entanto, o que você está dizendo é um pouco diferente do que você disse antes. O que você sente quando diz que gostaria que ele não tivesse sido morto?

CLIENTE: Tristeza. Eu gostaria de poder retroceder e fazer com que tudo saísse diferente.

TERAPEUTA: Essa é uma tendência humana. É triste quando perdemos alguém de quem gostamos, e às vezes é difícil aceitar que você não pode mudar isso, não importa o quanto você queira. A tristeza é uma emoção natural que precisamos sentir. (*Pausa*) Gostaria de saber se isso é diferente de dizer que foi culpa do comandante ou ficar com raiva de si mesmo.

CLIENTE: Sim, mas é mais fácil pensar que deveríamos saber que era uma emboscada. Eu sei que ele não teria nos mandado para as posições normais se soubesse que haveria uma emboscada. Eu só quero culpar alguém.

TERAPEUTA: Essa também é uma tendência humana. É possível culpar os insurgentes que pretendiam o dano e armaram a emboscada?

CLIENTE: Sim, mas é difícil deixar de lado a ideia de que havia algo que poderíamos ter feito.

TERAPEUTA: Continuaremos a trabalhar nisso. Enquanto o fazemos, quero que você se sinta triste por perder seu amigo. Essa é uma emoção muito natural quando perdemos alguém de quem gostamos. Você acha que é possível que esteja sentindo raiva de si mesmo ou de seu comando para evitar sentir uma emoção mais difícil — a tristeza? Você me disse que desconta em pessoas que não tiveram nada a ver com a morte de seu amigo, como sua esposa e seus filhos.

CLIENTE: Eu faço isso. É difícil para mim ficar triste.

TERAPEUTA: Vamos colocar tudo isso nas planilhas e também considerar o significado que você dá a se sentir triste.

Os exemplos acima ilustram como um terapeuta pode obter informações com perguntas sobre o trauma associadas às crenças assimiladas de um cliente e emoções relacionadas. As perguntas são elaboradas para ajudar o terapeuta e o cliente a entender o contexto da situação, determinar se era realmente possível para o cliente alterar o resultado e, em caso afirmativo, considerar se o resultado poderia ter sido ainda pior. Colocar eventos traumáticos em seu contexto adequado é parte integrante do processamento cognitivo. O objetivo é reconhecer que os clientes podem ter tido pouco aviso prévio de perigo iminente e muito pouco tempo para tomar decisões ou agir. De fato, os eventos podem ter sido imprevisíveis e inevitáveis.

Observe nos exemplos anteriores que os terapeutas não perguntaram sobre os detalhes gráficos do estupro da cliente ou da emboscada em que o soldado estava envolvido. Embora os clientes possam ter tido *flashbacks* ou pesadelos sobre esses incidentes, essas reações demonstraram diminuir com intervenções cognitivas e sem a necessidade de se concentrar em repetir esses detalhes ou provocar emoções fortes. O mesmo princípio se aplica a qualquer tipo de trauma (abuso infantil, acidente de carro, tiroteio em massa, incêndio etc.). As imagens sangrentas ou dolorosas podem não ser as razões pelas quais os clientes têm TEPT, e as pesquisas mostram que os eventos traumáticos não precisam ser recontados em profundidade. Observe também que, quando o soldado trouxe um segundo ponto de bloqueio, o terapeuta não o perseguiu, mas redirecionou o cliente para trabalhar no primeiro ponto de bloqueio, a fim de trazer mais resolução para um ponto de bloqueio antes de passar para outro.

Se houver tempo na sessão, o terapeuta pode se concentrar em outro ponto de bloqueio, mas ele deve ainda pertencer às causas do trauma. No caso de combate acima, o terapeuta pode se concentrar no segundo ponto de bloqueio. Nesse exemplo, se o cliente estivesse na frente da casa, os resultados teriam sido diferentes? Eles poderiam ter sido ainda piores? Ou o terapeuta pode se concentrar no ponto de bloqueio que levou à raiva direcionada ao comandante, mesmo que o cliente já estivesse mostrando alguma flexibilidade cognitiva em relação a essa outra culpa. No primeiro exemplo, como a vítima de estupro mostrou mais flexibilidade cognitiva, o terapeuta pode perguntar: "É diferente quando você descreve o que aconteceu com você como um estupro em vez de um mal-entendido?".

Os pontos de bloqueio assimilados comuns típicos envolvem (1) viés retrospectivo, (2) raciocínio baseado em resultados e (3) falha em diferenciar entre intenção para o ato, responsabilidade (desempenhar um papel) e o imprevisível. "Viés retrospectivo" significa que, após o trauma, os clientes pensam em todas as coisas que poderiam ou deveriam ter feito para prevenir ou interromper o evento. Eles podem até vir a acreditar que tinham tal conhecimento na época e cometeram um erro ou deixaram de agir de acordo com sua presciência. Não é correto supor que esse raciocínio esteja correto porque seu pensamento pode, de fato, ser bastante distorcido sobre o que eles deveriam ou poderiam saber ou fazer na época. Às vezes, os clientes têm crenças muito irrealistas sobre o que deveriam ter feito e se teria funcionado (por exemplo, uma criança de 5 anos impedindo o abuso dos pais, um motorista sendo capaz de ver em uma curva cega para evitar um motorista bêbado). O ponto principal é que o viés retrospectivo é uma suposição de que deveria haver alguma maneira de impedir o evento, que talvez o cliente tivesse conhecimento prévio de que algo iria acontecer e que falhou de alguma forma por não o impedir.

O "raciocínio baseado em resultados" está intimamente relacionado ao mito do mundo justo e ao desejo de ser onisciente e onipotente. Decorre da crença de que, porque um evento teve um resultado ruim, o cliente *deve* ter feito algo errado; caso contrário, o resultado teria sido melhor. É comum que os clientes ouçam e pensem que "tudo acontece por um motivo" e que, se soubessem qual era o motivo, poderiam ter mudado o resultado ou poderiam evitar que futuros eventos negativos acontecessem. O terapeuta pode perguntar: "E se você não gostar do motivo? E se ele pensasse que poderia se safar, então ele foi em frente e roubou você?". O cliente normalmente faz alguma versão desta afirmação: "Devo ter tomado uma decisão ruim, porque o resultado foi ruim". Os mais jovens em particular (ou aqueles que foram traumatizados em uma idade mais jovem e nunca examinaram seus pensamentos sobre o trauma) são particularmente propensos a acreditar que existem apenas decisões certas ou erradas e que, se houve um resultado ruim, eles devem ter feito a escolha errada. Os clientes que acreditam nisso muitas vezes desistem de fazer escolhas e deixam que outros tomem decisões por eles, ou ficam imobilizados quando precisam tomar decisões por conta própria. Eles não reconhecem que não fazer uma escolha é, de fato, tomar uma decisão. Como a diferenciação entre intenção, responsabilidade e imprevisibilidade é um pouco mais complexa, discutimos isso separadamente a seguir.

DIFERENCIANDO ENTRE INTENÇÃO, RESPONSABILIDADE E IMPREVISIBILIDADE

Na maioria das sociedades, existem distinções entre intenção de um ato, responsabilidade, acidente ou o imprevisível. As consequências legais baseadas nessas distinções podem ajudar a esclarecer esses construtos. Por exemplo, se alguém estivesse dirigindo muito devagar e com cuidado por um bairro, e uma criança de repente saísse correndo de entre os carros estacionados, atrás de uma bola, e fosse atropelada pelo carro, isso seria considerado um acidente. Embora o motorista possa estar muito traumatizado com o evento, ele não seria processado e punido pela lei se a polícia determinasse que o evento foi um acidente inevitável. No entanto, se o motorista estivesse indo muito rápido, estivesse bêbado ou enviando mensagens de texto e matasse a criança, ele poderia muito bem ser processado por homicídio veicular ou homicídio culposo. Nesse caso, a punição seria um pouco atenuada pelo fato de o motorista não ter a intenção de matar a criança; ele tinha responsabilidade pelo acidente, mas não tinha intenção de matar. Se alguém, em um acesso de raiva, desviou e atropelou alguém, esse motorista pode ser acusado de assassinato em segundo grau. Por fim, se alguém esperou para atropelar e matar uma pessoa com premeditação, esse motorista pode ser acusado de assassinato em primeiro grau. Nos dois últimos casos, o comportamento foi alimentado pela intencionalidade, seja no calor da paixão ou com premeditação, e a culpa/falta/crime seria atribuída. A maioria dos sistemas de justiça criminal faz essas distinções, e as punições relacionadas aumentam de acordo. Se a vítima de um crime diz "É minha culpa por não evitar o crime", esse é um uso inadequado do termo "culpa". A vítima não pretendia o resultado e provavelmente não o previu. A Ficha sobre os Níveis de Responsabilidade (Ficha 9.1) deve ser usada para ajudar a explicar esses conceitos aos clientes.

É importante que os terapeutas ajudem os clientes a mudar sua linguagem e parar de usar declarações do tipo "A culpa é minha" ou "Eu me culpo" como se estivessem sendo punidos por algo que intencionalmente fizeram ou deixaram de fazer. Por exemplo, quando um cliente diz "É minha culpa que fui estuprada porque estava em um bar com amigos, bebendo, e estava vestida de forma provocante", o terapeuta pode responder parecendo intrigado e perguntando: "Então você pretendia que alguém cometesse um crime contra você?". Então, quando o cliente responde negativamente, o terapeuta pode perguntar: "Quais eram suas intenções naquela noite?" (divertir-se com os amigos, eu suponho) ou "Como todas as outras pessoas no bar estavam vestidas?". Existem muitas outras perguntas que o terapeuta poderia fazer, como "Você já esteve naquele bar, ou em qualquer bar, e não foi estuprada?", "Você já ouviu falar de alguém que estava sóbrio ou não usava roupas provocantes e que foi estuprado?", "Todas as vítimas de estupro são culpadas pelo que acontece com elas?", ou "E o estuprador? Que nível de intenção e culpa ele tem?".

Em última análise, os clientes devem perceber que podem ter, de alguma forma, fornecido a ocasião para seus eventos traumáticos, mas que não foram as causas desses eventos. Em outras palavras, eles precisam entender que estavam no lugar errado na hora errada e que isso pode ter tido grandes efeitos sobre eles, mas os eventos não dizem nada sobre eles como pessoas ou seu caráter. Quando tratamos de clientes com traumas causados por crimes, esse pode ser um conceito difícil para eles entenderem.

Existem alguns casos em que os pacientes usaram mau julgamento, tiveram algum nível de responsabilidade, cometeram algum ato intencional ou não agiram quando poderiam. O TEPT pode estar presente mesmo quando alguém realmente teve a intenção de causar dano no momento do evento traumático. As prisões estão cheias de pessoas com TEPT de uma vida inteira de vitimização que depois cometeram atos criminosos. Às vezes, em território de gangues, a regra é "Junte-se à gangue e cometa crimes — mate ou seja morto". Ou ainda, militares podem cometer atos ou não impedir que algo aconteça e se arrepender mais tarde quando voltam para casa e têm tempo para refletir sobre suas ações ou omissões. Esse conceito, às vezes, é chamado de "dano moral". É importante lembrar e transmitir a esses clientes que, se eles não tivessem consciência, não teriam culpa ou vergonha por esses atos e, portanto, não seriam assombrados por seus eventos traumáticos. O fato de alguém vir para tratamento do TEPT e ter cometido algum ato contra outra pessoa (ou não ter agido quando poderia) é um bom sinal de que a pessoa tem consciência.

Muitas vezes nos perguntam o que fazer se alguém procurar terapia e insistir que teve algum papel no evento traumático ou que realmente teve a intenção de cometer um crime. Primeiro, é importante determinar por meio do diálogo socrático se a percepção da pessoa representa uma falsa culpa, um ponto de bloqueio ou uma crença precisa. O terapeuta também deve considerar se o cliente realmente tem remorso e não está cometendo atos iguais ou semelhantes. Se alguém realmente teve alguma responsabilidade ou intenção de prejudicar outra pessoa, então arrependimento ou culpa é a resposta apropriada, e o terapeuta não deve tentar tirar isso. O cliente pode ter que aceitar o que fez e considerar se algum tipo de restituição é possível, para a(s) vítima(s) ou para a comunidade em geral. A pessoa poderia ser voluntária em um abrigo para moradores de rua, um banco de alimentos ou retribuir à comunidade de alguma forma?

Normalmente, nesses casos de TEPT, estamos falando de eventos ocorridos no passado pelos quais os clientes sentem culpa e remorso. Eles se sentenciam com mais severidade do que um júri o faria. Se for esse o caso, então a tarefa é "dimensionar corretamente" os pontos de bloqueio (por exemplo, "Eu não sou nada além de um monstro maligno"), colocar o evento no contexto em que ocorreu e, em seguida, no contexto mais amplo da vida do cliente. O terapeuta pode fazer perguntas esclarecedoras para determinar o contexto em que os comportamentos do cliente ocorreram. Ele também pode fazer perguntas sobre se o cliente ainda está cometendo atos semelhantes ou se mudou sua vida. Nunca tivemos um cliente que procurou tratamento para o TEPT enquanto ainda cometia o crime pelo qual se sente culpado. Normalmente, o terapeuta pode desenhar um círculo para criar um gráfico de *pizza* e, em seguida, perguntar ao cliente: "Que proporção de sua vida foi gasta cometendo crimes e que proporções você gastou em diferentes funções?" (Veja o exemplo a seguir.) Em seguida, o terapeuta pode perguntar ao cliente quem ele é atualmente e como seria dizer: "Mesmo pessoas boas podem fazer coisas ruins em certos contextos", em vez de "Eu devo ser uma pessoa má". O terapeuta também deve ajudar o cliente a considerar o ambiente de aprendizagem em que foi criado e como isso pode ter influenciado a compreensão do comportamento do cliente na época.

Geralmente, se alguém mata outra pessoa durante a guerra, isso normalmente não é considerado assassinato e não é processado como crime, especialmente se a pessoa estava seguindo as regras de engajamento militar naquele momento. No entanto, se o cliente disser "As pessoas não devem matar, e eu matei; portanto, eu sou um monstro", o pensamento não corresponde ao evento. O terapeuta pode perguntar: "Que emoção você sente quando diz: 'Eu sou um monstro'?". Em seguida, o terapeuta pode fazer uma série de perguntas sobre o contexto, como se o cliente matou pessoas antes da guerra, se o fez desde a guerra ou se tem vontade de matar pessoas agora. As respostas a essas perguntas orientarão o terapeuta a entender se esse é um padrão de comportamento ou se ocorreu apenas no contexto da guerra. A seguir está um exemplo de um diálogo socrático terapeuta-cliente sobre essa questão.

TERAPEUTA: O que você quer dizer com "monstro"?

CLIENTE: Não sou humano, não sou digno da companhia dos outros.

TERAPEUTA: Isso é o que faz com que você tenha se isolado, até da sua família, às vezes?

CLIENTE: Sim, suponho que sim. Quem gostaria de estar perto de mim quando sou tão perigoso?

TERAPEUTA: Perigoso? Por que você acha que é perigoso?

CLIENTE: Eu já matei antes. Eu poderia fazer isso de novo.

TERAPEUTA: Sob certas circunstâncias, a maioria das pessoas não poderia matar? E se alguém estivesse atacando uma criança? A mãe não poderia matar em defesa de seu filho?

CLIENTE: Bem, sim, mas isso é diferente. Ela estaria fazendo isso para salvar outra pessoa.

TERAPEUTA: E qual era sua missão quando você matou? O que estava acontecendo?

CLIENTE: Bem, estávamos em patrulha na selva, e os vietcongues atacaram nosso pelotão.

TERAPEUTA: E você estava apenas matando alguém, ou estava tentando salvar a si mesmo e aos outros?

CLIENTE: Não tivemos escolha.

TERAPEUTA: Então, como isso é diferente de uma mãe proteger seu filho? Vocês dois são monstros?

CLIENTE: Eu realmente não tinha pensado nisso dessa maneira antes. Não, ela não seria um monstro. E eu estava atirando para proteger a mim e aos meus homens. No entanto, há algo que eu não lhe disse. Quando matei o cara, senti uma adrenalina e fiquei feliz. Isso não pode estar certo.

TERAPEUTA: Quando sua vida está em perigo, seu corpo produz todos os tipos de reações químicas para ajudá-lo a lutar ou fugir. Quando houve a descarga de adrenalina, você provavelmente também ficou aliviado por ter sobrevivido e feliz por ter salvado outras pessoas. Às vezes, as pessoas experimentam dissociação e até podem ter endorfinas inundando seu sistema, o que desliga a dor, como a euforia de um corredor. O que há de errado com isso?

CLIENTE: Eu não sei, mas eu vi isso acontecer com outros caras também, e alguns deles não pararam de matar. Eles estavam apenas atirando em todos que viam.

TERAPEUTA: Lembra quando eu lhe falei sobre diferentes partes do cérebro que são ligadas ou desligadas quando há perigo? A parte de sobrevivência do seu cérebro foi ligada. Isso acompanha a resposta de luta-fuga-congelamento. Essa parte de sobrevivência também inclui emoções, como raiva e medo. Ao mesmo tempo, a parte frontal do seu cérebro — a parte pensante — é desligada, pelo menos temporariamente. Para você, depois que o perigo e aquela onda de emoções passaram, seus lobos frontais — a parte pensante — voltaram, e então você se acalmou e não continuou matando. Alguns dos outros caras com quem você estava talvez não tenham tido o seu nível de controle. Eles eram jovens, 19 ou 20 anos, e seus cérebros nem tinham terminado de se desenvolver ainda. Parece que as partes pensantes dos cérebros deles não acionaram o freio, e as partes emocionais os mantiveram no modo de luta. Porém, eu imagino que eles provavelmente não estejam mais matando, e podem sentir grandes arrependimentos pelas coisas que fizeram no calor da guerra. (*Pausa*) Mas vamos voltar à palavra "monstro". As palavras têm poder sobre como nos sentimos em relação a nós mesmos. Isso é preciso?

CLIENTE: Não, suponho que não. Mas eu sou um "assassino".

TERAPEUTA: Sim, você matou. Isso é diferente de ser um "assassino"?

CLIENTE: Eu acho que ser um assassino implica que você faz isso o tempo todo.

TERAPEUTA: Então você é um assassino ou alguém que matou?

CLIENTE: Hmmm... Eu acho que alguém que matou.

TERAPEUTA: E quando você diz dessa maneira, como você se sente?

CLIENTE: Menos desprezível.

TERAPEUTA: Ótimo. Estamos chegando a algum lugar. Também estou curioso: o que mais você é além de alguém que matou?

CLIENTE: O que você quer dizer?

TERAPEUTA: Você é um filho?

CLIENTE: Sim.

TERAPEUTA: Você é um monstro ou um assassino como filho?

CLIENTE: (*Risos.*) Bem, eu poderia ter sido um monstrinho quando era criança de vez em quando. Mas, não, sou um bom filho e cuido da minha mãe.

TERAPEUTA: Você é marido e pai?

CLIENTE: Sim, entendi seu ponto. Eu sou mais coisas do que apenas um assassino.

TERAPEUTA: Certo. Se pegássemos uma torta e a dividíssemos em todas as coisas que você é — um filho, um pai, um tio, um trabalhador, um chefe, um zelador, um jardineiro, um consertador de maçanetas, um lavador de louças, um amigo, um diácono em sua igreja —, qual seria o tamanho de uma fatia dessa torta que o "assassino" ocuparia realisticamente?

CLIENTE: Uma fatia bem pequena, mas importante.

TERAPEUTA: Concordo que algumas fatias são mais importantes do que outras, mas parece importante não ignorar todas as outras fatias que compõem você. Elas também não fazem parte de quem você é e do que é toda a sua vida?

CLIENTE: Sim, você falou antes sobre considerar tudo e não apenas algumas partes. Acho que estava perdendo isso com esse ponto de bloqueio.

TERAPEUTA: Quando você diz "Eu matei durante a guerra para proteger a mim e aos meus homens", como você se sente?

CLIENTE: Bem, não tão ruim. Melhor.

TERAPEUTA: Melhor de que maneira emocional?

CLIENTE: Não me sinto tão envergonhado. Ainda não cheguei lá, mas acho que ficaria orgulhoso se me lembrasse de que protegi meus homens.

TERAPEUTA: É bom que você esteja imaginando como poderia se sentir se tivesse um novo pensamento. Agora vem a prática de abraçar esse pensamento. Vamos usar isso como exemplo para a próxima planilha que começaremos a usar.

Nesse ponto, o terapeuta apresenta a Planilha de Perguntas Exploratórias (Ficha 9.2).

APRESENTAR A PLANILHA DE PERGUNTAS EXPLORATÓRIAS

É importante deixar tempo suficiente na sessão para introduzir novas planilhas e ajudar o cliente a praticar com elas antes do final da sessão. Até um terço da sessão pode ser necessário para esse fim, dependendo da complexidade de cada planilha. Toda vez que uma nova planilha é introduzida, a justificativa para usá-la precisa ser explicada, e o terapeuta deve orientar o cliente com um dos pontos de bloqueio em que o cliente e o terapeuta acabaram de trabalhar durante a sessão, ou um do registro de pontos de bloqueio. O objetivo da Planilha de Perguntas Exploratórias é que os clientes comecem a examinar seus próprios pensamentos sobre seu trauma e, posteriormente, suas crenças contínuas sobre si mesmos, os outros e o mundo, com uma série de perguntas. O terapeuta deve ajudar a começar com os pontos de bloqueio assimilados, marcando no registro de pontos de bloqueio quais fazer ou escrevendo-os no topo das páginas. Se os clientes estiverem usando o CPT Coach, eles poderão preencher previamente as planilhas no aplicativo com os pontos de bloqueio relacionados à assimilação como primeira prioridade. Muito parecido com o Guia de Ajuda do Ponto de Bloqueio, há um Guia para a Planilha de Perguntas Exploratórias (Ficha 9.3). O terapeuta e o paciente devem trabalhar cada pergunta em relação a um único ponto de bloqueio, junto com o guia, durante a sessão para garantir que o paciente entenda como responder às perguntas.

DAR A NOVA TAREFA PRÁTICA

A tarefa prática após a Sessão 4 é fazer o cliente preencher uma Planilha de Perguntas Exploratórias (Ficha 9.2) a cada dia sobre um ponto de bloqueio do registro de pontos de bloqueio (Ficha 7.1). Além de apresentar cópias dessa planilha em branco para a prática, o terapeuta pode usar os exemplos preenchidos das Planilhas de Perguntas Exploratórias (Fichas 9.2a e 9.2b) para demonstrar como alguns pontos de bloqueio podem ser examinados, e o Guia da Planilha de Perguntas Exploratórias (Ficha 9.3) para ajudar a explicar exatamente o que cada pergunta está pedindo. É importante usar essa discussão para garantir que o cliente tenha uma ideia clara de como proceder antes de tentar preencher uma Planilha de Perguntas Exploratórias todos os dias antes da próxima sessão. O cliente também deve ser lembrado de que a Planilha de Perguntas Exploratórias inclui várias perguntas porque nem todas se aplicam a todos os pontos de bloqueio.

VERIFICAR AS REAÇÕES DO CLIENTE À SESSÃO E À TAREFA PRÁTICA

O terapeuta deve concluir a Sessão 4 explorando as reações do cliente à sessão e perguntando se o cliente tem alguma dúvida sobre o conteúdo da sessão ou sobre a nova tarefa prática (Ficha 9.4). O terapeuta pode até marcar, no registro de pontos de bloqueio ou no topo das Planilhas de Perguntas Exploratórias em branco, em quais pontos de bloqueio relacionados à assimilação ele deseja que o cliente se concentre. O CPT Coach também pode ser usado para preencher as planilhas com antecedência. O terapeuta deve reforçar quaisquer ideias ou descobertas importantes feitas na sessão e observar as mensagens importantes que o cliente oferece.

FICHA 9.1

Ficha de Níveis de Responsabilidade

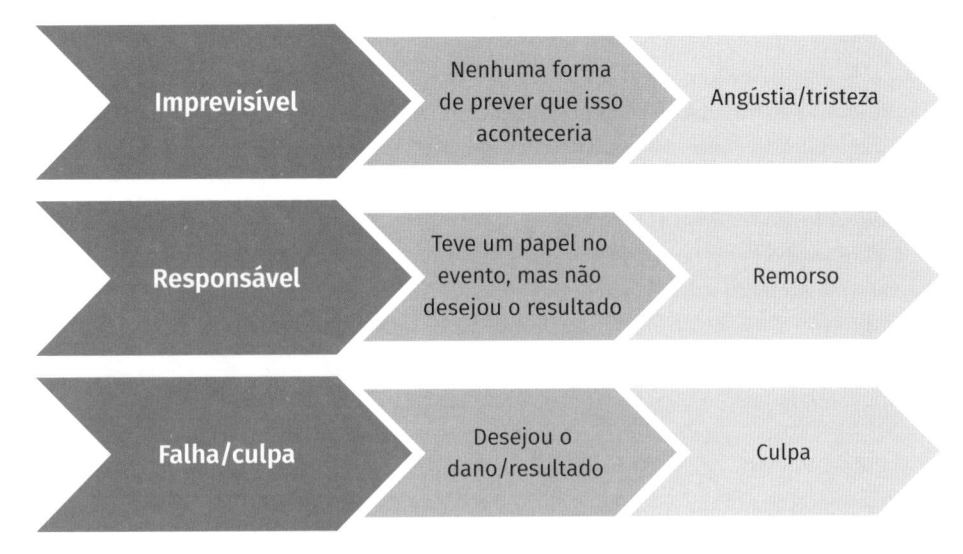

Imprevisível	Nenhuma forma de prever que isso aconteceria	Angústia/tristeza
Responsável	Teve um papel no evento, mas não desejou o resultado	Remorso
Falha/culpa	Desejou o dano/resultado	Culpa

Seu papel no evento traumático: quais são os fatos?

De *Vencendo o transtorno de estresse pós-traumático com a terapia de processamento cognitivo: manual do terapeuta*, 2ª edição, Patricia A. Resick, Candice M. Monson e Kathleen M. Chard (The Guilford Press, 2024). Os compradores deste livro podem baixar cópias adicionais desta planilha na página do livro em loja.grupoa.com.br.

FICHA 9.2
Planilha de Perguntas Exploratórias

Data: _____ Cliente: _____

A seguir está uma lista de perguntas a serem usadas para ajudá-lo a desafiar seus pontos de bloqueio. Nem todas as perguntas serão apropriadas para a crença que você escolhe desafiar. Responda ao máximo de perguntas que puder para a crença que você escolheu desafiar.

Ponto de bloqueio: _____

1. Qual é a evidência contra esse ponto de bloqueio?

2. Quais informações você não está incluindo sobre o seu ponto de bloqueio?

3. Seu ponto de bloqueio inclui termos de tudo ou nada (como "tudo", "nunca") ou palavras ou frases extremas (como "preciso", "deveria", "devo", "não posso" e "toda vez")?

4. De que forma o seu ponto de bloqueio está focado demais em apenas uma parte do evento?

5. Como a fonte de informação para esse ponto de bloqueio é questionável?

6. Como o seu ponto de bloqueio está confundindo algo que é possível com algo que é definitivo?

7. De que forma o seu ponto de bloqueio é baseado em sentimentos, e não em fatos?

De *Vencendo o transtorno de estresse pós-traumático com a terapia de processamento cognitivo: manual do terapeuta*, 2ª edição, Patricia A. Resick, Candice M. Monson e Kathleen M. Chard (The Guilford Press, 2024). Os compradores deste livro podem baixar cópias adicionais desta planilha na página do livro em loja.grupoa.com.br.

FICHA 9.2a
Planilha de Perguntas Exploratórias: exemplo 1

Data: _____ Cliente: _____

A seguir está uma lista de perguntas a serem usadas para ajudá-lo a desafiar seus pontos de bloqueio ou suas crenças problemáticas. Nem todas as perguntas serão apropriadas para a crença que você escolhe desafiar. Responda ao máximo de perguntas que puder para a crença que você escolheu desafiar.

Ponto de bloqueio: É minha culpa que meu tio tenha feito sexo comigo. [O terapeuta perguntou se o ponto de bloqueio tinha uma palavra oculta, "tudo".]

1. Qual é a evidência contra esse ponto de bloqueio?

   Eu não queria fazer isso, e eu disse isso a ele. Ele ameaçou machucar minha irmãzinha. Ele disse que ninguém acreditaria em mim. Ele era um adulto e eu era uma criança. Ele era maior e mais forte do que eu.

2. Quais informações você não está incluindo sobre o seu ponto de bloqueio?

   Como poderia ser minha culpa? Eu nem sabia o que era sexo quando ele começou. Não se faz isso com crianças. Só porque ele leu histórias para mim e cuidou de mim, isso não lhe deu o direito de fazer isso.

3. Seu ponto de bloqueio inclui termos de tudo ou nada (como "tudo", "nunca") ou palavras ou frases extremas (como "preciso", "deveria", "devo", "não posso" e "toda vez")?

   Bem, falamos sobre a palavra oculta "tudo". Eu pensei que era tudo culpa minha e nem pensei em realmente culpá-lo. Eu estava com muito medo dele, e minha mãe o amava.

4. De que forma o seu ponto de bloqueio está focado demais em apenas uma parte do evento?

   Porque ele fez isso comigo, presumi que era sobre mim. Eu não pensei no fato de que eu era uma criança ou que o que ele fez foi um crime. Eu disse a ele "Não" e ele ameaçou minha família.

5. Como a fonte de informação para esse ponto de bloqueio é questionável?

   Acho que ele disse coisas que fizeram parecer que era minha culpa. Eu era tão bonita que ele não conseguia tirar as mãos de mim, eu era especial. Coisas assim. Seus motivos eram ruins, então ele é uma má fonte de informação.

6. Como o seu ponto de bloqueio está confundindo algo que é possível com algo que é definitivo?

   É improvável que tenha sido minha culpa. Eu era uma criança.

7. De que forma o seu ponto de bloqueio é baseado em sentimentos, e não em fatos?

   Como eu me senti culpada e envergonhada, pensei que deveria ser minha culpa.

De *Vencendo o transtorno de estresse pós-traumático com a terapia de processamento cognitivo: manual do terapeuta*, 2ª edição, Patricia A. Resick, Candice M. Monson e Kathleen M. Chard (The Guilford Press, 2024). Os compradores deste livro podem baixar cópias adicionais desta planilha na página do livro em loja.grupoa.com.br.

FICHA 9.2b
Planilha de Perguntas Exploratórias: exemplo 2

Data: _____ Cliente: _____

A seguir está uma lista de perguntas a serem usadas para ajudá-lo a desafiar seus pontos de bloqueio ou crenças problemáticas. Nem todas as perguntas serão apropriadas para a crença que você escolhe desafiar. Responda ao máximo de perguntas que puder para a crença que você escolheu desafiar.

Ponto de bloqueio: É minha culpa que meu irmão tenha morrido no acidente de carro porque eu deveria ter feito as coisas de maneira diferente.

1. Qual é a evidência contra esse ponto de bloqueio?

   Eu não causei o acidente. A outra pessoa estava enviando mensagens de texto e ultrapassou o sinal vermelho. O policial disse que mesmo com o cinto de segurança, sendo atingido de lado assim, meu irmão teria morrido de qualquer maneira.

2. Quais informações você não está incluindo sobre o seu ponto de bloqueio?

   Quando o semáforo ficou verde, olhei para os dois lados antes de entrar no cruzamento. Ele estava vindo tão rápido que não havia para onde ir.

3. Seu ponto de bloqueio inclui termos de tudo ou nada (como "tudo", "nunca") ou palavras ou frases extremas (como "preciso", "deveria", "devo", "não posso" e "toda vez")?

   Achei que era tudo culpa minha porque meu irmão morreu, e eu nem pensei no motorista do outro carro. Eu continuei dizendo que deveria ter feito algo diferente para evitar o acidente. "Tudo culpa minha." "Deveria ter feito as coisas de forma diferente."

4. De que forma o seu ponto de bloqueio está focado demais em apenas uma parte do evento?

   Eu estava focado no fato de que meu irmão se recusou a colocar o cinto de segurança, e eu não ouvi direito quando o policial disse que, com esse tipo de colisão lateral, não teria feito diferença. Eu também estava focado no fato de que estávamos conversando e rindo, mas ignorei o fato de que eu olhava para os dois lados.

5. Como a fonte de informação para esse ponto de bloqueio é questionável?

   O ponto de bloqueio veio de mim, mas, logo que aconteceu, a reação inicial dos meus pais foi que a culpa era minha e que eu não deveria ter ligado o carro até que ele colocasse o cinto de segurança. Mais tarde, eles me apoiaram mais, mas acho que ficaram tão chateados na época que descontaram em mim.

6. Como o seu ponto de bloqueio está confundindo algo que é possível com algo que é definitivo?

   Fiquei pensando que poderia ter feito algo diferente para evitar o acidente. Talvez houvesse algo que eu pudesse ter feito, mas não é provável.

7. De que forma o seu ponto de bloqueio é baseado em sentimentos, e não em fatos?

   Como eu me senti culpado, pensei que deveria ser minha culpa.

De *Vencendo o transtorno de estresse pós-traumático com a terapia de processamento cognitivo: manual do terapeuta*, 2ª edição, Patricia A. Resick, Candice M. Monson e Kathleen M. Chard (The Guilford Press, 2024). Os compradores deste livro podem baixar cópias adicionais desta planilha na página do livro em loja.grupoa.com.br.

FICHA 9.3
Guia para a Planilha de Perguntas Exploratórias

Data: _____ Cliente: _____

A seguir está uma lista de perguntas a serem usadas para ajudá-lo a desafiar seus pontos de bloqueio ou crenças problemáticas. Nem todas as perguntas serão apropriadas para a crença que você escolhe desafiar. Responda ao máximo de perguntas que puder para a crença que você escolheu desafiar.

Ponto de bloqueio: *Coloque uma crença aqui. Você pode usar seu registro de pontos de bloqueio para encontrar uma.*

A crença **não deve** ser um sentimento ou comportamento e **não deve** ser muito vaga. Use declarações "se-então", se possível.

1. Qual é a evidência contra esse ponto de bloqueio?

    *A evidência consiste nos tipos de fatos que se sustentarão em um tribunal. Não estamos contestando que o evento aconteceu. Estamos procurando evidências que **não apoiem** o ponto de bloqueio que você forneceu acima.*

    Contra: *Apenas **uma** exceção é necessária para mostrar que uma crença **não é** um fato. Um fato é algo que é 100% verdadeiro, absoluto. Se você puder identificar uma exceção ao seu ponto de bloqueio, então não é um fato e, portanto, não se sustentaria em um tribunal.*

    No entanto, se houver mais de uma coisa que você percebe que é evidência contra o ponto de bloqueio, escreva todas aqui. Pense em algumas das perguntas que seu terapeuta fez durante suas sessões para considerar todas essas informações e seu contexto.

2. Quais informações você não está incluindo sobre o seu ponto de bloqueio?

    *É **possível** que seu ponto de bloqueio seja irreal, não seja **completamente** preciso ou não seja **completamente** verdadeiro? Sua crença reflete todos os fatos da situação? Lembre-se do contexto do trauma. Você está deixando de fora algumas informações importantes sobre outras pessoas e a situação e se concentrando apenas em sua função?*

3. Seu ponto de bloqueio inclui termos de tudo ou nada (como "tudo", "nunca") ou palavras ou frases extremas (como "preciso", "deveria", "devo", "não posso" e "toda vez")?

    Seu ponto de bloqueio reflete categorias em preto e branco? As coisas são todas boas ou todas ruins? Você está deixando de perceber as áreas cinzentas no meio? Exemplo: se o seu desempenho fica aquém da perfeição, você se vê como um fracasso.

    Palavras ou frases extremas ou exageradas podem estar ocultas. Exemplo: "Os homens não são confiáveis" na verdade significa "Todos os homens não são confiáveis".

(continua)

FICHA 9.3 (p. 2 de 2)

4. De que forma o seu ponto de bloqueio está focado demais em apenas uma parte do evento?

   Esta questão é sobre focar em uma única parte do evento e acreditar que ela foi a única responsável pelo que aconteceu. Então você usa esse aspecto para criar seu ponto de bloqueio. Exemplo: "Se eu tivesse sido mais forte, isso não teria acontecido". Agora pense em desenhar um gráfico de pizza e mostrar uma pequena fatia dessa pizza como o único aspecto em que você está se concentrando. Você provavelmente está atribuindo 100% da "culpa" ou "causa" a essa "fatia" e descontando todos os fatores restantes (outras fatias) no restante da pizza. Outras fatias podem incluir que você estava em menor número, o agressor tinha uma arma, você foi pego de surpresa, não havia outras opções na época ou fatores semelhantes. Por que esses outros fatores/fatias não são considerados aqui como contribuintes? Você está descontando-os e se concentrando apenas em um fator/fatia?

5. Como a fonte de informação para esse ponto de bloqueio é questionável?

   Pense na época em que o evento aconteceu. Quem era você na época (um jovem assustado de 20 anos em combate, uma criança vítima de um adulto etc.)? Seu ponto de bloqueio pode ser baseado em um pensamento que você desenvolveu quando estava com medo ou muito jovem. Você manteve esse ponto de bloqueio todos esses anos, com base em como pensava na época. Ou pense no inimigo/perpetrador/outras fontes: essas pessoas são confiáveis? Elas podem ser confiáveis para fazer julgamentos sobre o evento (ou você)? Seu ponto de bloqueio pode ser uma declaração dita a você por um perpetrador. Um perpetrador é confiável para fazer essa declaração? Poderíamos esperar que um perpetrador fosse verdadeiro? Considere sua fonte.

6. Como o seu ponto de bloqueio está confundindo algo que é possível com algo que é definitivo?

   *Essa pergunta é melhor para um ponto de bloqueio focado no presente ou no futuro. Ela pergunta: "Qual é a probabilidade ou a chance de que o evento aconteça novamente?". Um exemplo de um ponto de bloqueio orientado para o presente ou o futuro seria "Se eu confiar nos outros, vou me machucar". Na verdade, pode ser uma probabilidade baixa, mas você está vivendo sua vida como se fosse uma certeza. Sim, isso **poderia** acontecer, mas você está vivendo como se isso realmente **fosse** acontecer? É claro que, em um ambiente perigoso, você pode ter que considerar tudo como uma alta probabilidade porque as consequências (morte ou ferimentos) são grandes. Mas você está levando em consideração que não precisa manter esse mesmo grau de probabilidade em **todos** os ambientes? Em outras palavras, você está aplicando o ponto de bloqueio como se ele tivesse uma alta probabilidade (uma certeza) de acontecer novamente em **todas** as situações agora? Por exemplo, pense em dirigir. Todos nós sabemos que muitas pessoas morrem todos os anos em acidentes de carro, mas ainda dirigimos. Fazemos isso porque, embora estejamos cientes de que podemos morrer em um acidente de carro, não vivemos como se isso realmente **fosse** acontecer.*

7. De que forma o seu ponto de bloqueio é baseado em sentimentos, e não em fatos?

   *Esta pergunta representa a ideia de que, se você **sente** que algo é verdadeiro, então deve ser. Por exemplo, pense na hipervigilância: como você **se sente** desconfortável ou ameaçado em uma multidão, você assume (ou desenvolve a crença) que é perigoso. Isso se torna "Eu não gosto de multidões", que se traduz no ponto de bloqueio "Eu nunca estou seguro em uma multidão" ou "Se eu estiver em uma multidão, serei prejudicado". Outro exemplo é que, se você **se sente** culpado, assume que deve ter a culpa.*

FICHA 9.4

Tarefa prática após a Sessão 4 do TPC

Escolha um ponto de bloqueio a cada dia e responda às perguntas da Planilha de Perguntas Exploratórias em relação a cada ponto de bloqueio. Por favor, trabalhe primeiro nos pontos de bloqueio relacionados diretamente ao trauma (por exemplo, "A culpa é minha", "Eu poderia ter evitado", "Se eu tivesse feito *X*, isso não teria acontecido"). São fornecidas cópias extras das Planilhas de Perguntas Exploratórias, para que você possa trabalhar em vários pontos de bloqueio. Além disso, leia o Guia da Planilha de Perguntas Exploratórias e consulte-o conforme necessário.

10

Sessão 5
Perguntas exploratórias

OBJETIVOS DA SESSÃO 5

Os objetivos da Sessão 5 são ajudar o cliente a usar a Planilha de Perguntas Exploratórias (Ficha 9.2) e, em seguida, apresentar a próxima planilha, a Planilha de Padrões de Pensamento (Ficha 10.1), para ajudar ainda mais os clientes a se tornarem seus próprios terapeutas cognitivos, examinando seus pensamentos individuais e considerando suas formas características de pensar. O diálogo socrático é usado ao longo desta sessão para ajudar os clientes a explorar seus pontos de bloqueio relacionados à assimilação sobre o trauma central do cliente (e, potencialmente, outros traumas), devem ser priorizados na sessão.

PROCEDIMENTOS PARA A SESSÃO 5

1. Revisar as pontuações do cliente nas medidas objetivas de autorrelato. (5 minutos)
2. Revisar as Planilhas de Perguntas Exploratórias do cliente. (30 minutos)
3. Apresentar a Planilha de Padrões de Pensamento (Ficha 10.1) e um exemplo (Ficha 10.1a). (15 minutos)
4. Atribuir a tarefa prática. (Ficha 10.2) (5 minutos)
5. Verificar as reações do cliente à sessão e à tarefa prática. (5 minutos)

REVISAR AS PLANILHAS DE PERGUNTAS EXPLORATÓRIAS DO CLIENTE

No final da Sessão 4, o cliente foi solicitado a preencher as Planilhas de Perguntas Exploratórias todos os dias antes da Sessão 5. Novamente, se você estiver vendo o cliente com mais frequência, ele deve ser solicitado a fazer o mesmo número de planilhas antes da próxima sessão. A primeira coisa que o terapeuta deve fazer é verificar quantas planilhas o cliente completou e, se nenhuma ou muito poucas planilhas foram feitas, discutir o papel da evitação. O terapeuta deve ter instruído o cliente a se concentrar primeiro nos pontos de bloqueio relacionados ao trauma (relacionados à assimilação) e deve determinar se o cliente abordou todos eles ou quais foram evitados. Isso pode ser um indicativo de quais pontos de bloqueio estão particularmente enraizados ou são mais ameaçadores. Embora a maior parte do tempo de terapia seja focada na exploração de pontos de bloqueio relacionados à assimilação sobre o trauma central, o terapeuta e o cliente devem passar algum tempo com quaisquer perguntas específicas em qualquer uma das planilhas que o cliente tenha dificuldade em entender.

Se o cliente resolveu todos os pontos de bloqueio assimilados sobre o evento traumático central (ou passou para outros eventos traumáticos), essa resolução ainda deve ser o foco da sessão de terapia. Mesmo que os clientes digam que não acreditam mais em um determinado ponto de bloqueio (por exemplo, "Agora não acredito mais que seja culpa minha"), ainda é uma boa prática fazer eles preencherem uma cópia da planilha sobre esse ponto de bloqueio. Assim, eles a terão disponível para referência em seus fichários, cadernos ou aplicativo de terapia, para reforçar o novo aprendizado fora da sessão. Ao aprender a usar a Planilha de Perguntas Exploratórias, os clientes devem tentar responder a todas as perguntas, não apenas com um "Sim" ou "Não", mas com uma explicação do(s) motivo(s) para essa resposta. Se o cliente tiver apenas alguns pontos de bloqueio relacionados à assimilação, ele pode continuar a fazer as planilhas restantes sobre pontos de bloqueio superacomodados ou pontos de bloqueio relacionados a quaisquer crises atuais em sua vida.

O erro mais comum que os pacientes cometem ao preencher a Planilha de Perguntas Exploratórias é que eles tentam usar outro ponto de bloqueio como evidência *para* o ponto de bloqueio em que estão trabalhando, em vez de irem contra o pensamento. Por exemplo, se o ponto de bloqueio de um cliente é "O estupro foi minha culpa", e o cliente tem dificuldade em identificar evidências contra o ponto de bloqueio dizendo "Devo ter feito algo que o fez pensar que eu queria sexo", o terapeuta deve dedicar algum tempo para explicar a diferença entre um pensamento e um fato. Os clientes geralmente tentam reforçar seus pontos de bloqueio com opiniões, dificultando a identificação das evidências contra o ponto de bloqueio. Aqui está um exemplo de um diálogo terapeuta-cliente sobre isso:

> **TERAPEUTA:** Quando falamos de "evidências" na TPC, estamos falando de evidências que se sustentariam em um tribunal ou seriam publicadas por um jornal ou *site* de notícias respeitável. Por exemplo, você acha que um júri diria: "Você deve ter feito algo para fazê-lo pensar que queria sexo?". Você consegue se lembrar do que disse a ele naquela noite quando se conheceram?

CLIENTE: Eu disse que gostei da camisa dele e perguntei onde ele a comprou.

TERAPEUTA: Então, você está assumindo que dizer que gostou da camisa dele estava lhe enviando uma mensagem de que você queria ser estuprada?

CLIENTE: Eu só estava perguntando porque queria comprar uma para o meu namorado, mas será que ele pensou que eu estava flertando?

TERAPEUTA: Talvez. Mas mesmo que sua intenção fosse flertar, na época, isso significa que toda vez que alguém flerta, eles estão dizendo que querem ser atacados?

CLIENTE: Não.

TERAPEUTA: E mesmo que você quisesse fazer sexo com ele, isso lhe dá o direito de estuprá-la?

CLIENTE: Não. Além disso, eu não queria fazer sexo com ele. Eu só queria saber onde ele comprou a camisa!

TERAPEUTA: Então, voltando à planilha, qual é a evidência contra o ponto de bloqueio de que o estupro foi sua culpa? Você pretendia ser estuprada? Quem tinha a intenção de estuprar?

CLIENTE: Ele tinha. Acho que não há evidências de que o estupro seja minha culpa.

TERAPEUTA: Tudo bem, vamos colocar isso na planilha: qual é a evidência contra a ideia de que foi sua culpa?

CLIENTE: Ele me disse que conhecia alguns dos meus amigos e que eles estavam lá na festa. Quando o segui, ele me atacou próximo aos arbustos.

TERAPEUTA: Certo, ele te levou para fora e te atacou com uma falsa promessa de se encontrar com seus amigos?

CLIENTE: Sim, e eu lutei com ele o máximo que pude e tentei fugir, mas ele me alcançou e me derrubou.

TERAPEUTA: Então, parece-me que há muitas evidências *contra* o estupro ser sua culpa. Vamos escrevê-las no espaço para a pergunta 1, evidências contra o ponto de bloqueio.

Alguns clientes têm problemas com a pergunta 2 da Planilha de Perguntas Exploratórias: "Quais informações você não está incluindo sobre seu ponto de bloqueio?". Essa é uma pergunta que visa a contextualizar a situação e considerar elementos que um cliente vem ignorando. No exemplo acima, a cliente não incluiu a sua motivação para comentar sobre a camisa, a sua reação e o agressor dizendo que a levaria até onde seus amigos estavam na festa como parte do contexto do estupro. Outro exemplo é que os militares podem culpar a si mesmos ou a outros em suas unidades, mas ignoram o que significa ser emboscado pelo inimigo. Por definição, uma emboscada é imprevista — um ataque surpresa. Isso faz parte do contexto em que o trauma ocorreu. Da mesma forma, uma criança que pesa 20 quilos poderia ter lutado contra um adulto de 80 quilos? Um paciente poderia saber de antemão que alguém que conhecia e não tinha motivos para não confiar de repente o atacaria? Um membro da família pode entrar em uma casa envolta em chamas e sempre resgatar alguém no andar de cima? Quando os clientes dizem: "Eu deveria saber" ou "Eu deveria ter impedido que [o evento traumático] acontecesse", é importante que o terapeuta pergunte o que eles sabiam no momento em que o evento aconteceu e o que eles poderiam ter feito de forma realista, dado quem eles eram, qual era o contexto e quais escolhas eles realmente tinham. Esse pode ser um momento para perguntas mais esclarecedoras por parte do terapeuta ou um lembrete, caso esses pontos já tenham sido abordados na Sessão 4.

A pergunta 3 da Planilha de Perguntas Exploratórias tem duas partes. A primeira questiona se a pessoa está usando termos de tudo ou nada, e a segunda questiona se o cliente está usando palavras ou frases extremas ou exageradas. No último caso, "deveria" pode ser uma palavra extrema (por exemplo, "Eu deveria ter evitado o tiroteio"), mas não é absolutamente preto no branco como em "Eu teria evitado o evento se tivesse sido capaz de mudar de posição". O terapeuta pode fazer as perguntas nos dois sentidos, para capturar os vários pensamentos do cliente sobre seus pontos de bloqueio.

O terapeuta também deve procurar palavras ocultas em um pensamento. Se uma mãe diz "É minha culpa que minha filha tenha sido abusada", ela está realmente dizendo que é *tudo* culpa dela? E o abusador? A mãe sabia que isso estava acontecendo ou tinha alguma responsabilidade em confiar a filha a um funcionário da creche? Mesmo neste último caso, a mãe teria um nível de responsabilidade, mas não pretendia prejudicar a filha e não cometeu o(s) ato(s). O agressor tinha intenção e, portanto, era o culpado. A mãe poderia compartilhar a culpa se oferecesse sua filha ao agressor, mas não poderia forçá-lo a violar a filha. O perpetrador ainda seria culpado.

A pergunta 4 da Planilha de Perguntas Exploratórias se concentra em focar demais em um aspecto da situação e desconsiderar outros aspectos. Por exemplo, uma pessoa que havia bebido antes de uma agressão pode presumir que o álcool foi a causa do evento: "Se eu não estivesse bebendo, não teria sido assaltado enquanto caminhava para casa". Esse cliente pode estar ignorando o fato de que todos os outros no ambiente estavam bebendo naquela noite, ou a possibilidade de terem sido agredidos independentemente de terem consumido álcool ou não. Embora o álcool possa ser um fator de risco para vitimização, pode ou não ser um fator no resultado de um evento. Por exemplo, o álcool não pode fazer outra pessoa cometer um crime. É importante evitar a culpabilização da vítima nessas situações.

A pergunta 5 questiona onde o ponto de bloqueio se originou. Às vezes, a fonte da informação é o cliente (por exemplo, "Devo ter julgado mal a situação"). No entanto, se o paciente decidiu que o evento traumático foi culpa dele quando era criança, a fonte pode não ser uma pessoa madura e confiável. O ponto de bloqueio pode até mesmo representar um pensamento mágico em um esforço *post hoc* para exercer controle sobre uma situação incontrolável (por exemplo, "Eu deveria ter espancado ele"). Ou o ponto de bloqueio pode ter vindo de outra pessoa. Se um estuprador diz "Você sabe que quer isso", o estuprador é uma fonte de informação precisa ou confiável? Se um pai abusivo diz: "Você me fez te bater", isso é possível? É importante que o cliente identifique a fonte da informação que resultou no ponto de bloqueio e reconheça que essa fonte pode não ter sido confiável. Uma pergunta que os terapeutas às vezes fazem é "O que dizem as pessoas que você mais respeita?" ou "Como você gostaria que seu próprio filho fosse tratado nessa situação?".

A pergunta 6 é "Como o seu ponto de bloqueio está confundindo algo que é possível com algo que é definitivo?" Em outras palavras, o cliente está confundindo um evento raro ou de baixa probabilidade (por exemplo, um ataque terrorista estrangeiro na América do Norte) com um evento de alta probabilidade (por exemplo, o sol nascendo pela manhã)? As pessoas com TEPT geralmente assumem que, como algo aconteceu uma ou duas vezes, acontecerá novamente se elas não forem hipervigilantes. Grande parte do comportamento de evitação visto no TEPT é uma tentativa de evitar que eventos ruins aconteçam. Os membros da ativa ou veteranos com TEPT evitarão entrar em grandes lojas ou restaurantes por causa de sua suposição de que as multidões são perigosas e algo ruim acontecerá. Uma vítima de estupro pode deixar todas as luzes acesas à noite porque o estupro aconteceu quando estava escuro. Após um acidente de carro, alguns clientes se recusam a dirigir em rodovias movimentadas ou outros tipos de estradas que lembram o acidente. Portanto, a pergunta 6 geralmente se refere a pontos de bloqueio relacionados à segurança ou ao controle.

A pergunta 7 se refere ao raciocínio emocional. O raciocínio emocional ocorre quando os pacientes usam suas emoções como "prova" de seus pontos de bloqueio. Em outras palavras, em vez de olhar para os fatos e perceber como se sentem, os pacientes percebem seus sentimentos e assumem que eles têm causas legítimas ou confirmam que seus pontos de bloqueio estão corretos. Os clientes podem sentir medo e presumir que há perigo, sentir raiva e presumir que alguém os prejudicou, ou sentir culpa e presumir que fizeram algo errado. Como no exemplo do parágrafo anterior, um militar ou veterano traumatizado pode entrar em uma loja grande e lotada e começar a se sentir ansioso. Ele então assume que está em perigo e vai embora. Eles não ficam tempo suficiente para descobrir que nada de ruim teria acontecido, e essa saída rápida simplesmente reafirma a crença de que as lojas são perigosas e eles acabaram de escapar da violência. Muitos gatilhos são condicionados no momento da traumatização e depois se generalizam. Clientes com TEPT usam essas respostas emocionais condicionadas como prova de seu pensamento em uma forma de raciocínio retrógrado.

APRESENTAR A PLANILHA DE PADRÕES DE PENSAMENTO

Depois de passar cerca de dois terços da sessão revisando as Planilhas de Perguntas Exploratórias do cliente, o terapeuta apresenta a próxima planilha, a Planilha de Padrões de Pensamento (Ficha 10.1). Em vez de focar em apenas um ponto de bloqueio, essa planilha ajuda o cliente a procurar tendências em suas formas de pensar que podem ser problemáticas. O terapeuta deve revisar a planilha com o cliente e fazê-lo pensar sobre pontos de bloqueio ou mesmo reações a eventos diários que se encaixam em um dos padrões. Esses padrões podem ter existido antes da ocorrência do evento traumático e podem até ser crenças centrais. Alguns pacientes encontrarão exemplos em cada uma das categorias e outros serão "especialistas" (por exemplo, eles tendem a tirar conclusões precipitadas, mas podem não se envolver em raciocínio emocional). O terapeuta deve descrever como esses padrões se tornam automáticos, criando sentimentos negativos e fazendo o cliente se envolver em comportamentos autodestrutivos (por exemplo, evitando relacionamentos por causa da conclusão de que ninguém é confiável).

Um item com o qual muitos pacientes ressoam é o padrão de leitura mental(especificamente, a tendência de supor que as pessoas estão pensando coisas ruins sobre o cliente quando não há evidências reais para isso). O terapeuta pode ter a oportunidade de discutir esse item dentro do contexto da terapia, se o cliente presumir no início do tratamento que o terapeuta se comportaria de uma determinada maneira ou reagiria a qualquer um dos detalhes traumáticos com repulsa ou rejeição. O terapeuta pode usar o diálogo socrático para ajudar o paciente a ver que esse tipo de suposição pode ser um indicador melhor sobre o que ele estava pensando do que o que outra pessoa (o terapeuta) estava pensando. O terapeuta deve dar ao cliente várias cópias da Planilha de Padrões de Pensamento em branco para que o cliente possa trabalhar nelas todos os dias entre as sessões. Se o terapeuta estiver vendo o cliente várias vezes por semana ou mesmo diariamente, ele deve instruí-lo a preencher planilhas adicionais todos os dias. Um exemplo de planilha preenchida (ver Ficha 10.1a) também deve ser fornecido, para ajudar o cliente a entender e concluir a tarefa.

ATRIBUIR A NOVA TAREFA PRÁTICA

O terapeuta deve dar ao paciente a tarefa prática da Ficha 10.2, como sempre, e orientá-lo a preencher uma cópia da Planilha de Padrões de Pensamento todos os dias (ver Ficha 10.1). Um exemplo de planilha preenchida aparece na Ficha 10.1a. Os padrões podem ser obtidos de eventos cotidianos, bem como de itens no registro de pontos de bloqueio. O objetivo é descobrir se o cliente tem essas tendências em uma área específica (por exemplo, leitura mental) ou se é mais "generalização" e usa a maioria ou todos esses padrões. Perceber os pensamentos cotidianos, bem como os pontos de bloqueio relacionados a eventos traumáticos, permitirá que o paciente examine seus hábitos de pensamento.

VERIFICAR AS REAÇÕES DO CLIENTE À SESSÃO E À TAREFA PRÁTICA

O terapeuta deve concluir a Sessão 5 explorando as reações do cliente à sessão e perguntando se ele tem alguma dúvida sobre o conteúdo da sessão ou a nova tarefa prática. O paciente deve ser encorajado a usar as planilhas de tarefa prática para examinar os padrões cotidianos de pensamento, bem como os pensamentos no registro de pontos de bloqueio, a fim de identificar quaisquer tendências particularmente fortes que o cliente precisará observar. O terapeuta deve reforçar quaisquer ideias ou descobertas importantes feitas na sessão e observar as mensagens importantes que o cliente oferece.

FICHA 10.1
Planilha de padrões de pensamento

Data: _____   Cliente: _____

Listados a seguir estão diversos padrões de pensamento diferentes que as pessoas usam em diferentes situações da vida. Esses padrões geralmente se tornam pensamentos automáticos e habituais que fazem as pessoas se envolverem em comportamentos autodestrutivos. Considerando seus próprios pontos de bloqueio, ou amostras de seu pensamento cotidiano, encontre exemplos para cada um desses padrões. Escreva o ponto de bloqueio ou pensamento típico sob o padrão apropriado e descreva como ele se encaixa nesse padrão. Pense em como esse padrão afeta você.

1. **Tirar conclusões precipitadas** ou **prever o futuro.**

2. **Ignorar partes importantes** de uma situação.

3. **Simplificar demais** as coisas como "bom/ruim" ou "certo/errado", ou **exagerar** em um único incidente (por exemplo, enxergar uma experiência de forma muito ampla).

4. **Leitura mental** (assumir que as pessoas estão pensando negativamente sobre você quando não há evidências definitivas disso).

5. **Raciocínio emocional** (usar suas emoções como prova — por exemplo, "Sinto medo, então devo estar em perigo").

De *Vencendo o transtorno de estresse pós-traumático com a terapia de processamento cognitivo: manual do terapeuta*, 2ª edição, Patricia A. Resick, Candice M. Monson e Kathleen M. Chard (The Guilford Press, 2024). Os compradores deste livro podem baixar cópias adicionais desta planilha na página do livro em loja.grupoa.com.br.

FICHA 10.1a
Planilha de padrões de pensamento: exemplo

Listados a seguir estão diversos padrões de pensamento problemático diferentes que as pessoas usam em diversas situações da vida. Esses padrões geralmente se tornam pensamentos automáticos e habituais que fazem as pessoas se envolverem em comportamentos autodestrutivos. Considerando seus próprios pontos de bloqueio, ou amostras de seu pensamento cotidiano, encontre exemplos para cada um desses padrões. Escreva o ponto de bloqueio ou pensamento típico sob o padrão apropriado e descreva como ele se encaixa nesse padrão. Pense em como esse padrão afeta você.

1. **Tirar conclusões precipitadas** ou **prever o futuro.**

    [Vítima de abuso sexual na infância] Se um homem está sozinho com uma criança, então o homem vai machucar a criança. Mas eu sei que meu marido não vai machucar meus filhos, então essa crença está causando problemas no meu casamento.

2. **Ignorar partes importantes** de uma situação.

    [Vítima de roubo] Eu continuo esquecendo o fato de que o agressor tinha uma arma, o que é uma informação importante sobre quanto controle eu tinha.

3. **Simplificar demais** as coisas como "bom/ruim" ou "certo/errado", ou **exagerar** em um único incidente (por exemplo, enxergar uma experiência de forma muito ampla).

    [Policial] Nem todo mundo é totalmente bom ou ruim. Posso ter feito algumas coisas na minha vida que não foram tão boas, mas isso não me torna uma pessoa ruim. Depois do evento, fiquei desconfiado de toda abordagem de trânsito.

4. **Leitura mental** (assumir que as pessoas estão pensando negativamente sobre você quando não há evidências definitivas disso).

    [Vítima de abuso físico na infância] Meu pai grita agora, então presumo que ele deva estar com raiva. Mas, na maioria das vezes, isso não é verdade, porque ele grita às vezes porque é surdo de um ouvido e está ficando surdo do outro. Ele grita porque não sabe que está gritando.

5. **Raciocínio emocional** (usar suas emoções como prova — por exemplo, "Sinto medo, então devo estar em perigo").

    [Sobrevivente de um luto traumático] Sinto culpa pela morte do meu amigo, então devo ter feito algo errado.

De *Vencendo o transtorno de estresse pós-traumático com a terapia de processamento cognitivo: manual do terapeuta*, 2ª edição, Patricia A. Resick, Candice M. Monson e Kathleen M. Chard (The Guilford Press, 2024). Os compradores deste livro podem baixar cópias adicionais desta planilha na página do livro em loja.grupoa.com.br.

FICHA 10.2
Tarefa prática após a Sessão 5 da TPC

Sua tarefa prática é considerar seus pontos de bloqueio e encontrar exemplos para cada padrão de pensamento relevante na Planilha de Padrões de Pensamento. A cada dia, liste um ponto de bloqueio em cada padrão e pense em maneiras pelas quais suas reações ao evento traumático podem ser afetadas por esses padrões habituais. Se você notar exemplos em seu dia a dia, você pode escrevê-los também. Uma planilha de exemplo é fornecida.

De *Vencendo o transtorno de estresse pós-traumático com a terapia de processamento cognitivo: manual do terapeuta*, 2ª edição, Patricia A. Resick, Candice M. Monson e Kathleen M. Chard (The Guilford Press, 2024). Os compradores deste livro podem baixar cópias adicionais desta planilha na página do livro em loja.grupoa.com.br.

11

Sessão 6
Padrões de pensamento

OBJETIVOS DA SESSÃO 6

O primeiro objetivo da Sessão 6 é continuar ensinando os clientes a se tornarem seus próprios terapeutas cognitivos, inicialmente fazendo perguntas a si mesmos com a Planilha de Padrões de Pensamento (Ficha 10.1), que ajuda os clientes a identificar seus padrões característicos e habituais de interpretação de eventos. Os clientes são então apresentados à última planilha cognitiva, a Planilha de Pensamentos Alternativos (Ficha 11.1 e exemplos selecionados nas Fichas 11.1a a 11.1e), que reúne todas as planilhas em que o cliente trabalhou e apresenta o desenvolvimento de pensamentos alternativos e sentimentos relacionados. A Planilha de Pensamentos Alternativos é usada em todo o restante do protocolo TPC.

PROCEDIMENTOS PARA A SESSÃO 6

1. Administrar a PCL-5 (na sala de espera, se possível, ou com antecedência no aplicativo e por *e-mail*), coletar o formulário e revisá-lo. (Fichas 3.1 e 3.2) Definir uma agenda. (5 minutos)
2. Realizar uma avaliação intermediária da resposta ao tratamento. (5-10 minutos)
3. Revisar as Planilhas de Padrões de Pensamento. (10 minutos)
4. Apresentar a Planilha de Pensamentos Alternativos. (Ficha 11.1) (15 minutos)
5. Praticar o preenchimento da Planilha de Pensamentos Alternativos com um ponto de bloqueio do registro de pontos de bloqueio. (Ficha 7.1) (10 minutos)
6. Atribuir a prática. (Ficha 11.2; selecionar alguns exemplos apropriados das Fichas 11.1a a 11.1e) (5 minutos)
7. Verificar as reações do cliente à sessão e à tarefa prática. (5 minutos)

REALIZAR UMA AVALIAÇÃO INTERMEDIÁRIA DA RESPOSTA AO TRATAMENTO

Dado que a Sessão 6 marca a metade do protocolo de TPC típico, as pontuações do cliente na PCL-5 devem estar significativamente reduzidas (talvez em 10 pontos). Se o cliente tiver resolvido a maioria ou todos os pontos de bloqueio e tiver uma pontuação na PCL-5 abaixo de 19, ele poderá considerar encerrar o tratamento após uma ou duas sessões. Se for esse o caso, consulte o Capítulo 18, sobre as variações para a TPC de duração personalizada. Se as pontuações do cliente não melhoraram, isso provavelmente indica que seus pensamentos relacionados à assimilação não foram abordados com sucesso. Conforme enfatizado no Capítulo 4, o terapeuta deve continuar a focar essas sessões no evento-alvo e na tentativa de pensamentos assimilados. Também é possível que o cliente tenha outros eventos traumáticos com pontos de bloqueio assimilados relacionados que precisam ser direcionados. Em nossa experiência, pensamentos assimilados sobre traumas tematicamente semelhantes (por exemplo, violência interpessoal, experiências militares) tendem a ser abordados com um foco no trauma central. Por exemplo, se um cliente identificou um estupro na fase adulta como seu trauma central, mas também tem um histórico de abuso sexual na infância, as crenças acomodadas que ele desenvolve sobre o papel dele e do agressor no estupro provavelmente generalizarão suas crenças sobre as experiências de abuso sexual na infância (por exemplo, "Não sou culpado por meu agressor se aproveitar sexualmente de mim"). Por outro lado, se uma crença central for identificada ("As pessoas sempre me trairão"), ela pode ter se originado com o abuso infantil e depois pode ter sido ativada com o trauma adulto.

Outras experiências traumáticas que não são tão semelhantes ao evento-alvo podem precisar ser abordadas especificamente. Por exemplo, uma de nós teve um paciente que identificou o evento-alvo como o afogamento de seu filho, mas também sofreu um assalto traumático. Com a maior acomodação de crenças sobre a morte da criança, o terapeuta foi capaz de se concentrar nas crenças relacionadas à assimilação associadas ao roubo para promover melhorias ainda maiores nos sintomas de TEPT. Também é possível que um paciente esteja deixando de fora uma parte importante do trauma central, seja por vergonha ou porque está protegendo pontos de bloqueio mais importantes (por exemplo, "Se não é minha culpa que o incesto aconteceu, então isso significa que meu pai não me amava. Se meu próprio pai não me amou o suficiente para me proteger, então ninguém o fará").

O terapeuta também deve revisar cuidadosamente as respostas de cada item da PCL-5 para identificar sintomas que ainda sejam problemáticos. Se o cliente continuar evitando pensar sobre o evento ou sentir emoções naturais sobre ele, o terapeuta deve ajudar o cliente a examinar essa evitação. Tal processo pode incluir a identificação de pontos de bloqueio que o cliente tem em relação a enfrentar o evento ou experimentar emoções, utilizando as próximas Planilhas de Pensamentos Alternativos

(Ficha 11.1) para explorar esses pontos de bloqueio. Se o cliente relatar pesadelos ou *flashbacks* contínuos, o terapeuta deve perguntar sobre o conteúdo. É provável que o conteúdo dê pistas sobre a parte do evento em que o cliente ainda está bloqueado. Também é importante verificar se o paciente está ancorando seu relato de sintomas ao evento-alvo e não respondendo em termos de estresse geral ou outro evento traumático.

O terapeuta e o paciente também devem revisar os resultados de quaisquer medidas de autorrelato de comorbidades relevantes (por exemplo, o PHQ-9), para determinar como essas condições estão respondendo ao tratamento. Por exemplo, se não houver diminuição na quantidade ou na frequência do uso de substâncias, esse problema precisará ser resolvido para que o uso indevido de substâncias não interfira no tratamento. Da mesma forma, a manutenção da dissociação deve ser abordada para diminuir sua probabilidade de impedir o progresso do tratamento.

REVISAR AS PLANILHAS DE PADRÕES DE PENSAMENTO

Esta sessão deve se concentrar em uma revisão das Planilhas de Padrões de Pensamento do cliente. Deve-se considerar não apenas onde os pontos de bloqueio se encaixam em termos de padrões habituais, mas também como eles se desenrolam na vida cotidiana. O terapeuta deve determinar se o cliente teve alguma dificuldade em identificar esses padrões e entender os problemas com as declarações. O terapeuta deve então discutir com o cliente como esses padrões podem ter afetado suas reações ao(s) evento(s) traumático(s) ou se desenvolvido em reação ao(s) evento(s). Alguns clientes, os generalistas, encontrarão exemplos que se encaixam em cada tipo de padrão, enquanto outros se especializarão em certos tipos de padrões. Esses padrões de pensamento são vistos com frequência nessa população. Por exemplo, a probabilidade de se culpar de um cliente que habitualmente chega à conclusão de que os resultados negativos são culpa dele pode aumentar após o evento. A leitura mental também é muito comum: o cliente assume que outras pessoas pensam e se sentem da mesma maneira que ele e reage como se isso fosse verdade, resultando em alienação dos outros. O raciocínio emocional sobre medo, vergonha e culpa também é frequentemente observado: um cliente que é acionado em alguma situação para sentir uma emoção pode considerá-la prova de seu ponto de bloqueio. Exagerar (generalização) a partir de um único incidente e ter pensamento extremo do tipo preto e branco também são reações muito comuns.

Mesmo que um paciente inicialmente não acredite em um pensamento mais equilibrado, trabalhar com o paciente para modificar sua linguagem pode ter um efeito imediato na magnitude das emoções fabricadas. Uma vez que o terapeuta possa apontar, por exemplo, que talvez certos indivíduos (até mesmo uma pessoa) sejam confiáveis de alguma forma, o terapeuta pode continuar a lembrar ao paciente que a crença "Ninguém é confiável" não é precisa. Quando o paciente começa a dizer "Algumas pessoas não são confiáveis", as emoções que o acompanham são menos intensas do que quando o paciente insistiu anteriormente: "Ninguém". Como alguns dos padrões de pensamento de um paciente podem representar crenças centrais automáticas, o terapeuta pode explorar, com eles, onde os pensamentos se originaram. Alguns pensamentos podem ter se originado de maus-tratos na primeira infância e se tornado crenças ou esquemas centrais, pensamentos que são automáticos e profundamente arraigados.

APRESENTAR A PLANILHA DE PENSAMENTOS ALTERNATIVOS COM UM EXEMPLO DE TRAUMA

Após a revisão da Planilha de Padrões de Pensamento, o terapeuta apresenta a Planilha de Pensamentos Alternativos (Ficha 11.1). O terapeuta deve ter cuidado ao introduzir esta planilha para não sobrecarregar o cliente, pois o formulário pode ser percebido à primeira vista como muito complexo. Uma boa maneira de começar é afirmar que a planilha reúne todas as habilidades que o cliente já aprendeu com o uso das planilhas anteriores. Os únicos novos elementos da Planilha de Pensamentos Alternativos são a introdução de pensamentos e sentimentos alternativos e as classificações da credibilidade dos pensamentos e da intensidade das emoções. A Planilha de Pensamentos Alternativos será usada durante o restante das sessões da TPC. O terapeuta pode cobrir todas as colunas da planilha, exceto as duas à esquerda, com um pedaço de papel em branco e, apontando para ela, perguntar se o cliente reconhece a Planilha ABC; o terapeuta deve esclarecer que a Planilha ABC pode ser encontrada nas duas seções à esquerda (A e B, com C abaixo de B). No entanto, na seção B da Planilha de Pensamentos Alternativos, o cliente é solicitado a adicionar uma classificação da extensão em que atualmente acredita no ponto de bloqueio (de 0 a 100%, com 0% sendo nada e 100% sendo totalmente); na seção C, o cliente é solicitado a avaliar a força das emoções resultantes (de 0 a 100%). A justificativa para a introdução dessas classificações nesse ponto da terapia é que, no início da TPC, é provável que o cliente perceba esses pensamentos como verdades absolutas, com 100% de certeza, e as emoções relacionadas como estando "ligadas" ou "desligadas". Com mais prática, é provável que o cliente perceba uma maior variação na força dos pensamentos e sentimentos.

As próximas duas seções (D e E) contêm instruções das Planilhas de Perguntas Exploratórias e Padrões de Pensamento, para ajudar o paciente a examinar o pensamento identificado. Cabe ressaltar que nem todas as perguntas ou padrões podem ser relevantes para um determinado ponto de bloqueio. No início, o cliente pode ter que consultar uma ou ambas as planilhas anteriores para ver a que se referem as mensagens nas colunas. Por fim, pela primeira vez, o cliente é solicitado a gerar outro pensamento mais equilibrado e baseado em evidências (seção F), reavaliar seu nível de crença no ponto de bloqueio original depois de gerar o novo pensamento (seção G) e monitorar mudanças nos sentimentos relacionados (seção H).

É importante que o terapeuta enfatize que o objetivo da Planilha de Pensamentos Alternativos não é necessariamente fazer o paciente retornar às suas crenças anteriores, porque ele pode ter tido crenças irreais antes do trauma (por exemplo, "Eu posso prever e evitar que coisas ruins aconteçam comigo" ou "Ninguém é confiável"). O objetivo é que o paciente desenvolva crenças equilibradas, adaptativas e realistas. Tomando "Ninguém é confiável" como exemplo, é provável que o paciente esteja usando o evento-alvo como evidência que apoia essa crença. O objetivo é que o paciente chegue a uma crença mais flexível e diferenciada, como "Algumas pessoas podem ser confiáveis sobre algumas coisas, em graus variados". Ou um paciente pode ter tido a crença pré-trauma de que "É sempre importante desligar minhas emoções"; o terapeuta não vai querer ajudá-lo a retornar a essa crença anterior. Pacientes com uma longa história de trauma, particularmente aqueles cujo trauma começou na primeira infância, são propensos a crenças extremas que podem se tornar muito arraigadas. Se o paciente tiver dificuldade em gerar um pensamento mais equilibrado, a "evidência contra" o ponto de bloqueio na seção D pode fornecer algumas ideias.

O terapeuta e o paciente devem preencher totalmente pelo menos uma Planilha de Pensamentos Alternativos durante esta sessão, para garantir que o paciente entenda a planilha e aumentar a probabilidade de que ela seja concluída diariamente após essa sessão. Cabe ressaltar que o terapeuta deve continuar a priorizar os pensamentos relacionados à assimilação sobre o evento traumático, para ser mais eficiente na obtenção de resultados. O terapeuta e o paciente podem querer revisar o registro de pontos de bloqueio, para riscar quaisquer pontos de bloqueio que o paciente não acredite mais e escolher aqueles que precisam ser mais trabalhados. Aqueles que refletem uma crença central subjacente (por exemplo, "Se algo ruim acontecer, a culpa é minha") podem exigir muitas planilhas para que sejam resolvidos. As crenças centrais podem estar relacionadas a conceitos superacomodados, mas também podem se originar do fato de que o paciente foi frequentemente culpado por pais abusivos pelo abuso ou foi levado a acreditar que os traumas aconteceram porque ele era inútil ou estúpido. Essas suposições automáticas podem exigir várias planilhas sobre vários traumas ou eventos cotidianos até que sejam desconstruídas pela avaliação frequente e pela adoção de pensamentos alternativos mais equilibrados.

ATRIBUIR A NOVA TAREFA PRÁTICA

A tarefa prática subsequente a esta sessão é para o cliente examinar seus pontos de bloqueio com as Planilhas de Pensamentos Alternativos (Ficha 11.1). O terapeuta deve ajudar o cliente a escolher os pontos de bloqueio do registro de pontos de bloqueio que precisam de atenção contínua e anotá-los em cópias da Planilha de Pensamentos Alternativos. Isso aumentará a probabilidade de o cliente concluir essas planilhas fora da sessão. Exemplos de Planilhas de Pensamentos Alternativos, especialmente aqueles mais relevantes para a situação do cliente, devem ser fornecidos para facilitar a compreensão do cliente sobre a planilha (ver Fichas 11.1a a 11.1e). Deve ser preenchida uma Planilha de Pensamento Alternativo por dia (Ficha 11.1).

VERIFICAR AS REAÇÕES DO CLIENTE À SESSÃO E À TAREFA PRÁTICA

Como de costume, o terapeuta deve concluir a Sessão 6 explorando as reações do cliente à sessão e perguntando se ele tem alguma dúvida sobre o conteúdo da sessão ou a nova tarefa prática. O terapeuta deve reforçar quaisquer ideias ou descobertas importantes feitas na sessão e observar as mensagens importantes que o cliente oferece.

FICHA 11.1

Planilha de Pensamentos Alternativos

Data: _____
Nome: _____

A. Situação	B. Pensamento/ponto de bloqueio	C. Emoção(ões)	D. Perguntas exploratórias	E. Padrões de pensamento	F. Pensamento(s) alternativo(s)	G. Reavaliar pensamento/ponto de bloqueio antigo	H. Emoções
Descrever o evento, o pensamento ou a crença que leva à(s) emoção(ões) desagradável(is).	Escreva o pensamento/ponto de bloqueio relacionado à situação na coluna A. Classifique sua crença neste pensamento/ponto de bloqueio de 0 a 100%. (Quanto você acredita nesse pensamento?)	Especifique sua(s) emoção(ões) (triste, zangado etc.) e avalie a intensidade com que você sente cada emoção, de 0 a 100%.	Use a **Planilha de Perguntas Exploratórias** para examinar seu pensamento automático do bloco B. Considere se o pensamento é equilibrado e factual, ou extremo. Evidência contra? Que informações não estão incluídas? Tudo ou nada? Afirmações extremas? Focando em apenas uma parte do evento? Fonte de informação questionável? Confundindo possível com improvável? Baseado em sentimentos ou fatos?	Use a **Planilha de Padrões de Pensamento** para decidir se esse é um dos seus padrões de pensamento problemáticos. Tirar conclusões precipitadas ou prever o futuro. Ignorar partes importantes de uma situação. Simplificar ou generalizar. Leitura mental. Raciocínio emocional.	O que mais posso dizer no lugar do pensamento do bloco B? De que outra forma posso interpretar o evento em vez desse pensamento? Avalie sua crença no(s) pensamento(s) alternativo(s), de 0 a 100%.	Reavalie o quanto você acredita agora no pensamento/ponto de bloqueio do bloco B, de 0 a 100%.	O que você sente agora? Avalie isso de 0 a 100%.

De *Vencendo o transtorno de estresse pós-traumático com a terapia de processamento cognitivo: manual do terapeuta*, 2ª edição, Patricia A. Resick, Candice M. Monson e Kathleen M. Chard (The Guilford Press, 2024). Os compradores deste livro podem baixar cópias adicionais desta planilha na página do livro em loja.grupoa.com.br.

FICHA 11.1a
Planilha de Pensamentos Alternativos: exemplo 1

A. Situação Descrever o evento, o pensamento ou a crença que leva à(s) emoção(ões) desagradável(is).	B. Pensamento/ponto de bloqueio Escreva o pensamento/ponto de bloqueio relacionado à situação na coluna A. Classifique sua crença neste pensamento/ponto de bloqueio de 0 a 100%. (Quanto você acredita nesse pensamento?)	D. Perguntas exploratórias Use a **Planilha de Perguntas Exploratórias** para examinar seu pensamento automático do bloco B. Considere se o pensamento é equilibrado e factual, ou extremo.	E. Padrões de pensamento Use a **Planilha de Padrões de Pensamento** para decidir se esse é um dos seus padrões de pensamento problemáticos.	F. Pensamento(s) alternativo(s) O que mais posso dizer no lugar do pensamento do bloco B? De que outra forma posso interpretar o evento em vez desse pensamento? Avalie sua crença no(s) pensamento(s) alternativo(s), de 0 a 100%.
Tenho que viajar de avião.	Viagem de avião é perigoso. – 75%	Evidência contra? A segurança no aeroporto é maior. Milhares de aviões voam diariamente. Que informações não estão incluídas? O fato de que aviões voam todos os dias e nada acontece com eles. Tudo ou nada? Afirmações extremas? Sim, estou declarando que todos os voos são perigosos. Sim. Estou exagerando o risco.	Tirar conclusões precipitadas ou prever o futuro. Sim, considero que, se eu viajar de avião, ele cairá. Ignorar partes importantes de uma situação. Os pilotos são altamente treinados. Eles não relatam falhas diariamente.	As chances são muito pequenas de que serei morto ou ferido ao voar. – 95% Mesmo que o avião exploda, eu não poderia fazer nada a respeito disso. – 80%

(Continua)

(Continuação)

C. Emoção(ões)	D. Perguntas exploratórias	E. Padrões de pensamento	G. Reavaliar pensamento/ponto de bloqueio antigo
Especifique sua(s) emoção(ões) (triste, zangado etc.) e avalie a intensidade com que você sente cada emoção, de 0 a 100%.	Use a **Planilha de Perguntas Exploratórias** para examinar seu pensamento automático do bloco B. Considere se o pensamento é equilibrado e factual, ou extremo.	Use a **Planilha de Padrões de Pensamento** para decidir se esse é um dos seus padrões de pensamento problemáticos.	Reavalie o quanto você acredita agora no pensamento/ponto de bloqueio do bloco B, de 0 a 100%.
Com medo – 100% Desamparado – 75% Ansioso – 75%	Focando em apenas uma parte do evento? Vejo as notícias quando há uma queda, mas não presto atenção em todos os voos seguros a cada dia. Fonte de informação questionável? Não, interpretei mal a turbulência. Confundindo possível com improvável? Sim, eu dizia que o avião vai cair. Baseado em sentimentos ou fatos? Estou me deixando crer nisso porque sinto medo, e não porque é algo realista.	Simplificar ou generalizar. Estou exagerando a possibilidade. Leitura mental. Estou supondo que o piloto entra em pânico durante a turbulência. Raciocínio emocional. Só porque eu fico ansioso nos voos, não significa que voar é perigoso.	15%
			H. Emoções O que você sente agora? Avalie isso de 0 a 100%.
			Com medo – 40% Desamparado – 5% Ansioso – 10%

De *Vencendo o transtorno de estresse pós-traumático com a terapia de processamento cognitivo: manual do terapeuta*, 2ª edição, Patricia A. Resick, Candice M. Monson e Kathleen M. Chard (The Guilford Press, 2024). Os compradores deste livro podem baixar cópias adicionais desta planilha na página do livro em loja.grupoa.com.br.

FICHA 11.1b

Planilha de Pensamentos Alternativos: exemplo 2

A. Situação Descrever o evento, o pensamento ou a crença que leva à(s) emoção(ões) desagradável(is).	B. Pensamento/ponto de bloqueio Escreva o pensamento/ ponto de bloqueio relacionado à situação na coluna A. Classifique sua crença neste pensamento/ponto de bloqueio de 0 a 100%. (Quanto você acredita nesse pensamento?)	D. Perguntas exploratórias Use a **Planilha de Perguntas Exploratórias** para examinar seu pensamento automático do bloco B. Considere se o pensamento é equilibrado e factual, ou extremo.	E. Padrões de pensamento Use a **Planilha de Padrões de Pensamento** para decidir se esse é um dos seus padrões de pensamento problemáticos.	F. Pensamento(s) alternativo(s) O que mais posso dizer no lugar do pensamento do bloco B? De que outra forma posso interpretar o evento em vez desse pensamento? Avalie sua crença no(s) pensamento(s) alternativo(s), de 0 a 100%.
Minha namorada levou um tiro em um festival de rua.	Eu deveria ter jogado meu corpo sobre ela para salvá-la. – 100% Eu deveria ter impedido que minha namorada fosse atingida no tiroteio em massa. – 100%	Evidência contra? Não havia como saber que haveria um tiroteio – aconteceu tão rápido que eu não pude agir. Que informações não estão incluídas? Foi um tiroteio repentino vindo de um carro. Sempre foi um lugar seguro. Não houve aviso. Tudo ou nada? Afirmações extremas? Eu deveria ter atuado mais rápido. É extremo dizer que eu deveria ter impedido, pois eu nem sabia o que iria acontecer.	Tirar conclusões precipitadas ou prever o futuro. Que eu poderia tê-la salvado. Ignorar partes importantes de uma situação. Estávamos entre os primeiros a serem atingidos. Não houve gritos antes disso. Não tinha como eu saber.	Não havia como antecipar o que aconteceria na época. – 85% Eu fiz o melhor que pude, dadas as circunstâncias. – 90%

(Continua)

(Continuação)

C. Emoção(ões) Especifique sua(s) emoção(ões) (triste, zangado etc.) e avalie a intensidade com que você sente cada emoção, de 0 a 100%.	**D. Perguntas exploratórias** Use a **Planilha de Perguntas Exploratórias** para examinar seu pensamento automático do bloco B. Considere se o pensamento é equilibrado e factual, ou extremo.	**E. Padrões de pensamento** Use a **Planilha de Padrões de Pensamento** para decidir se esse é um dos seus padrões de pensamento problemáticos.	**G. Reavaliar pensamento/ ponto de bloqueio antigo** Reavalie o quanto você acredita agora no pensamento/ponto de bloqueio do bloco B, de 0 a 100%.
Culpado – 100% Desamparado – 100%	Focando em apenas uma parte do evento? Que eu não a livrei de ser atingida. Fonte de informação questionável? Eu próprio sou a fonte da culpa. Ninguém mais me culpou. Confundindo possível com improvável? Improvável que eu pudesse ter impedido. Baseado em sentimentos ou fatos? Sentimentos.	Simplificar ou generalizar. Que cobri-la a teria salvado. Eu também fui baleado. Leitura mental. Raciocínio emocional. Como eu me sinto culpado, eu <u>sou</u> culpado.	10% **H. Emoções** O que você sente agora? Avalie isso de 0 a 100%. Culpado – 40% Desamparado – 80%

De *Vencendo o transtorno de estresse pós-traumático com a terapia de processamento cognitivo: manual do terapeuta*, 2ª edição, Patricia A. Resick, Candice M. Monson e Kathleen M. Chard (The Guilford Press, 2024). Os compradores deste livro podem baixar cópias adicionais desta planilha na página do livro em loja.grupoa.com.br.

FICHA 11.1c
Planilha de Pensamentos Alternativos: exemplo 3

A. Situação Descrever o evento, o pensamento ou a crença que leva à(s) emoção(ões) desagradável(is).	B. Pensamento/ponto de bloqueio Escreva o pensamento/ponto de bloqueio relacionado à situação na coluna A. Classifique sua crença neste pensamento/ponto de bloqueio de 0 a 100%. (Quanto você acredita nesse pensamento?)	D. Perguntas exploratórias Use a **Planilha de Perguntas Exploratórias** para examinar seu pensamento automático do bloqueio B. Considere se o pensamento é equilibrado e factual, ou extremo.	E. Padrões de pensamento Use a **Planilha de Padrões de Pensamento** para decidir se esse é um dos seus padrões de pensamento problemáticos.	F. Pensamento(s) alternativo(s) O que mais posso dizer no lugar do pensamento do bloco B? De que outra forma posso interpretar o evento em vez desse pensamento? Avalie sua crença no(s) pensamento(s) alternativo(s), de 0 a 100%.
Estou adiando fazer minha tarefa prática da terapia.	Se eu me deixar ficar com raiva, posso perder o controle. – 50%	Evidência contra? Nunca fui realmente destrutivo quando estava com raiva. É minha escolha como agir quando me sinto com raiva. Posso sempre dar um tempo ou deixar a situação. Que informações não estão incluídas? Que não sou totalmente fora de controle. Ainda faço escolhas sobre como me comportar.	Tirar conclusões precipitadas ou prever o futuro. Estou tirando conclusões para assumir que não terei controle se eu sentir meus sentimentos. Ignorar partes importantes de uma situação. Estou desconsiderando os momentos em que me senti com raiva e mantive o controle.	A raiva pode ser expressa sem agressão. – 60% A raiva é uma emoção como a tristeza. Posso sentir isso e ainda manter o controle sobre meus comportamentos. – 60%

(Continua)

(Continuação)

C. Emoção(ões)	D. Perguntas exploratórias	E. Padrões de pensamento	G. Reavaliar pensamento/ponto de bloqueio antigo
Especifique sua(s) emoção(ões) (triste, zangado etc.) e avalie a intensidade com que você sente cada emoção, de 0 a 100%.	Use a **Planilha de Perguntas Exploratórias** para examinar seu pensamento automático do bloco B. Considere se o pensamento é equilibrado e factual, ou extremo.	Use a **Planilha de Padrões de Pensamento** para decidir se esse é um dos seus padrões de pensamento problemáticos.	Reavalie o quanto você acredita agora no pensamento/ponto de bloqueio do bloco B, de 0 a 100%.
Com raiva – 50% Com medo – 95%	Tudo ou nada? Afirmações extremas? Sim, sem controle. É exagero dizer que eu estaria sem controle; eu tenho algum controle. Focando em apenas uma parte do evento? Que se eu fizer minha tarefa fora da sessão de terapia, ficarei com raiva e fora de controle. Fonte de informação questionável? Minha suposição. Confundindo possível com improvável? Não é provável que eu perca o controle só por não preencher uma planilha. Baseado em sentimentos ou fatos? Sentimentos.	Simplificar ou generalizar. Sim, sentir raiva é ruim. Leitura mental. Raciocínio emocional. A raiva sempre leva à agressão.	20% **H. Emoções** O que você sente agora? Avalie isso de 0 a 100%. Com raiva – 30% Com medo – 35%

FICHA 11.1d
Planilha de Pensamentos Alternativos: exemplo 4

A. Situação Descrever o evento, o pensamento ou a crença que leva à(s) emoção(ões) desagradável(is).	B. Pensamento/ponto de bloqueio Escreva o pensamento/ponto de bloqueio relacionado à situação na coluna A. Classifique sua crença neste pensamento/ponto de bloqueio de 0 a 100%. (Quanto você acredita nesse pensamento?)	D. Perguntas exploratórias Use a **Planilha de Perguntas Exploratórias** para examinar seu pensamento automático do bloco B. Considere se o pensamento é equilibrado e factual, ou extremo.	E. Padrões de pensamento Use a **Planilha de Padrões de Pensamento** para decidir se esse é um dos seus padrões de pensamento problemáticos.	F. Pensamento(s) alternativo(s) O que mais posso dizer no lugar do pensamento do bloco B? De que outra forma posso interpretar o evento em vez desse pensamento? Avalie sua crença no(s) pensamento(s) alternativo(s), de 0 a 100%.
Uma amiga quer preparar um encontro para mim com alguém que ela conhece.	Não consigo deixar que alguém se aproxime de mim. – 75%	Evidência contra? Meus amigos e minha família têm me dado suporte. Que informações não estão incluídas? Minha amiga não me apresentaria a uma pessoa má. Tudo ou nada? Afirmações extremas? A maioria das pessoas normais não fugiria de um relacionamento. Estou fazendo suposições sobre como outras pessoas reagirão.	Tirar conclusões precipitadas ou prever o futuro. Sim, supondo que me darei mal. Ignorar partes importantes de uma situação. Que a pessoa não é saudável mentalmente ou confiável.	Minha amiga não me apresentaria a alguém que me ferisse. – 70% Não preciso me aproximar de ninguém rapidamente. Posso seguir meu próprio ritmo. – 90%

(Continua)

(Continuação)

C. Emoção(ões) Especifique sua(s) emoção(ões) (triste, zangado etc.) e avalie a intensidade com que você sente cada emoção, de 0 a 100%.	D. Perguntas exploratórias Use a **Planilha de Perguntas Exploratórias** para examinar seu pensamento automático do bloco B. Considere se o pensamento é equilibrado e factual, ou extremo.	E. Padrões de pensamento Use a **Planilha de Padrões de Pensamento** para decidir se esse é um dos seus padrões de pensamento problemáticos.	G. Reavaliar pensamento/ponto de bloqueio antigo Reavalie o quanto você acredita agora no pensamento/ponto de bloqueio do bloco B, de 0 a 100%.
Com medo – 50% Triste – 80%	Focando em apenas uma parte do evento? Que ele me julgará. Fonte de informação questionável? Vinda de uma experiência negativa no passado e de uma pessoa má. Confundindo possível com improvável? É possível que ele não me queira, mas é possível que eu também não goste dele. Baseado em sentimentos ou fatos? Sentimentos.	Simplificar ou generalizar. Se eu contar a alguém que não consegue lidar com isso, não é necessariamente ruim, porque eu poderia descobrir algo importante sobre o relacionamento. Leitura mental. Sim, estou supondo o que ele pensa, sendo que eu nem o conheci ainda. Raciocínio emocional. Como estou com medo, suponho que me darei mal.	40%
			H. Emoções O que você sente agora? Avalie isso de 0 a 100%.
			Com medo – 25% Triste – 40% Esperançosa – 10%

De Vencendo o transtorno de estresse pós-traumático com a terapia de processamento cognitivo: manual do terapeuta, 2ª edição, Patricia A. Resick, Candice M. Monson e Kathleen M. Chard (The Guilford Press, 2024). Os compradores deste livro podem baixar cópias adicionais desta planilha na página do livro em loja.grupoa.com.br.

FICHA 11.1e

Planilha de Pensamentos Alternativos: exemplo 5

A. Situação Descrever o evento, o pensamento ou a crença que leva à(s) emoção(ões) desagradável(is).	B. Pensamento/ponto de bloqueio Escreva o pensamento/ponto de bloqueio relacionado à situação na coluna A. Classifique sua crença neste pensamento/ponto de bloqueio de 0 a 100%. (Quanto você acredita nesse pensamento?)	D. Perguntas exploratórias Use a **Planilha de Perguntas Exploratórias** para examinar seu pensamento automático do bloco B. Considere se o pensamento é equilibrado e factual, ou extremo.	E. Padrões de pensamento Use a **Planilha de Padrões de Pensamento** para decidir se esse é um dos seus padrões de pensamento problemáticos.	F. Pensamento(s) alternativo(s) O que mais posso dizer no lugar do pensamento do bloco B? De que outra forma posso interpretar o evento em vez desse pensamento? Avalie sua crença no(s) pensamento(s) alternativo(s), de 0 a 100%.
Meu tenente nos mandou por uma estrada que ele sabia que estava cheia de insurgentes. Quatro amigos foram mortos por causa dele.	Ele os matou. – 100%	Evidência contra? Ele provavelmente recebeu ordem para nos enviar até lá, porque precisávamos dos suprimentos. Que informações não estão incluídas? Os insurgentes os mataram. Tudo ou nada? Afirmações extremas? Sim.	Tirar conclusões precipitadas ou prever o futuro. Não sei o que ele estava pensando quando nos mandou ir até lá. Ignorar partes importantes de uma situação. Eu não sei realmente por que ele deu aquela ordem.	Odeio que meus amigos tenham morrido e, embora não parecesse crítico fazer aquela corrida, não sei o que o tenente estava pensando ou a quem estava respondendo. – 95% Era realmente arriscado, mas já haviamos feito isso com segurança quatro vezes antes. – 90%

(Continua)

(Continuação)

C. Emoção(ões) Especifique sua(s) emoção(ões) (triste, zangado etc.) e avalie a intensidade com que você sente cada emoção, de 0 a 100%.	D. Perguntas exploratórias Use a **Planilha de Perguntas Exploratórias** para examinar seu pensamento automático do bloco B. Considere se o pensamento é equilibrado e factual, ou extremo.	E. Padrões de pensamento Use a **Planilha de Padrões de Pensamento** para decidir se esse é um dos seus padrões de pensamento problemáticos.	G. Reavaliar pensamento/ponto de bloqueio antigo Reavalie o quanto você acredita agora no pensamento/ponto de bloqueio do bloco B, de 0 a 100%.
Com raiva – 100%	Focando em apenas uma parte do evento?	Simplificar ou generalizar.	40%
	Não sei se ele sofreu pressão (ordem) para nos enviar até lá na época.	Já tínhamos feito a incursão antes, mesmo sendo muito perigosa.	**H. Emoções** O que você sente agora? Avalie isso de 0 a 100%.
	Fonte de informação questionável? Minha suposição.	Leitura mental. Estou tentando adivinhar suas intenções.	Aliviado, não com tanta raiva – 60%
	Confundindo possível com improvável?	Raciocínio emocional. Eu estava com raiva e o culpei.	
	Baseado em sentimentos ou fatos? Indignação por não entender por que ele deu aquela ordem.		
	Que foi culpa dele. Ele não pretendia que eles fossem mortos.		

De *Vencendo o transtorno de estresse pós-traumático com a terapia de processamento cognitivo: manual do terapeuta*, 2ª edição, Patricia A. Resick, Candice M. Monson e Kathleen M. Chard (The Guilford Press, 2024). Os compradores deste livro podem baixar cópias adicionais desta planilha na página do livro em loja.grupoa.com.br.

FICHA 11.2
Tarefa prática após a Sessão 6 da TPC

Use as Planilhas de Pensamentos Alternativos para analisar pelo menos um de seus pontos de bloqueio a cada dia, concentrando-se especialmente em seu evento-alvo. Examine as evidências e seus hábitos de pensamento para determinar um pensamento alternativo ao seu ponto de bloqueio. Você também pode usar as Planilhas de Pensamentos Alternativos para desafiar pensamentos negativos ou problemáticos e emoções relacionadas que você possa ter sobre os eventos do dia a dia.

De *Vencendo o transtorno de estresse pós-traumático com a terapia de processamento cognitivo: manual do terapeuta*, 2ª edição, Patricia A. Resick, Candice M. Monson e Kathleen M. Chard (The Guilford Press, 2024). Os compradores deste livro podem baixar cópias adicionais desta planilha na página do livro em loja.grupoa.com.br.

12

Sessão 7
Planilhas de Pensamentos Alternativos

OBJETIVOS PARA A SESSÃO 7

O objetivo principal da Sessão 7 é continuar ensinando os clientes a se tornarem seus próprios terapeutas cognitivos, revisando e ajustando o uso da planilha final, a Planilha de Pensamentos Alternativos (Ficha 11.1). Essa planilha reúne todos os conceitos das planilhas introduzidas na terapia até agora e se soma ao desenvolvimento de pensamentos alternativos e sentimentos relacionados. A Planilha de Pensamentos Alternativos é usada em todo o restante do protocolo TPC para facilitar o desenvolvimento de novos pensamentos alternativos e sentimentos relacionados aos seus pontos de bloqueio específicos. Na última parte da sessão, é introduzido o conceito de segurança própria e dos outros.

PROCEDIMENTOS PARA A SESSÃO 7

1. Revisar as pontuações do cliente nas medidas objetivas de autorrelato. (5 minutos)
2. Revisar as Planilhas de Pensamentos Alternativos do cliente para determinar se ele entende a planilha e desafiou com sucesso alguns pontos de bloqueio relacionados ao trauma. (30 minutos)
3. Fornecer uma visão geral dos cinco temas/módulos específicos que serão discutidos nas cinco sessões restantes. (5 minutos)
4. Apresentar a segurança, o primeiro desses temas. (Ficha 12.1) (10 minutos)
5. Atribuir a nova tarefa prática (Ficha 12.2). (5 minutos)
6. Verificar as reações do cliente à sessão e à tarefa prática. (5 minutos)

REVISAR AS PLANILHAS DE PENSAMENTOS ALTERNATIVOS DO CLIENTE

Depois de revisar as pontuações do paciente nas medidas objetivas de autorrelato, como de costume, o terapeuta deve revisar com o paciente as Planilhas de Pensamentos Alternativos que ele preencheu desde a Sessão 6. Atenção especial deve ser dada à discussão dos sucessos ou dos problemas do paciente na mudança de pensamentos (e emoções subsequentes) usando essa planilha. O terapeuta e o paciente devem usar a Planilha de Perguntas Exploratórias (Ficha 9.2), na seção D da planilha, para ajudar o cliente a considerar os pontos de bloqueio que ainda são problemáticos. Por exemplo, um paciente estava em um elevador que caiu 20 andares e parou assim que chegou ao térreo. Além de ter pesadelos e pensamentos intrusivos, ele se viu incapaz de entrar em um elevador novamente. Seus pensamentos eram: "Elevadores não são seguros" e "Da próxima vez, vou morrer". Na planilha, o cliente afirmou que as evidências estavam corretas de que os elevadores não eram seguros e que ele sabia que morreria da próxima vez porque havia sobrevivido a esse incidente. Ele não viu que estava exagerando ou tirando conclusões quando faltavam evidências, nem relatou se envolver em raciocínio emocional. No final da planilha, suas avaliações emocionais não mudaram. Essa foi uma oportunidade para o terapeuta usar o diálogo socrático por 10 a 15 minutos e começar novamente com a planilha. O terapeuta lembrou ao paciente das conclusões feitas em sessões anteriores sobre a probabilidade de que ele morreria da próxima vez, de que algum elevador cairia repentinamente 20 andares e das medidas de segurança que anteriormente pararam o elevador antes de cair.

É importante notar que alguns clientes inicialmente têm dificuldades com essa planilha, mas a maioria é capaz de gerar alternativas e mudar suas emoções, com a ajuda da base estabelecida na Planilha de Perguntas Exploratórias e na Planilha de Padrões de Pensamento (Ficha 10.1). O terapeuta deve atuar como um instrutor, corrigindo vagarosamente as planilhas para que o cliente otimize seu uso. De forma consistente com a teoria subjacente à TPC, o terapeuta também deve priorizar a revisão de quaisquer pontos de bloqueio assimilados nos quais o cliente continua a trabalhar. Vários pontos de bloqueio com frases semelhantes podem precisar ser atribuídos, para dar ao cliente prática suficiente nas formas alternativas de pensar. Por exemplo, uma vítima de agressão sexual tinha os seguintes pontos de bloqueio em seu registro: "Eu deveria ter lutado com mais força", "Eu sabia que não deveria ter confiado nele", "Eu não deveria ter flertado com ele" e "Se eu simplesmente não tivesse congelado, não teria sido estuprada". Todas essas declarações são pensamentos assimilados, tentando mudar o resultado do que aconteceu na época e negligenciando o contexto do evento. O progresso feito em pontos de bloqueio assimilados semelhantes deve ser generalizado para outros pontos de bloqueio e ajudar a tornar as novas e mais saudáveis formas de pensar mais rotineiras para o cliente. Às vezes, o pensamento alternativo gerado pelo paciente não é o ideal (por exemplo, "Se eu não beber, não serei atacada"). O terapeuta pode ter que pedir outros pensamentos alternativos até chegar a um que seja factual e mais reconfortante (por exemplo, "O álcool não causou o ataque. Uma pessoa específica escolheu me atacar").

No Apêndice B, existem três planilhas simplificadas para usar se o paciente apresentar dificuldades ou preencher uma planilha normal. Pacientes adolescentes, mesmo de outros idiomas, conseguiram preencher essas planilhas, por isso é importante não fazer suposições com antecedência de que alguém não consegue preencher a Planilha de Pensamentos Alternativos habitual. No entanto, para alguém com alfabetização muito baixa, oferecemos uma Planilha ABC com emojis (Apêndice B.1). Há também a planilha completa em forma de esboço para pessoas que têm problemas com as colunas, o que acontece ocasionalmente entre aqueles com dificuldades de aprendizagem (Apêndice B.2). Por fim, novamente para pessoas com dificuldades em leitura, há também uma planilha simplificada que não pede classificações de pensamentos e emoções, contém apenas algumas perguntas e não inclui padrões de pensamento (Apêndice B.3). Nenhuma dessas formas simplificadas é preferencial, e elas só devem ser usadas se o paciente realmente não conseguir preencher a Planilha de Pensamentos Alternativos.

Nesse ponto da terapia, não é incomum que o cliente diga algo assim: "Eu ouço o que você está dizendo e faz sentido, mas não me sinto assim". Quando isso ocorre, o terapeuta pode parabenizar o cliente pelo progresso que ele fez: "No começo, você estava convencido de que seu pensamento era verdadeiro. Às vezes, seus sentimentos demoram um pouco mais para alcançar seus pensamentos". Ou o terapeuta pode dizer algo assim: "Você está pensando de outra maneira há muito tempo e é um hábito. A nova maneira de pensar não é tão confortável e ainda não parece verdadeira. Com mais prática, essa maneira nova e mais equilibrada de pensar sobre o evento se tornará um novo hábito, e sentir-se melhor não parecerá tão estranho".

FORNECER UMA VISÃO GERAL DOS CINCO TEMAS

Após a revisão das Planilhas de Pensamentos Alternativos, o terapeuta deve orientar o cliente para os cinco temas que serão discutidos consecutivamente ao longo das cinco sessões finais da terapia. Conforme discutido no Capítulo 4 sobre conceitualização de caso, esses temas representam importantes crenças ou esquemas centrais negativos que podem ser aparentemente confirmados por um evento traumático ou podem mudar como resultado de um evento traumático. Os tópicos são segurança, confiança, poder/controle, estima e intimidade, apresentados nessa ordem porque representam uma hierarquia das necessidades humanas, das mais básicas às mais complexas. Além disso, cada tema é apresentado no que se refere às dimensões do eu e do outro (por exemplo, crenças sobre a capacidade de se manter seguro e a segurança percebida dos outros). Aqui está um exemplo de como os cinco temas podem ser apresentados a um cliente:

> *"Nas próximas cinco sessões, começaremos a considerar temas específicos que podem ser áreas ou crenças em sua vida que foram afetadas por seu trauma. Em cada sessão, pedirei que você considere quais eram suas crenças antes do evento e como seu trauma as afetou e foi afetado por essas crenças anteriores. Se decidirmos juntos que qualquer um desses temas traz pontos de bloqueio para você, pedirei que você preencha planilhas sobre eles, para que você comece a mudar o que está dizendo a si mesmo. Os cinco temas gerais são segurança, confiança, poder/controle, estima e intimidade. Cada um desses temas pode ser considerado a partir de duas direções: como você se vê e como você vê os outros."*

É importante que o clínico apresente cada um dos tópicos nas sessões seguintes para garantir que quaisquer pontos de bloqueio nas várias áreas possam ser identificados. No entanto, de acordo com a abordagem individual da conceituação cognitiva de caso enfatizada neste livro, os pontos de bloqueio que são fundamentais para a recuperação de um determinado cliente devem ser priorizados. Em particular, quaisquer pontos de bloqueio assimilados remanescentes devem ser enfatizados, porque a resolução desses pontos de bloqueio tem implicações para as crenças superacomodadas abordadas nesses cinco tópicos. Por exemplo, um de nossos clientes abordou seu ponto de bloqueio dizendo que ele poderia ter evitado que um assalto a banco ocorresse; ele passou a acreditar que "Eu não poderia ter controlado o que os assaltantes fizeram". Ele então começou a examinar crenças generalizadas sobre sua capacidade de se manter seguro e de exercer poder/controle em seu ambiente de trabalho. Como esse exemplo nos mostra, a mudança de avaliações específicas de trauma pode ter efeitos posteriores em crenças superacomodadas. O objetivo geral dessas sessões posteriores é, portanto, ajudar o cliente a desenvolver crenças equilibradas e multidimensionais em cada uma dessas cinco áreas.

APRESENTAR O TEMA DA SEGURANÇA

Como mencionado, o primeiro tema que o terapeuta apresenta é a segurança (em relação a si mesmo e aos outros). Um exemplo de como esse tópico pode ser apresentado ao cliente é o seguinte:

> *"O primeiro tópico que discutiremos é segurança. Se antes do [evento traumático do cliente] você pensava que estava bastante seguro, os outros não eram perigosos e você poderia se proteger, é provável que essas crenças tenham sido interrompidas pelo evento. Por outro lado, se você teve experiências anteriores que o deixaram pensando que os outros eram perigosos ou propensos a prejudicá-lo, ou acreditando que você era incapaz de se proteger, então o evento teria servido para confirmar ou fortalecer essas crenças. Quando você era mais jovem, você teve alguma experiência que o deixou acreditando que não estava seguro ou em risco? Você foi protegido? Você acreditava que era invulnerável a eventos traumáticos?"*

Depois que o cliente descrever suas crenças anteriores, o terapeuta deverá ajudá-lo a determinar se as crenças anteriores foram interrompidas ou aparentemente reforçadas pelo(s) evento(s) traumático(s). O terapeuta e o cliente devem determinar se o cliente continua a ter crenças negativas sobre a segurança relativa dos outros ou a capacidade do cliente de se proteger de danos. Nesse caso, eles devem discutir como essas crenças negativas provocam reações de ansiedade (por exemplo, "Algo ruim vai acontecer comigo se eu sair sozinho no meu carro"). O cliente também precisa reconhecer como esses tipos de crenças e emoções afetam o comportamento (por exemplo, evitação, retraimento social).

Medos generalizados podem levar alguns pacientes a evitar grupos inteiros de pessoas. Por exemplo, os veteranos podem relatar que estão sempre desconfortáveis com certos indivíduos ou grupos raciais/étnicos específicos. As mulheres vítimas de estupro geralmente querem evitar os homens. Em todos esses casos, os clientes aprenderam a desconfiar da maioria das pessoas que encontram e que os lembrem de alguma forma de suas experiências. No início da terapia, eles podem não ver diferença entre eventos de baixa e alta probabilidade e acreditam que estão igualmente em risco em vários ambientes. Qualquer possibilidade de dano pode ser demais para tolerar.

Os terapeutas podem, portanto, precisar ajudar esses clientes a diferenciar práticas de segurança prudentes da evitação baseada no medo, seja no final desta sessão ou durante a próxima sessão. Os clientes podem reduzir a probabilidade de serem vitimizados por meio de práticas de segurança aumentadas, mas rotineiras (por exemplo, trancar portas, mas não as verificar repetidamente), sem sentir medo e pânico ou se envolver em comportamento de evitação excessivo. É importante ressaltar que o objetivo é superar a *hiper*vigilância, sem abandonar toda vigilância ou cautela. Se um terapeuta reconhece que um cliente está envolvido em comportamentos de alto risco, isso não deve ser abordado no início do tratamento, porque é provável que o cliente assuma que o terapeuta o está culpando ou julgando pelo evento. O terapeuta deve esperar até o módulo de segurança para discutir estratégias de atenuação de risco.

No entanto, alguns eventos são tão imprevisíveis e inevitáveis (por exemplo, um tiroteio em massa, um terremoto) que não há como diminuir o risco pessoal. Medos generalizados e obsessões de segurança relacionadas não evitarão eventos traumáticos; eles servirão apenas para impedir a recuperação. Nesse sentido, alguns clientes concentraram tanta atenção em algum fator ou a fatores associados ao trauma que focam seu planejamento de segurança neles, excluindo outras fontes de perigo de maior risco. Por exemplo, uma paciente que havia sido atacada em sua casa gastou anos e muito dinheiro em sistemas de alarme, novas janelas e mudanças constantes nas fechaduras das portas de sua casa. Em contraste, ela ia para bares e ficava embriagada com os amigos regularmente. Ela foi até vítima de ter uma droga colocada em uma de suas bebidas. Ainda assim, ela se concentrou apenas na probabilidade de ser atacada em sua casa, ignorando os riscos maiores em outros lugares. Por outro lado, outra paciente deixou de ir a eventos sociais e evitava multidões, mas deixava a janela do quarto aberta em um bairro menos seguro.

Os terapeutas devem ajudar os clientes a reconhecer autodeclarações problemáticas sobre segurança e começar a introduzir autodeclarações alternativas, mais moderadas e menos produtoras de medo (por exemplo, substituir "Tenho certeza de que vai acontecer de novo" por "É improvável que aconteça de novo"). Alguns clientes acreditam que, se um evento acontecer uma vez, acontecerá novamente. Os terapeutas podem precisar encorajar esses clientes a buscar estatísticas de probabilidade e podem precisar usar o diálogo socrático para "dimensionar corretamente" a frequência com que esses eventos ocorrem, mesmo em situações de alto risco (por exemplo, alguns locais na Ucrânia são de maior risco do que outros). Embora os terapeutas não possam prometer que eventos traumáticos não ocorrerão novamente, eles podem ajudar os clientes a parar de se comportar como se fossem todos eventos de alta frequência, especialmente em certos contextos. Além disso, os terapeutas devem promover autodeclarações saudáveis sobre as habilidades dos clientes de tolerar (e talvez ser mais resilientes ao enfrentar) outro evento traumático, com base em seus esforços de recuperação e suas habilidades aprendidas por meio da TPC.

ATRIBUIR A NOVA TAREFA PRÁTICA

O cliente deve receber o Módulo de Questões de Segurança (Ficha 12.1) para reforçar a psicoeducação fornecida sobre o tema segurança nesta sessão. Se questões de segurança relacionadas a si mesmo ou a outras pessoas forem evidentes nas declarações, no comportamento ou no registro de pontos de bloqueio do cliente, ele deve preencher pelo menos uma Planilha de Pensamentos Alternativos sobre segurança antes da próxima sessão. Caso contrário, o cliente deve ser encorajado a preencher as conclusões dessa planilha sobre outros pontos de bloqueio identificados e eventos recentes relacionados a traumas que foram angustiantes. Deve ser preenchida uma Planilha de Pensamentos Alternativos por dia (ver Ficha 11.1).

VERIFICAR AS REAÇÕES DO CLIENTE À SESSÃO E À TAREFA PRÁTICA

Como de costume, o terapeuta deve concluir a Sessão 7 explorando as reações do cliente à sessão e perguntando se ele tem alguma dúvida sobre o conteúdo ou a nova tarefa prática. O terapeuta deve reforçar quaisquer ideias ou descobertas importantes feitas na sessão e observar as mensagens importantes que o cliente oferece.

FICHA 12.1
Módulo de Questões de Segurança

Crenças de segurança relacionadas ao EU: a crença de que você pode se proteger de danos e ter algum controle sobre os eventos.

Experiência prévia

Negativa	Positiva
Se você experimentou repetidamente situações de vida perigosas e incontroláveis, pode ter desenvolvido crenças negativas sobre sua capacidade de se proteger de danos. Um novo evento traumático pode parecer confirmar essas crenças.	Se você teve experiências anteriores positivas, pode desenvolver a crença de que tem controle sobre a maioria dos eventos e pode se proteger de danos. O evento traumático pode ter destruído essa crença.
Exemplos de possíveis pontos de bloqueio	
"Não posso me proteger do perigo." "Se eu sair, vou me machucar." "Quando sinto medo, isso significa que estou em perigo."	

Possíveis soluções

Se você acreditava anteriormente que...	Um pensamento alternativo poderia ser...
"Isso não pode acontecer comigo", então você precisará resolver o conflito entre essa crença e o evento traumático.	"É improvável que aconteça novamente, mas a possibilidade existe. Mesmo que isso aconteça, tenho mais habilidades que posso usar para gerenciar minhas reações."
"Eu posso me proteger de qualquer dano", então você precisará resolver o conflito entre suas crenças anteriores e o evento traumático.	"Não tenho controle sobre tudo o que acontece comigo, mas posso tomar precauções para reduzir o risco de futuros eventos traumáticos."
"Não posso me proteger", então o novo evento traumático parecerá confirmar essas crenças. Novas crenças devem ser desenvolvidas que sejam mais equilibradas em relação à sua capacidade de se manter seguro.	"Eu tenho alguma capacidade de me manter seguro e posso tomar medidas para me proteger de danos."

(Continua)

De *Vencendo o transtorno de estresse pós-traumático com a terapia de processamento cognitivo: manual do terapeuta*, 2ª edição, Patricia A. Resick, Candice M. Monson e Kathleen M. Chard (The Guilford Press, 2024). Os compradores deste livro podem baixar cópias adicionais desta planilha na página do livro em loja.grupoa.com.br.

FICHA 12.1 (p. 2 de 2)

Crenças de segurança relacionadas a OUTROS: crenças sobre a periculosidade de outras pessoas e expectativas sobre a intenção de outras pessoas de causar danos, ferimentos ou perdas.

Experiência prévia

Negativa	Positiva
Se na infância você experienciou as pessoas como perigosas ou se você acreditava que a violência era uma maneira normal de se relacionar, o novo evento traumático parecerá confirmar essas crenças.	Se na infância você experienciou as pessoas como confiáveis, pode esperar que outras pessoas o mantenham seguro e não causem danos, ferimentos ou perdas. O evento traumático pode ter causado uma ruptura nessa crença.
Exemplos de possíveis pontos de bloqueio	
"O mundo é perigoso em todos os lugares." "As pessoas sempre tentarão me prejudicar." "Não há lugar seguro para se estar."	

Possíveis soluções

Se você acreditava anteriormente que...	Um pensamento alternativo poderia ser...
"Os outros querem me prejudicar, e a maioria das pessoas vai me machucar se puder", então você precisará modificar essa crença, ou será impossível ter relacionamentos felizes e de confiança com os outros.	"Existem algumas pessoas por aí que são perigosas, mas nem todo mundo quer me prejudicar de alguma forma."
"Eu nunca serei ferido pelos outros", então você precisará resolver o conflito entre essa crença e o evento traumático.	"Pode haver algumas pessoas que tentarão me prejudicar, mas nem todos que conheço vão me machucar. Posso tomar precauções para reduzir a probabilidade de que outras pessoas possam me machucar."

FICHA 12.2
Tarefa prática após a Sessão 7 da TPC

Use as Planilhas de Pensamentos Alternativos para analisar pelo menos um de seus pontos de bloqueio a cada dia até que você possa desenvolver um pensamento alternativo que seja mais equilibrado e factual. Por favor, leia o módulo sobre segurança e pense em como suas crenças anteriores foram afetadas por seu trauma. Se você tiver problemas de segurança relacionados a você ou a outras pessoas, preencha pelo menos uma planilha para examinar essas crenças. Use as fichas restantes para outros pontos de bloqueio ou para eventos angustiantes que ocorreram recentemente.

13

Sessão 8
Temas de trauma — segurança

OBJETIVOS PARA A SESSÃO 8

Os objetivos principais para o restante do tratamento da TPC são muito semelhantes, com o terapeuta e o cliente revisando as Planilhas de Pensamentos Alternativos (Ficha 11.1) relacionadas aos respectivos temas de trauma. Além disso, se o cliente tiver quaisquer pontos de bloqueio relacionados à assimilação não resolvidos, ou pontos de bloqueio relacionados a outro trauma, eles devem ser integrados às sessões e às tarefas de forma continuada.

PROCEDIMENTOS PARA A SESSÃO 8

1. Revisar as pontuações do cliente nas medidas objetivas de autorrelato. (5 minutos)
2. Revisar as Planilhas de Pensamentos Alternativos do cliente relacionadas ao tema segurança e a outros pontos de bloqueio. (30 minutos)
3. Apresentar o tema confiança. (Ficha 13.1) (15 minutos)
4. Atribuir a nova tarefa prática. (Ficha 13.2) (5 minutos)
5. Verificar as reações do cliente à sessão e à tarefa prática. (5 minutos)

REVISAR AS PLANILHAS DE PENSAMENTOS ALTERNATIVOS DO CLIENTE

A Sessão 8 deve começar com o terapeuta e o cliente revisando as Planilhas de Pensamentos Alternativos preenchidas pelo cliente e discutindo o sucesso ou os problemas do cliente ao mudar os pontos de bloqueio (e as emoções subsequentes). Idealmente, o cliente terá preenchido pelo menos uma planilha sobre questões de segurança relacionadas a si mesmo ou a outros, e o terapeuta deve se concentrar em revisar as planilhas de segurança e quaisquer planilhas que abordem pontos de bloqueio relacionados à assimilação não resolvidos antes de revisar quaisquer fichas adicionais. O que não for abordado na sessão precisará ser revisado antes da próxima sessão; por isso, é importante não se concentrar demais em uma planilha, a menos que o cliente esteja realmente lutando com esse ponto de bloqueio.

As questões de segurança geralmente se concentram em probabilidades. Um ponto de bloqueio de segurança comum para os clientes é que um evento traumático *acontecerá* novamente. Os sobreviventes de estupro podem dizer "Todos os homens são estupradores"; os militares podem dizer "Se eu for enviado para uma missão, vou morrer", e os sobreviventes de acidentes automotivos podem dizer "Não é seguro para mim dirigir". Esses tipos de pontos de bloqueio podem restringir significativamente essas pessoas de viverem suas vidas de forma plena. Os sobreviventes de estupro podem ter medo de namorar, ir a festas ou até mesmo estar em público. Sobreviventes de tiroteios em escolas podem ter medo de voltar para a escola. Um motorista de caminhão pode não ser capaz de fazer seu trabalho por mais tempo.

Quando os terapeutas ajudam os pacientes com as Planilhas de Pensamentos Alternativos, é importante que eles ajudem os clientes a editar as planilhas durante a sessão, para que os clientes tenham planilhas novas e aprimoradas para revisar fora da sessão. Além disso, constatamos que os pacientes podem se tornar tão arraigados em suas crenças que têm grande dificuldade em ver as coisas de outra maneira, mesmo neste ponto da TPC. Para clientes que estão tendo dificuldade em lidar com seus pontos de bloqueio superacomodados relacionados à segurança, os terapeutas podem escolher várias opções para ajudar a libertar os clientes. Por exemplo, um terapeuta pode ajudar um cliente a se concentrar na probabilidade de um evento traumático acontecer novamente. Se o ponto de bloqueio do cliente for "Vai acontecer de novo", essa crença molda a maneira como o cliente age na vida diária e o faz evitar situações que, no passado, poderiam ter sido adotadas. O terapeuta pode pedir ao cliente que procure as probabilidades reais de diferentes eventos acontecerem, a fim de ajudá-lo a ver que, no dia a dia, a probabilidade de experimentar um evento traumático significativo é realmente muito baixa. Aqui estão alguns exemplos específicos dessa abordagem. Se alguém disser que ir a uma loja grande é muito perigoso, pode ser uma boa ideia fazer o cliente procurar a taxa de criminalidade dessa loja. Em relação a uma sobrevivente de estupro, um terapeuta pode fazer as seguintes perguntas:

> "Quantos homens existem no mundo? Desses 3,6 bilhões de homens, quantos você acha que encontrou? Desses, quantos tentaram estuprá-la? Você conhece algum homem que realmente tentou ajudá-la ou foi gentil com você? Então, é mais provável que você encontre alguém que seja gentil ou que encontre alguém que tente estuprá-la?"

O terapeuta pode perguntar a uma vítima de acidente de carro que tem medo de dirigir novamente quantas vezes o cliente dirigiu no passado e não vivenciou algo ruim, como na seguinte conversa:

TERAPEUTA: Quantas vezes você se machucou em um acidente de carro antes deste?

CLIENTE: Nenhuma. Mas eu vejo relatos de acidentes no noticiário o tempo todo.

TERAPEUTA: Com certeza. Eles acontecem, isso é verdade. Mas eu me pergunto, quantas vezes você já dirigiu e nada de ruim aconteceu?

CLIENTE: Não tem como calcular. Milhares? Centenas de milhares, talvez.

TERAPEUTA: Exatamente. E agora que você sofreu um acidente, você vê muitas evidências de outras pessoas que aparecem no noticiário. Mas você acha que essas pessoas também dirigiram milhares de vezes sem sofrer um acidente?

CLIENTE: Provavelmente.

TERAPEUTA: Então você ou qualquer outra pessoa agora tem mais probabilidade de sofrer um acidente, ou você está apenas prestando mais atenção às notícias por causa do seu acidente?

CLIENTE: Acho que estou realmente me concentrando nas notícias porque tenho medo de que um acidente aconteça, mas acho que não é mais provável que aconteça do que antes.

TERAPEUTA: Excelente. Vamos agora continuar a examinar o que você está dizendo a si mesmo usando a Planilha de Pensamentos Alternativos.

O terapeuta observou que o medo do cliente pode ser impulsionado pelo ponto de bloqueio "Outro acidente acontecerá" e perguntou ao cliente se há outra maneira de olhar para esse pensamento com base na discussão. O cliente afirmou que não sabia se "sofreria" um acidente e agora pensava que "poderia" sofrer um acidente. O terapeuta perguntou ao cliente se ele se sentia melhor do que supondo que algo "aconteceria"; o cliente relatou sentir-se mais "aliviado" e "esperançoso" quando acreditava que "poderia". Em vez de pressionar o cliente ainda mais sobre esse tópico na sessão, o terapeuta o orientou a trabalhar nele preenchendo mais Planilhas de Pensamentos Alternativos. O ponto de bloqueio indicado para o cliente completar como parte de sua tarefa prática era "Se eu dirigir, vou sofrer um acidente".

Uma vez que o paciente tenha preenchido uma Planilha de Pensamentos Alternativos que resolva com sucesso um ponto de bloqueio, o paciente deve ser encorajado a reler a planilha regularmente para reforçar seu pensamento. É por isso que é fundamental que o terapeuta e o paciente se concentrem continuamente em escrever nas planilhas e não apenas falar sobre as coisas, para que o paciente tenha algo útil e reforçador para ler entre as sessões.

APRESENTAR O TEMA DA CONFIANÇA

Durante os 10 minutos finais da sessão, o terapeuta apresenta o tema confiança. O terapeuta e o cliente devem examinar brevemente o Módulo de Questões de Confiança (Ficha 13.1). Aqui está um exemplo de como esse módulo pode ser apresentado ao cliente:

> *"A ideia de autoconfiança envolve a crença de que as pessoas confiam em seus próprios pensamentos, percepções ou julgamentos. Após um evento traumático, muitas pessoas começam a se questionar e a questionar muitos aspectos do evento traumático. Elas podem questionar seu próprio julgamento sobre estar na situação que levou ao evento, seus comportamentos durante o evento ou sua capacidade de julgar o caráter — particularmente se, no caso de uma agressão, o agressor era um conhecido.*
>
> *Por outro lado, a confiança nos outros envolve a capacidade de uma pessoa de ter um senso equilibrado de confiança em outras pessoas. A confiança focada nos outros também é frequentemente interrompida após eventos traumáticos. Além da sensação de traição que ocorre quando eventos traumáticos são causados intencionalmente por pessoas em quem os clientes pensavam que podiam confiar, às vezes os clientes se sentem traídos pelas pessoas a quem recorreram para obter ajuda ou apoio durante ou após o evento. Por exemplo, se um sobrevivente de trauma infantil relata o evento a um de seus pais ou responsáveis e é informado de que está inventando coisas, o cliente pode decidir: 'Não posso confiar em ninguém para acreditar ou me ajudar em nenhuma circunstância'. Ou, se uma criança foi agredida por um dos pais, a criança pode vir a acreditar quando adulta: 'Não se pode confiar em ninguém'. Às vezes, os clientes carregam essa crença por décadas sem realmente saber se a outra pessoa ou grupo, de fato, os traiu, ou se pode haver uma explicação alternativa para seu comportamento — por exemplo, a inteligência militar estava errada ou o pai não perpetrador não sabia sobre o abuso do outro pai."*

ATRIBUIR A NOVA TAREFA PRÁTICA

Ao atribuir a nova tarefa prática após esta sessão (Ficha 13.2), o cliente deve receber o Módulo de Questões de Confiança (Ficha 13.1) para reforçar a psicoeducação fornecida sobre confiança nesta sessão. Se questões envolvendo confiança em si mesmo ou em outras pessoas forem evidentes nas declarações, nos comportamentos e no registro de pontos de bloqueio do cliente, este deve preencher pelo menos uma planilha sobre confiança antes da próxima sessão. Caso contrário, o cliente deve ser encorajado a preencher planilhas sobre outros pontos de bloqueio identificados e/ou outros eventos recentes que tenham sido angustiantes. Deve ser preenchida uma Planilha de Pensamentos Alternativos por dia ou mais se o cliente estiver sendo atendido com mais frequência (ver Ficha 11.1).

VERIFICAR AS REAÇÕES DO CLIENTE À SESSÃO E À TAREFA PRÁTICA

O terapeuta deve concluir a Sessão 8 explorando as reações do cliente à sessão e perguntando se o cliente tem alguma dúvida sobre o conteúdo da sessão ou a nova tarefa prática. O terapeuta deve reforçar quaisquer ideias ou descobertas importantes feitas na sessão e anotar quaisquer novos pontos de bloqueio ou mensagens importantes para o cliente levar para casa.

FICHA 13.1
Módulo de Questões de Confiança

Crenças de confiança relacionadas ao EU: a crença de que você pode confiar ou contar com seus próprios julgamentos e decisões. Confiar em si mesmo é um alicerce importante para desenvolver relacionamentos saudáveis e de confiança com os outros.

Experiência prévia

Negativa	Positiva
Se você teve experiências anteriores em que foi culpado por eventos negativos, pode ter desenvolvido crenças negativas sobre sua capacidade de tomar decisões ou fazer julgamentos sobre situações ou pessoas. Um novo evento traumático pode parecer confirmar essas crenças.	Se você teve experiências anteriores que o levaram a acreditar que poderia confiar em seu julgamento, o evento traumático pode ter minado essa crença.
Exemplos de possíveis pontos de bloqueio	
"Não posso confiar em meu próprio julgamento." "Como tomei decisões erradas no passado, sempre tomarei decisões ruins." "Não posso confiar em mim mesmo."	

Possíveis soluções

Se você acreditava anteriormente que...	Um pensamento alternativo poderia ser...
"Não posso confiar no meu julgamento", eventos traumáticos posteriores podem ter reforçado essa crença. É importante entender que o evento traumático pode ou não ter sido culpa sua e que suas decisões podem não ter sido a causa do evento traumático.	"Ainda posso confiar no meu julgamento, mesmo que não seja perfeito." "Mesmo que eu tenha julgado mal essa pessoa ou situação, isso não significa que não posso confiar em meu julgamento ou minha tomada de decisão no futuro."
"Tenho bom senso e tomo decisões sábias", então o evento traumático pode ter alterado essa crença. Novas crenças precisam refletir as possibilidades de que você pode cometer erros, mas ainda ter bom senso, e que erros de julgamento nem sempre podem ser considerados a razão pela qual ocorrem eventos traumáticos.	"Ninguém tem julgamento perfeito. Fiz o melhor que pude em uma situação imprevisível e ainda posso confiar na minha capacidade de tomar decisões, mesmo que não seja perfeita." "Minhas decisões (boas ou ruins) não fizeram com que o evento acontecesse."

(Continua)

De *Vencendo o transtorno de estresse pós-traumático com a terapia de processamento cognitivo: manual do terapeuta*, 2ª edição, Patricia A. Resick, Candice M. Monson e Kathleen M. Chard (The Guilford Press, 2024). Os compradores deste livro podem baixar cópias adicionais desta planilha na página do livro em loja.grupoa.com.br.

FICHA 13.1 *(p. 2 de 3)*

Crenças de confiança relacionadas a OUTROS: crenças de que as promessas de outras pessoas ou grupos podem ser confiáveis em relação ao comportamento futuro. Uma das primeiras tarefas do desenvolvimento infantil envolve confiança *versus* desconfiança: uma pessoa precisa aprender um equilíbrio saudável entre confiança e desconfiança e quando cada uma é apropriada.

Experiência prévia

Negativa	Positiva
Se você foi traído em sua infância, pode ter desenvolvido a crença generalizada de que "Ninguém é confiável". Um novo evento traumático pode servir para confirmar essa crença, especialmente se você foi ferido por um conhecido.	Se você teve boas experiências enquanto crescia, pode ter desenvolvido a crença de que "Todas as pessoas são confiáveis". O evento traumático pode ter destruído essa crença.

Experiência pós-traumática

Se as pessoas que você conhecia e confiava, ou pessoas em posições de autoridade, foram julgadoras, distantes ou não deram apoio após o evento traumático, sua crença na confiabilidade delas pode ter sido quebrada.

Exemplos de possíveis pontos de bloqueio
"Ninguém é confiável."
"As pessoas com autoridade sempre se aproveitarão de você."
"Se eu confiar em alguém, eles vão me machucar."
"Se eu chegar perto de alguém, eles vão embora."

Possíveis soluções

Se você acreditava anteriormente que...	Um pensamento alternativo poderia ser...
"Ninguém é confiável", o que aparentemente foi confirmado pelo evento traumático, então você precisa adotar novas crenças que lhe permitirão entrar em novos relacionamentos a partir de uma posição neutra, que lhe permita ver se diferentes tipos de confiança podem ser construídos.	"Embora eu possa achar que algumas pessoas não são confiáveis em alguns aspectos, não posso presumir que todos sejam sempre indignos de confiança." "Confiar em outra pessoa envolve algum risco, mas posso me proteger desenvolvendo confiança lentamente e incluindo o que aprendo sobre essa pessoa à medida que a conheço."

(Continua)

FICHA 13.1 *(p. 3 de 3)*

Se você acreditava anteriormente que...	Um pensamento alternativo poderia ser...
"Todos podem ser confiáveis", então o evento traumático pode ter destruído essa crença. Para evitar presumir que nem todas as pessoas são confiáveis, incluindo aquelas em quem você costumava confiar, você terá que entender que a confiança não é uma questão de um ou outro.	"Posso não ser capaz de confiar em todos em todos os sentidos, mas isso não significa que tenho que parar de confiar nas pessoas em quem costumava confiar."
"Posso confiar em minha família e meus amigos", então o evento traumático pode ter impactado suas crenças sobre a confiabilidade de seu sistema de apoio quando essas pessoas não agiram da maneira que você queria depois de saberem do evento traumático. Antes de assumir que não pode confiar em ninguém em seu sistema de apoio, é importante considerar por que essas pessoas podem ter reagido da maneira que reagiram. Muitas pessoas não sabem como responder quando alguém de quem gostam está traumatizado e podem estar reagindo por ignorância. Algumas pessoas podem ter respondido por medo ou negação, porque o que aconteceu com você as fez se sentir vulneráveis e pode ter afetado suas próprias crenças.	"A confiança não é um conceito de tudo ou nada. Algumas pessoas podem ser mais confiáveis do que outras." "Posso pedir ajuda e dizer aos outros o que preciso deles e depois ver se eles fazem um trabalho melhor para atender às minhas necessidades. Posso usar isso como uma forma de avaliar sua confiabilidade." Se você achar que outras pessoas continuam a não apoiar o trauma, mas são gentis com você de outras maneiras, você pode optar por adotar uma declaração como "Há algumas pessoas com quem não posso falar sobre o evento traumático, mas há outras pessoas em outras áreas da minha vida em que posso confiar". Se uma pessoa continuar a ser negativa ou fazer declarações de culpa em relação a você, você pode querer dizer a si mesmo: "Essa pessoa não é confiável, e não é saudável para mim ter a pessoa em minha vida neste momento".

FICHA 13.2
Tarefa prática após a Sessão 8 da TPC

Use as Planilhas de Pensamentos Alternativos para analisar pelo menos um de seus pontos de bloqueio a cada dia até que você possa desenvolver um pensamento alternativo que seja mais equilibrado e factual. Por favor, leia o módulo sobre confiança e pense em como suas crenças anteriores foram afetadas por seu trauma. Se você tiver problemas de confiança relacionados a você ou a outras pessoas, preencha pelo menos uma planilha para examinar essas crenças. Use as fichas restantes para outros pontos de bloqueio ou para eventos angustiantes que ocorreram recentemente.

De *Vencendo o transtorno de estresse pós-traumático com a terapia de processamento cognitivo: manual do terapeuta*, 2ª edição, Patricia A. Resick, Candice M. Monson e Kathleen M. Chard (The Guilford Press, 2024). Os compradores deste livro podem baixar cópias adicionais desta planilha na página do livro em loja.grupoa.com.br.

14

Sessão 9
Temas de trauma — confiança

OBJETIVOS PARA A SESSÃO 9

Os principais objetivos da sessão sobre o tema confiança começam com o terapeuta e o paciente revisando as Planilhas de Pensamentos Alternativos (Ficha 11.1) relacionadas à confiança e introduzindo a Planilha da Estrela da Confiança. Além disso, se o paciente tiver quaisquer pontos de bloqueio assimilados não resolvidos, ou pontos de bloqueio em relação a outro trauma, eles devem ser integrados às sessões e às tarefas práticas continuadas. No final da sessão, o tema do poder e do controle é introduzido e atribuído.

PROCEDIMENTOS PARA A SESSÃO 9

1. Revisar as pontuações do cliente nas medidas objetivas de autorrelato. (5 minutos)
2. Revisar as Planilhas de Pensamentos Alternativos do cliente relacionadas ao tema confiança e outros pontos de bloqueio. (20 minutos)
3. Preencher uma Planilha da Estrela da Confiança (Ficha 14.1) juntos. (15 minutos)
4. Apresentar o tema poder/controle. (Ficha 14.2) (10 minutos)
5. Atribuir a nova tarefa prática. (Ficha 14.3) (5 minutos)
6. Verificar as reações do cliente à sessão e à tarefa prática. (5 minutos)

REVISAR AS PLANILHAS DE PENSAMENTOS ALTERNATIVOS DO CLIENTE

Depois de pontuar a(s) medida(s), a Sessão 9 deve começar com o terapeuta e o cliente revisando as Planilhas de Pensamentos Alternativos e abordando os pontos de bloqueio relacionados à confiança. O terapeuta deve continuar a usar o diálogo socrático, conforme necessário, para gerar formas alternativas de pensar que, novamente, devem ser registradas nas planilhas ao longo da sessão. Às vezes, os clientes identificam novos pontos de bloqueio assimilados ou pontos de bloqueio relacionados a tópicos diferentes do tema da sessão. É por isso que o terapeuta deve revisar o maior número possível de planilhas na sessão, para garantir que o cliente tenha fornecido alternativas razoáveis aos pontos de bloqueio. No entanto, revisar as planilhas não significa que o terapeuta e o cliente precisem discutir cada uma delas em profundidade.

Para muitos sobreviventes de trauma, a confiança se torna um conceito binário, em vez de se situar em um *continuum*. Assim, as pessoas recebem muita confiança antecipadamente (por exemplo, "Todas as pessoas da minha idade são confiáveis") ou são consideradas não confiáveis, a menos que haja evidências esmagadoras do contrário. Como resultado, os sobreviventes de traumas tendem a se afastar dos relacionamentos ou a se envolver em relacionamentos doentios e desequilibrados. Pode ser útil para um terapeuta e um cliente descrever diferentes tipos de confiança, para que o cliente possa ver que existem muitos tipos de confiança e que alguns são mais importantes do que outros (por exemplo: confiança com segredos; confiança na competência de um médico ou piloto; fidelidade; confiabilidade; não usar informações contra o cliente).

O terapeuta pode ajudar o cliente a explorar a ideia de que a confiança se situa em uma faixa contínua e é multidimensional, com diferentes tipos/níveis de confiança para diferentes pessoas, por meio do diálogo socrático e da Planilha de Pensamentos Automáticos. Segue um exemplo de tal diálogo:

> **CLIENTE:** Meu ponto de bloqueio é que não consigo confiar em ninguém.
>
> **TERAPEUTA:** Entendi. Você fez uma planilha de pensamentos alternativos sobre este?
>
> **CLIENTE:** Sim, mas não fui muito longe.
>
> **TERAPEUTA:** OK, vamos dar uma olhada para ver se podemos terminá-la juntos. Vejo que você listou o ponto de bloqueio e suas emoções, mas parou nas perguntas exploratórias, então vamos continuar nesse ponto. Qual é a evidência contra o ponto de bloqueio "não consigo confiar em ninguém"?
>
> **CLIENTE:** O que você quer dizer? Todo mundo em quem eu já confiei me machucou, então percebi que não consigo confiar em ninguém.
>
> **TERAPEUTA:** Pode ser útil pensar na confiança como tendo diferentes tipos e diferentes níveis. Por exemplo, você conhece algumas pessoas a quem você poderia confiar seu cachorro, gato ou filho, mas não confiaria nelas para dirigir seu carro?
>
> **CLIENTE:** Sim.
>
> **TERAPEUTA:** Que tal confiar em alguém para salvar sua vida, mas não ser capaz de confiar que eles cheguem a tempo para um filme?

CLIENTE: Eu conheço alguém assim também.

TERAPEUTA: OK, então vamos voltar a essa questão. Qual é a evidência contra a crença de que você não pode confiar em ninguém?

CLIENTE: Bem, acho que há pessoas na minha vida em quem confio algumas coisas, mas não posso confiar em ninguém com as coisas mais sérias, como estar em um relacionamento.

TERAPEUTA: Isso parece ser outro ponto de bloqueio. Se você confiar em alguém em um relacionamento, o que acontecerá?

CLIENTE: Se eu confiar em alguém em um relacionamento, ela vai me deixar. Eu também devo anotar isso no meu registro de pontos de bloqueio?

TERAPEUTA: (*Rindo*) Sim, eu gostaria que você acrescentasse isso. Você entendeu. Agora, olhe para a próxima pergunta exploratória. Que informações você não está incluindo quando diz "Não posso confiar em ninguém"?

CLIENTE: Bem, como você disse, tenho um amigo em quem confio para ir ao cinema e tenho outro amigo com quem vou a alguns eventos esportivos.

TERAPEUTA: Ótimo. Então, parece que você tem alguns amigos em quem confia algumas coisas?

CLIENTE: Sim, eu tenho. Acho que não os estou incluindo.

TERAPEUTA: É muito normal procurar apenas evidências que confirmem nossos pensamentos do que procurar detalhes que alterem nossos pensamentos. É por isso que essas planilhas podem ser tão úteis. Elas ajudam a olhar para todas as informações disponíveis, e não apenas para as informações que confirmam nossas crenças ou nossos pontos de bloqueio.

É importante que os terapeutas se certifiquem de que os pacientes procuraram pontos de bloqueio relacionados à confiança em si mesmos e nos outros, porque os pontos de bloqueio relacionados à assimilação em relação à culpa podem levar a pontos de bloqueio em relação à incapacidade de confiar. Muitas vezes, os pontos de bloqueio de autoconfiança giram em torno da dúvida dos clientes em sua capacidade de tomar boas decisões, devido à crença de que o trauma aconteceu por causa de algo que eles fizeram ou não fizeram, ou que eles "deveriam saber" que o evento traumático iria ocorrer. Esse viés retrospectivo e o raciocínio baseado em resultados permitem que os clientes se culpem pelo que aconteceu com base nas informações que conhecem agora, em vez de apenas olhar para os fatos como eram no momento do evento. A Planilha de Pensamentos Alternativos permitirá que esses clientes olhem objetivamente para os fatos da época e separem algumas das conclusões imprecisas.

Por fim, pode ser necessário ajudar alguns clientes a considerar por que alguns de seus amigos ou familiares podem ter se afastado deles inicialmente depois de ouvir sobre o evento traumático. Pode ser difícil para alguns clientes ver isso como algo além de culpa ou traição por parte deles. Com as Planilhas de Pensamentos

Alternativos, elas podem ser usadas para ajudar a considerar que os comportamentos de seus entes queridos podem ter refletido, em vez disso, suas próprias reações de impotência e vulnerabilidade. Ou os entes queridos podem simplesmente não ter conseguido encontrar uma maneira apropriada de responder ao trauma dos clientes. Talvez seja útil para esses clientes entender que outras pessoas também podem estar sofrendo devido ao evento traumático e que as reações dessas pessoas podem ser suas próprias formas de lidar com seus sentimentos. Como alternativa, examinar as reações dos outros pode revelar que um amigo ou membro da família não é confiável, pelo menos nesse domínio, e pode não ser alguém a quem um cliente deva confiar informações confidenciais.

"Além da Planilha de Pensamentos Alternativos, outra ferramenta que vamos usar para a prática é a Planilha da Estrela da Confiança. [Mostrar ao cliente as Fichas 14.1 e 14.1a.] Ao olhar para esse diagrama, o que você acha de chamarmos o ponto médio entre confiança total e desconfiança total de 0, significando 'Não tenho nenhuma informação'? Podemos pensar na confiança como uma estrela com muitas linhas seguindo em diferentes direções para representar os diferentes tipos e níveis de confiança que você pode ter com pessoas diferentes. Vamos começar a preencher a Planilha da Estrela da Confiança listando diferentes tipos de confiança. Depois, vamos escolher uma pessoa em sua vida e tentar avaliar o quanto você confia nesse indivíduo nessas diferentes dimensões. Em outras palavras, você pode confiar em [nome do amigo/parente] para emprestar dinheiro a ele(a), mas pode confiar em outros amigos para cuidar de seus filhos ou compartilhar um segredo. À medida que você aprende mais sobre uma pessoa, pode descobrir que pode confiar nela mais profundamente com mais coisas. Não há problema em não confiar em todas as pessoas da mesma maneira em todas as áreas. Por exemplo, você pode confiar em seu mecânico para consertar seu carro, mas não para passear com seu cachorro. Conhecer as limitações de alguém permite que você decida que tipo de relacionamento você tem e não desenvolva expectativas irrealistas que podem levá-lo a se sentir magoado quando o decepcionam."

CLIENTE: Eu entendo isso, mas acho que preciso pensar mais sobre os tipos de confiança que quero ou preciso ter com amigos.

TERAPEUTA: Sim, e essa planilha pode ajudá-lo a pensar em todas as opções em relação a qualquer pessoa em sua vida. Marque quais tipos de confiança são mais importantes na lista com um asterisco ou um sinal de visto. Quanto mais você confia neles em algum aspecto, mais longe no lado positivo da linha você coloca sua marca. Quanto menos você confia em alguém a respeito de algo (por exemplo, fofocar, tirar sarro de você), mais longe da linha negativa você coloca sua marca. Descobrimos que não há ninguém em quem possamos confiar de todas as maneiras possíveis. Eles poderiam pilotar um avião ou realizar uma cirurgia ocular em você? A pessoa do seu time de vôlei precisa ser capaz de guardar um segredo? Talvez você possa confiar que alguém vá fazer um bolo razoavelmente bem, mas não devolver o dinheiro emprestado. Precisamos descobrir, para cada pessoa, o que realmente sabemos e o que não sabemos sobre ela, e o que é mais importante para essa pessoa à medida que nos relacionamos com ela.

À medida que um cliente trabalha com pontos de bloqueio relacionados à confiança, pode ser útil perguntar sobre os custos e benefícios de manter esses pontos de bloqueio superacomodados, que provavelmente surgiram de pontos de bloqueio de autoculpa. O cliente geralmente responde que a autoculpa e a dúvida futura fornecem proteção contra outros eventos traumáticos e dão ao cliente controle sobre o futuro. Isso pode fornecer uma boa transição para a introdução do próximo tema, o de poder/controle.

APRESENTAR O TEMA DE PODER/CONTROLE

O tema poder/controle é introduzido como o tópico para a próxima tarefa prática. O paciente recebe o Módulo de Questões de Poder/Controle (Ficha 14.2) para ler após a sessão, para ajudar a identificar pontos de bloqueio adicionais que devem ser explorados antes da próxima sessão. O conceito de poder ou controle relacionado ao eu se refere à crença de uma pessoa em sua capacidade de gerenciar problemas e enfrentar novos desafios. Eventos traumáticos geralmente estão, em grande parte, fora do controle dos sobreviventes, então, em resposta, eles tentam assumir o controle total de todos os aspectos de suas vidas, na tentativa de remover a possibilidade de que quaisquer eventos traumáticos futuros aconteçam. Quando isso ocorre, eles também podem se tornar muito intolerantes com os erros de outras pessoas. Por outro lado, às vezes os clientes generalizam demais a partir do evento traumático e acreditam que agora são impotentes e não têm controle sobre nada. Isso pode fazer com que duvidem de si mesmos e deleguem a tomada de decisões a outras pessoas.

Como os outros temas, o poder/controle reside em uma faixa contínua e é multidimensional (por exemplo, autocontrole sobre emoções, comportamentos, impulsos). Ao usar o diálogo socrático, o terapeuta pode ajudar o cliente a considerar que as coisas não precisam ser tudo ou nada/preto ou branco. Assim, seria apropriado que um terapeuta fizesse qualquer um dos seguintes tipos de perguntas: "Ter controle sobre o quê? Suas emoções? Vestir-se todos os dias? Seus filhos?". É comum que as pessoas com TEPT acreditem que precisam controlar suas emoções, porque, se não o fizerem, "não serão capazes de lidar com isso" ou "perderão completamente o controle". Pessoas que foram vítimas de abuso emocional e físico por parte de seus parceiros podem chegar a acreditar que não são capazes de cuidar de si mesmas e são impotentes para sair de relacionamentos abusivos. Elas podem ter sido manipuladas por seus parceiros a acreditar em sua própria incompetência e impotência.

O poder em relação aos outros envolve as crenças dos clientes sobre o poder dos outros e sobre sua própria capacidade de controlar os resultados nas relações interpessoais. Muitos sobreviventes de trauma tentarão controlar todos os aspectos de seus relacionamentos na tentativa de se sentirem seguros e protegidos e podem ter dificuldade em permitir que outras pessoas tenham algum controle. Isso pode ser muito perturbador para relacionamentos existentes anteriormente e tornará muito difícil formar relacionamentos novos e saudáveis. É importante que um terapeuta procure mudanças nos relacionamentos de um cliente se o(s) evento(s) traumático(s) ocorreu(ram) na idade adulta. Se o evento-alvo ocorreu na infância, pode ser útil perguntar sobre padrões de relacionamento mais antigos de forma mais geral, na tentativa de encontrar pontos de bloqueio de poder/controle. Algumas pessoas têm pontos de bloqueio em relação à quantidade de controle que os outros têm sobre elas e sua incapacidade de tolerar que os outros lhes digam o que fazer (ou seja, questões de autoridade). Elas podem ter superacomodado os pontos de bloqueio de que estão desamparadas ou que os outros estão sempre tentando controlá-las ou ter poder em sua vida. Às vezes, no TEPT grave, os problemas de controle de outros podem parecer medos quase paranoicos de que as pessoas estão tentando controlá-las ou ter poder sobre elas.

ATRIBUIR A NOVA TAREFA PRÁTICA

Para a nova tarefa prática (Ficha 14.3), o cliente deve ser solicitado a preencher outra Planilha da Estrela da Confiança (Ficha 14.1) para ver as maneiras pelas quais ele pode confiar em outra pessoa em sua vida (e sobre a qual ele não tem informações). Ele deverá ler o Módulo de Questões de Poder/Controle (Ficha 14.2) para reforçar a psicoeducação fornecida sobre essa temática na sessão. Se questões de poder/controle relacionadas a si mesmo ou a outros forem evidentes nas declarações ou no comportamento do cliente, ele deve preencher pelo menos uma planilha sobre poder/controle antes da próxima sessão. Caso contrário, o cliente deve ser encorajado a preencher planilhas sobre outros pontos de bloqueio identificados e eventos recentes relacionados a traumas que foram angustiantes. Deve ser preenchida uma Planilha de Pensamentos Alternativos por dia, ou mais, se o cliente estiver sendo atendido com mais frequência (ver Ficha 11.1).

VERIFICAR AS REAÇÕES DO CLIENTE À SESSÃO E À TAREFA PRÁTICA

O terapeuta deve concluir a Sessão 9 explorando as reações do cliente à sessão e perguntando se ele tem alguma dúvida sobre o conteúdo da sessão ou as novas tarefas práticas. O terapeuta deve reforçar quaisquer ideias ou descobertas importantes feitas na sessão e observar as mensagens importantes que o cliente oferece.

FICHA 14.1
Planilha da Estrela da Confiança

Data: _____   Nome: _____

Existem muitos tipos diferentes de confiança (por exemplo, manter segredos, ser confiável). Nas linhas do lado direito da página, liste todos os diferentes tipos de confiança que você pode imaginar. Em seguida, pense em uma pessoa em particular. Escreva aqui o seu relacionamento com ela: _____. Se você não consegue pensar em um membro da família ou amigo, identifique alguém em quem você deve confiar, como um médico, um mecânico ou um motorista de ônibus. Coloque um asterisco nos tipos mais importantes de confiança para essa pessoa. Em seguida, preencha a estrela escrevendo um tipo de confiança em cada linha e coloque um X na linha sobre o quanto você confia neles com esse tipo de confiança. Se você não sabe, coloque o X dentro do círculo "Sem informações". Essa pessoa precisa ser confiável em *todos* os sentidos? E quanto às formas mais importantes? Você confiaria nessa pessoa para arrancar seu dente, cortar seu cabelo, consertar seu carro?

Tipos de Confiança

De *Vencendo o transtorno de estresse pós-traumático com a terapia de processamento cognitivo: manual do terapeuta*, 2ª edição, Patricia A. Resick, Candice M. Monson e Kathleen M. Chard (The Guilford Press, 2024). Os compradores deste livro podem baixar cópias adicionais desta planilha na página do livro em loja.grupoa.com.br.

FICHA 14.1a
Planilha da Estrela da Confiança: exemplo

Existem muitos tipos diferentes de confiança (por exemplo, manter segredos, ser confiável). Nas linhas do lado direito da página, liste todos os diferentes tipos de confiança que você pode imaginar. Em seguida, pense em uma pessoa em particular. Escreva aqui o seu relacionamento com ela:_____amigo – J. D._____. Se você não consegue pensar em um membro da família ou amigo, identifique alguém em quem você deve confiar, como um médico, um mecânico ou um motorista de ônibus. Coloque um asterisco nos tipos mais importantes de confiança para essa pessoa. Em seguida, preencha a estrela escrevendo um tipo de confiança em cada linha e coloque um X na linha sobre o quanto você confia neles com esse tipo de confiança. Se você não sabe, coloque o X dentro do círculo "Sem informações". Essa pessoa precisa ser confiável em *todos* os sentidos? E quanto às formas mais importantes? Você confiaria nessa pessoa para arrancar seu dente, cortar seu cabelo, consertar seu carro?

Tipos de Confiança

Mantém informações em segredo
Confiaria meu filho
Devolve dinheiro
Confiável
Não atrasa
Solidário
Protetor
Competente
Fiel
Não fofoca
Me mantém fisicamente seguro
_____
_____

De *Vencendo o transtorno de estresse pós-traumático com a terapia de processamento cognitivo: manual do terapeuta*, 2ª edição, Patricia A. Resick, Candice M. Monson e Kathleen M. Chard (The Guilford Press, 2024). Os compradores deste livro podem baixar cópias adicionais desta planilha na página do livro em loja.grupoa.com.br.

FICHA 14.2
Módulo de Questões de Poder/Controle

Crenças de poder e controle relacionadas ao EU: crenças de que você pode resolver problemas e enfrentar desafios em seu caminho.

Experiência prévia

Negativa	Positiva
Se você cresceu experienciando eventos negativos repetidamente, pode ter desenvolvido a crença de que não pode controlar eventos ou resolver problemas, mesmo que sejam controláveis/solucionáveis. Um novo evento traumático pode parecer confirmar suas crenças anteriores sobre o desamparo.	Se você cresceu acreditando que tinha controle sobre os eventos e poderia resolver problemas, o evento traumático pode ter interrompido essas crenças.
Exemplos de possíveis pontos de bloqueio	
"Não consigo controlar minhas emoções." "O trauma é totalmente culpa minha." "Eu preciso estar no controle, ou coisas ruins vão acontecer." "Se eu perder o controle sobre minhas emoções, algo ruim acontecerá."	

Possíveis soluções

Se você acreditava anteriormente que...	Um pensamento alternativo poderia ser...
"Eu tenho controle sobre tudo o que faço e digo, bem como sobre as ações dos outros", então será importante perceber que nenhum de nós pode ter controle total sobre nossas emoções ou nosso comportamento em todos os momentos. Embora você possa influenciar muitos eventos externos, é impossível controlar todos os eventos ou todos os comportamentos de outras pessoas.	"Não tenho controle total sobre minhas reações, das outras pessoas ou eventos o tempo todo. No entanto, sou capaz de ter algum controle sobre minhas reações aos eventos e influenciar alguns comportamentos de outras pessoas ou os resultados de alguns eventos." "Nem sempre acontecem coisas ruins quando não estou no controle."
"Estou desamparado ou impotente em relação a mim mesmo ou aos outros", então você pode se sentir deprimido ou ter baixa autoestima. Pode ser útil olhar para sua capacidade real de se controlar e influenciar alguns eventos em sua vida.	"Não posso controlar todos os eventos fora de mim, mas tenho algum controle sobre o que acontece comigo e as minhas reações aos eventos." "Não posso controlar todos os resultados, mas posso influenciar as probabilidades."

(Continua)

De *Vencendo o transtorno de estresse pós-traumático com a terapia de processamento cognitivo: manual do terapeuta*, 2ª edição, Patricia A. Resick, Candice M. Monson e Kathleen M. Chard (The Guilford Press, 2024). Os compradores deste livro podem baixar cópias adicionais desta planilha na página do livro em loja.grupoa.com.br.

FICHA 14.2 (p. 2 de 3)

Crenças de poder e controle relacionadas a OUTROS: crenças de que você pode controlar os outros ou eventos futuros relacionados a outros (incluindo pessoas no poder).

Experiência prévia

Negativa	Positiva
Se você teve experiências anteriores com outras pessoas que o levaram a acreditar que não tinha controle em seus relacionamentos com os outros, ou que não tinha poder em relação a outras pessoas poderosas, o evento traumático parecerá confirmar essas crenças.	Se você teve experiências positivas anteriores em seus relacionamentos com outras pessoas e em relação a outras pessoas poderosas, pode ter acreditado que poderia influenciar outras pessoas. O evento traumático pode destruir essa crença porque você não conseguiu evitar o evento, apesar de seus melhores esforços.
Sintomas associados a crenças negativas de poder/controle sobre os outros	
Passividade Submissão Falta de assertividade, que pode se generalizar para todos os relacionamentos Incapacidade de manter relacionamentos porque você não permite que as outras pessoas exerçam qualquer poder nos relacionamentos (incluindo ficar furioso se as outras pessoas tentarem exercer até mesmo uma quantidade mínima de controle)	
Exemplos de possíveis pontos de bloqueio	
"As pessoas sempre tentarão controlá-lo." "Não adianta nem tentar lutar contra a autoridade." "Esse evento só prova que as pessoas têm muito poder sobre mim."	

(Continua)

FICHA 14.2 *(p. 3 de 3)*

Possíveis soluções

Se você acreditava anteriormente que...	Um pensamento alternativo poderia ser...
"Eu sou impotente e não tenho controle nos relacionamentos", você precisará aprender maneiras seguras e apropriadas de exercer poder sobre si mesmo, os outros e os eventos.	"Mesmo que eu nem sempre consiga tudo o que quero em um relacionamento, eu tenho a capacidade de influenciar os outros, defendendo assertivamente meus direitos e pedindo o que eu quero."
"Eu tenho que controlar tudo na vida das pessoas com quem me importo, ou elas serão feridas", então o evento traumático pode ter reforçado ainda mais essa crença. Será importante que você perceba que relacionamentos saudáveis envolvem compartilhar poder e controle e que relacionamentos em que uma pessoa tem todo o poder podem ser abusivos (mesmo que você seja o único com todo o poder). Também pode ser útil perceber que pode ser relaxante abrir mão de parte do poder e libertador deixar que outros tomem decisões algumas vezes.	"Embora eu possa não obter tudo o que quero ou preciso em um relacionamento, eu posso me afirmar e pedir por isso. Um bom relacionamento é aquele em que o poder é equilibrado entre as duas pessoas. Se eu não tiver controle algum, posso exercer meu controle nesse relacionamento ao terminá-lo, se necessário." "Eu posso aprender a deixar os outros terem um pouco de poder em um relacionamento e até mesmo aproveitar a oportunidade de que outros assumam a responsabilidade por algumas das coisas que precisam ser feitas."

FICHA 14.3
Tarefa prática após a Sessão 9 da TPC

Use as Planilhas de Pensamentos Alternativos para analisar pelo menos um de seus pontos de bloqueio a cada dia até que você tenha desenvolvido uma crença alternativa que seja mais equilibrada e factual. Por favor, leia o módulo sobre poder/controle e pense em como suas crenças anteriores foram afetadas por seu trauma. Se você tiver problemas de poder/controle relacionados a si mesmo ou a outras pessoas, preencha pelo menos uma planilha para examinar essas crenças. Use as folhas restantes para outros pontos de bloqueio ou para eventos angustiantes que ocorreram recentemente.

De *Vencendo o transtorno de estresse pós-traumático com a terapia de processamento cognitivo: manual do terapeuta*, 2ª edição, Patricia A. Resick, Candice M. Monson e Kathleen M. Chard (The Guilford Press, 2024). Os compradores deste livro podem baixar cópias adicionais desta planilha na página do livro em loja.grupoa.com.br.

15

Sessão 10
Temas de trauma — poder/controle

OBJETIVOS PARA A SESSÃO 10

O objetivo principal da sessão sobre o tema poder/controle (Sessão 10) é muito semelhante às duas sessões anteriores, com o terapeuta e o cliente revisando as Planilhas de Pensamentos Alternativos (Ficha 11.1) relacionadas aos temas poder/controle e outros pontos de bloqueio específicos do caso. Além disso, se o cliente tiver pontos de bloqueio assimilados não resolvidos, ou pontos de bloqueio em relação a outro trauma, eles devem ser integrados às sessões e às tarefas de prática continuada. A última parte da sessão inclui a introdução do módulo de estima, que contém duas atribuições comportamentais adicionais destinadas a aumentar a autoestima e a estima pelos outros.

PROCEDIMENTOS PARA A SESSÃO 10

1. Revisar as medidas objetivas de autorrelato do cliente. (5 minutos)
2. Revisar as Planilhas de Pensamentos Alternativos do cliente relacionadas ao tema poder/controle e outros pontos de bloqueio. (30 minutos)
3. Apresentar o tema estima. (Ficha 15.1) (15 minutos)
4. Atribuir as novas tarefas práticas. (Fichas 15.2 e 15.3) (5 minutos)
5. Verificar as reações do cliente à sessão e às tarefas práticas. (5 minutos)

REVISAR AS PLANILHAS DE PENSAMENTOS ALTERNATIVOS DE PODER/CONTROLE DO CLIENTE

Depois de revisar as pontuações de TEPT e depressão do cliente, a Sessão 10 deve começar com uma revisão do módulo de poder/controle concluído e quaisquer Planilhas de Pensamentos Alternativos sobre o assunto. É muito importante que o cliente tenha uma visão equilibrada sobre poder/controle, porque muitos sobreviventes de traumas acreditam que não têm poder ou que devem estar sempre no controle. Para muitas pessoas, a dialética de se sentir impotente, mas simultaneamente precisar estar no controle, é fonte de muita confusão ou ansiedade, e os comportamentos subsequentes em que esses clientes se envolvem podem ser muito destrutivos para suas relações sociais e de trabalho. Realisticamente, ninguém tem controle total sobre todos os eventos que acontecem ao seu redor ou sobre o comportamento de outras pessoas. Por outro lado, as pessoas não são totalmente passivas em resposta ao mundo. Elas têm a capacidade de influenciar o curso dos eventos e normalmente podem controlar suas próprias reações a esses eventos. Em outras palavras, não podemos controlar todos os resultados, mas podemos influenciá-los.

Se o cliente afirma que não tem controle sobre sua vida, o terapeuta pode orientá-lo em um dia típico, concentrando-se em todas as decisões que o cliente tomou. Normalmente, quando essa revisão é concluída, o cliente percebe quantas centenas de decisões toma em um dia (desde a hora de se levantar, até o que vestir e comer, se deve ou não obedecer às leis de trânsito etc.). Embora alguns clientes possam tentar descartar essas decisões como irrelevantes, é importante que os terapeutas os ajudem a levar o crédito por tomar essas decisões todos os dias. Os clientes muitas vezes culpam alguma pequena decisão cotidiana por colocá-los no local e nas circunstâncias de um evento traumático. Eles declararão pontos de bloqueio como "Se eu não tivesse usado aquele vestido, não teria sido estuprada" ou "Eu deveria ter saído mais cedo para evitar o acidente de carro". Os terapeutas podem perguntar a esses clientes se, caso o evento traumático não tivesse acontecido, eles teriam se concentrado nas decisões que tomaram naquele dia, ou se a decisão em discussão foi semelhante a muitas que eles tomaram em dias anteriores. Somente quando o resultado é muito catastrófico é que as pessoas voltam e tentam questionar todas as decisões que tomaram naquele dia e encontram mentalmente uma razão para o evento traumático acontecer devido a uma de suas decisões (por exemplo, o raciocínio baseado em resultados). Isso é totalmente normal, porque as pessoas querem acreditar que têm controle total sobre sua segurança e a segurança dos entes queridos ao seu redor. Assim, os indivíduos buscam variáveis sobre as quais tinham controle, na tentativa de acreditar que tanto o evento traumático quanto todas as situações futuras podem ser controladas ou impedidas de acontecer. Só porque uma escolha ou decisão foi tomada antes do evento traumático, isso não significa que a escolha causou o evento.

Por exemplo, um paciente com quem uma de nós trabalhou acreditava que era desamparado e incompetente na maioria das áreas da vida por causa do desamparo que sentiu durante o abuso traumático que sofreu quando criança. Como resultado de se sentir desamparado, ele não se afirmava no trabalho ou com os amigos e, muitas vezes, cedia à pressão dos outros para fazer coisas que não queria fazer (por exemplo, levar amigos a alguns lugares, emprestar dinheiro às pessoas). Ele acreditava que "se eu me impuser, as pessoas vão me rejeitar". Isso o deixava não só com a sensação de estar preso a um emprego insatisfatório, mas também se sentindo impotente para se posicionar contra as exigências irracionais de seu empregador em relação aos prazos de projetos e às horas extras.

À medida que a terapeuta o ajudava a usar a Planilha de Pensamentos Alternativos para analisar suas opções, ele começou a ver que não estava totalmente desamparado e que tinha algumas opções. O paciente observou que várias pessoas haviam sugerido que ele se candidatasse a vagas em suas empresas e também reconheceu que várias novas amizades estavam se formando, sem exigir tanto de seu tempo. Ele acabou se tornando mais assertivo com o chefe, e o chefe acabou promovendo-o, citando sua capacidade de estabelecer limites e tomar decisões difíceis. Por meio dessas interações, o paciente conseguiu ver que era capaz de provocar mudanças nos outros e que, se as pessoas não o tratassem com respeito, talvez essas não fossem as pessoas ideais para manter em sua vida.

Algumas pessoas vão para o outro extremo e se envolvem em comportamentos excessivamente controladores, na tentativa de garantir que nada de ruim aconteça. Essa reação geralmente se deve ao fato de os clientes assumirem a crença relacionada à assimilação "Eu poderia ter evitado que o evento traumático acontecesse" e generalizá-la demais para a crença superacomodada "Se algo ruim acontecer, a culpa é minha". Novamente, essa é uma das razões importantes pelas quais os pontos de bloqueio assimilados são visados inicialmente; se o ponto de bloqueio relacionado à assimilação não for resolvido primeiro, ele será usado como evidência para crenças superacomodadas. Por exemplo, um cliente pode dizer "É minha culpa que meu amigo morreu", o que torna mais difícil examinar a crença superacomodada "Não consigo tomar decisões corretas", porque ele usará o ponto de bloqueio relacionado à assimilação como evidência em apoio à crença superacomodada.

Outras questões de poder/controle podem ser identificadas ao questionar os clientes se eles se envolvem em comportamentos compulsivos (por exemplo, verificar e tornar a verificar as fechaduras, limpeza compulsiva, malhar excessivamente, compulsão por comer e depois vomitar, beber). Embora esses comportamentos possam ser maneiras de os clientes acreditarem que estão no controle do mundo ao seu redor, as compulsões também podem servir como fuga ou evitação de sentir suas emoções. Com o tempo, alguns clientes podem começar a se sentir controlados por suas compulsões, e não o contrário. Examinar os pontos de bloqueio por trás dos comportamentos compulsivos pode ajudar esses clientes a mudar seu pensamento sobre a eficácia desses comportamentos. Nesse sentido, o perfeccionismo pode começar a ser tratado no módulo de controle.

Para alguns clientes, o tópico de poder/controle leva a uma discussão sobre a raiva e a preocupação de que suas respostas de raiva estão fora de seu controle. Pode ser útil lembrá-los de algumas das informações biológicas básicas introduzidas na Sessão 1. Os terapeutas podem observar que parte da raiva pode estar relacionada aos sintomas de hiperexcitação do TEPT, como irritabilidade por excitação fisiológica, falta de sono e reações frequentes de sobressalto. Muitos clientes podem achar útil

serem lembrados de que, embora o medo esteja associado à resposta de luta-fuga-
-congelamento, o mesmo acontece com a raiva. Portanto, as pistas de trauma podem causar um ressurgimento da raiva associada à resposta de luta que os clientes nunca processaram totalmente. Com o tempo, eles podem ter crescido com medo de sentir essa raiva, não apenas porque isso os lembra do trauma, mas também porque acreditam que sentir raiva levará a uma resposta fora de controle.

Outros sobreviventes de trauma dirão que não sentiram raiva durante o evento, mas que a raiva surgiu depois. No entanto, como a pessoa ou as pessoas que os prejudicaram podem não estar disponíveis para que expressem sua raiva (ou são muito perigosas para isso), a raiva às vezes fica sem um alvo e é vivenciada como raiva impotente. Isso faz alguns sobreviventes voltarem sua raiva contra familiares e amigos ao seu redor. Infelizmente, como muitas pessoas nunca foram ensinadas a discriminar entre raiva e agressão ou a lidar com seus sentimentos de raiva de maneira adequada, elas acreditam que raiva é o mesmo que agressão. Ajudar os clientes a encontrar os pontos de bloqueio em torno do sentimento de raiva e identificar pensamentos alternativos e saídas saudáveis para seus sentimentos pode ser algo útil.

Alguns clientes podem levar sua raiva a um nível mais elevado e afirmar que sentem como se não tivessem outra escolha a não ser ficar com raiva, mesmo por pequenas coisas que, em retrospecto, não têm grande importância. Em alguns casos, direcionam sua raiva para qualquer pessoa que percebam como responsável por tirar seu controle e criar sentimentos de impotência. A raiva também pode ser direcionada para a sociedade em geral, "o governo" ou agências governamentais em diferentes níveis, ou para outros grupos ou indivíduos que o cliente considera responsáveis por não prevenir o evento traumático de alguma forma (por exemplo, uma mãe não impedir o abuso infantil por um padrasto). Como no caso da culpa, pode ser necessário que o terapeuta ajude esse cliente a discriminar entre o imprevisível, a responsabilidade e a intencionalidade. Apenas um perpetrador intencional de um evento deve ser culpado. Outras pessoas podem ser responsáveis por preparar o terreno ou aumentar inadvertidamente o risco para o cliente, mas não devem arcar com uma parcela igual da culpa e da raiva.

Em contraste, a raiva de alguns pacientes é direcionada para dentro: os pacientes se concentram não apenas em todas as coisas que "deveriam" ter feito para evitar um evento traumático ou se defender, mas em todas as coisas que continuam a fazer de errado em sua vida atual. Uma vez que esses pacientes são capazes de ver que uma mudança em seu comportamento pode não ter evitado o evento (ou pode, de fato, ter piorado o resultado), eles geralmente se sentem melhor.

Alguns clientes acham útil identificar as maneiras pelas quais estão dando e recebendo poder de maneiras diferentes e usar essas informações para identificar pontos de bloqueio de poder/controle adicionais. As pessoas geralmente assumem que tomar ou dar poder ou controle é sempre negativo. No entanto, é possível dar e receber poder e controle de forma positiva também.

"Há muitas maneiras pelas quais as pessoas dão e recebem poder. Você pode fazer isso de forma adequada ou inadequada. Por exemplo, se você disser ao seu parceiro que não fará sexo a menos que ele faça XYZ, você está assumindo o poder de maneira negativa. Ou, se você basear suas ações ou comportamentos apenas nas reações que espera dos outros, estará entregando seu poder. Se, por outro lado, você faz algo (ou não faz algo) porque quer e isso faz você se sentir bem, você está tomando seu poder adequadamente. Dizer 'Por que você não escolhe o restaurante onde vamos?' seria ceder o controle de forma positiva, e 'Você parece cansado. Por que não vai descansar, e eu cuido da louça?' é uma maneira positiva de assumir o controle. Ser assertivo, em vez de agressivo, é uma maneira positiva de manter limites (por exemplo, 'Quando você levanta a voz, eu não gosto. Por favor, não faça isso').

Você pode me dar um exemplo de maneiras pelas quais você toma ou dá poder/controle em um de seus relacionamentos e se esses são comportamentos positivos ou negativos? Lembre-se de que, às vezes, não sabemos se um comportamento é bom ou ruim até reunirmos mais informações. Você consegue pensar em seus próprios comportamentos ou em como as outras pessoas estão tratando você? Você poderia se perguntar se esses comportamentos são os que você gostaria de mudar? Quais pontos de bloqueio impedem você de fazer as alterações que gostaria? Ou, ao olhar para o comportamento de outra pessoa, você consegue examinar se ela está fazendo coisas para machucá-lo intencionalmente ou tirar seu poder, ou se ela simplesmente não está fazendo o que você gostaria que fizesse no relacionamento?"

APRESENTAR O TEMA DA ESTIMA

O restante da Sessão 10 deve se concentrar na introdução do próximo tema: a estima. O terapeuta apresenta rapidamente esse tópico ao cliente e descreve como a autoestima e a estima pelos outros podem ser interrompidas por eventos traumáticos. Se o trauma ocorreu na idade adulta, a autoestima do cliente antes do evento deve ser explorada. Se o trauma ocorreu na infância, pode ser útil ajudar o cliente a ver como sua autoestima foi moldada pelo(s) evento(s) sem ter a chance de se desenvolver em um ambiente seguro e saudável. A adolescência costuma ser uma época de autoestima instável, que necessita da aprovação dos outros.

Nesse ponto da terapia, duas atribuições comportamentais são dadas ao cliente: praticar dar e receber elogios e fazer pelo menos uma coisa boa para si mesmo todos os dias, sem quaisquer condições ou amarras (por exemplo, exercitar-se, ler uma revista, chamar um amigo para conversar). Como alternativa, o cliente pode optar por fazer algo que valha a pena para a comunidade (por exemplo, trabalho voluntário) que possa ajudar a aumentar sua autoestima. Essas tarefas são projetadas para ajudar o cliente a construir a autoestima, ajudando-o a se sentir mais confortável com a ideia de que "Sou digno de elogios e eventos agradáveis sem ter que ganhá-los ou renegá-los". As atribuições também ajudam o cliente a se conectar socialmente com outras pessoas, porque aqueles com TEPT tendem a se isolar.

Em relação a fazer elogios, o paciente deve ser encorajado a notar algo que outra pessoa fez que é digno de um elogio (por exemplo, "Agradeço sua ajuda com o projeto"), e não apenas notar algo externamente, como uma peça de roupa. Como os elogios podem ter ricocheteado ou sido distorcidos para se encaixar em crenças anteriores no passado, o terapeuta pode precisar ensinar o cliente a responder (por exemplo, dizer "obrigado"), em vez de fazer declarações desviantes ou discordar. Reconectar-se com eventos agradáveis ou valiosos ajuda o cliente a sair do isolamento e (idealmente) começar a se conectar com outras pessoas, bem como a se envolver novamente com atividades anteriormente apreciadas ou experimentar outras novas. Clientes com TEPT que têm evitado situações e se isolado podem ter parado de fazer atividades que apreciavam antes do evento traumático e podem precisar considerar como vão fazer a transição de volta para a comunidade. Eles podem registrar essas atividades comportamentais na Ficha 15.2.

DISCUTIR O TÉRMINO DA TERAPIA

Se os terapeutas ainda não o fizeram em uma sessão anterior, pode ser útil perguntar aos pacientes se eles estão enfrentando alguma preocupação ou sentimento forte relacionado à sua formatura na TPC, que está próxima. Descobrimos que muitos pacientes, mesmo aqueles com pontuações baixas, têm sentimentos sobre o término da terapia. Assim, é importante identificar os pontos de bloqueio por trás desses sentimentos, como "Não consigo administrar minha vida sem um terapeuta" ou "Se eu não tiver um terapeuta, tudo voltará a ser como era". Abordar esses pontos de bloqueio pode ser uma maneira muito útil de reforçar o trabalho que o paciente fez até esse ponto e solidificar seu caminho na recuperação após a TPC.

ATRIBUIR A NOVA TAREFA PRÁTICA

O paciente deve receber o Módulo de Questões de Estima (Ficha 15.1), o formulário de acompanhamento para suas tarefas comportamentais (Ficha 15.2) e a visão geral da atribuição da prática (Ficha 15.3). Se problemas de autoestima ou outros forem evidentes no registro de pontos de bloqueio, nas declarações ou no comportamento do cliente, ele deve preencher pelo menos uma planilha sobre autoestima antes da próxima sessão. Caso contrário, o cliente deve ser encorajado a preencher planilhas sobre outros pontos de bloqueio identificados e eventos recentes relacionados a traumas que foram angustiantes. Uma Planilha de Pensamentos Alternativos (Ficha 11.1) por dia deve ser preenchida, ou mais, se o terapeuta estiver realizando sessões com mais frequência.

VERIFICAR AS REAÇÕES DO CLIENTE À SESSÃO E À TAREFA PRÁTICA

Como de costume, o terapeuta deve concluir a Sessão 10 explorando as reações do cliente à sessão e perguntando se ele tem alguma dúvida sobre o conteúdo da sessão ou a nova tarefa prática. O terapeuta deve reforçar quaisquer ideias ou descobertas importantes feitas na sessão e observar as mensagens importantes que o cliente oferece.

FICHA 15.1
Módulo de Questões de Estima

Crenças de estima relacionadas ao EU: crenças em seu próprio valor. Tais crenças são uma necessidade humana básica. Ser compreendido, respeitado e levado a sério é fundamental para o desenvolvimento da autoestima.

Experiência prévia

Negativa	Positiva
Se você teve experiências anteriores que o fizeram duvidar de seu próprio valor, um novo evento traumático parecerá confirmar essas crenças negativas sobre sua autoestima. Algumas experiências de vida que podem levar a crenças negativas sobre o EU incluem: • acreditar nas declarações negativas de outras pessoas sobre você; • receber pouco carinho ou apoio de outras pessoas; • ser criticado ou culpado por outras pessoas, mesmo quando as coisas não foram sua culpa.	Se você teve experiências anteriores positivas e construiu suas crenças em seu próprio valor, o evento traumático pode ter interrompido essas crenças e diminuído sua autoestima. Sua autoconfiança em tomar decisões e sua fé em suas opiniões podem diminuir.
Exemplos de possíveis pontos de bloqueio	
"Eu sou mau, danificado ou perverso." "Sou responsável por eventos ruins ou perversos." "Estou permanentemente prejudicado/danificado ou com defeitos." "Por ser inútil, mereço ser infeliz."	

Possíveis soluções

Se você acreditava anteriormente que...	Um pensamento alternativo poderia ser...
"Eu sou inútil" (ou quaisquer crenças semelhantes) por causa de experiências anteriores, então o evento traumático pode parecer confirmar essa crença. Se você recebeu pouco apoio social após o evento, isso também pode levar a crenças negativas sobre si mesmo. Para melhorar sua autoestima, pode ser útil reavaliar suas crenças sobre sua autoestima.	"Mesmo que eu tenha cometido erros no passado, isso não me torna uma pessoa ruim, que mereça infelicidade ou sofrimento (incluindo o evento traumático)."

(Continua)

De *Vencendo o transtorno de estresse pós-traumático com a terapia de processamento cognitivo: manual do terapeuta*, 2ª edição, Patricia A. Resick, Candice M. Monson e Kathleen M. Chard (The Guilford Press, 2024). Os compradores deste livro podem baixar cópias adicionais desta planilha na página do livro em loja.grupoa.com.br.

FICHA 15.1 *(p. 2 de 3)*

Se você acreditava anteriormente que...	Um pensamento alternativo poderia ser...
"Coisas ruins só acontecem com pessoas más", então o evento pode ter interrompido tais crenças, e você pode se perguntar o que fez para merecer o evento (por exemplo, "Se eu fosse realmente uma boa pessoa, isso não teria acontecido comigo"). Para melhorar suas crenças sobre sua autoestima, você precisará olhar cuidadosamente para a situação, para que possa ver que, às vezes, coisas ruins acontecem com pessoas boas. É importante que as pessoas percebam que coisas ruins podem acontecer a qualquer um de nós, e isso não significa que somos culpados ou que as causamos.	"Às vezes, coisas ruins acontecem com pessoas boas. Se algo ruim acontece comigo, não é necessariamente porque eu fiz algo para causá-lo ou porque eu merecia."

Crenças de estima relacionadas aos OUTROS: crenças sobre o quanto você valoriza outras pessoas. Visões realistas dos outros são importantes para a saúde psicológica.

Experiência prévia

Negativa	Positiva
Se você teve experiências ruins com pessoas no passado, pode ter concluído que outras pessoas não são boas ou não são confiáveis. Você pode ter desenvolvido essa crença sobre todos (mesmo aqueles que são basicamente bons) como uma forma de se proteger de mágoas ou decepções futuras. O evento traumático pode parecer confirmar essas crenças sobre as pessoas.	Se suas experiências anteriores com as pessoas foram positivas, o evento traumático pode ter destruído suas crenças. Crenças anteriores na bondade básica de outras pessoas podem ter sido particularmente interrompidas se as pessoas que você pensou que seriam solidárias não estavam lá com você após o evento.
Exemplos de possíveis pontos de bloqueio	
"As pessoas basicamente só pensam em si mesmas." "Todas as pessoas são ruins." "As pessoas vão te machucar se isso permitir que elas se beneficiem."	

(Continua)

FICHA 15.1 *(p. 3 de 3)*

Possíveis soluções

Se você acreditava anteriormente que...	Um pensamento alternativo poderia ser...
"Todas as pessoas não prestam", então será importante que você examine as evidências que podem refutar a conclusão de que todas as pessoas (ou pelo menos todas as pessoas de um determinado grupo) não prestam. Quando você conhece alguém novo, é importante que você não tome decisões com base em experiências passadas com uma ou mesmo algumas pessoas. É melhor e mais preciso adotar uma atitude de "esperar para ver", o que lhe dará tempo para desenvolver suas crenças sobre a outra pessoa.	"Embora alguns [membros de um determinado grupo] façam coisas ruins, nem todos [membros desse grupo] querem me machucar." "Embora algumas pessoas me machuquem, outras realmente se importam com o meu bem-estar."
"Preciso aturar o comportamento de outras pessoas, mesmo que isso me machuque", você precisa ter em mente que, se com o tempo uma pessoa o deixar desconfortável ou fizer coisas que possam machucá-lo, você estará livre para estabelecer limites ou até mesmo terminar o relacionamento. Ao mesmo tempo, todas as pessoas cometem erros, e você pode querer considerar suas regras básicas para amizades ou relacionamentos íntimos com antecedência. Dessa forma, se alguém estiver violando repetidamente as regras básicas que são importantes para você, mesmo depois de pedir que pare, você pode querer fazer a escolha de terminar o relacionamento. Por outro lado, se a pessoa demonstra arrependimento e faz um esforço genuíno para evitar repetir o mesmo erro, pode ser interessante continuar conhecendo essa pessoa.	"Se eu conhecer alguém e essa pessoa me machucar ou desrespeitar, não preciso ficar em um relacionamento com ela." "As pessoas vão cometer erros, mas um bom amigo vai tentar aprender com isso e não fazer de novo coisas que possam me machucar."
"As pessoas que espero que me apoiem sempre me decepcionarão", será importante não abandonar relacionamentos imediatamente, mesmo que aqueles de quem você esperava apoio o decepcionem. Converse com eles sobre como você se sente e o que deseja deles. Use as reações deles ao seu pedido como uma forma de avaliar o rumo que você quer dar a esses relacionamentos.	"As pessoas às vezes cometem erros. Vou tentar descobrir se eles entendem que seu comportamento me incomodou e se estão dispostos a mudar a forma como me tratam. Nesse ponto, posso terminar o relacionamento se eles não mudarem e é algo que escolho não aceitar."

FICHA 15.2

Ficha de acompanhamento: dando/recebendo elogios e fazendo algo de bom para si mesmo

Data	Elogiando	Recebendo elogios	Fazendo algo legal	Notas, pontos de bloqueio?

De *Vencendo o transtorno de estresse pós-traumático com a terapia de processamento cognitivo: manual do terapeuta*, 2ª edição, Patricia A. Resick, Candice M. Monson e Kathleen M. Chard (The Guilford Press, 2024). Os compradores deste livro podem baixar cópias adicionais desta planilha na página do livro em loja.grupoa.com.br.

FICHA 15.3
Tarefa prática após a Sessão 10 da TPC

Use as Planilhas de Pensamentos Alternativos para analisar pelo menos um dos seus pontos de bloqueio a cada dia e desenvolver pensamentos alternativos. Por favor, leia o módulo de estima e pense em como suas crenças anteriores foram afetadas por seu trauma. Se você tiver problemas de estima relacionados a si mesmo ou a outras pessoas, preencha pelo menos uma planilha para examinar essas crenças. Use as fichas restantes para outros pontos de bloqueio ou para eventos angustiantes que ocorreram recentemente.

Além disso, a cada dia faça uma coisa boa para si mesmo, e não porque você alcançou algo. Além disso, pratique fazer um elogio e receber um elogio a cada dia antes da próxima sessão. Anote as coisas que você fez por si mesmo, quem você elogiou e quem o elogiou na ficha de acompanhamento. Se alguma dessas tarefas resultar em pontos de bloqueio, preencha uma Planilha de Pensamentos Alternativos sobre ela.

De *Vencendo o transtorno de estresse pós-traumático com a terapia de processamento cognitivo: manual do terapeuta*, 2ª edição, Patricia A. Resick, Candice M. Monson e Kathleen M. Chard (The Guilford Press, 2024). Os compradores deste livro podem baixar cópias adicionais desta planilha na página do livro em loja.grupoa.com.br.

16

Sessão 11
Temas de trauma — estima

OBJETIVOS PARA A SESSÃO 11

Os objetivos da sessão sobre o tema estima (Sessão 11) são muito semelhantes aos objetivos das três sessões anteriores, com o terapeuta e o paciente revisando juntos as Planilhas de Pensamentos Alternativos (Ficha 11.1) relacionadas à estima e introduzindo o próximo módulo, intimidade. A sessão também inclui uma revisão das duas tarefas de prática comportamental da Sessão 10.

PROCEDIMENTOS PARA A SESSÃO 11

1. Revisar as pontuações do cliente nas medidas objetivas de autorrelato. (5 minutos)
2. Revisar as Planilhas de Pensamentos Alternativos relacionadas ao tema estima e a outros pontos de bloqueio. (15 minutos)
3. Revisar as tarefas relacionadas a elogios e coisas legais/valiosas que o cliente concluiu. (15 minutos)
4. Discutir o término da terapia e usar as Planilhas de Pensamentos Alternativos para examinar os pontos de bloqueio relacionados ao término da terapia. (5 minutos)
5. Apresentar o tema da intimidade. (Ficha 16.1) (10 minutos)
6. Atribuir a nova tarefa prática. (Ficha 16.2) (5 minutos)
7. Verificar as reações do cliente à sessão e à tarefa prática. (5 minutos)

REVISAR AS PLANILHAS DE PENSAMENTOS ALTERNATIVOS DO CLIENTE

Após a revisão normal das pontuações do cliente nas medidas de autorrelato (Fichas 3.1 e/ou 3.2), a Sessão 11 deve começar com o terapeuta e o cliente revisando as Planilhas de Pensamentos Alternativos sobre estima. Começando com a autoestima, os clientes geralmente têm crenças muito fortes sobre seu próprio valor e suas capacidades. Eles podem afirmar que estão prejudicados por causa de seus eventos traumáticos; eles podem ver seus sintomas de TEPT como evidência de que são fracos, loucos ou permanentemente alterados de alguma forma negativa. Ou eles podem deduzir do trauma que seu julgamento está prejudicado, ou podem acreditar que os outros os culpam por coisas que fizeram ou não fizeram durante os eventos. Essas crenças podem corroer as crenças dos clientes sobre si mesmos em relação aos eventos e, por sua vez, corroer sua percepção global de autoestima e autovalor. Quando um trauma é de natureza interpessoal (por exemplo, estupro, abuso infantil, trauma sexual militar), um cliente também pode presumir: "Havia algo errado comigo, ou eu não teria sido o alvo desse tipo de trauma". Quando o cliente faz comentários negativos globais sobre si mesmo, o terapeuta pode ajudá-lo identificando quaisquer novos pontos de bloqueio e examinando a natureza específica da autocrítica por meio do diálogo socrático. Como os outros temas, o tema da estima é um conceito multidimensional global que deve permitir flexibilidade nas maneiras pelas quais o cliente vê a si mesmo e aos outros.

Muitas vezes, esse é o ponto da terapia em que é mais útil abordar as crenças do cliente sobre o perfeccionismo (embora o assunto possa ter surgido no início da terapia como uma tentativa de controlar os resultados) e as preocupações de que todos os erros levarão a resultados horríveis ou julgamento severo por parte dos outros. Isso pode se tornar um ciclo debilitante no qual o cliente se envolve em culpa injustificada por quaisquer erros que cometeu, o que alimenta a crença de que todos os erros são inaceitáveis. O cliente pode reforçar essa linha de pensamento acreditando que cometeu erros antes ou durante o evento traumático que causou o evento. Às vezes, pode ajudar perguntar ao cliente: "Você culparia uma pessoa cujas roupas ficam sujas quando outra pessoa acidentalmente derrama algo sobre elas?". Quando o cliente afirma que isso seria injusto, o terapeuta pode perguntar: "Então você também está sendo injusto consigo mesmo?". Também é útil perguntar ao cliente: "Você conhece alguma pessoa perfeita? Ou todos nós cometemos erros ou fazemos o nosso melhor com as informações que temos no momento?"; "O que você pensaria de um professor que diz que 100% é um A+ e 99% é um fracasso?".

Pode ser útil usar Planilhas de Pensamentos Alternativos para explorar a injustiça básica que um cliente está praticando consigo mesmo. Por exemplo, o cliente no exemplo a seguir cometeu um erro no trabalho que resultou em ter que ficar até tarde para corrigir o problema.

> **TERAPEUTA:** Então, com o ponto de bloqueio "Se eu cometer um erro, sou um fracasso", precisamos olhar para as evidências contra esse ponto de bloqueio. Você fez mais alguma coisa naquele dia no trabalho?
> **CLIENTE:** Claro, muitas coisas.

TERAPEUTA: E essas coisas deram certo?

CLIENTE: Acho que sim, mas posso descobrir o contrário mais tarde.

TERAPEUTA: Tudo bem, então, além do trabalho, quantas coisas você fez ontem? Quantas decisões você tomou? Qual porcentagem estava correta?

CLIENTE: Bem, quando você coloca dessa forma... Acho que me saí bem. Mas muitas das coisas que fiz ontem não têm tanta importância quanto o erro que cometi no trabalho.

TERAPEUTA: Isso faz sentido. Nem tudo tem a mesma importância. Mas parte do que você fez envolveu cuidar de seus filhos, certo? Então, qual foi a coisa mais importante que você fez o dia todo?

CLIENTE: Bem, certificar-me de que meus filhos estavam seguros e alimentados e outras coisas.

TERAPEUTA: OK, então, no dia de ontem, você fez muitas coisas importantes além do erro no trabalho?

CLIENTE: Creio que sim.

TERAPEUTA: Você teve alguma coisa importante que aconteceu no trabalho na semana passada?

CLIENTE: Claro. Terminei o grande projeto em que estava trabalhando e o entreguei na segunda-feira.

TERAPEUTA: E correu tudo bem?

CLIENTE: Meu chefe disse que eu fiz um ótimo trabalho.

TERAPEUTA: Então, o que poderíamos colocar nessa ficha como evidência contra o seu ponto de bloqueio "Se eu cometer um erro, sou um fracasso"?

CLIENTE: Bem, acho que posso dizer que fiz bem o meu projeto e tento cuidar bem dos meus filhos.

TERAPEUTA: Ótimo. Agora vamos usar essas informações para preencher o restante da seção D da planilha.

Ao olhar para a estima no que se refere aos outros, é importante identificar maneiras pelas quais o cliente pode generalizar demais os atributos associados ao perpetrador ou inimigo de combate para todo um grupo de pessoas (por exemplo, todos os homens, todos os patrões, todos os adultos, algum grupo racial ou étnico). Quando isso acontecer, será importante ajudar o cliente a ver as pessoas como indivíduos e não agrupar todos em um estereótipo. Uma maneira de fazer isso é usar as Planilhas de Pensamentos Alternativos para ajudar o cliente a ver que esses estereótipos não são apenas injustos com os membros do(s) grupo(s) estigmatizado(s), mas também podem ter um forte impacto negativo na própria vida diária do cliente (por exemplo, evitar postos de gasolina pertencentes a membros de certos grupos, não namorar membros desses grupos). O cliente pode precisar de ajuda para identificar como e por que esses pensamentos generalizados são mantidos. Se eles puderem encontrar uma exceção para o grupo, não poderão dizer "todos". Que tal usar "alguns"?

Para clientes que serviram o exército ou policiais militares, outra área em que eles podem desenvolver pontos de bloqueio superacomodados é sua visão do "governo". Tal como acontece com outros conceitos discutidos ao longo deste livro, "governo" é um termo excessivamente geral que pode significar um grande número de coisas. Muitos desses clientes usarão seus pensamentos sobre o governo para alimentar a raiva e, assim, evitar sentir suas outras emoções, como amargura ou tristeza relacionadas a seus eventos traumáticos. Embora seja valioso para os clientes se sentirem ouvidos por seus terapeutas, permitir que eles falem sobre o governo não os ajudará a melhorar. Em vez disso, o terapeuta pode ajudar esse cliente ao incentivá-lo a se concentrar no evento traumático que está por trás da culpa do governo ou a fazer perguntas como "O que você quer dizer com 'governo'? Um presidente em particular? Os militares? O prefeito? Nós, o povo?". Além disso, se o foco do cliente for o governo não ser confiável, o terapeuta pode fazer perguntas como "Então você quer dizer que ninguém responde quando você liga para a polícia? Você nunca recebe sua correspondência?", ou dar outros exemplos em que o "governo" ou as agências governamentais geralmente funcionam. Por meio do diálogo socrático, o terapeuta pode ajudar o cliente a começar a ver que existem diferentes tipos de "governo" e diferentes graus em que cada tipo pode ser confiável. Embora a princípio isso possa parecer um exercício de semântica para o terapeuta, para o paciente ou para ambos, a capacidade de ver as coisas em tons de cinza permite que o paciente se sinta mais fortalecido e comece a diminuir as reações generalizadas a situações ambíguas, especialmente aquelas que envolvem o governo.

REVISAR AS TAREFAS DE DAR E RECEBER ELOGIOS E SE ENVOLVER EM ATIVIDADES AGRADÁVEIS

O terapeuta também deve reservar um tempo para revisar com o cliente como foram as tarefas para dar e receber elogios e fazer coisas boas para si mesmo. Pode ser útil perguntar se o cliente foi capaz de ouvir um elogio sem rejeitá-lo imediatamente e encorajá-lo a dizer apenas "obrigado", mesmo que isso possa parecer desconfortável no início por causa das crenças negativas de autoestima do cliente. Se algum ponto de bloqueio surgir no processo de recebimento de elogios, o cliente deve adicioná-lo ao registro de pontos de bloqueio e preencher uma Planilha de Pensamentos Alternativos sobre cada um deles. Além disso, é útil perguntar ao cliente o que aconteceu quando ele fez elogios, incluindo como o destinatário respondeu e se isso foi diferente das interações anteriores com pessoas semelhantes.

Em seguida, o terapeuta deve perguntar como o cliente se sentiu ao fazer coisas boas para si mesmo e se isso desencadeou novos pontos de bloqueio (por exemplo, "Eu não mereço coisas boas" ou "Não estou honrando meu amigo que morreu no ensino médio quando me sinto feliz"). É importante que o terapeuta se certifique de que o cliente não está se obrigando a "ganhar" as coisas boas, porque isso anula o propósito de ter coisas boas sem um preço associado. Para praticar até a próxima sessão, o cliente deve ser encorajado a continuar a fazer coisas boas ou valiosas para si mesmo, praticar dar e receber elogios diariamente e praticar desfrutar de todos eles. O terapeuta deve continuar a ajudar o cliente a identificar pontos de bloqueio relacionados à estima e gerar algumas alternativas positivas para aumentar a autoestima se o cliente tende a fazer comentários depreciativos sobre si mesmo. O terapeuta também pode dizer que essas são "tarefas práticas para a vida".

DISCUTIR O TÉRMINO DA TERAPIA

Conforme mencionado na sessão anterior, muitos clientes, especialmente aqueles que estiveram em terapia de longo prazo antes da TPC, têm pontos de bloqueio sobre o término da terapia (por exemplo, "Não consigo administrar minha vida sozinho"). O terapeuta deve certificar-se de verificar se o cliente identificou algum desses pontos de bloqueio e revisar ou preencher planilhas sobre qualquer um que precise ser abordado na sessão. Essas planilhas muitas vezes podem ajudá-los a ver quanto progresso fizeram no tratamento e a perceber que têm as ferramentas necessárias para manter uma visão mais equilibrada e saudável de si mesmos e dos outros. Além disso, pode ser benéfico para os terapeutas lembrar a esses clientes de que sessões de reforço podem ser agendadas, caso sejam necessárias no futuro.

APRESENTANDO O TEMA DA INTIMIDADE

Como nas sessões anteriores, o novo tema (dessa vez, o tema da intimidade) é introduzido no final da sessão, e o terapeuta e o cliente discutem rapidamente como os relacionamentos do cliente podem ter sido afetados pelo(s) trauma(s). A intimidade é uma progressão natural da autoestima porque inclui um forte senso de autoeficácia e conforto com sua própria companhia. Os pontos de bloqueio relacionados à intimidade podem ser de natureza emocional, física ou sexual e incluem toda a gama de relacionamentos possíveis. Inicialmente, o terapeuta pode achar que os problemas com a intimidade relacionados aos outros são mais fáceis de identificar do que as dificuldades com a intimidade relacionadas ao eu. A intimidade com os outros geralmente envolve pontos de bloqueio, como "Se eu me aproximar de alguém, essa pessoa vai morrer", "Os homens só me querem para sexo", ou "Se eu deixar alguém me conhecer completamente, essa pessoa vai me deixar". A intimidade consigo mesmo, por outro lado, geralmente inclui pontos de bloqueio como "Não consigo lidar com o fato de ficar sozinho", "Não posso atender às minhas próprias necessidades", ou "Eu não saberei quem eu sou sem o meu TEPT". A autointimidade vai além da autoestima e inclui autoconsciência, conhecimento dos próprios valores/gostos e preferências sobre interesses/atividades futuras. Em outras palavras, o objetivo em relação à intimidade consigo mesmo ao final da terapia é que o cliente comece a se alinhar com o seu grupo de pares em termos de desenvolvimento, seja ao tomar decisões sobre carreira e relacionamentos no início da idade adulta, seja ao pensar em possíveis mudanças de carreira ou decidir sobre uma identidade e atividades para a aposentadoria.

Para um cliente traumatizado na idade adulta, pode ser útil incentivá-lo a lembrar como era a intimidade consigo mesmo e com os outros antes do evento e como isso foi afetado pelo evento. O terapeuta deve se lembrar de verificar com o cliente quaisquer problemas contínuos com tentativas inadequadas de se acalmar (por exemplo, uso de álcool ou outra substância, comer demais, gastar demais); essas tentativas provavelmente foram abordadas no início da terapia, mas podem precisar ser discutidas novamente para identificar quaisquer pontos de bloqueio remanescentes no autocuidado. Para a tarefa prática, o cliente deve ser orientado a usar as Planilhas de Pensamentos Alternativos para confrontar declarações desadaptativas relacionadas à intimidade, quaisquer outros pontos de bloqueio não resolvidos ou persistentes e pontos de bloqueio relacionados ao término do tratamento, gerando declarações mais adaptativas.

ATRIBUIR A NOVA TAREFA PRÁTICA

Além de ler o Módulo de Questões de Intimidade (Ficha 16.1) e preencher Planilhas de Pensamentos Alternativos (Ficha 11.1), que incluem pelo menos uma planilha sobre questões de intimidade, o paciente deverá escrever uma nova Declaração de Impacto que aborde o que significa *agora* para ele o fato de o(s) evento(s) traumático(s) ter(em) ocorrido e quais são as crenças atuais do cliente em relação aos cinco tópicos: segurança, confiança, poder/controle, estima e intimidade (Ficha 16.2). Essa nova Declaração de Impacto permitirá que o cliente veja claramente como suas crenças mudaram desde o início da terapia; por isso, é importante que o terapeuta enfatize a necessidade de se concentrar em como o cliente está pensando e se sentindo *agora*, e não como estava quando o tratamento começou. Observação: não dê a tarefa de preencher a Declaração de Impacto final se você estiver adicionando sessões à TPC, conforme abordado no Capítulo 18 sobre TPC de extensão personalizada. A segunda Declaração de Impacto é feita na penúltima sessão. Por fim, o cliente deve continuar fazendo coisas boas/valiosas para si mesmo e praticando o ato de dar e receber elogios, além de preencher Planilhas de Pensamentos Alternativos diariamente.

VERIFICANDO AS REAÇÕES DO CLIENTE À SESSÃO E À TAREFA PRÁTICA

O terapeuta deverá concluir a Sessão 11 explorando as reações do cliente à sessão e perguntando se ele tem alguma dúvida sobre o conteúdo da sessão ou a próxima tarefa prática. O terapeuta deve reforçar quaisquer ideias ou descobertas importantes feitas na sessão e observar as mensagens importantes que o cliente oferece.

FICHA 16.1
Módulo de Questões de Intimidade

Crenças de intimidade relacionadas ao EU: crenças de que você pode cuidar de suas próprias necessidades emocionais. Uma parte importante da vida saudável é a capacidade de se acalmar e se tranquilizar. Parte da autointimidade é a capacidade de ficar sozinho sem se sentir solitário ou vazio.

Experiência prévia

Negativa	Positiva
Se você teve experiências anteriores (ou modelos ruins) que o levaram a acreditar que é incapaz de lidar com eventos negativos da vida, pode ter reagido ao evento traumático com pensamentos de que não conseguiu se acalmar, confortar ou cuidar de si mesmo.	Se você já teve uma autointimidade saudável e positiva, pode ser capaz de lidar com um evento traumático devido à capacidade de usar suas estratégias de enfrentamento. No entanto, alguns eventos traumáticos podem criar conflitos, e você pode começar a duvidar de sua capacidade de cuidar de suas necessidades.
Exemplos de possíveis pontos de bloqueio	
"Se eu sentir minhas emoções, estarei fora de controle." "Não consigo tolerar ficar sozinho." "Não consigo lidar com meus sintomas de trauma sozinho."	

Possíveis soluções

Se você acreditava anteriormente que...	Um pensamento alternativo poderia ser...
"Eu posso cuidar de mim mesmo, e as ações de outras pessoas não me afetam", o evento traumático pode ter abalado essa crença. Pode ser útil lembrar das maneiras pelas quais você conseguiu atender às suas próprias necessidades no passado. Além disso, entender que a maioria das pessoas normalmente tem uma reação a eventos traumáticos pode ajudá-lo a se sentir menos em pânico com o que está enfrentando. Quando algumas pessoas têm dificuldade em se sentir melhor, elas podem recorrer a comportamentos prejudiciais à saúde (abuso de substâncias, comer demais, jogos de azar etc.), que apenas mascaram os sintomas, em vez de ajudar na recuperação.	"Eu não vou sofrer para sempre. Posso me acalmar e usar as habilidades que aprendi para lidar com esses sentimentos dolorosos. Posso precisar de ajuda para lidar com minhas reações, mas isso é normal." "As habilidades e capacidades que estou desenvolvendo agora me ajudarão a lidar melhor com outras situações estressantes no futuro."

(Continua)

FICHA 16.1 *(p. 2 de 3)*

Se você acreditava anteriormente que...	Um pensamento alternativo poderia ser...
"Não posso cuidar de mim mesmo; preciso de outras pessoas para me ajudar", o evento traumático pode ter reforçado essa crença. Você pode ter se convencido de que não tem nenhuma habilidade para se sentir melhor. Isso ajudará você a começar a identificar as pequenas maneiras pelas quais você cuida de si mesmo todos os dias e a construir em cima dessas pequenas vitórias. É bom ter outras pessoas em sua vida em quem você pode confiar, mas há momentos em que outras pessoas não estão disponíveis.	"Embora possa ser difícil no começo, posso desenvolver habilidades para cuidar de mim mesmo, incluindo praticar o autocuidado fazendo coisas que gosto." "É saudável pedir ajuda aos outros quando preciso, mas as pessoas nem sempre estão livres imediatamente, e eu posso cuidar de mim até que estejam disponíveis."

Crenças de intimidade relacionadas aos OUTROS: crenças de que você é capaz de fazer diferentes tipos de conexões emocionais com os outros. O desejo de proximidade é uma das necessidades humanas mais básicas.

Experiência prévia

Negativa	Positiva
Crenças negativas sobre se aproximar de outras pessoas podem ter resultado de experiências dolorosas em sua vida. O evento traumático pode parecer confirmar sua crença de que não é seguro se aproximar de outra pessoa.	Se você já teve relacionamentos íntimos satisfatórios com outras pessoas, pode descobrir que o evento traumático o deixou acreditando que nunca mais poderia estar perto de alguém.
Exemplos de possíveis pontos de bloqueio	
"Se eu me aproximar de alguém, eu vou me machucar." "Tudo o que as pessoas querem é sexo." "Somente coisas ruins vão acontecer se eu estiver em um relacionamento."	

(Continua)

FICHA 16.1 *(p. 3 de 3)*

Possíveis soluções

Se você acreditava anteriormente que...	Um pensamento alternativo poderia ser...
"Posso depender dos outros e me sentir próximo e conectado a eles", o evento traumático pode ter tido efeitos negativos em sua capacidade de se sentir íntimo dos outros. Será importante que você recupere crenças saudáveis sobre sua capacidade de se aproximar dos outros. Relacionamentos íntimos levam tempo para se desenvolver e esforço de ambas as pessoas. Você não é o único responsável pelo fracasso de relacionamentos anteriores ou futuros. O desenvolvimento de relacionamentos envolve assumir riscos, e é possível que você se machuque novamente. Ficar longe de relacionamentos apenas por esse motivo, no entanto, provavelmente fará você se sentir vazio e sozinho.	"Mesmo que um relacionamento passado não tenha dado certo, isso não significa que eu não possa ter relacionamentos íntimos satisfatórios no futuro. Nem todo mundo vai me trair. Precisarei correr riscos no desenvolvimento de relacionamentos no futuro, mas, se eu for devagar, terei uma chance melhor de decidir se essa pessoa é confiável."
"Não posso me aproximar dos outros, ou eles vão me machucar", o trauma pode ter reforçado essa crença. Será importante que você comece lentamente a se arriscar com outras pessoas e aprenda que, por meio de tentativa e erro cuidadosos, você pode se aproximar de algumas pessoas.	"Ainda posso estar perto das pessoas, mas posso não ser capaz (ou não querer) ser íntimo de todos que conheço. Posso perder relacionamentos anteriores ou futuros com outras pessoas que não podem me encontrar no meio do caminho, mas isso é normal, pois nem todo mundo é uma boa combinação."

FICHA 16.2
Tarefa prática após a Sessão 11 da TPC

Leia o Módulo de Questões de Intimidade (Ficha 16.1) e use as Planilhas de Pensamentos Alternativos para examinar os pontos de bloqueio em relação à intimidade consigo mesmo e com os outros. Continue preenchendo planilhas sobre tópicos anteriores que ainda são problemáticos e/ou quaisquer preocupações que você tenha sobre o término do tratamento.

Continue praticando fazer coisas boas/valiosas para si mesmo e dar e receber elogios.

Por favor, escreva pelo menos uma página sobre o que você pensa *agora* sobre por que esse(s) evento(s) traumático(s) ocorreu(ram). Além disso, considere o que você pensa agora sobre si mesmo, os outros e o mundo nas seguintes áreas: segurança, confiança, poder/controle, estima e intimidade.

De *Vencendo o transtorno de estresse pós-traumático com a terapia de processamento cognitivo: manual do terapeuta*, 2ª edição, Patricia A. Resick, Candice M. Monson e Kathleen M. Chard (The Guilford Press, 2024). Os compradores deste livro podem baixar cópias adicionais desta planilha na página do livro em loja.grupoa.com.br.

17

Sessão 12
Intimidade e enfrentamento do futuro

OBJETIVOS PARA A SESSÃO 12

Embora os objetivos da sessão sobre os temas de intimidade (Sessão 12) sejam muito semelhantes aos objetivos das quatro sessões anteriores, com o terapeuta e o cliente revisando as Planilhas de Pensamentos Alternativos (Ficha 11.1) relacionadas à intimidade, a Sessão 12 envolve revisitar a percepção do cliente sobre o impacto do(s) evento(s) traumático(s) por meio da tarefa da Declaração de Impacto, revisando o curso do tratamento e lidando com quaisquer problemas ainda existentes sobre o término da TPC.

PROCEDIMENTOS PARA A SESSÃO 12

1. Revisar as pontuações do cliente nas medidas objetivas de autorrelato. (5 minutos)
2. Revisar as Planilhas de Pensamentos Alternativos do cliente (Ficha 11.1) relacionadas ao tema intimidade e a outros pontos de bloqueio. (15 minutos)
3. Revisar as Declarações de Impacto originais e novas do cliente. (15 minutos)
4. Revisar o curso do tratamento e o progresso do cliente. (10 minutos)
5. Identificar os objetivos do cliente para o futuro. (5 minutos)

REVISAR AS PLANILHAS DE PENSAMENTOS ALTERNATIVOS DO CLIENTE

Na Sessão 12, a sessão final da TPC padrão, o terapeuta e o cliente revisam as Planilhas de Pensamentos Alternativos do cliente sobre intimidade e quaisquer planilhas adicionais que ele possa ter concluído desde a última sessão. Para muitos de nossos clientes com TEPT, os problemas de intimidade muitas vezes os tornaram tão dependentes dos outros que eles acham que não têm a capacidade de cuidar de si mesmos.

Vemos isso até mesmo em alguns de nossos veteranos, que precisam de seus parceiros para levá-los a todas as consultas de saúde física ou mental, por medo de que eles desmoronem se o parceiro não estiver lá para acalmá-los enquanto esperam por essas consultas.

Muitos pacientes se concentram apenas na intimidade física ou na intimidade com os outros para sua tarefa de prática e não se concentram na autointimidade. Pode ser útil lembrar a esses pacientes que a autointimidade envolve a capacidade de lidar, manter o autocontrole e fornecer autoconforto adequado sem a necessidade de depender de outras pessoas ou comportamentos prejudiciais para gerenciar seus próprios comportamentos e sentimentos. A autointimidade também inclui o autoconhecimento, chegando a uma compreensão dos próprios gostos e valores no processo de recuperação do TEPT. Portanto, a autointimidade está além da autoestima e inclui o desenvolvimento de metas e planos para o futuro. Os pontos de bloqueio que interferem no retorno ao nível de desenvolvimento apropriado do paciente devem ser adicionados ao registro de pontos de bloqueio em andamento.

Conforme sugerido na discussão da Sessão 11, um indicador comum da dificuldade de um cliente com a autointimidade é o envolvimento em comportamentos excessivos; por exemplo, abuso de substâncias, comer demais, gastos compulsivos, jogos de azar ou mesmo comportamentos que podem parecer saudáveis, mas podem não ser, caso sejam levados a extremos (por exemplo, malhar). Um cliente que completou a TPC afirmou na Sessão 1 que, para preencher sua primeira Declaração de Impacto, ele "precisaria ficar bêbado". O terapeuta rapidamente percebeu que o cliente provavelmente tinha dificuldade em se acalmar, e os dois trabalharam juntos para identificar pontos de bloqueio relacionados ao autocuidado e à capacidade do cliente de falar sobre suas reações ao trauma (por exemplo, "A única maneira de lidar com minhas memórias traumáticas é se eu estiver bêbado"). O terapeuta continuou a verificar esse problema durante a terapia, para garantir que o cliente não estivesse bebendo antes, durante ou depois das sessões ou das tarefas de casa. Nas duas últimas sessões da TPC, no entanto, coloca-se maior ênfase no desenvolvimento de meios adicionais e potencialmente mais saudáveis de autoenfrentamento. Uma maneira de fazer isso é incentivar os clientes a preencher Planilhas de Pensamentos Alternativos em vez de comer, fumar, beber ou fazer compras imediatamente quando estiverem chateados, para permitir que eles vejam quais pensamentos estão causando o sofrimento emocional que estão tentando evitar. Idealmente, isso lhes dará tempo para resolver as cognições disruptivas e permitirá que eles diminuam as emoções estressantes que os levam a se envolver em comportamentos potencialmente prejudiciais. Autointimidade é crescer e se tornar a pessoa que você quer ser, com valores e objetivos importantes em andamento.

Esse também é um momento importante para os terapeutas verificarem como os clientes estão se saindo em relação a dar e receber elogios contínuos e fazer coisas boas/valiosas para si mesmos. Muitos clientes ficam surpresos com o prazer que sentem mesmo depois de fazer pequenas coisas para si mesmos, sem ter que ganhá-las, agradar a todos os outros primeiro ou pedir permissão a alguém. Pode ser importante ajudar diferentes clientes a explorar diferentes opções, mas algumas das ideias comuns que propomos são dar um passeio, beber uma xícara de chá, telefonar para um amigo, malhar, fazer jardinagem ou praticar um *hobby*. Os clientes geralmente percebem que, se eles se envolverem em uma dessas atividades quando começarem a se emocionar, podem interromper o antigo ciclo de pensamentos negativos, emoções dolorosas e comportamentos destrutivos.

Os clientes frequentemente relatam ter dificuldades na intimidade relacionada com os outros de duas maneiras: proximidade emocional ou física com amigos/família e intimidade sexual. Os clientes que sofrem traumas pela primeira vez na idade adulta podem se afastar de amigos íntimos e familiares e evitar novas amizades como forma de se proteger de possíveis rejeições, culpas ou danos adicionais que eles acreditam (muitas vezes, de forma imprecisa) que os outros podem lhes causar. Por exemplo, muitos sobreviventes de trauma interpretam erroneamente as tentativas bem-intencionadas, mas desajeitadas, de apoio de familiares e amigos como se estivessem julgando-os, culpando-os ou sugerindo que deveriam "simplesmente superar isso". Os sobreviventes também costumam presumir que os outros os culparão se descobrirem "toda a história" do que aconteceu durante os eventos traumáticos. Assim, os clientes muitas vezes se distanciam de outras pessoas que poderiam ter sido fontes de apoio; como consequência, seus relacionamentos e suas amizades frequentemente começam a se desintegrar. Além disso, os clientes geralmente evitam estabelecer novos relacionamentos por medo de serem feridos ou abandonados. Mais cedo ou mais tarde, muitos desses clientes se sentem isolados e sozinhos e têm pouca fé de que podem manter relacionamentos saudáveis no futuro. Os pontos de bloqueio comuns são "Ninguém nunca vai me amar", "Se as pessoas souberem o que aconteceu no meu passado, saberão que pessoa terrível eu sou" e "Todo mundo vai me deixar".

Por outro lado, os clientes cujas experiências traumáticas começaram na infância muitas vezes permanecem em relacionamentos prejudiciais porque passaram a acreditar, com base em suas experiências passadas, que são incapazes de ter ou merecer qualquer outro tipo de relacionamento. Esses clientes podem aceitar rotineiramente maus-tratos de amigos e familiares e, muitas vezes, se culpam pela maneira como os outros os maltratam. É muito importante que os terapeutas encontrem esses pontos de bloqueio subjacentes (que podem ser crenças centrais) relacionados à intimidade com o outro, se não o fizeram em sessões anteriores da TPC. Os exemplos incluem "Eu não mereço ser amado", "Um relacionamento ruim é o melhor que posso esperar" e "Eu faço com que outras pessoas me tratem mal". Os clientes podem precisar de ajuda para ver que o TEPT provavelmente os impediu de fazer novos amigos que poderiam ser fontes de apoio, muitas vezes fazendo-os ignorar os gestos de outras pessoas que tentaram entrar em contato no passado. Quase sempre, isso torna difícil para os clientes identificar evidências para usar ao examinar seus pensamentos destrutivos sobre os outros, e os terapeutas precisarão fazer perguntas extras para encontrar "evidências contra" essas crenças, porque os clientes podem ter grande dificuldade em identificá-las no início.

Embora a intimidade sexual possa ser um problema particular para sobreviventes de agressão sexual, o funcionamento sexual também pode ser afetado negativamente por outros tipos de trauma. Muitas vezes, os sintomas de TEPT e depressão podem interferir no desejo e no desempenho sexual, e pode ser importante normalizar essas reações para clientes que assumem que esse é apenas mais um exemplo de como eles estão "danificados". Às vezes, quando os clientes com TEPT experimentam culpa ou tristeza por amigos que morreram, eles podem acreditar que não merecem ser felizes de forma alguma, incluindo intimidade sexual.

Para sobreviventes de agressão sexual, ter intimidade com outras pessoas pode ser particularmente desafiador, não apenas porque eles têm dificuldade em sentir a confiança e a vulnerabilidade que normalmente são necessárias para a intimidade sexual, mas porque ser sexuado muitas vezes se torna um gatilho emocional associado à agressão. Esses problemas de intimidade costumam ser abordados no início da terapia, durante a revisão dos problemas de confiança de um cliente, mas um terapeuta deve procurar quaisquer pontos de bloqueio não resolvidos nessa área e trabalhar neles durante essa sessão final.

Os terapeutas podem achar útil lembrar aos clientes que, durante a resposta de luta-fuga-congelamento, muitas pessoas apresentam sintomas elevados de excitação, incluindo a ativação de mecanismos corporais comumente associados à excitação sexual. Por exemplo, os clientes podem relatar que seus mamilos ficaram eretos ou sentir inchaço na região genital. Em alguns casos, o perpetrador de agressão sexual tentará deliberadamente criar uma resposta orgástica para que possa culpar a vítima com declarações como "Eu sabia que você queria" ou "Tá vendo? Você gostou!". Essa resposta de excitação pode ser muito confusa para os clientes, muitos dos quais podem estar lutando com pontos de bloqueio como "Devo estar doente, porque fiquei excitado ao entrar naquele prédio em chamas" ou "Como eu tive orgasmo, devo ter desejado o ataque". Quando uma de nós estava trabalhando com uma cliente que se identificava como lésbica, isso se tornou uma parte fundamental da terapia, porque ela relatou orgasmo durante um estupro heterossexual quando saiu para beber com um amigo do sexo masculino. Ela relatou vários pontos de bloqueio relacionados à sua confusão sobre identidade e à sua fé em saber quem ela era. Fazer as planilhas permitiu que ela visse que o homem se aproveitou do funcionamento biológico natural de seu corpo, mas isso não significava que ela quis ou realmente gostou do ataque.

Embora a TPC não seja uma terapia sexual, ela pode ser útil na identificação e na correção de crenças problemáticas sobre respostas naturais de ansiedade/excitação que podem interferir no funcionamento sexual, porque é uma forma de terapia cognitiva. No entanto, formas mais graves ou duradouras de disfunção sexual devem ser tratadas com outros protocolos de terapia baseados em evidências, projetados especificamente para esse fim.

REVISÃO DAS DECLARAÇÕES DE IMPACTO ORIGINAIS E NOVAS DO CLIENTE

O paciente e o terapeuta geralmente constatam que ler e discutir a nova Declaração de Impacto sobre o significado do evento é uma maneira maravilhosa de reunir todo o percurso da terapia. O paciente deve primeiro ler a nova Declaração de Impacto para o terapeuta, e isso deve ser seguido pela leitura em voz alta do terapeuta da Declaração de Impacto original da Sessão 2 (ou uma sessão subsequente, se essa declaração não foi abordada na segunda sessão). Esse processo permite que o paciente ouça quanta mudança ocorreu em um período bastante curto. Normalmente, há mudanças significativas da primeira para a segunda Declaração de Impacto, com o paciente normalmente comentando: "Eu realmente pensava assim?" ou "Não posso acreditar que falei assim comigo mesmo". O paciente e o terapeuta devem então destacar as principais maneiras pelas quais o paciente mudou e anotar quaisquer crenças problemáticas restantes nas quais eles devem continuar a trabalhar após o término da terapia. Para pacientes que não mostraram uma grande mudança da primeira para a segunda Declaração de Impacto, pode ser útil pedir-lhes que identifiquem as mudanças cognitivas e comportamentais que fizeram em relação a cada um dos cinco temas identificados neste manual (segurança, confiança, poder/controle, estima e intimidade). Também pode ser útil observar qualquer pensamento extremo em que esses pacientes ainda estejam envolvidos e capturar quaisquer pontos de bloqueio relevantes para eles trabalharem após a conclusão da terapia. Se o tratamento de duração personalizada for possível, o terapeuta e o paciente podem negociar mais sessões para trabalhar nos pontos de bloqueio restantes ou nas crenças centrais, assumindo que o paciente está se esforçando para trabalhar no processo de terapia. Para obter mais informações sobre TPC de duração personalizada, consulte o Capítulo 18. Há também um livro sobre TPC para pacientes intitulado *Vencendo o transtorno de estresse pós-traumático com a terapia de processamento cognitivo* (Resick et al., 2023), o qual o cliente pode consultar. Esse livro pode complementar a TPC ou ser usado para promover a recuperação contínua.

REVISÃO DO CURSO DO TRATAMENTO E DO PROGRESSO DO CLIENTE

A maior parte desta última sessão deve se concentrar em uma breve revisão dos conceitos e das habilidades introduzidos durante a TPC. O cliente deve ser lembrado de que seu sucesso contínuo dependerá, em grande parte, do quanto ele continuará usando as novas habilidades e resistindo a ceder aos antigos comportamentos de evitação. O cliente também deve ser encorajado a receber crédito por enfrentar e lidar com o(s) evento(s) traumático(s) e por fazer o trabalho necessário para melhorar. Se o cliente trouxer quaisquer pontos de bloqueio adicionais durante essa parte da terapia, eles devem ser anotados no registro de pontos de bloqueio, e o cliente deve receber Planilhas de Pensamentos Alternativos adicionais para abordar esses pontos de bloqueio e quaisquer outras crenças problemáticas que possam surgir à medida que prosseguem na vida.

IDENTIFICANDO OS OBJETIVOS DO CLIENTE PARA O FUTURO

O terapeuta deve certificar-se de que os objetivos para o futuro também sejam discutidos. Para alguns clientes, não se pode esperar que questões de luto ou luto traumático sejam resolvidas em 12 sessões, e os terapeutas devem encorajar esses clientes a prosseguirem com o processo de reconstrução de suas vidas, ao mesmo tempo que se dão tempo para lamentar suas perdas. Se os clientes se depararem com algo que desencadeie um *flashback*, um pesadelo ou uma memória repentina não lembrada de antemão, isso não significa que seu TEPT está voltando. Em resposta a um gatilho forte o suficiente, a maioria das pessoas terá uma reação a um evento traumático que aconteceu com elas no passado. Se os clientes acharem que são incapazes de voltar ao seu nível anterior de funcionamento rapidamente, eles devem ser encorajados a sentir, e não evitar, suas emoções naturais e avaliar seus pensamentos para garantir que não sejam extremos. Eles devem então preencher planilhas para abordar quaisquer pensamentos perturbadores que estejam gerando emoções desagradáveis.

Para muitos pacientes que sofrem de TEPT há décadas, esta pergunta geralmente surge em algum momento da terapia: "Quem serei quando não tiver mais TEPT?". O TEPT pode ter uma influência tão desgastante na vida de um indivíduo que pode ser difícil imaginar uma tomada de decisão ou ação sem se preocupar em gerenciar *flashbacks* ou outros sintomas. Para alguns clientes com mais idade, discutimos a ideia de "se aposentar do TEPT"; para alguns clientes mais jovens, falamos sobre "se formar no TEPT". Lembramos aos clientes de que todas as pessoas mudam seus papéis e suas identidades ao longo do tempo, seja casando-se, tendo filhos, formando-se na faculdade, mudando-se para um novo local ou aposentando-se de uma longa carreira. Cada uma dessas mudanças traz muitas perguntas e incertezas sobre papéis pessoais, obrigações, conexões com outras pessoas e maneiras de passar o tempo. Os terapeutas devem ajudar a normalizar esse processo para os clientes e incentivá-los a encontrar respostas ponderadas para cada uma das perguntas que têm, em vez de ver todas as mudanças com pavor. Em particular, os clientes agora têm escolhas sobre como gastar seu tempo, em vez de tê-lo amplamente controlado pelo TEPT, como acontecia no passado. Os terapeutas devem orientar os clientes a ver essas novas mudanças de forma positiva e incentivá-los a explorar todas as suas opções.

UMA NOTA SOBRE CUIDADOS POSTERIORES

Recomendamos que, após o cliente ter completado o protocolo de TPC, seja realizado um acompanhamento com o terapeuta, que pode ser agendado para um mês ou dois após o término do tratamento. O cliente deve ser encorajado a continuar preenchendo as Planilhas de Pensamentos Alternativos para quaisquer pontos de bloqueio restantes e reler as planilhas que foram consideradas mais úteis. A sessão de acompanhamento deve incluir as mesmas medidas de avaliação que foram usadas durante o tratamento, e o tempo pode ser usado para colocar o cliente de volta nos trilhos ou para reforçar os ganhos. Essa sessão também é útil para incutir nos clientes a noção de "episódios de cuidado". Eles são incentivados a trabalhar como seus próprios terapeutas cognitivos nos pontos de bloqueio e nos eventos diários que surgem, e então, se tiverem dificuldades em resolver um ponto de bloqueio ou evento recente, podem agendar uma sessão de reforço. Um trabalho específico orientado para objetivos pode ser feito, e, em seguida, eles são incentivados a continuar usando as habilidades que desenvolveram no curso da terapia.

Vários programas ambulatoriais que conhecemos instituíram programas de cuidados posteriores para pacientes que concluíram a TPC. Esse programa pode ser conduzido em um formato de grupo mensal e normalmente se destina aos pacientes que ainda têm muita revolta em suas vidas ou para aqueles cujas pontuações não diminuíram tanto quanto os clientes e seus terapeutas individuais gostariam. Esse grupo é considerado limitado no tempo, e os clientes devem estar preparados para discutir as planilhas que preencheram para praticar durante cada sessão. Normalmente, esses grupos são configurados para que o cliente possa aparecer de repente, e os clientes podem participar de uma sessão ou várias, dependendo do que estão trabalhando. Os facilitadores desses grupos nos relataram que esses grupos têm sido muito úteis para manter os ganhos e dar aos clientes um lugar para continuar seu trabalho com os pontos de bloqueio sem a necessidade de retornar a uma terapia mais formal. Eles também devem ser lembrados de continuar a usar o aplicativo CPT Coach, se o estiverem usando.

PARTE III

Alternativas na entrega e considerações especiais

18

Variações na TPC

TPC COM RELATOS ESCRITOS

A versão original da TPC+A (Resick & Schnicke, 1992, 1993; Resick et al., 2002) incluía dois relatos escritos do evento traumático central dentro do protocolo de 12 sessões. Grande parte da pesquisa inicial foi conduzida sobre essa versão da terapia, até que o estudo esclarecedor de Resick et al. (2008) constatou que a versão da TPC apenas com terapia cognitiva apresentava resultados semelhantes, sem expor os clientes ao possível desconforto de recontar seus relatos. Grande parte das pesquisas atuais vem sendo realizada com a TPC. No entanto, em alguns casos, pode ser vantajoso incluir os relatos escritos. Um estudo descobriu que aqueles com altos níveis de dissociação se saíram melhor com a TPC+A do que com a TPC, enquanto aqueles com níveis médios e baixos de dissociação se saíram melhor com a TPC (Resick, Suvak, et al., 2012). Pode ser que não tenha sido apenas o ato de escrever os relatos, mas a combinação de escrever os relatos com o processamento cognitivo, que fez a diferença. Esse grupo não obteve melhores resultados apenas com os relatos escritos, então não é apenas a repetição do relato do evento traumático que importa. É possível que esses pacientes precisassem reconstruir um conjunto fragmentado de memórias em uma narrativa coerente para se beneficiar das intervenções cognitivas. Mais recentemente, Raines et al. (2023) conduziram uma revisão metanalítica, incluindo nove ensaios controlados com veteranos e membros do serviço ativo que implementaram TPC ou TPC+A. Eles descobriram que a TPC+A foi mais eficaz nessas amostras predominantemente masculinas e especularam que talvez as mulheres tenham se saído melhor do que os homens apenas com a TPC cognitiva, embora tenham alertado que o pequeno número de estudos era uma limitação.

Apesar do fato de que TPC e TPC+A geralmente têm resultados semelhantes no pós-tratamento e que não houve diferença estatística nas taxas de abandono entre TPC (22%) e TPC+A (34%) (embora a diferença seja provavelmente clinicamente significativa; Resick et al., 2008), algumas pessoas podem optar por fazer TPC+A porque querem escrever seus relatos. Recomendamos que os clientes possam escolher qual terapia desejam seguir.

Assim como a TPC (que descrevemos em detalhes nos Capítulos 6 a 17), a TPC+A é tradicionalmente entregue em 12 sessões, mas a ordem é um pouco diferente daquela da TPC. Os tópicos das sessões de TPC+A são os seguintes:

1. Introdução e educação
2. Significado do evento (Declaração de Impacto)
3. Identificação de pensamentos e sentimentos (Planilha ABC)
4. Lembrança de eventos traumáticos (primeiro relato escrito)
5. Lembrança de eventos traumáticos (segundo relato escrito)
6. Planilha de Perguntas Exploratórias
7. Planilha de Padrões de Pensamento
8. Planilha de Pensamentos Alternativos e Módulo de Questões de Segurança
9. Módulo de Questões de Confiança
10. Módulo de Questões de Poder/Controle
11. Módulo de Questões de Estima
12. Módulo de Questões de Intimidade e significado do evento

As três primeiras sessões dos dois protocolos são as mesmas. Elas só divergem no final da Sessão 3. Enquanto os pacientes da TPC devem escrever todas as suas Planilhas ABC sobre o evento traumático para a Sessão 4, os pacientes TPC+A têm a tarefa de continuar a preencher as Planilhas ABC, bem como produzir o primeiro relato escrito. Para o relato escrito, os pacientes devem escrever à mão o que aconteceu durante o trauma central, desde o momento em que perceberam que estavam em perigo até o trauma terminar. Um relato manuscrito tem cerca de oito páginas, mas pode ser mais longo ou mais curto, dependendo de quanto tempo durou o incidente, se o paciente tem uma memória completa do evento e se mais de um incidente foi incluído. Um único parágrafo não é um relato de trauma. Não instruímos que o relato seja escrito no tempo presente (como é feito na terapia de exposição); na verdade, encorajamos o uso do pretérito. Queremos que os pacientes reconheçam que o evento acabou e é apenas uma memória.

Se o cliente não escrever o relato, é importante que o terapeuta pergunte se o cliente tentou escrevê-lo, o que o cliente sentiu, quais pontos de bloqueio ele pode ter e assim por diante. O terapeuta e o cliente podem querer fazer uma Planilha ABC sobre os pensamentos do cliente (por exemplo, "Se eu escrever, isso o tornará real", "Eu estava com medo de que minhas emoções me dominassem ou que eu tivesse um *flashback*", "Eu não quero pensar nisso"). Se o cliente tem um ponto de bloqueio sobre emoções que nunca terminam ou medo de enlouquecer, o terapeuta e o cliente podem se envolver em algum diálogo socrático sobre o período mais longo pelo qual o cliente chorou (e depois o que aconteceu etc.) ou sobre as diferenças entre o momento em que o trauma aconteceu e agora. Em seguida, o terapeuta pede ao cliente que dê o relato oralmente na sessão e o orienta para escrevê-lo em casa após a sessão. O terapeuta *não deve* mudar para a TPC se o cliente não tiver escrito o relato e tiver optado por fazer a TPC+A; tal mudança reforçaria a evitação.

Em ambas as sessões de processamento de trauma, se os clientes escreveram seus relatos, eles são primeiro solicitados a lê-los em voz alta para seus terapeutas. O cliente pode inicialmente se recusar a ler o relato para o terapeuta ou pode tentar entregá-lo ao terapeuta para ler. O terapeuta precisa explicar que esse é o relato do trauma do cliente e que o terapeuta quer ouvi-lo primeiro. Se o terapeuta lesse em voz alta, o cliente poderia se envolver em evitação, pensar em outras coisas ou dissociar-se. O terapeuta pode lembrar ao cliente: "Você vive com a memória do trauma há muito tempo, mas não compartilha a versão 'TEPT real' da história ou se permite sentir suas emoções naturais. Embora possa ter demorado um pouco ou até dias para escrever seu relato, levará apenas alguns minutos para lê-lo". Depois de explicar mais uma vez a importância de não evitar a memória, o terapeuta deve apenas sentar-se em silêncio e esperar que o cliente comece.

É função do terapeuta não interromper a leitura (ou narrativa) com perguntas ou declarações reconfortantes. A interrupção da leitura do relato geralmente se baseia no próprio desconforto do terapeuta e não beneficia o paciente. É importante que o paciente experimente as emoções naturais resultantes do trauma; qualquer interrupção pode prejudicar esse processo e redirecionar o foco para o terapeuta e o momento presente. A única exceção pode ser logo no início do relato, se o paciente estiver lendo muito rapidamente e claramente tentando evitar emoções. Então o terapeuta pode parar e dizer: "Quero que você tenha a oportunidade de experimentar suas emoções naturais, aquelas que você não pôde vivenciar no momento em que o trauma aconteceu. Por que você não começa de novo e lê mais devagar, permitindo-se lembrar o que realmente aconteceu e como você se sentiu?". Se o paciente correr para terminar a leitura novamente, o terapeuta não deve interromper o relato, mas deixar a questão da evitação para ser discutida mais tarde na sessão.

Às vezes, o cliente interrompe a leitura (ou seja, evita), olha para cima e começa a falar com o terapeuta. Em vez de dizer qualquer coisa, o terapeuta deve olhar para o relato escrito em vez do cliente ou apontar para o relato escrito. Se o cliente continuar em um modo de conversação ou estiver elaborando o que escreveu, o terapeuta deve dizer algo simples como "Podemos conversar depois. Por favor, continue a ler seu relato", e então olhar para baixo novamente.

Os terapeutas às vezes perguntam aos treinadores de TPC+A o que eles devem fazer se não estiverem confortando os clientes ou expressando empatia. A resposta é dupla: primeiro, os terapeutas não devem se colocar no lugar de seus clientes ou tentar imaginar o que eles estavam sentindo. A experiência traumática e as emoções consequentes são dos clientes, não dos terapeutas. Os terapeutas não podem sentir as emoções dos clientes por eles. Dito isso, os terapeutas podem ter emoções sobre o evento e podem exibir algumas expressões externas dele (por exemplo, olhos marejados). No entanto, é importante que os clientes saibam que seus terapeutas podem lidar com a escuta de seus relatos. Se um terapeuta reage demais, um cliente pode tentar protegê-lo; ou pior, pode decidir que o trauma foi muito ruim até mesmo para um terapeuta ouvir. Em vez disso, o terapeuta deve pensar nos pontos de bloqueio que surgiram na Declaração de Impacto e nas Planilhas ABC. Assim, o terapeuta deve ouvir o relato do trauma para descobrir seu contexto, as suposições do cliente sobre o que aconteceu no momento e as opções que o cliente realmente tinha disponíveis no momento do trauma, a fim de formular perguntas como estas: Quando o cliente decidiu que o evento foi culpa dele ou que o cliente deveria ter feito algo diferente? Neste último caso, o que teria sido esse "algo"? Em outras palavras, o terapeuta deve ter alguma ideia de onde começar o diálogo socrático sobre os esforços para assimilar, quando chegar a hora.

Depois que o cliente parar de ler seu relato de trauma, o terapeuta não deve dizer nada. Se o cliente estiver sentindo emoções naturais, isso deve continuar. Essa pode ser a primeira vez que o cliente se lembra do evento em detalhes desde que ele aconteceu, então essa pode ser a primeira expressão de afeto natural. Normalmente, a emoção é de curta duração; o cliente logo olhará para o terapeuta, poderá pegar um lenço de papel (uma caixa de lenços de papel deve sempre ser deixada ao alcance dos clientes) e poderá dizer algo. Nesse ponto, o trabalho do terapeuta é amplificar quaisquer emoções naturais que o cliente esteja sentindo. Se nenhuma emoção for aparente e o cliente disser que não está sentindo "nada", o terapeuta pode perguntar se foi assim que o cliente se sentiu durante o evento. Pode ser que os clientes tenham entrado no "piloto automático" durante um evento traumático por causa de seu treinamento (por exemplo, treinamento militar ou de primeiros socorros), ou se dissociaram durante o evento e estão experimentando dormência ou estado dissociativo ao ler o relato pela primeira vez. O terapeuta deve então perguntar: "Você sentiu emoções enquanto escrevia o relato em casa ou quando o leu para si mesmo?".

Não é obrigatório que os pacientes expressem emoções na sessão. Se eles sentiram suas emoções enquanto escreviam ou liam para si mesmos, isso é suficiente. Se os clientes disserem que não sentiram nenhuma emoção em nenhuma dessas circunstâncias e estavam apenas entorpecidos ou estoicos, os terapeutas podem perguntar o que eles sentiriam se permitissem a si mesmos sentir emoções. Às vezes, os pacientes sentem emoções diferentes ao ter alguém testemunhando seu trauma. É típico que aqueles com emoções autoconscientes, como vergonha ou culpa, tenham mais emoções ao ler seus relatos em voz alta para os terapeutas, mesmo que isso não seja aparente externamente. Em caso afirmativo, isso deve ser explorado. Eles também podem fazer uma ou mais Planilhas ABC sobre quaisquer pontos de bloqueio relacionados a sentir emoções (por exemplo, "As emoções me deixam fraco", "Ficarei vulnerável e incapaz de me proteger"). Esses clientes devem ser encorajados a se permitir sentir algumas emoções ao escrever ou ler o relato durante a semana.

Antes de o terapeuta passar para o diálogo socrático, o próximo passo é perguntar se o paciente deixou de fora algum detalhe importante. Alguns relatos soam como registros policiais factuais e não incluem detalhes sensoriais, pensamentos ou emoções.

Outros relatos são muito detalhados antes e depois do evento traumático, mas o evento em si é encoberto. Se o paciente realmente não escreveu em detalhes sobre o que aconteceu, ou está claro que o cliente está evitando as partes mais traumáticas do pior incidente (conforme indicado por seus pontos de bloqueio, e não pela suposição do terapeuta), o terapeuta deve pedir ao cliente que preencha mais alguns detalhes e dar a ele a oportunidade de falar sobre o que ele evitou escrever. O paciente deve então ser solicitado a incluir mais detalhes em um segundo relato. O terapeuta deve focar a atenção nas partes do evento que são relevantes para os pontos de bloqueio do cliente, mas não fazer suposições sobre quais partes do evento estão associadas aos sintomas de TEPT e aos pontos de bloqueio. Um erro comum do terapeuta é focar a atenção nas partes do evento que ele próprio considera particularmente horríveis — estas podem não ser as partes que causam os pontos de bloqueio reais do cliente. Em vez disso, os pontos de bloqueio podem ser "Eu deveria ter sido capaz de evitá-lo", "Se eu estivesse lá, meu amigo não teria morrido" ou algo parecido. A violência e as imagens podem ser angustiantes para o cliente, mas podem não ser as razões pelas quais o cliente tem TEPT. A violação do mito do mundo justo, a culpa injustificada ou a culpa de outros, as tentativas de desfazer o evento ou a falta geral de aceitação de que o evento traumático realmente aconteceu são mais prováveis de serem os fatores que mantêm o cliente bloqueado.

Os terapeutas novos na TPC+A muitas vezes se perguntam o que fazer se os clientes estiverem sobrecarregados de emoções. Primeiro, isso é muito raro. Normalmente, os clientes são muito bons em enterrar suas verdadeiras emoções; se houver um afeto muito forte, é mais provável que seja baseado em algo que o cliente está pensando. Nesse caso, o terapeuta pode perguntar o que o cliente está pensando que combina com sentimentos tão intensos. Novamente, é provável que o cliente diga que o evento foi culpa dele ou que deveria ter feito algo diferente. Esses tipos de declarações podem levar diretamente à parte do diálogo socrático da sessão. No entanto, se essa for a primeira vez que o cliente relata o evento, pode haver fortes emoções naturais. Nesse caso, o terapeuta deve apenas sentar e não dizer ou fazer nada para chamar a atenção do cliente (não entregue um lenço de papel, porque a mensagem é para parar de chorar). Normalmente, a expressão de emoções do cliente chega ao fim em cerca de 5 minutos, e o cliente então olha para o terapeuta, diz algo ou pega um lenço de papel e retrai suas emoções. O terapeuta pode perguntar o que o cliente estava sentindo e se ele já se permitiu sentir essa emoção antes. Se esse for um cliente que tem medo de emoções, o terapeuta pode ressaltar que ele está lidando com uma memória, perguntar se as emoções não são tão intensas quanto eram quando o trauma realmente ocorreu, ou observar que nada catastrófico aconteceu com o cliente como resultado de vivenciar essas emoções.

Alguns clientes podem apresentar raiva de forma mais evidente, principalmente se houver outras pessoas com eles ou em sua proximidade a quem eles possam culpar (normalmente, não os perpetradores), ou se eles não conseguirem perceber que cometeram algum erro. Conforme discutido nos capítulos anteriores, a culpa errônea do outro é outra forma de pensamento do mundo justo e se concentra em como um evento traumático poderia ter sido evitado por alguém próximo. Os exemplos descritos anteriormente incluem: militares que culpam seus comandantes ou líderes de unidade, ignorando as pessoas que armaram uma emboscada ou enterraram uma mina; um sobrevivente de abuso sexual infantil que culpa um pai não ofensor que realmente não sabia que a criança era abusada; ou um cliente que culpa os as pessoas presentes, em vez do autor de um evento.

Uma vez que as emoções tenham sido rotuladas e quaisquer peças que faltam tenham sido acrescentadas, é hora de o terapeuta começar a fazer perguntas focadas no pensamento distorcido (relacionado à assimilação) do cliente sobre o trauma. A leitura do relato de trauma feita no início da sessão não é muito demorada, portanto, uma grande parte da Sessão 4 é gasta em diálogos socráticos focados em avaliações de trauma. Como não há uma nova planilha para introduzir na Sessão 5 da TPC+A, o terapeuta tem mais tempo na Sessão 4 para examinar em profundidade os pontos de bloqueio relacionados à assimilação. À medida que o cliente lê o relato do trauma, o terapeuta pode começar a perceber quaisquer contradições entre esse relato e os pontos de bloqueio do cliente na Declaração de Impacto, no registro de pontos de bloqueio e nas Planilhas ABC. Aqui está um exemplo de um diálogo terapeuta-cliente após tal relato:

> **TERAPEUTA:** Em sua Declaração de Impacto, notamos e colocamos no registro de pontos de bloqueio a declaração de que, por causa do que aconteceu, você não pode confiar em ninguém. Dado que foi um estranho que o atacou, estou me perguntando o que isso tem a ver com confiança. Ouvi seu relato do evento e estou um pouco confuso porque você não diz que confiou no perpetrador. No entanto, você também diz que deveria saber o que ele faria com você. Se ele fosse um estranho, como você poderia saber o que ele faria, e o que isso tem a ver com confiança?
>
> **CLIENTE:** Eu deveria ter levantado a guarda mais cedo. Eu deveria ter pedido ajuda mais cedo ou percebido que estava em uma situação perigosa.
>
> **TERAPEUTA:** Quais sinais você percebeu de que ele era perigoso e que você ignorou?
>
> **CLIENTE:** Assim que o vi, deveria ter atravessado a rua.
>
> **TERAPEUTA:** Mas você já passou por pessoas antes na calçada, e elas não se viraram e apontaram uma arma para você.
>
> **CLIENTE:** Claro, mas tive um pressentimento.
>
> **TERAPEUTA:** E quando você teve esse pressentimento? A que distância ele estava?
>
> **CLIENTE:** A poucos metros. Na verdade, quando penso nisso, acho que não tive aquela sensação de perigo até que ele se aproximou de mim na calçada.

TERAPEUTA: E quais eram suas opções naquele momento?

CLIENTE: Eu poderia ter corrido.

TERAPEUTA: Eu pensei que você tivesse dito que ele sacou uma arma.

CLIENTE: Sim, assim que ele se aproximou, ele ergueu a arma e disse que, se eu fizesse o que ele queria, não me machucaria.

TERAPEUTA: Então, suas opções já estavam limitadas quando você teve esse pressentimento.

CLIENTE: Sim. Quando vi a arma, congelei.

TERAPEUTA: Certo. Ele te surpreendeu, e você só então percebeu o perigo em que estava.

CLIENTE: Sim.

TERAPEUTA: Então, por que você acha que deveria ter atravessado a rua mais cedo ou gritado ou corrido antes de ver a arma?

CLIENTE: Eu não sei. Eu só gostaria de ter feito algo para impedi-lo.

TERAPEUTA: Isso não é um ponto de bloqueio. Eu gostaria que isso não tivesse acontecido com você também. (*Pausa*) Mas dizer "Eu gostaria que não tivesse acontecido" não é diferente de "Eu deveria ter feito algo antes"?

CLIENTE: Sim, sim.

TERAPEUTA: Quanto tempo você realmente teve para tomar uma decisão e reagir?

CLIENTE: Segundos? Se isso.

TERAPEUTA: Certo. Você está sendo muito duro consigo mesmo por não ser capaz de prever eventos antes que eles aconteçam. Então agora vamos colocar isso no seu registro de pontos de bloqueio, e eu quero que você examine a crença "Eu deveria ter percebido mais cedo e impedido o assalto". Na próxima sessão, mostrarei uma nova planilha que acho que você vai gostar — uma que o ajude a fazer perguntas por si mesmo, como as que tenho feito. Mas, antes de fazermos isso, acho que há um ponto de bloqueio que devemos colocar no registro sobre confiança. O que esse estranho tem a ver com confiar nas pessoas, ou mesmo confiar em si mesmo?

Se houver tempo na sessão, o terapeuta pode se concentrar em outro ponto de bloqueio, mas deve ser novamente um relacionado às causas do trauma ou um ponto de bloqueio assimilado sobre a culpa injustificada de si mesmo ou dos outros.

Para a próxima sessão, o cliente deverá escrever o relato novamente, com os detalhes que foram deixados de fora da última vez, e acrescentar anotações entre parênteses em locais em que ele está sentindo emoções diferentes daquelas experimentadas desde a escrita do primeiro relato. Por exemplo, o cliente pode ter escrito na primeira vez: "Ele me disse que eu era uma vagabunda e eu acreditei nele. Eu senti tanta vergonha. (Agora estou com raiva. Ele apenas disse isso para justificar o que fez.)". Outro exemplo pode ser: "Na época, eu estava convencido de que era minha culpa que meu amigo fosse baleado e morto, e eu nunca deixaria de sentir culpa. (Agora não me sinto tão culpado, mas me sinto muito triste.)". O cliente também pode escrever novos pensamentos ou sentimentos nas margens do primeiro relato. Mudanças em seus sentimentos podem indicar progresso com pensamentos e sentimentos. No entanto, elas também podem revelar outros pontos de bloqueio, como "Eu sabia, quando aconteceu, que nunca mais confiaria em ninguém com autoridade. (Ainda me sinto traído por minha mãe, porque ela deveria saber o que ele estava fazendo.)".

O cliente deve ser novamente encorajado a começar a escrever o segundo relato do evento-alvo o mais rápido possível e a lê-lo todos os dias. O cliente também deve registrar quaisquer novos pontos de bloqueio no registro de pontos de bloqueio e continuar a preencher as Planilhas ABC todos os dias, especialmente sobre o trauma ou o processo de escrita do relato. As tarefas das Sessões 4 e 5 aparecem na Ficha 18.1.

A Sessão 5 da TPC+A é muito semelhante à Sessão 4 da TPC: o paciente lê o novo relato, e terapeuta e paciente continuam a processar quaisquer pontos de bloqueio assimilados; o terapeuta também continua a encorajar emoções naturais. O paciente pode se lembrar de partes do evento que não foram reveladas no primeiro relato, e/ou o segundo relato pode enfatizar diferentes partes do evento. Depois que o paciente terminar de ler o relato do trauma para o terapeuta, este deve novamente permanecer quieto se o paciente estiver experimentando emoções naturais ou perguntar sobre sua ausência, caso contrário. Se o paciente está se esforçando para não sentir emoções, terapeuta e paciente devem novamente fazer o diálogo socrático e as Planilhas ABC sobre os resultados potenciais de experimentar emoções, e o paciente deve ser encorajado a experimentá-las. Além disso, o paciente deve ser orientado a continuar lendo o relato do trauma em casa e a sentir as emoções naturais até que elas terminem seu curso. As Planilhas ABC também são examinadas para ver como o cliente está se saindo com eventos, pensamentos e sentimentos correspondentes. Em ambos os casos, o terapeuta faz perguntas sobre quais emoções estão associadas aos pontos de bloqueio, bem como perguntas para ajudar o cliente a examinar as evidências a favor e contra os pensamentos incorporados nos pontos de bloqueio. Novos pontos de bloqueio que emergem do segundo relato devem ser adicionados ao registro de pontos de bloqueio.

Vários erros comuns do terapeuta na TPC foram listados no Capítulo 4 e também se aplicam à TPC+A. No entanto, também existem alguns erros comuns do terapeuta que são específicos para os relatos escritos na TPC+A. Às vezes, o terapeuta não consegue dar uma justificativa adequada para escrever os relatos do evento-alvo. Se o cliente começar com um evento menos grave, ele poderá concluir esses relatos e continuar acreditando que não pode tolerar pensar no evento-alvo. Se o cliente começar com o evento traumático mais difícil, os outros eventos provavelmente terão pontos de bloqueio semelhantes e crenças centrais subjacentes e podem ser mais facilmente processados com planilhas após o tratamento do evento-alvo.

Outro erro comum do terapeuta na TPC+A é permitir que o paciente dê muitos detalhes sobre os eventos que levaram ao trauma, mas depois ignora o próprio evento-alvo. O terapeuta pode ter que fazer uma série de perguntas esclarecedoras quando o paciente terminar de ler o primeiro relato, a fim de preencher os detalhes associados aos pontos de bloqueio do TEPT. Para a segunda tarefa de redação, o paciente deve ser encorajado a começar no ponto em que reconheceu o perigo, continuar o relato até que o evento termine e dar mais detalhes sobre as piores partes do trauma (as partes que geraram mais pesadelos, pensamentos intrusivos, *flashbacks* ou pontos de bloqueio).

Outro erro comum do terapeuta é esquecer de verificar a leitura diária do segundo relato, especialmente se o cliente está evitando a tarefa ou ainda está bloqueando quaisquer emoções naturais. Quando um cliente pergunta se ele precisa continuar lendo o relato, o terapeuta deve perguntar se ele ainda se sente paralisado, quer evitá-lo, ainda não está sentindo suas emoções naturais ou continua a encobrir as partes difíceis do evento. Se o cliente disser "Não, estou apenas entediado lendo. Eu não sinto mais tanta coisa a respeito disso", então o terapeuta pode dizer ao cliente para interromper a leitura. No entanto, um erro importante do terapeuta aqui seria não diferenciar entre a evitação e as emoções naturais que seguiram seu curso. Esse último processo pode não ocorrer até depois de várias sessões.

É possível que um cliente escreva relatos sobre outro trauma no contexto da terapia; o mesmo protocolo TPC+A deve prosseguir. O cliente não deve escrever o segundo relato sobre um evento diferente. O segundo relato deve ser aproximadamente o mesmo evento-alvo sobre o qual o cliente escreveu no primeiro relato. Se o cliente tiver outro evento traumático com diferentes pontos de bloqueio, ele pode optar por reescrever o primeiro relato e adicionar um segundo relato escrito para a tarefa de casa naquela sessão. Se o evento foi mais traumático, o processamento desse evento ainda deve ser adiado até que o cliente tenha escrito dois relatos sobre o primeiro evento. Quaisquer pontos de bloqueio devem ser adicionados ao registro de pontos de bloqueio e se tornar os tópicos da próxima tarefa com a Planilha de Perguntas Exploratórias.

Na TPC+A, a Planilha de Pensamentos Alternativos (Ficha 11.1) e o Módulo de Questões de Segurança (Ficha 12.1) são apresentados na mesma sessão. O terapeuta apresenta a planilha ao cliente e aponta que, exceto pelas classificações de pensamentos e emoções, as primeiras quatro seções são as mesmas de outras planilhas que o cliente completou; o objetivo das novas seções (seções E a H) é gerar uma declaração mais equilibrada após examinar o ponto de bloqueio e, em seguida, reavaliar o pensamento e as emoções antigas, bem como quaisquer novas emoções. O terapeuta e o cliente então completam um exemplo juntos na sessão, usando um ponto de bloqueio relacionado à segurança inserido no registro de pontos de bloqueio, e o terapeuta dá ao cliente o Módulo de Problemas de Segurança para ler. O cliente é então orientado a fazer pelo menos uma planilha por dia e preencher planilhas sobre quaisquer pontos de bloqueio relacionados à segurança (Ficha 18.1). O restante do protocolo TPC+A é o mesmo que o protocolo TPC em termos de entrega.

TPC DE EXTENSÃO PERSONALIZADA

Foram publicados alguns estudos sobre TPC de extensão personalizada, sendo um deles conduzido como TPC+A por Galovski et al. (2013). No entanto, existem outros estudos usando TPC: um ensaio clínico randomizado na Alemanha com civis (Butollo et al., 2015); um com militares na ativa (Resick et al., 2021); e programas colaborativos de aprendizado, nos quais terapeutas de diferentes instituições, como clínicas, ONGs e agências de saúde mental, foram treinados e supervisionados para implementar a TPC de forma padronizada e baseada em evidências (Dondanville et al., 2022; LoSavio, Dillon, Murphy, Goetz, et al., 2019). Normalmente, os pacientes apresentam melhores resultados quando o objetivo é alcançar um bom estado final (pontuações baixas de TEPT), em vez de se limitar a um número fixo de sessões (Resick et al., 2021). Esse padrão pode, de fato, refletir a prática dos terapeutas, embora eles possam não reconhecer uma resposta precoce ao tratamento. Uma dúvida comum entre os terapeutas é o que fazer se os clientes completarem as 12 sessões previstas, mas ainda apresentarem sintomas de TEPT. Deveriam continuar na TPC ou mudar para uma terapia diferente? Galovski et al. (2013) permitiram até 18 sessões de TPC+A com civis e constataram que a maioria dos clientes finalizou o tratamento antes de 12 sessões, alcançando um bom estado final, mas alguns precisavam de mais sessões. No acompanhamento de três meses, apenas dois dos 50 participantes do tratamento ainda preenchiam os critérios para TEPT. Nossa recomendação é continuar com a TPC, e a seguir oferecemos orientações sobre como proceder. No entanto, antes de iniciar a TPC com um cliente, é melhor dizer que a terapia durará aproximadamente 12 sessões, mas esse número pode ser maior ou menor, dependendo de fatores como a frequência com que o cliente comparece às sessões e completa os exercícios de casa, a gravidade do TEPT ou da depressão, e se a pessoa tem um histórico de trauma particularmente complexo.

Término adiado

A primeira regra para estender a TPC é aderir ao protocolo nas primeiras 11 sessões. Os pacientes precisam da construção de habilidades sequenciais e do foco no trauma central que ocorre na primeira metade da terapia, e os temas da segunda metade do tratamento podem revelar crenças centrais que estão muito arraigadas. Se, na Sessão 10, o paciente ainda estiver pontuando acima do limite em medidas objetivas de TEPT ou depressão, ele *não deve* ser orientado a escrever a Declaração de Impacto final na Sessão 11. Em vez disso, o terapeuta deve discutir a continuação do tratamento por mais sessões até que o paciente atinja um melhor estado final. Eles também devem discutir por que as pontuações do TEPT do cliente ainda estão altas. Por exemplo, o cliente precisa trabalhar em um trauma diferente? Eles têm feito apenas minimamente as tarefas práticas, que devem ser diárias? Existem pontos de bloqueio assimilados remanescentes do trauma central que não foram resolvidos? As crenças centrais ainda estão sendo ativadas regularmente? O cliente tem um ponto de bloqueio mais profundo sobre deixar de lado algumas crenças (por exemplo, "Se eu mudar de ideia, isso significa que sou fraco", "Se eu deixar de ter TEPT, não sei mais o que pensar ou fazer. Quem sou eu?", "Se eu deixar de lado minha culpa, isso significa que meu amigo morreu sem motivo [ou tenho medo de esquecer meu amigo]", "Não importa quão baixa seja a probabilidade, é melhor evitar sair e estar seguro")?

Revise a PCL-5 de forma detalhada com o cliente para determinar se há sintomas específicos que são muito elevados e, em caso afirmativo, tente determinar o motivo. Se eles têm pesadelos, *flashbacks* ou imagens intrusivas, qual é o conteúdo? Se as pontuações de excitação forem particularmente altas, eles podem ter pontos de bloqueio de segurança que não foram abordados. E, claro, se eles apresentam emoções que não se permitiram sentir, será importante descobrir o porquê (por exemplo, "Não posso continuar com uma vida feliz porque meu irmão foi morto. Eu me sentiria muito culpado").

Para as sessões restantes após as 12 primeiras (incluindo o tema da intimidade, mas sem a Declaração de Impacto), o terapeuta deve usar as Planilhas de Pensamentos Alternativos e o registro de pontos de bloqueio para trabalhar na assimilação prolongada ou na acomodação excessiva que está impedindo a recuperação total. Quando o cliente relata TEPT e depressão reduzidos, o terapeuta e o cliente devem discutir se é hora de interromper o tratamento ou se existem outros pontos de bloqueio ou crenças centrais que exigem mais trabalho. Uma vez que eles decidem que os objetivos da terapia foram alcançados, a penúltima sessão inclui a tarefa de escrever a Declaração de Impacto final. A última sessão inclui uma comparação da nova Declaração de Impacto com a inicial, uma revisão do progresso da terapia, sugestões para o uso de habilidades de TPC no futuro e uma estratégia para lidar com quaisquer pontos de bloqueio restantes. Estender a terapia não deve ser uma permissão para passar para a terapia de longo prazo. A ideia é manter o protocolo até que o cliente tenha resolvido os principais pontos de bloqueio, saiba como examinar e refinar seu pensamento sobre os eventos traumáticos que experimentou e tenha alcançado um bom estado final na PCL-5. Isso não deve tomar muitas sessões.

Término antecipado

Como observamos na seção de pesquisa, muitos clientes apresentam um bom funcionamento ao final do tratamento em relação aos sintomas de TEPT e depressão antes de completar as 12 sessões. Os terapeutas frequentemente se preocupam que os clientes que terminaram antes estejam em evitação, mas descobrimos que a maioria dos clientes na TPC não precisa das 12 sessões completas para concluir a terapia. Os terapeutas devem avaliar os sintomas de TEPT e a depressão todas as semanas, para que possam ver quando seus clientes "superaram um obstáculo" e começam a resolver seus sintomas. Vários estudos constataram que cerca de um terço dos pacientes que abandonaram a terapia em programas fixos de 12 sessões de TPC é, na verdade, de concluintes precoces.

Quando parece que os clientes podem ser candidatos ao término antecipado — isto é, quando os clientes não atendem mais aos critérios para TEPT e têm pontuações baixas de autorrelato (por exemplo, abaixo de 19 na PCL-5 ou 10 no PHQ-9) —, os terapeutas podem iniciar uma discussão sobre se os clientes alcançaram seus objetivos. Não há exigência de que os clientes interrompam o tratamento apenas porque suas pontuações são baixas. O término do tratamento deve ser uma decisão mútua entre terapeutas e clientes. Às vezes, o terapeuta e o cliente podem optar por condensar a TPC, introduzindo dois ou três módulos ao mesmo tempo. O cliente pode revisar os módulos e usá-los para encontrar pontos de bloqueio restantes que podem precisar ser abordados no tratamento.

Se um cliente decidir interromper o tratamento antes que o protocolo TPC seja concluído, o terapeuta e o cliente devem revisar o registro de pontos de bloqueio para encontrar quaisquer pontos de bloqueio restantes que precisem ser trabalhados; a Declaração de Impacto final deve ser atribuída, e a próxima sessão deve ser definida como a sessão final. O terapeuta também deve entregar a tarefa que originalmente deveria ser devolvida na próxima sessão. Se o cliente não recebeu todo o conjunto de materiais para a terapia no início do tratamento, o terapeuta deve dar ao cliente as fichas restantes para examinar, para ver se há algum ponto de bloqueio que deva ser adicionado ao registro ou outros tópicos para discussão, ou encaminhar-lhe os materiais complementares disponíveis no livro *Vencendo o transtorno de estresse pós-traumático* ou, para aqueles que utilizam a versão em inglês, o aplicativo CPT Coach.

Se o cliente ainda tiver baixas pontuações de TEPT e depressão e ainda estiver satisfeito com a decisão de interromper o tratamento, terapeuta e cliente devem começar a próxima sessão com a tarefa normal e, em seguida, passar para a Declaração de Impacto final. Como no protocolo completo, o cliente lê a nova Declaração de Impacto e o terapeuta revisa a Declaração de Impacto original por comparação. O terapeuta observa todas as áreas que ainda precisam ser trabalhadas ao longo do tempo e revisa todos os módulos e planilhas que o cliente não alcançou na terapia até o momento, garantindo que esses materiais estejam disponíveis para o cliente, caso sejam necessários no futuro. Eles terminam passando pelo registro de pontos de bloqueio e riscando aqueles pontos que o cliente não acredita mais, ou iniciando um novo registro de pontos de bloqueio que contenha quaisquer pontos restantes que não foram totalmente resolvidos. Por fim, eles falam sobre o progresso do cliente na terapia e os planos para o futuro. É aconselhável marcar uma sessão de acompanhamento para depois de um mês, para garantir que os ganhos do cliente sejam mantidos e que ele continue a usar suas habilidades.

Tratamento continuado para clientes não responsivos

Neste ponto, ainda não sabemos quantos clientes podem não responder ao tratamento ao final de 18 ou 24 sessões, dependendo da população. Houve muito poucos desses casos no estudo de Galovski et al. (2013) e outros no ensaio de Resick et al. (2021) com militares. No entanto, ao analisar os preditores da extensão do tratamento, eles descobriram que os homens demoravam um pouco mais do que as mulheres para responder e que aqueles com maior depressão pré-tratamento demoravam mais para responder. Não existe evidência, de uma forma ou de outra, de que a mudança para outro tratamento baseado em evidências para TEPT será eficaz para um cliente que não responde à TPC. É possível que o cliente não tenha se envolvido completamente no tratamento (embora o engajamento devesse ter sido monitorado desde o início da terapia), tenha se mostrado relutante em mudar os pensamentos (ou seja, tenha exibido rigidez cognitiva), o que pode se constituir em um ponto de bloqueio propriamente dito, ou tenha sido negligente na conclusão das práticas. Por outro lado, alguns clientes podem não ter revelado seus traumas mais angustiantes aos seus terapeutas, devido à sua profunda falta de confiança ou vergonha em relação ao evento. Os terapeutas devem perguntar sobre os pontos de bloqueio que interferem na terapia se pelo menos alguma melhora não for evidente na Sessão 6.

A TPC e outras terapias cognitivas foram consideradas eficazes para TEPT, apesar de várias comorbidades, como psicose (estabilizada), transtornos bipolares, transtornos da personalidade, lesão cerebral traumática, abuso de substâncias e depressão. Se os clientes assumirem a responsabilidade de parar de tomar a medicação prescrita repentinamente e sem o conselho de um médico, é possível que eles experimentem efeitos rebote que afetam seu tratamento do TEPT. Um dos objetivos do estudo da TPC de duração variável (também chamada de "duração personalizada") com militares na ativa (Resick et al., 2021) foi determinar os preditores do resultado do tratamento. Os melhores preditores de não resposta ou necessidade de tratamento mais longo foram a gravidade do TEPT e da depressão antes do tratamento, o temperamento internalizante, estar no estágio de pré-contemplação da prontidão para a mudança e ser afro-americano.

TPC PARA TRANSTORNO DE ESTRESSE AGUDO

Imediatamente após eventos traumáticos, as pessoas com sintomas de TEPT tendem a esperar que os sintomas desapareçam com o tempo ou a distração e, por isso, muitas vezes não buscam terapia, frequentemente por muitos anos. Militares em serviço ativo podem não ter a oportunidade de procurar terapia até que concluam suas missões ou estejam fora de serviço. Além disso, muitos podem enfrentar estigmas e crenças culturais que associam a busca por tratamento psicológico à fraqueza, dificultando ainda mais o acesso ao cuidado necessário. Crianças ou vítimas de VPI podem não ter a oportunidade de receber tratamento até que estejam em segurança, fora de seus relacionamentos perigosos, ou tenham idade suficiente para decidir por si mesmas que precisam de terapia para sintomas que não diminuem. Para fins de pesquisa, a maioria dos estudos exigiu um período mínimo de tempo decorrido desde o evento traumático, não porque a terapia não funcione no início após tal evento, mas pela razão metodológica de que os participantes podem ter melhorado naturalmente ao longo do tempo e podem não ter desenvolvido TEPT.

Nesse ponto, houve um estudo de caso único (Kaysen et al., 2005) e um ECR (Nixon et al., 2016) usando TPC+A para transtorno de estresse agudo. O estudo de caso de Kaysen et al. é discutido com mais detalhes no Capítulo 20. Nixon e colegas (2016) implementaram a TPC+A em 6 semanas com uma sessão de 90 minutos por semana. Na primeira sessão, além da psicoeducação, o cliente foi apresentado a perguntas exploratórias e instruído a preenchê-las junto com a Declaração de Impacto. A Sessão 2 revisou e, em seguida, introduziu padrões de pensamento distorcidos e pensamentos alternativos (planilha de crenças centrais), bem como atribuiu o relato escrito do trauma. Junto com o segundo relato escrito, os temas foram compactados nas próximas sessões. Como esse foi um pequeno estudo-piloto, mais pesquisas são necessárias para determinar se a TPC é a melhor abordagem no primeiro mês após um evento traumático e se essa configuração de sessões é ideal.

TELESSAÚDE

Antes da pandemia, quando fazer terapia *on-line* se tornou algo comum, havia quatro estudos de TPC comparando terapia presencial e a telessaúde (Hassija & Gray, 2011; Maieritsch et al., 2016; Morland et al., 2014, 2015). Recentemente, foi concluído mais um estudo que comparou as modalidades de terapias presenciais no consultório, presencialmente em casa e por telessaúde (Peterson et al., 2022). Em todos os casos, fazer TPC por computador ou *tablet* em vídeo foi tão eficaz quanto fazê-lo pessoalmente. Moring et al. (2020) publicaram um artigo descrevendo considerações práticas para a realização da TPC por telessaúde. O artigo pode ser encontrado em *https://cptforptsd.com/*, na guia Resources (Recursos). Um PDF compilado das tarefas práticas do cliente pode ser baixado, ou os clientes podem concluir as tarefas práticas no aplicativo CPT Coach, se souberem inglês. Muitas plataformas de vídeo fornecem conexões privadas e seguras com o paciente e o terapeuta. Preparar o terreno para a privacidade na casa ou no escritório do cliente é importante para reduzir interrupções e garantir a confidencialidade. Até mesmo ter animais de estimação entrando e saindo pode ser perturbador. As vantagens da administração de telessaúde incluem a redução de tempo gasto pelos clientes para deslocar-se até as sessões e a possibilidade de alcançar pacientes em qualquer local. Isso abre a oportunidade de terapia para pessoas que antes estavam muito longe de terapeutas de TPC qualificados. A desvantagem pode ser a falta de disponibilidade de conexões fortes com a internet para computadores, *tablets* ou celulares. O terapeuta e o cliente precisam se ver e compartilhar planilhas. Interrupções na conexão podem ser um problema em algumas localizações geográficas.

Na maioria das vezes, a TPC pode ser conduzida normalmente, exceto pelo fato de que o cliente precisa enviar por *e-mail* ou ditar suas avaliações e tarefas práticas ao terapeuta para que ambos possam acompanhar o progresso feito. A TPC foi conduzida em ambientes de grupo com clientes reunidos em um local (por exemplo, um ambulatório remoto) e o terapeuta da TPC em outro local. Ela também pode ser conduzida em grupos por meio de computadores, com participantes em diferentes locais.

TPC INTENSIVA

Mais recentemente, a TPC foi realizada em curtos períodos de tempo, de uma a três semanas. A ideia por trás do tratamento intensivo ou concentrado é reduzir a taxa de abandono sem comprometer a eficácia dos resultados. Até o momento, essa abordagem parece eficaz. Normalmente, em programas de três semanas, além das sessões diárias individuais e em grupo de TPC, há outras atividades complementares, como redução do estresse baseada em meditação e ioga (Held et al., 2020). No entanto, o foco precisa estar na TPC, e não deve haver tarefas de casa concorrentes que tirem o trabalho da TPC, que precisa ser concluído antes da próxima sessão. Quando a duração do programa foi reduzida de três para duas semanas (Held et al., 2023), a carga de trabalho da TPC foi mantida, enquanto a oferta de serviços complementares foi reduzida. Os resultados foram consistentes, demonstrando reduções significativas nos sintomas de TEPT e depressão. Held et al. (2022) também realizaram um estudo-piloto com 24 pacientes tratados por telessaúde, recebendo duas sessões por dia durante 5 dias. Os participantes foram instruídos a completar três tarefas práticas entre as sessões, exceto após a primeira, na qual escreveram sua Declaração de Impacto. Como o protocolo incluía um total de 10 sessões, na Sessão 7, os pacientes receberam a lista com os cinco temas que vimos nos capítulos anteriores e foram solicitados a escolher aqueles mais relevantes para seus pontos de bloqueio e sintomas. Essas sessões seguiram o formato padrão, e apenas uma pessoa abandonou o tratamento, enquanto todos os demais apresentaram melhorias significativas nos sintomas.

Galovski et al. (2022) avaliaram a eficácia da TPC intensiva com um programa de cinco dias voltado para mulheres sobreviventes de VPI com altas taxas de traumatismos cranianos e comorbidades. Os resultados indicaram melhorias significativas sem diferenças nos desfechos entre o tratamento intensivo e a abordagem padrão. Em outro formato de TPC intensiva, Wachen et al. (2023) realizaram o primeiro ECR com um protocolo de cinco dias, combinando sessões individuais e em grupo em uma base militar. Esse modelo foi comparado à administração tradicional da TPC ao longo de seis semanas em sessões individuais. Os participantes completaram todas as 12 sessões do tratamento, recebendo de duas a três sessões por dia. Assim como em outros estudos sobre TPC intensiva, os achados indicaram uma baixa taxa de evasão e aparentemente nenhuma perda de eficácia em comparação com a TPC padrão duas vezes por semana.

Ao fazer a TPC intensiva, o agendamento das tarefas práticas se torna particularmente importante. O paciente ainda é obrigado a concluir todas as tarefas, mesmo que reveja o terapeuta no dia seguinte (ou naquela tarde). O terapeuta e o paciente devem discutir como a lição de casa será trabalhada em sua programação antes de iniciar a TPC. O cronograma de avaliação também mudará ao se fornecer a TPC intensiva. Recomendamos administrar a PCL-5 e o PHQ-9 não mais do que duas a três vezes por semana durante o tratamento intensivo. Os pacientes não devem planejar trabalhar durante o tratamento intensivo, concentrando-se apenas na terapia.

Muitas empresas privadas e médicos particulares nos EUA passaram a oferecer TPC intensiva em larga escala, com a proposta de que os pacientes não precisem de terapia continuada após o término da janela de tratamento, com a exceção de uma sessão de reforço ocasional para algumas pessoas. Devido à rápida rotatividade, as listas de espera para terapia são reduzidas, tornando-se uma forte opção de tratamento para clínicas e profissionais com longas listas de espera (Rosenthan et al., 2023).

FICHA 18.1
Tarefas práticas para a TCP+A

Tarefa prática para o final da Sessão 3

Por favor, comece esta tarefa o mais breve possível. Escreva um relato completo do evento traumático e inclua o máximo possível de detalhes sensoriais (imagens, sons, cheiros etc.). Também inclua os pensamentos e sentimentos que você se lembra de ter durante o evento. Escolha uma hora e um local para escrever, para ter privacidade e tempo suficientes. Não pare de sentir suas emoções. Se você precisar parar de escrever em algum momento, desenhe uma linha no papel onde você parou. Comece a escrever novamente quando puder e continue a escrever o relato, mesmo que sejam necessárias várias ocasiões para ser concluído. Leia todo o relato para si mesmo todos os dias até a próxima sessão. Permita-se sentir seus sentimentos. Traga seu relato para a próxima sessão.

Por favor, continue a automonitorar eventos, pensamentos e sentimentos com as Planilhas ABC diariamente, para aumentar seu domínio dessa habilidade. Você deve preencher uma planilha por dia sobre o evento-alvo ou outros traumas piores, mas pode preencher itens adicionais da planilha sobre eventos do dia a dia. Por favor, coloque todos os pontos de bloqueio recém-observados em seu registro de pontos de bloqueio ao usar as Planilhas ABC.

Tarefa prática para o final da Sessão 4

Escreva todo o incidente novamente o mais breve possível. Se você não conseguiu concluir a tarefa da primeira vez, escreva mais do que da última vez. Adicione mais detalhes sensoriais, bem como seus pensamentos e sentimentos durante o incidente. Além disso, desta vez, escreva seus pensamentos e sentimentos atuais entre parênteses ou nas margens (por exemplo, "Estou com muita raiva"). Lembre-se de ler o novo relato todos os dias antes da próxima sessão.

Além disso, continue a trabalhar com as Planilhas ABC todos os dias.

Tarefa prática para o final da Sessão 7

Use as Planilhas de Pensamentos Alternativos para analisar e examinar pelo menos um de seus pontos de bloqueio a cada dia. Por favor, leia o módulo de segurança e pense em como suas crenças anteriores foram afetadas pelo [evento]. Se você tiver problemas de segurança relacionados a você ou a outras pessoas, preencha pelo menos uma planilha para explorar essas crenças. Use as folhas restantes para outros pontos de bloqueio ou para eventos angustiantes que ocorreram recentemente.

De *Vencendo o transtorno de estresse pós-traumático com a terapia de processamento cognitivo: manual do terapeuta*, 2ª edição, Patricia A. Resick, Candice M. Monson e Kathleen M. Chard (The Guilford Press, 2024). Os compradores deste livro podem baixar cópias adicionais desta planilha na página do livro em loja.grupoa.com.br.

19
TPC em grupo

Embora a TPC seja mais conhecida como uma terapia individual, ela se originou como uma terapia em grupo, e pesquisas significativas demonstraram que a TPC em grupo é eficaz tanto isoladamente quanto em combinação com a terapia individual. A TPC em grupo tem sido utilizada para tratar o TEPT com sucesso em diversos contextos, incluindo programas de tratamento ambulatorial, programas intensivos de atendimento ambulatorial e tratamento em regime de internação. Nestes dois últimos, a TPC em grupo às vezes é fornecida em conjunto com outros tratamentos (transtornos alimentares, terapia comportamental dialética, reabilitação vocacional e psicoeducação, para citar alguns). Além disso, a TPC pode ser conduzida virtualmente, com o terapeuta e os participantes fazendo *login* em outros locais e o terapeuta compartilhando a tela do computador ao revisar o registro de pontos de bloqueio e as planilhas apropriadas.

No que diz respeito à pesquisa, Resick, Wachen, et al. (2017) compararam a TPC em grupo e individual em um ensaio clínico com 268 militares em serviço no período pós-incursão. Nas medidas do TEPT, os militares tratados individualmente obtiveram uma melhora significativa, com um grande tamanho do efeito, em comparação à melhora de efeito moderado observada naqueles que foram tratados em grupo, com acompanhamento de 6 meses. As duas condições não diferiram em relação à depressão ou ideação suicida, ambas as quais melhoraram. Como possível explicação desses achados, em uma análise secundária, Wachen et al. (2022) compararam pacientes com e sem traumatismos cranianos com sintomas relacionados em andamento. A maioria dos participantes do estudo (57%) relatou ferimentos na cabeça relacionados à incursão e 93% deles relataram sintomas atuais. Eles descobriram que aqueles com sintomas de traumatismo craniano não se saíram tão bem no grupo, mas completaram a TPC muito bem na terapia individual. Aqueles sem sintomas atuais de traumatismo craniano se saíram igualmente bem na terapia em grupo ou individual. Foi recomendado que aqueles com traumatismo craniano e sintomas contínuos recebam terapia individual ou pelo menos uma combinação de tratamento em grupo e individual.

Spiller et al. (2023) conduziram uma avaliação do programa dentro do Departamento de Assuntos de Veteranos dos Estados Unidos com mais de 6.700 veteranos que receberam TPC individual ou exposição prolongada (EP) em comparação com a TPC em grupo. Na alta, houve diferença significativa entre a oferta individual e em grupo, favorecendo o tratamento individual, embora não tenham sido clinicamente diferentes, com apenas 2,6 pontos de diferença na PCL-5. A descoberta significativa foi provavelmente devido à amostra muito grande. E no acompanhamento de 4 meses, não houve diferenças.

POR QUE USAR A TPC EM GRUPO?

Quando a TPC em grupo e individual está disponível, normalmente sugerimos que o cliente possa escolher o formato do tratamento, porque a escolha do cliente tem sido associada a melhores resultados em psicoterapia. No entanto, estamos cientes de que nem sempre é possível oferecer terapia individual em todos os ambientes, e a TPC em grupo pode ser a única opção para muitos serviços. A TPC em grupo demonstrou ser um tratamento eficaz por si só e, para muitos clientes, o formato em grupo os ajuda a lidar com suas memórias traumáticas por meio do compartilhamento de seus pensamentos e sentimentos com outros membros do grupo. Outras vantagens da TPC em grupo incluem a relação custo-benefício, o apoio social oferecido por outros membros do grupo e as oportunidades para os clientes examinarem as cognições distorcidas uns dos outros de maneira saudável e assertiva. Além disso, a experiência em grupo pode facilitar um senso de normalização e universalidade em relação aos sintomas relacionados ao trauma, permitindo que os clientes vejam que não são "malucos" ou "loucos" e que seus pensamentos e comportamentos são muito semelhantes aos de outras pessoas que passaram por eventos traumáticos. Independentemente da população atendida ou do ambiente em que é aplicada, os terapeutas precisam considerar algumas questões gerais e tomar algumas decisões antes de usar a TPC no formato em grupo.

SESSÕES DE PRÉ-TRIAGEM E INFORMAÇÃO

Como na TPC individual, incentivamos os terapeutas que conduzem a TPC em grupo a concluir uma sessão de pré-triagem com cada paciente. Essa sessão serve para vários propósitos. Primeiro, o terapeuta que faz a triagem deve fazer uma avaliação formal para TEPT, para determinar se o paciente atende aos critérios para o transtorno. Normalmente, recomendamos o uso da PCL-5, incluída na parte de pré-tratamento deste manual. Em segundo lugar, se o terapeuta de triagem for um líder de grupo, isso permitirá que o paciente e o terapeuta tenham a oportunidade de falar sobre o desejo de juntar-se ao grupo, se espera sair do grupo, quaisquer preocupações sobre a participação nesse grupo e quaisquer experiências anteriores que o paciente teve com grupos. O terapeuta também deve fornecer uma descrição do que a TPC envolverá (incluindo a necessidade de concluir as tarefas práticas) e deve discutir o formato da TPC em grupo e indicar como ela é semelhante ou diferente de quaisquer grupos anteriores que o paciente tenha experimentado. Em terceiro lugar, como parte dessa sessão de triagem, o terapeuta pode pedir ao paciente que dê uma descrição com uma ou duas frases de seu evento traumático mais angustiante. Isso prepara o terreno para a primeira sessão, quando eles são solicitados a escrever sua Declaração de Impacto para a prática, sem que cada membro do grupo divulgue suas informações relacionadas ao trauma.

Não recomendamos discutir detalhes do trauma nas sessões em grupo, porque eles podem ser desnecessariamente angustiantes para outros pacientes, mas fazer com que cada paciente reconte essas informações na sessão de triagem dá ao líder mais informações sobre os tipos de trauma em que o paciente vai trabalhar em suas tarefas práticas. Por fim, as sessões de triagem permitem que o terapeuta tenha tempo para coletar informações psicossociais que podem ajudá-lo a determinar se o paciente não está pronto para o tratamento em grupo neste momento (por exemplo, falta de vontade de falar em grupo, uma história recente de agressão física a outras pessoas ou outros sintomas que impediriam alguém de iniciar o tratamento focado no trauma neste momento; consulte o Capítulo 3 para obter mais informações).

Para algumas clínicas, pode ser mais fácil e econômico oferecer uma sessão de informações pré-tratamento em formato de grupo para potenciais clientes da TPC. Essa sessão pode abordar uma revisão dos sintomas do TEPT, as opções de tratamento disponíveis nessas clínicas, o processo de terapia em grupo e uma visão geral da TPC. Muitas clínicas constataram que essa sessão é útil para aclimatar os clientes ao formato da TPC em grupo antes do início do protocolo. A sessão serve como um ambiente neutro para apresentar a estrutura da TPC (por exemplo, número de semanas, tarefas práticas, planilhas, estágios da terapia, agenda, medidas de autorrelato), introduzir a teoria cognitiva (ou seja, a lógica do tratamento e os propósitos das tarefas e planilhas) e discutir o compromisso com a terapia e o atendimento. Nesse ponto do processo, os clientes podem estar menos ansiosos e capazes de receber informações com mais facilidade. A sessão de pré-triagem em grupo também oferece aos clientes a oportunidade de fazer perguntas e expressar preocupações sobre terapia em grupo e diagnóstico de TEPT ou da própria TPC antes de se envolverem no protocolo. Os líderes de grupo podem considerar realizar essa sessão no mesmo local e no mesmo horário em que o grupo de TPC será realizado, para ajudar a familiarizar os clientes com a clínica, o próprio ambiente e o(s) terapeuta(s) com antecedência. Além disso, o formato de orientação em grupo permitirá que os clientes se reúnam com outros membros em potencial do grupo, o que pode facilitar o início do grupo para algumas pessoas.

Conforme discutido no capítulo sobre pesquisa, os grupos de TPC também podem ser conduzidos *on-line*, com os participantes fazendo *login* de um local e os terapeutas de outro, como na condução de um programa de internação. Ou ainda, os clientes podem ligar de suas próprias casas no horário do grupo. Antes de iniciar um grupo *on-line*, o terapeuta deve certificar-se de que todos os participantes tenham conexão e saibam como fazer *login* ou ingressar na reunião do grupo.

PREPARANDO O CENÁRIO

O conteúdo da TPC é muito semelhante, independentemente de ser conduzida individualmente ou em grupo; porém a TPC em grupo inclui várias modificações para permitir uma entrega mais eficaz do tratamento em um ambiente de grupo. Apesar de seus benefícios exclusivos, a TPC em grupo envolve algumas dificuldades das quais os terapeutas devem estar cientes. As dificuldades mais significativas são questões pragmáticas, como recrutar clientes suficientes para um grupo, dar a cada membro tempo e atenção suficientes nas sessões e gerenciar membros que podem dominar o grupo ou que têm transtornos graves da personalidade. Por esses motivos, alguns terapeutas optam por oferecer a TPC em um formato combinado de grupo e individual, em que as tarefas práticas são dadas no grupo, mas revisadas em sessões individuais. O grupo pode então ser usado para processar as reações dos membros às suas tarefas práticas concluídas e para fornecer mais prática com as planilhas. Esse formato combinado é especialmente útil em várias outras situações: (1) no programa intensivo de atendimento ambulatorial ou em programas de internação em que a programação adicional é desejável, para maximizar os benefícios aos clientes de suas estadias; (2) ao trabalhar com clientes que insistem que precisam de tempo individual com seus terapeutas; e (3) em ambientes de treinamento, em que os alunos podem servir como colíderes de grupos e atender alguns dos clientes nas sessões de terapia individual, permitindo maior supervisão dos alunos.

Se não for viável oferecer sessões individuais durante toda a duração do grupo, e o terapeuta estiver usando a TPC+A, ele pode optar por realizar terapia individual apenas durante as sessões sobre relatos escritos e na introdução da Planilha de Perguntas Exploratórias (ver Capítulos 10 e 18). As sessões de repetição do relato do trauma podem ser momentos em que um cliente prefira um tempo maior em atendimento, pois esse formato permite uma sensação de segurança em saber que compartilharão seu material traumático apenas com uma pessoa. Os clientes no formato de grupo podem estar menos dispostos a fazer perguntas quando estão confusos, portanto, se um formato individual não estiver disponível, os terapeutas terão que ser mais proativos, para garantir que todos entendam os conceitos e as tarefas práticas. Se a TPC em grupo não for conduzida juntamente com a terapia individual da TPC, os líderes devem garantir, durante o processo de pré-triagem, que todos os membros do grupo serão capazes de concluir as tarefas práticas com pouca assistência externa e que estejam realmente motivados a mudar.

Tempo, tamanho do grupo e formato

As sessões da TPC em grupo geralmente duram 90 minutos; as sessões individuais duram 50 minutos quando fazem parte do protocolo combinado. Com um grupo maior (mais de 10 membros), o(s) terapeuta(s) pode(m) considerar conduzir o grupo por 120 minutos, com um intervalo de 10 minutos na metade. Mas muitas vezes descobrimos que é difícil reunir o grupo novamente em 10 minutos, ou que o momento do intervalo interrompe o fluxo do processo em grupo. Assim, recomendamos grupos de 90 minutos na maioria dos casos.

A TPC deve ser oferecida em um formato "fechado", o que significa que, uma vez iniciado um grupo, nenhum novo membro pode ingressar. O formato fechado é necessário porque a TPC foi desenvolvida como uma terapia progressiva, em que as habilidades são ensinadas em uma ordem específica e construídas umas sobre as outras. Idealmente, os grupos devem ter entre 8 e 10 membros (embora saibamos de alguns terapeutas muito talentosos que podem gerenciar de 10 a 12 membros). Acreditamos que o número mínimo ideal é de cinco (em vez de quatro), para evitar o efeito de pareamento que pode acontecer com apenas quatro participantes. Esse número também garante que, mesmo se uma ou duas pessoas faltarem a uma sessão, o grupo ainda funcione como um grupo, evitando que a dinâmica se transforme em atendimentos individuais para vários clientes presentes. Por outro lado, com mais de 10 membros, o grupo pode parecer muito grande, especialmente para um único terapeuta; pode não haver tempo suficiente para que os membros individuais tenham suas necessidades atendidas, e o tamanho do grupo exigirá muito trabalho para o terapeuta revisar as planilhas entre as sessões.

Os grupos de TPC podem ser realizados uma vez por semana ou com mais frequência, dependendo do programa. Muitos programas de internação e ambulatoriais optaram por oferecer grupos várias vezes por semana ou mesmo diariamente, e a TPC em grupo é frequentemente acompanhada por um grupo separado de revisão de habilidades de TPC mais tarde, no mesmo dia, para permitir que os pacientes ensaiem suas habilidades em grupo e façam perguntas ao líder do grupo.

Coterapeutas

Embora um terapeuta de TPC qualificado possa gerenciar um grupo sozinho, descobrimos que ter coterapeutas é mais eficaz por vários motivos. Primeiro, quando um terapeuta está de férias, está tirando uma licença pessoal ou tem uma emergência não planejada, as sessões em grupo não precisam ser canceladas. Isso evita a perda do ritmo de tratamento e reduz o risco de aumento da evitação. Em segundo lugar, ter coterapeutas permite que um terapeuta se posicione junto a um quadro branco ou *flipchart* e conduza a discussão enquanto escreve as informações no quadro ou digita as informações na tela para uma sessão de vídeo em grupo. O outro terapeuta pode estar observando a interação do grupo e observando os clientes que podem precisar de ajuda para participar. Além disso, se um membro do grupo ficar emotivo ou perturbado, um dos terapeutas pode atender às necessidades desse cliente, enquanto o outro terapeuta continua a liderar a discussão.

Por fim, devido ao número de tarefas práticas que precisarão ser revisadas e comentadas entre as sessões, ter dois terapeutas pode facilitar o gerenciamento dessa carga de trabalho. Como observado anteriormente, muitas clínicas acharam útil incluir estagiários como coterapeutas; essa é uma excelente maneira de um aluno aprender TPC, com um terapeuta mais experiente como modelo. No entanto, não apoiamos o uso de três ou mais terapeutas, mesmo para grupos grandes, com 12 clientes, porque isso pode levar a muito envolvimento dos terapeutas (já que cada terapeuta tenta contribuir), não sobrando tempo suficiente para os clientes. Se houver uma série de desistências ou consultas perdidas e o grupo diminuir, pode haver quase tantos terapeutas na sala quanto clientes.

Horários

Outra preocupação ao montar uma TPC em grupo é o dia e a hora em que as sessões de grupo serão realizadas. Embora isso possa parecer um problema pequeno, a hora do dia pode ser uma variável muito importante quando os terapeutas estão lidando com os horários de trabalho ou escola dos clientes. Os terapeutas vão querer organizar um horário de grupo que não seja tão impactado por variáveis que possam afetar a pontualidade ou o atendimento, como dificuldade em tirar uma folga do trabalho para participar de 12 sessões de terapia em grupo ou dificuldade em providenciar babás durante o horário comercial. Assim, muitas vezes descobrimos que os grupos noturnos são uma necessidade. Em segundo lugar, se vários feriados nacionais ou religiosos caírem na janela de 12 semanas enquanto um grupo está em sessão, também será importante evitar esses dias, ou o grupo pode precisar ser estendido além da data final que os membros planejaram.

Considerações sobre a história do trauma

Os terapeutas devem decidir com antecedência se um grupo será homogêneo em relação ao tipo de trauma central vivenciado pelos participantes, permitindo uma avaliação criteriosa e uma triagem adequada antes do início do grupo. Embora existam algumas vantagens em administrar um grupo com membros que compartilham o mesmo tipo de trauma, descobrimos que não ocorrem dificuldades significativas ao combinar diferentes tipos de trauma em grupo. Além disso, descobrimos que muitos clientes experimentaram mais de um tipo de trauma, e não queremos que eles pensem que não podem trabalhar em outro material traumático se um grupo for anunciado como focado apenas em um tipo de trauma. Assim, indivíduos com traumas diferentes provavelmente serão a regra, e não a exceção. Um grupo de trauma misto é particularmente útil em clínicas ou cidades menores, em que pode ser difícil encontrar membros suficientes com o mesmo tipo de trauma ao mesmo tempo.

Constatamos que os membros do grupo tendem a se conectar devido a pontos de bloqueio semelhantes e ao impacto que o trauma teve em suas vidas e são gratos por não terem que compartilhar os detalhes de seus eventos traumáticos (ou ouvi-los) uns aos outros. Muitas vezes, ouvimos clientes expressando pontos de bloqueio sobre a validade de sua(s) reação(ões) ao trauma, afirmando que não pertencem ao grupo porque não sofreram tanto trauma quanto os outros ou estão traumatizados demais para melhorar. Esse é realmente um bom lugar para começar a discussão e a identificação de pontos de bloqueio, porque os clientes estão formando suposições carregadas de valor sobre o impacto do trauma e fazendo comparações com outras pessoas sem ter todas as informações para fazê-lo.

Considerações de gênero

Embora seja possível combinar várias identidades de gênero em um grupo, é importante que os clientes sejam cuidadosamente selecionados para garantir que isso não seja um gatilho para nenhum membro em potencial. Se um cliente se sentir ameaçado ou intimidado por ter membros de um gênero diferente na sala, ele deve ter a opção de se inscrever em um formato diferente de atendimento. A questão do gênero do cliente também é importante na escolha do(s) terapeuta(s). Embora alguns clientes que se identificam como mulheres não aceitem um terapeuta que se identifique como homem e vice-versa, muitas vezes descobrimos que, quando os clientes estão abertos à possibilidade de ter uma equipe de terapeutas masculinos e femininos, isso permite que os clientes explorem seus pontos de bloqueio usando o gênero de um terapeuta ou outro como evidência contra suas crenças.

Sessões perdidas

Talvez uma das preocupações mais óbvias ao fazer a TPC em grupo seja o que fazer com os clientes que faltam às sessões. Recomendamos fortemente informar os clientes antes de iniciar o grupo que é muito importante não perder nenhuma sessão e que eles não devem se inscrever no grupo se tiverem problemas ou circunstâncias de vida que interfiram na participação em todas as sessões de grupo ao longo da terapia. Pode ser útil estabelecer uma regra de atendimento no início da terapia, para que todos os clientes estejam cientes desse requisito. Ao mesmo tempo, reconhecemos que circunstâncias imprevistas podem impedir um cliente de participar de uma sessão em grupo. Se o grupo for conduzido em conjunto com a terapia individual, a sessão individual após a sessão perdida pode ser usada para cobrir o que foi perdido no grupo. Se o grupo não tiver terapia individual adjuvante, um terapeuta de grupo pode se encontrar individualmente com o cliente durante a semana; ele pode revisar em um telefonema o que foi abordado no grupo ou, se necessário, pode se encontrar com o cliente pouco antes da próxima sessão em grupo. Se nenhuma dessas opções puder ser organizada, os membros do grupo podem ser solicitados a fornecer uma breve visão geral do que foi abordado na sessão da semana anterior. Quando um cliente perde uma sessão, a tarefa prática pode ser enviada por *e-mail*, ou ele pode ser incentivado a concluí-la no aplicativo CPT Coach antes de participar da próxima sessão. Normalmente, sugerimos que, se alguém perder mais de duas sessões em grupo, espere até que o próximo grupo comece, para retomar a participação, ou que continue seu tratamento na terapia individual.

O papel do terapeuta no tratamento em grupo

A TPC em grupo, como a TPC individual, é um processo colaborativo; portanto, um papel importante para os terapeutas de grupo é estruturar as sessões para permitir que todos os clientes aprendam cada nova tarefa e discutam seu progresso na tarefa prática anterior. Assim, um dos trabalhos mais importantes para os terapeutas é garantir que os membros do grupo permaneçam "na tarefa", o que pode ser particularmente difícil quando os clientes (e terapeutas!) estão aprendendo a fazer a TPC em grupo. Um exemplo comum disso é administrar a evitação do cliente. Os sintomas de evitação geralmente fazem com que os clientes queiram evitar pessoas, lugares e coisas que os lembrem do evento traumático central, por isso, não é de se admirar que os clientes tentem evitar concluir suas tarefas ou processar seus pensamentos e sentimentos sobre o trauma. Isso é especialmente verdadeiro nas primeiras sessões da TPC em grupo, antes que os clientes se sintam mais confortáveis uns com os outros e até que aprendam que as memórias não os prejudicarão e que explorar seus pensamentos e sentimentos realmente permitirá que eles se sintam melhor.

Em um esforço para reduzir a evitação, os terapeutas discutirão a evitação na primeira sessão e pedirão aos pacientes que compartilhem maneiras pelas quais eles podem se envolver na evitação (por exemplo, não fazer tarefas, faltar às sessões em grupo, chegar atrasado às sessões, beber/usar drogas, jogar, fazer compras, colocar as necessidades de outras pessoas em primeiro lugar). Os terapeutas também devem ajudar os pacientes a identificar quaisquer medos e pensamentos subjacentes que possam estar causando a evitação. Essa discussão ajuda os pacientes a se tornarem mais conscientes de todos os comportamentos que podem constituir a evitação e, idealmente, os ajudará a limitar a quantidade de evitação que exibem, dentro e fora do grupo. Os terapeutas devem continuar a abordar a evitação no grupo sempre que perceberem que os membros do grupo se envolvem em comportamentos que os distanciam do grupo e do material que está sendo abordado.

GERENCIANDO A TPC EM UM AMBIENTE DE GRUPO

Definindo uma agenda

Para manter o grupo no caminho certo, o terapeuta deve fornecer estrutura para as sessões, definindo uma agenda em cada sessão e informando aos participantes o que será abordado. A agenda deve incluir um breve *check-in* (não mais do que 5 a 10 minutos para todo o grupo), para ver como todos estão se sentindo e para estabelecer se alguém precisará de ajuda do grupo para resolver um problema urgente naquele dia. Esse *check-in* tem vários benefícios, incluindo permitir que os terapeutas façam uma rápida checagem do estado emocional dos membros do grupo naquele dia; isso pode ajudar a identificar em que ponto os indivíduos estão em seu progresso em direção à mudança de cognições distorcidas. Além disso, o *check-in* capacita os clientes a pedir ajuda, ensinando-os a controlar seu desconforto ao permitir que decidam se preferem discutir suas questões no início ou no fim da sessão em grupo. Isso também permite aos clientes observar práticas saudáveis de busca de ajuda, ao verem outros participantes solicitarem tempo do grupo para lidar com suas próprias questões.

Problemas no *check-in* podem ocorrer quando os terapeutas não estabelecem desde o início que ele deve ser breve, consistindo em apenas *algumas palavras* sobre como cada cliente está se sentindo e um pedido de ajuda, se necessário. Alguns clientes podem usar o *check-in* como uma oportunidade para evitar resolver seus problemas, atrapalhando o foco do grupo naquele dia, ou podem tentar assumir o controle do grupo pulando para uma longa descrição de sua semana difícil. Se um cliente tentar dominar o *check-in* do grupo, um terapeuta precisará gentilmente interromper o cliente e reorientar o grupo. Embora isso possa ser desconfortável para alguns terapeutas, é fundamental que eles não permitam que os clientes divaguem por muito tempo, ou isso enviará uma mensagem de que todos os clientes devem passar muito tempo discutindo sua semana, e isso não dará aos membros do grupo tempo para revisar o trabalho que fizeram na semana anterior, ou tempo aos terapeutas para apresentar a próxima tarefa.

A melhor maneira de evitar que as digressões aconteçam é deixar claro desde o início que o *check-in* não deve ser longo ou envolver uma recapitulação da semana, mas deve se concentrar nos sentimentos dos clientes e em quaisquer necessidades provenientes do grupo. Mas, se ocorrer uma digressão, o terapeuta pode perguntar ao cliente que está contando suas histórias "Você precisa de tempo do grupo?" e se oferecer para voltar ao cliente após a conclusão do *check-in*. Se o cliente disser "Sim", quando o terapeuta retornar ao cliente, ele não deve pedir que ele retorne à história, mas sim perguntar se ele fez alguma planilha na lição de casa sobre o assunto da semana anterior. Se o cliente responder "Sim", esses formulários podem ser revisados em grupo no quadro branco ou um *flipchart*. Se o cliente disser "Não", o terapeuta pode observar com entusiasmo que isso oferece ao grupo um excelente ponto de partida para começar a trabalhar no formulário mais recente e dar início a essa atividade.

Ao ajudar o cliente divagante a retornar às planilhas, o terapeuta e os membros do grupo demonstram, na prática, como os clientes podem lidar com os acontecimentos da semana em tempo real usando as planilhas de TPC. Isso demonstra que é possível obter alívio dos pensamentos e sentimentos angustiantes ao se envolver ativamente com a terapia também fora das sessões. O terapeuta deve se lembrar de tentar envolver os outros membros do grupo nessa atividade, perguntando se alguém está compartilhando pensamentos semelhantes ou teve dificuldade em concluir a tarefa prática durante a semana.

Conclusão da tarefa prática

O monitoramento da conclusão da tarefa prática é uma das questões mais desafiadoras na condução de grupos de TPC. Ao apresentar as novas planilhas para uma tarefa prática, os líderes devem reservar de 20 a 25 minutos para explicar a tarefa e criar pelo menos um exemplo com o grupo. Uma vez que a Sessão 2 com as Planilhas ABC é introduzida, o terapeuta deve passar a maior parte da sessão usando o quadro branco ou *flipchart* para revisar quaisquer planilhas futuras com as quais os pacientes tiveram dificuldade ao longo da semana ou para processar problemas ou preocupações que os pacientes trouxeram para a sessão. Colocar exemplos de planilhas no quadro branco ou *flipchart* permite que o terapeuta envolva todos os membros do grupo com mais facilidade e os ajude a relacionar os exemplos com seus próprios pontos de bloqueio semelhantes.

O uso de perguntas de ponte e pontos de bloqueio comuns

Uma maneira de envolver o grupo como um todo para participar das sessões é usar "perguntas de conexão" para criar elos/*links* entre os pontos de bloqueio dos participantes. Essas são ferramentas importantes que podem ser usadas para envolver a participação de mais membros no grupo e garantir que alguns clientes não sejam deixados de fora enquanto outros monopolizam as discussões. Por exemplo, um terapeuta pode perguntar: "Alguém mais está tendo um pensamento ou uma reação semelhante?". É importante que o terapeuta incentive as respostas de mais de um cliente a essa pergunta, em vez de parar com a primeira pessoa que responder.

Outras vezes, também é útil sugerir alguns pontos de bloqueio comumente mantidos como exemplos, para que os membros sintam mais conexão uns com os outros. Exemplos de pontos de bloqueio que podem ser usados dessa maneira são: "A culpa é minha"; "Se eu tivesse feito X, isso não teria acontecido"; "Nenhum lugar é seguro"; "As pessoas não são confiáveis"; e "Demonstrar emoções é fraqueza". Uma vez que um ponto de bloqueio é endossado ou verbalizado independentemente por um membro do grupo, o terapeuta pode perguntar: "Alguém mais compartilha esse ponto de bloqueio?" ou "Isso soa familiar para mais alguém?". Os pacientes devem ser encorajados a adicionar todos os novos pontos de bloqueio ao registro, para que possam examiná-los posteriormente.

Não conclusão de tarefas práticas

Como os clientes podem não compartilhar suas planilhas durante uma sessão em grupo, o terapeuta pode não saber até depois da sessão se os participantes concluíram a tarefa ou se houve um problema conceitual com a tarefa. Assim, é muito importante que o terapeuta verifique com cada membro do grupo (até mesmo pedindo que levantem as mãos) para ver se eles concluíram a tarefa ou tiveram dificuldade com ela. Após o *check-in*, o terapeuta deve garantir que a maior parte do tempo do grupo seja gasto revisando várias tarefas práticas de diferentes clientes e evitar que o grupo fique atolado em uma discussão potencialmente não relacionada.

Na TPC individual, os clientes que não preenchem suas Declarações de Impacto, seus relatos escritos (na TPC+A) ou várias planilhas entre as sessões são solicitados a preenchê-las oralmente nas sessões, para aclimatá-los ao processo. Nos grupos de TPC, pedimos aos clientes que se concentrem na identificação de pontos de bloqueio relacionados a seus eventos traumáticos ou outros eventos que ocorreram em sua vida. Não pedimos que eles recontem suas Declarações de Impacto (ou seus relatos de trauma), para evitar acionar outros membros do grupo ou tomar muito tempo do processo-chave de identificar pontos de bloqueio e começar a examiná-los. Quando os clientes não concluem suas tarefas práticas, esse é um bom momento para ver se vários membros não iniciaram ou terminaram as planilhas e para identificar quaisquer pontos de bloqueio compartilhados em relação ao tratamento, como "Essa terapia não vai me ajudar" ou "Não tenho tempo para fazer nenhuma planilha". Nesse ponto, o terapeuta deve ir para o quadro branco ou a tela de vídeo e preencher uma planilha sobre o ponto de bloqueio compartilhado, usando a planilha atribuída mais recentemente (ou seja, a Planilha ABC, a Planilha de Perguntas Exploratórias, a Planilha de Padrões de Pensamento ou a Planilha de Pensamentos Alternativos). Os membros do grupo que concluíram sua lição de casa devem ser recrutados para ajudar a identificar evidências contra os pontos de bloqueio e crenças alternativas novas e saudáveis.

Nos grupos de TPC, pode ser mais difícil convencer os clientes de que eles podem e devem concluir suas tarefas práticas, porque há menos tempo para se concentrar nos membros individuais do grupo a cada semana. Essa é outra razão pela qual é importante que o líder do grupo conclua o *check-in* ou peça que levante a mão quem completou a tarefa e, em seguida, garanta que pessoas diferentes sejam chamadas para compartilhar suas planilhas e novos pontos de bloqueio a cada semana. Por fim, o terapeuta deve se esforçar para envolver todos os membros do grupo na discussão de cada planilha que está sendo preenchida no quadro branco, no *flipchart* ou na tela do computador, compartilhando seus próprios pensamentos semelhantes ou ajudando a gerar evidências e crenças alternativas.

Uma das vantagens do tratamento em grupo é que os membros que podem estar relutantes em participar poderão ver que outros membros do grupo, que estão participando e completando suas tarefas práticas, estão melhorando. Isso geralmente motiva uma melhor adesão às tarefas entre os membros hesitantes, especialmente se os terapeutas de grupo destacarem que fazer o trabalho é ajudar outras pessoas com seus sintomas. Por exemplo, se um membro do grupo não completar uma tarefa de planilha, o terapeuta que lidera o grupo deve perguntar se alguém não completou a tarefa e, em seguida, liderar o grupo no preenchimento de uma planilha sobre as crenças compartilhadas que estão impedindo os pacientes de fazer sua tarefa prática. Possíveis pontos de bloqueio (além dos mencionados acima) podem incluir "Eu nunca vou melhorar" e "Não consigo suportar escrever sobre meus pensamentos". O líder deve certificar-se de envolver todo o grupo nesse exercício, provocando pensamentos alternativos ou evidências contra esses pontos de bloqueio por parte dos membros do grupo que concluíram a tarefa com sucesso.

Existem várias razões pelas quais os clientes podem não concluir suas tarefas práticas, e elas geralmente estão relacionadas a algum tipo de evitação. Muitos sobreviventes de trauma acreditam que, ao relatarem por escrito os eventos, os pensamentos ou os sentimentos relacionados a seus eventos traumáticos, as memórias se tornarão muito "reais" e, portanto, muito difíceis de lidar. Eles também podem acreditar que não conseguem lidar com o processamento dos pensamentos em torno do trauma, pois suas emoções podem se tornar esmagadoras. Ouvir que outras pessoas foram capazes de identificar e resolver seus pensamentos sobre seus traumas (e registrar detalhes dos eventos por escrito, no caso da TPC+A) muitas vezes tornará as coisas mais fáceis para os clientes que não fizeram a tarefa na primeira vez. Eles começam a ver que as pessoas podem tolerar abordar seus pensamentos e sentimentos em relação ao trauma, e não é preciso compartilhar os detalhes do que aconteceu para melhorar. Após essa discussão sobre os motivos de não concluir a prática, é importante que o terapeuta avance com a discussão do material agendado para o dia, mesmo que vários dos clientes não tenham feito a tarefa. Além disso, a próxima tarefa prática deve ser introduzida e entregue a todo o grupo. Aqueles que não fizeram a tarefa anterior devem ser orientados a completá-la também.

Alguns pacientes podem não concluir a tarefa porque estão usando estratégias de evitação que lhes permitem funcionar em algum nível, como excesso de trabalho, uso de substâncias, comer demais ou se isolar. Pode ser útil pedir a esses pacientes que identifiquem as maneiras pelas quais seus comportamentos de evitação estão impactando negativamente sua vida (por exemplo, isolamento, problemas no trabalho ou na escola) e tragam isso para uma discussão em grupo. Para alguns pacientes, pode ser útil perguntar por que eles estão participando do grupo. As respostas que eles dão podem apontar os pensamentos contraditórios que estão tendo: por um lado, eles podem estar interpretando mal (ou minimizando) os detalhes do trauma e priorizando a evitação; por outro lado, eles estão passando por angústia em sua vida e estão procurando ajuda.

Em geral, é útil que os líderes de grupo informem aos clientes, no início da terapia, que eles podem ter o desejo de evitar fazer suas tarefas práticas ou mesmo comparecer às sessões em grupo. Isso ajudará a normalizar suas reações e facilitará uma maior abertura entre os clientes sobre a discussão de seus pensamentos e sentimentos. Isso pode até ser benéfico para ajudar os clientes a identificar possíveis pontos de bloqueio sobre a terapia. Isso também facilitará uma discussão em grupo e ajudará os clientes a se sentirem mais à vontade para discutir sua ambivalência ou suas preocupações sobre a conclusão do tratamento.

Atribuição por lista telefônica

Para reforçar o apoio social positivo que um grupo oferece, recomendamos o uso de uma atribuição por lista telefônica durante a semana para clientes que estão sendo atendidos em ambiente ambulatorial. Todos os clientes que desejam participar colocam seus nomes e os números de telefone de sua escolha na lista telefônica. Cada membro do grupo é então solicitado a ligar para a pessoa abaixo deles na lista antes da próxima sessão, para verificar a conclusão da tarefa prática e fornecer suporte na realização do tratamento. Na semana seguinte, cada cliente liga para a pessoa duas posições abaixo dele na lista, e assim por diante, até que finalmente todos tenham ligado para todos os outros na lista. Os clientes são instruídos a não falar sobre suas histórias de trauma ao telefone, mas, em vez disso, usar esses telefonemas como oportunidades para socializar ou receber ajuda para concluir suas tarefas práticas. Esses telefonemas também podem ser usados para fazer os autores da chamada repassarem a tarefa e explicarem o que os destinatários perderam se não compareceram à sessão anterior. Os clientes são instruídos a não usar os telefonemas como uma forma de começar a socializar em pares e a apenas se encontrarem se todo o grupo for convidado. Descobrimos comumente que a maioria das pessoas concorda em participar e que, mesmo quando um indivíduo se recusa na Sessão 1, ele normalmente pede para entrar na lista na Sessão 2 ou 3.

Gerenciando conflitos e emoções em grupo

Sempre que várias pessoas são reunidas em um grupo, aumenta a probabilidade de que o conflito se desenvolva entre os membros do grupo. Além disso, devido às suas histórias de abuso, muitos clientes chegam ao tratamento em grupo com padrões de comunicação problemáticos, que podem dificultar o gerenciamento de suas reações emocionais e cognitivas durante as sessões em grupo. Novamente, isso destaca a necessidade da pré-triagem completa e explicação sobre o funcionamento do grupo. É importante destacar que normalmente não excluímos clientes por causa de diagnósticos de transtorno da personalidade, mas reconhecemos que alguns clientes podem ser mais difíceis de gerenciar em grupos do que outros; em alguns casos, os clientes podem ter sintomas tão perturbadores que precisam ser abordados em terapia individual, ou em um tratamento projetado para transtornos da personalidade, antes que possam se envolver na TPC. Os sintomas que descobrimos interferir na TPC em grupo incluem altos níveis de dependência dos outros, um senso excessivamente alto de direito, combatividade excessiva e uma participação significativa na manutenção do papel de "doente" ou "paciente com TEPT".

Mesmo quando os transtornos da personalidade estão presentes, usamos a TPC em grupo com sucesso para tratar indivíduos com transtornos da personalidade *borderline*, histriônicos, narcisistas e antissociais.

Se o grupo perder o foco durante a sessão, uma estratégia para colocar o grupo de volta aos trilhos é pedir ao cliente que está divagando para fazer a conexão entre o que ele está dizendo e o tópico que o grupo estava discutindo originalmente. Se o cliente parece estar evitando o tópico em questão, o terapeuta pode tentar ajudá-lo a identificar um ponto de bloqueio relacionado ao tópico. O terapeuta pode então perguntar se alguém mais quis evitar um tópico ou parar de sentir emoções naturais no grupo, e o restante do grupo pode normalizar essas reações. Essa técnica construirá um vínculo entre os clientes e permitirá que o terapeuta aborde os medos subjacentes que fazem o cliente divagante ser evitativo.

Muitos novos terapeutas também se preocupam com a quantidade de emoção que pode ser gerada em um grupo de trauma. Assim como na TPC individual, descobrimos que, embora alguns clientes na TPC em grupo se sintam pior antes de melhorar, a maioria de nossos clientes não apresenta piora de seus sintomas durante o tratamento em grupo. Mais frequentemente, as fortes emoções observadas durante as sessões em grupo estão relacionadas ao fato de os clientes se sentirem livres para experimentar suas emoções naturais relacionadas ao trauma pela primeira vez. O grupo oferece a eles um lugar seguro para sentir suas emoções sem julgamento, e os líderes devem encorajar os clientes a compartilhar seus sentimentos durante o grupo sem medo de recriminação. Os líderes do grupo também têm a responsabilidade de orientar os clientes por meio de seus sentimentos e ajudá-los a ver que mostrar suas emoções de maneira apropriada muitas vezes dissipa respostas emocionais excessivas e comportamentos de grupo perturbadores.

Duas outras reações do cliente que precisam ser monitoradas em grupo são predominância excessiva e timidez excessiva. Os clientes predominantes tendem a responder primeiro, fazer declarações absolutas (por exemplo, "Ninguém, exceto outro sobrevivente de trauma, pode me entender"), contar histórias ou questionar o papel de um líder. Esses comportamentos geralmente silenciam muitos dos membros do grupo (particularmente os membros tímidos) e podem criar animosidades ocultas no grupo, que afetam a dinâmica futura. Além disso, os membros que já estão cedendo para a evitação vão perceber o domínio excessivo de outros membros como razão suficiente para não participar. O primeiro passo para os terapeutas é identificar os clientes dominantes e os tímidos o mais cedo possível. Os terapeutas podem então começar a monitorar e controlar vagamente a quantidade de tempo que cada cliente tem para falar. Uma técnica que pode ser eficaz é propor aos membros que aqueles que estão ansiosos para responder devem contar até 10 antes de dar uma resposta, dando assim aos clientes que demoram mais para responder a oportunidade de expressar seus pensamentos ou sentimentos. Outra opção é pedir que, uma vez que uma pessoa tenha participado da mesma sessão três vezes, essa pessoa espere até que outra pessoa fale sobre um tópico antes de adicionar mais à discussão. Ao fazer essas sugestões para o grupo como um todo, os terapeutas não destacam um cliente em particular ou fazem alguns se sentirem envergonhados.

Alguns clientes são muito mais tímidos ou mais introspectivos do que outros durante as sessões em grupo. O terapeuta deve conversar com esses clientes para determinar se sua timidez é um traço de personalidade, uma resposta ao trauma ou uma forma de evitação. Um líder de grupo pode perguntar a esses clientes em particular se eles gostariam de ser chamados durante o grupo, para que não sintam a pressão de entrar na conversa em algum momento. Outra abordagem eficaz é o terapeuta pedir que todos do grupo compartilhem suas reações ou respostas a uma planilha e, em seguida, verificar individualmente com cada membro antes de prosseguir para a próxima parte da agenda.

REALIZAÇÃO DE TPC+A EM FORMATO DE GRUPO

A maior diferença entre a TPC em grupo e a TPC+A em grupo reside na gestão dos relatos escritos na TPC+A em grupo. Na TPC+A individual, os clientes têm a oportunidade de ler seu relato de trauma, processar seus sentimentos e identificar novos pontos de bloqueio em um ambiente individual durante as sessões (além de experimentar o mesmo entre as sessões). Na TPC+A em grupo, recomendamos fortemente que os clientes *não* leiam seus relatos em voz alta durante as sessões de terapia. Embora o processamento do próprio evento traumático seja importante, não exige que se conte sua história, e ouvir os detalhes gráficos da experiência de outra pessoa pode causar maior angústia e maior probabilidade de abandono do tratamento para muitos clientes.

Muitas clínicas de saúde mental usam formatos de grupo há anos e, portanto, muitos pacientes estarão muito familiarizados com o trabalho em grupo. No entanto, esses grupos geralmente envolvem psicoterapia de apoio de longo prazo, com os pacientes revelando detalhes extensos sobre seus traumas, evitando completamente os eventos traumáticos ou concentrando-se principalmente em desabafar sobre os problemas atuais em suas vidas. Embora esse tipo de tratamento possa ser útil a curto prazo para os clientes, muitos outros podem desenvolver gatilhos por ouvir detalhes dos relatos de trauma de outros clientes. Ainda, outros clientes podem contar "histórias de trauma" ou se envolver em narrativas de "superioridade", na tentativa de se sentirem aceitos pelos outros membros do grupo. Esse comportamento pode fazer outros clientes hesitarem em participar do grupo por medo de serem pressionados a compartilhar suas próprias histórias. Assim, os líderes da TPC+A em grupo precisarão estabelecer regras muito cedo no tratamento (ou mesmo na sessão de pré-triagem) que especifiquem que não haverá narrativa detalhada do trauma nas sessões de grupo. Se um paciente começar a contar uma história detalhada em grupo, o terapeuta deve interromper gentilmente e lembrar todo o grupo da regra de não relatar o trauma. Também pode ser útil perguntar ao grupo sobre as razões dessa regra, o que muitas vezes incentiva um ou mais membros do grupo a admitir que ouvir as histórias de outras pessoas é angustiante.

Em vez de fazer os clientes lerem suas Declarações de Impacto ou seus relatos escritos durante as sessões de TPC+A em grupo, os terapeutas devem explorar as reações dos clientes ao escrever sobre seus eventos, a fim de normalizar suas emoções e determinar se eles revelaram todos os detalhes em torno dos eventos. Especificamente, os participantes do grupo devem ser questionados se incluíram detalhes sensoriais, pensamentos e sentimentos em seus relatos e se experimentaram suas emoções naturais ou se lembraram de novas memórias enquanto escreviam. Se os membros do grupo não escreveram relatos completos, ou se não conseguiram expressar suas emoções naturais enquanto escreviam ou liam os relatos, eles são encorajados a tomar medidas para aumentar a probabilidade de concluir a tarefa com sucesso. A discussão sobre a tarefa de redação também se concentra nos pontos de bloqueio que foram identificados e nas evidências do evento que podem refutar quaisquer crenças e interpretações distorcidas, e não nos detalhes do evento em si.

Se um ou mais clientes da TPC+A em grupo não escreverem seus relatos, o terapeuta que lidera o grupo deve se concentrar por alguns minutos nos clientes que completaram seus relatos e podem estar mostrando alguma melhora. Isso frequentemente ajuda os clientes que não escreveram relatos a perceber que eles também podem concluir as tarefas e os motiva a fazer a tarefa para a próxima sessão em grupo. Após essa discussão, o terapeuta coleta os relatos escritos para ler entre as sessões. Ao ler os relatos, o terapeuta procura por pontos de bloqueio, que também podem ser indicados pelos pontos em que os clientes pararam de escrever e desenharam uma linha, ou partes dos eventos que os clientes pulam, encobrem ou relatam não se lembrar. O terapeuta também anota se um relato foi escrito como um relatório policial (sem pensamentos e sentimentos que o acompanham) ou se a memória completa foi recuperada e ativada. Incentivo, elogios e possíveis pontos de bloqueio são registrados nos relatos antes de serem devolvidos aos clientes.

GRUPOS PÓS-TRATAMENTO

Como na TPC individual, se o cliente solicitar acompanhamento após concluir com sucesso a TPC em grupo, o terapeuta pode realizar uma reunião de *check-in* de um a dois meses após o término do tratamento. Esse acompanhamento pode ser realizado em uma sessão individual ou reunindo todo o grupo. Nessa sessão, os membros do grupo são solicitados a indicar como estão se saindo em geral e descrever quaisquer problemas que tenham encontrado; eles são encorajados a usar as Planilhas de Pensamentos Alternativos para abordar quaisquer pontos de bloqueio contínuos ou novos, ou situações difíceis. Essa sessão de acompanhamento deve incluir as mesmas medidas de avaliação que foram aplicadas durante o tratamento e pode ser usada para colocar os clientes de volta nos trilhos ou para reforçar seus ganhos.

Muitas clínicas têm optado por oferecer um grupo de pós-tratamento da TPC que pode ser adaptado para atender às necessidades de diferentes clientes provenientes de tratamento em grupo ou individual ao mesmo tempo. O grupo pode ser realizado uma vez por semana, duas vezes por mês ou uma vez por mês, dependendo dos objetivos da clínica e das necessidades dos clientes. Muitos clientes que estão em tratamento de trauma há muito tempo podem ter medo de interromper completamente a terapia no final da TPC. O grupo de pós-tratamento permite que eles "saiam" lentamente das sessões semanais de terapia em grupo ou individual, enquanto continuam a abordar os pontos de bloqueio que podem estar dificultando o término do tratamento. Para clientes que mostraram forte melhora na TPC em grupo ou individual, mas talvez pudessem usar mais algumas sessões para abordar os pontos de bloqueio em áreas específicas que o curso-padrão da terapia não resolveu, o grupo de pós-tratamento permite que esses clientes continuem usando suas habilidades de TPC para enfrentar esses problemas finais. É importante que o(s) líder(es) do grupo de pós-tratamento insista(m) para os participantes continuarem a trazer planilhas preenchidas cada vez que comparecerem; as sessões em grupo devem se concentrar na revisão dessas planilhas no quadro branco. Por fim, os membros do grupo devem ter um limite de quanto tempo podem permanecer no grupo de pós-tratamento, para evitar que criem uma dependência doentia desse grupo, em vez de praticar suas habilidades fora das sessões em grupo.

TPC PARA ABUSO SEXUAL

Conforme discutido no Capítulo 2, uma das adaptações da TPC tem sido um manual para sobreviventes de abuso sexual infantil (Chard, 2005). A TPC-SA tem 16 sessões de duração e normalmente é conduzida como uma combinação de terapias em grupo e individuais, mas pode ser oferecida como tratamento apenas individual ou em grupo. Além disso, muitos terapeutas conduziram a TPC-SA sem os relatos de trauma para os clientes que não desejam ou não são capazes de discutir suas histórias de trauma em detalhes. Embora vários estudos (descritos no Capítulo 2) tenham mostrado que clientes com histórico de abuso sexual na infância se saem tão bem na TPC quanto aqueles com traumas apenas na idade adulta, alguns terapeutas e clientes desejam realizar as sessões adicionais que a TPC-SA oferece, para permitir mais tempo para trabalhar em outras áreas que são frequentemente afetadas por traumas na infância. Uma descrição mais completa pode ser encontrada em *https://cptforptsd.com/*.

20
Variação individual nas apresentações dos clientes

O objetivo deste capítulo é discutir questões ou tópicos específicos que podem surgir na terapia, dependendo do tipo de trauma que um cliente experimentou ou de fatores individuais. Geralmente, há mais semelhanças do que diferenças entre os sobreviventes de trauma na psicopatologia que eles manifestam. Dito isso, existem algumas questões específicas para tipos específicos de trauma e fatores individuais. Por exemplo, às vezes, os traumas se misturam porque muitos de nossos clientes experimentaram vários traumas ao longo da vida. Por exemplo, um policial que foi baleado em uma emboscada pode dizer: "Não posso confiar em ninguém". O terapeuta pode se perguntar em voz alta por que a confiança foi afetada, quando o criminoso não era alguém que o policial conhecia ou muito menos confiável. Pode acontecer que tenha havido abuso na infância do policial e que o policial tenha desenvolvido um esquema inicial sobre confiança que foi ativado com o trauma posterior. O cliente muitas vezes nem percebe que a afirmação sobre confiança não faz sentido no contexto do trauma em discussão, mas pode servir como um "sinal vermelho" para o terapeuta para outros traumas que podem precisar ser abordados durante o curso do tratamento. É por isso que, muitas vezes, sugerimos que você pergunte sobre o impacto de outros eventos traumáticos ao conduzir a TPC.

COMBATE E O CARÁTER DO GUERREIRO

Esta seção se concentra em algumas das áreas a serem consideradas quando os terapeutas estão trabalhando com militares na ativa ou veteranos. Muitos desses indivíduos desenvolveram visões superacomodadas dos militares ou do governo, como foi discutido no Capítulo 16. O clínico também deve estar ciente de alguns outros pontos de bloqueio específicos e problemas clínicos frequentemente encontrados entre militares e veteranos (Wachen et al., 2016). Uma questão é que a tenra idade de muitas pessoas que se juntam às Forças Armadas e assumem o caráter militar as prepara para o combate, mas não necessariamente funciona no mundo civil. Por serem ensinados, muitas vezes ainda na juventude, frases como "Se todos cumprirmos nossos deveres, todos voltaremos para casa", "Nunca deixe um soldado para trás" e "Você é responsável pelo seu grupo", podem interpretar essas lições de forma literal e sentir uma grande culpa ou assumir uma culpa errônea em relação aos outros quando alguém do grupo é morto ou quando não conseguem cumprir essas máximas. Da mesma forma, "Fique alerta, permaneça vivo" pode ser um *slogan* para manter as pessoas atentas em situações perigosas, mas pode levar à hipervigilância do TEPT após o retorno da incursão. Os veteranos geralmente não retornam à cautela normal sem algum trabalho intenso no módulo de segurança, explorando quais são, de fato, as probabilidades reais de perigo em seu ambiente atual.

Por serem treinados para lutar, e não para fugir, além de passarem por treinamentos repetitivos para que possam cumprir automaticamente suas funções nas missões designadas, veteranos ou aposentados que retornam à vida civil podem apresentar respostas de raiva e agressividade desproporcionais em situações comuns do cotidiano que acionem seus gatilhos, ou podem relatar a seus terapeutas que não sentiram emoções durante incidentes traumáticos, criando pontos de bloqueios sobre o significado das emoções (por exemplo, "Emoções significam que sou fraco e vulnerável" ou "Não é seguro sentir medo"). Durante a TPC, os terapeutas podem ter que ajudar esses clientes a separar essas crenças centrais internalizadas de crenças mais equilibradas, que são mais adaptáveis em um mundo civil. O objetivo do terapeuta é criar um repertório de habilidades que sejam adaptáveis ao contexto — em outras palavras, habilidades para usar em combate e habilidades para usar ao criar filhos, interagir com parceiros ou treinar a equipe de uma criança.

Pacientes militares também são mais propensos a ter problemas por terem matado ou testemunhado a morte violenta de outras pessoas do que muitos outros tipos de clientes. Alguns autores descreveram isso como dano moral. Devido às crenças adquiridas durante seu treinamento militar, esses pacientes muitas vezes tendem a responsabilizar a si mesmos ou a alguém próximo em suas declarações sobre eventos traumáticos, em vez de atribuírem a culpa ao agressor ou às circunstâncias da missão, como em operações de segurança, confrontos armados ou missões de paz. Às vezes, os veteranos de operações militares evitam escrever ou falar sobre o evento-alvo, em particular, apenas atribuindo a causa a "Aconteceu porque estávamos em conflito". Um terapeuta pode concordar com isso, mas depois perguntar sobre a causa do evento-alvo específico. Às vezes, o mito do mundo justo é evidente em declarações como "Mas por que ele foi morto? Ele era um cara tão legal". O terapeuta pode perguntar se essa pessoa foi alvejada especificamente porque era um cara legal ou porque era um atirador em sua missão. Ver crianças mortas muitas vezes desencadeia outra crença baseada no mito do mundo justo: "As crianças não devem morrer em operações militares". Embora todos possamos concordar com a filosofia por trás dessa afirmação, o fato é que as crianças morrem nos conflitos, e os terapeutas precisam ajudar esses pacientes a aceitar o que testemunharam. Tentativas dos pacientes de desfazer o evento (por exemplo, "Se eu tivesse chegado antes" ou "Eu deveria ter evitado") são comuns.

Alguns veteranos se isolam dos outros porque mataram, se rotulam como "assassinos" e temem correr grande risco de prejudicar os outros porque já fizeram isso antes. Depois de confirmar que esses clientes não mataram, de fato, ninguém desde que voltaram da operação, é importante que os terapeutas ajudem os clientes a "dimensionar corretamente" o evento, colocando-o no contexto em que ocorreu. Além de preencher planilhas sobre esse tópico, o terapeuta pode desenhar um gráfico de *pizza* e pedir ao cliente que desenhe fatias do que mais ele fez antes e depois do evento, ou que outros papéis o cliente desempenha na vida, para que fique claro para o cliente que sua identidade não é de um assassino.

Matar no contexto da guerra ou um conflito armado (e defender os outros) é diferente de assassinar. Às vezes, na guerra ou em um conflito, um cliente estava realmente tentando *não* matar, por exemplo, ordenando que uma pessoa parasse de dirigir por um posto de controle, atirando por cima da cabeça da pessoa como um aviso e, finalmente, atirando no veículo quando a pessoa não parou. A intenção do cliente não era matar alguém, mas proteger sua base. O contexto é tudo. Mesmo nos casos em que alguém matou intencionalmente e talvez tenha matado um civil em confronto, há um contexto a ser considerado, ao mesmo tempo que se aceita que o cliente cometeu, de fato, um ato não autorizado. Por exemplo, ouvimos falar de clientes que foram os únicos sobreviventes de suas unidades inteiras; todos os outros foram mortos. Eles não estavam pensando, mas apenas sentindo, quando atiraram na próxima pessoa que viram, que por acaso era um civil desarmado. Embora um terapeuta possa concordar que tal paciente tinha intenção e, portanto, culpa, o terapeuta também pode apontar que, nesse contexto, o paciente estava sobrecarregado e horrorizado. Eles podem revisar como a parte pensante do cérebro se desliga e as emoções assumem o controle.

SOCORRISTAS

Muitos socorristas (por exemplo, policiais, agentes penitenciários, bombeiros, operadores de emergência, paramédicos) têm pontos de bloqueio semelhantes aos dos veteranos de guerra, e sabemos que, em muitos países, muitos veteranos passam a servir como socorristas após seu tempo nas Forças Armadas. Os socorristas têm cinco vezes mais chances de ter TEPT do que os civis e têm maior probabilidade de morrer por suicídio do que por mortes no cumprimento do dever (Nissim et al., 2022). Dito isso, muitos socorristas minimizam seus sintomas e demoram a procurar tratamento. Além disso, muitos terapeutas foram erroneamente ensinados que não se pode tratar o TEPT enquanto alguém está passando por eventos traumáticos contínuos e disseram aos socorristas que eles precisam adiar o atendimento até que não estejam mais trabalhando nesse campo. Descobrimos que os socorristas têm um desempenho muito bom na TPC, com algumas clínicas observando taxas de resposta, em média, em torno de oito sessões. Muitos dos pontos de bloqueio que precisam ser abordados giram em torno de questões que discutimos anteriormente, incluindo a crença do mundo justo, a equidade, o dano moral, a segurança e o poder/controle.

Frequentemente, os socorristas julgam suas reações naturais de luta-fuga-congelamento com pontos de bloqueio, como "Se eu não tivesse congelado no topo da escada, poderia ter resgatado todos os membros da família do incêndio". O terapeuta deve ajudar o paciente a usar a Planilha de Perguntas Exploratórias para examinar o contexto da situação. Nesse caso, o bombeiro percebeu que estava ignorando a informação daquele momento de que o piso estava instável, que provavelmente congelou por preocupação de que atravessar esse andar pudesse levar a mais perdas e que os colegas bombeiros teriam que realizar o resgate pela janela.

Os socorristas geralmente trabalham em uma cultura em que as reações emocionais são consideradas uma fraqueza. Na verdade, eles são treinados para ser a voz da calma quando uma crise está acontecendo ao seu redor. Infelizmente, essa mensagem geralmente continua mesmo após o término da crise, deixando o socorrista com pontos de bloqueio como "Eu não deveria ficar incomodado com esses eventos" ou "Todo mundo vai pensar que sou fraco por ter essa resposta emocional". Podemos ajudar o socorrista usando as planilhas para permitir que ele incorpore evidências sobre sua resposta biológica natural a eventos traumáticos, normalize a tristeza e o sentimento de dor, além de examinar suposições distorcidas de que ninguém mais se incomoda com eventos do trabalho.

AGRESSÃO SEXUAL

Esta seção discute estupro, abuso sexual infantil e trauma sexual no serviço militar (ou seja, contato sexual coercitivo ou forçado ou assédio grave no contexto do serviço militar). A TPC foi desenvolvida pela primeira vez tendo em mente as vítimas de estupro e clientes de centros de crise de estupro. Em nossos projetos de pesquisa, logo se tornou aparente que as vítimas de estupro geralmente têm vários estupros em suas histórias após o abuso sexual na infância. Na verdade, a grande maioria das pessoas que procuram tratamento para TEPT experimentou vários eventos traumáticos em suas vidas. Portanto, é raro encontrar alguém em terapia que tenha experimentado apenas um evento traumático. No entanto, se o evento-alvo (o evento com os sintomas de TEPT mais graves e frequentes) for aquele com o qual o terapeuta vai começar, é provável que haja um padrão de pontos de bloqueio para ficar de olho.

O estupro raramente é testemunhado por outras pessoas além das vítimas e dos perpetradores. Uma das questões que podem surgir para as vítimas de estupro é se irão acreditar nelas. Às vezes isso não acontece, o que pode deixá-las se perguntando se o evento aconteceu, se foi realmente um estupro, o que elas fizeram para levar a tal "mal-entendido" e assim por diante. Elas podem questionar seu próprio julgamento sobre si mesmas e outras pessoas. Em outras palavras, é provável que elas sejam muito autocentradas em suas atribuições causais (por exemplo, "Eu sou a culpada pelo estupro"). Raramente vemos muita raiva nas vítimas de estupro, e elas tendem a pontuar em níveis normais nas escalas de raiva porque olham para si mesmas como as causadoras dos eventos (outro exemplo do mito do mundo justo de que "Coisas ruins acontecem com pessoas más"), em vez dos perpetradores. Esses pensamentos geralmente levam a fortes sentimentos de culpa.

Além disso, a vergonha é uma emoção muito comum em sobreviventes de agressão. A culpa é sobre o que alguém fez; a vergonha é sobre quem alguém é. As vítimas de estupro podem sentir vergonha porque acreditam que agora estão permanentemente mudadas por uma invasão extremamente pessoal, ou podem pensar que a agressão deve ter acontecido por causa de algo ruim sobre elas como pessoas. A sensação de violação e os pontos de bloqueio relacionados aos pensamentos sobre estar permanentemente prejudicado são coisas com as quais os terapeutas podem precisar lidar bem cedo no tratamento, mesmo que esses pontos de bloqueio possam surgir mais tarde (em relação ao eu) durante os módulos sobre confiança, estima e intimidade. Como a vergonha é no nível do esquema, podem ser necessárias muitas planilhas e diálogos socráticos para ajudar esses pacientes a perceber que os eventos traumáticos que vivenciaram não eram sobre eles como pessoas, mas sobre os perpetradores como predadores e sua escolha de alvos convenientes.

O relacionamento dos clientes com seus agressores pode ser um problema se os agressores não forem estranhos (o que é o caso, na maioria das vezes). O sentimento de traição é particularmente devastador, e os clientes que foram estuprados podem se culpar por confiar nos perpetradores, em vez de culpar as pessoas que traíram essa confiança. Essa questão atravessa todos os tipos de vitimização sexual. As vítimas de abuso sexual infantil têm maior probabilidade de terem sido abusadas por familiares ou amigos de suas famílias. As vítimas de estupro conjugal foram traídas e degradadas pela pessoa com quem escolheram passar a vida — a pessoa que jurou apreciá-las e protegê-las. No trauma sexual em serviço militar, as pessoas que deveriam cuidar de sua retaguarda em combate, ou mesmo seus comandantes, são as pessoas que traíram a confiança. Essas situações são semelhantes às que envolvem abuso por outras pessoas que devemos presumir serem confiáveis, como professores, treinadores, policiais e líderes religiosos. A diferença é que, em muitos casos de abuso sexual infantil, estupro conjugal e trauma sexual militar, as vítimas devem continuar a viver com os perpetradores, e os eventos envolvidos podem ser uma série de agressões por um longo período de tempo.

Ao contrário dos veteranos de combate, que geralmente estão longe do local de seu trauma quando retornam da guerra, as vítimas de estupro, de qualquer tipo, continuam a viver na "zona de guerra". As crianças que são abusadas em suas próprias casas podem ter que se dissociar como o único meio de lidar quando a resposta de luta é ineficaz. Eventos traumáticos suficientes e dissociação deixam as vítimas vulneráveis à revitimização porque a dissociação se torna muito automática. Uma vez que elas começam a se dissociar, perdem a capacidade de resolver problemas de forma eficaz, e os eventos podem prosseguir sem elas. O abuso sexual infantil geralmente começa com um período de "aliciamento", no qual os perpetradores lentamente preparam as crianças para participar do abuso sexual, mostrando atenção e carinho especiais às crianças e lentamente atraindo-as para seu relacionamento "especial". Algumas crianças percebem que há algo errado porque os agressores lhes dizem que é "nosso segredo" ou ameaçam machucar seus familiares se contarem a alguém. Outras podem não perceber que algo está errado até ficarem mais velhas e aprenderem que o sexo entre adultos e crianças é errado e ilegal. Em ambos os casos, as crianças são levadas a se sentirem participantes, em vez de vítimas, e carregam culpa, vergonha e esquemas negativos/crenças centrais para suas vidas. Quaisquer outros eventos são filtrados por essas crenças da infância, sem alterações. A terapia precisará levar em conta os esquemas negativos que influenciam até mesmo os eventos positivos, e os clientes podem precisar preencher muitas planilhas sobre eventos específicos que ativam regularmente esses esquemas.

O nível de desenvolvimento no momento do trauma pode ter um grande efeito nos pontos de bloqueio e na formação dos esquemas, além de influenciar a forma como os clientes se comportam na terapia. Observamos que os clientes podem ficar presos em um estágio de desenvolvimento correspondente à época em que o trauma ocorreu e quando começaram a manifestar sintomas de TEPT. A atenção que teria sido dedicada ao desenvolvimento cognitivo, emocional ou social é, em vez disso, gasta em evitar as memórias do trauma ou lidar com um ambiente violento. Aqueles que são traumatizados na adolescência podem ter problemas específicos com figuras de autoridade ou com o desenvolvimento de uma identidade independente, como discutiremos mais adiante neste capítulo. Aqueles que eram muito jovens no momento do trauma podem desenvolver problemas com a regulação do afeto e podem até ter acessos de raiva infantis ou ser confundidos com indivíduos com transtorno da personalidade *borderline*. Eles podem ter categorias cognitivas em preto e branco muito simples (por exemplo, "Você é meu amigo ou meu inimigo") porque não conseguiram desenvolver o pensamento mais sutil que os adultos típicos desenvolveram. Por causa desse pensamento, pode ser difícil para eles desenvolver e manter relacionamentos sociais. Os terapeutas devem ter em mente a idade em que seus clientes desenvolveram TEPT, mesmo que o primeiro evento traumático não seja o evento-alvo com o qual a terapia começa, porque o nível de desenvolvimento pode surgir em pontos de bloqueio que não correspondem exatamente ao evento-alvo ou que podem afetar a relação cliente-terapeuta.

Questões específicas relacionadas ao trauma sexual em contexto militar incluem a incapacidade de escapar do ambiente, bem como o fato de que as vítimas podem ser punidas em vez dos perpetradores; de fato, muitas mulheres perdem suas carreiras militares se denunciarem o abuso. Além disso, se os perpetradores forem comandantes, as vítimas podem se sentir presas e podem não acreditar que podem denunciar o abuso ou procurar ajuda, especialmente se tiver ocorrido em uma zona de guerra ou em um conflito.

VIOLÊNCIA POR PARCEIRO ÍNTIMO

As vítimas de VPI provavelmente experimentarão uma série de eventos traumáticos durante um período de tempo. Além disso, alguns casos de VPI são de natureza bidirecional, o que significa que cada parceiro cometeu atos de agressão verbal ou física contra o outro. No entanto, dada a força física relativa dos homens contra mulheres (em relacionamentos heterossexuais), os efeitos posteriores da VPI são geralmente maiores para as mulheres do que para os homens. Isso não quer dizer que os homens não possam ser afetados pela VPI, mas sim que a maioria dos casos que causam TEPT se refere a mulheres.

Dada a provável cronicidade da VPI, um problema que ocorre normalmente é a dificuldade em definir o evento-alvo. Como em outros tipos de abuso crônico, os clínicos devem ajudar os clientes a determinar se houve casos particularmente angustiantes, fazendo uma avaliação detalhada dos sintomas de TEPT apresentados pelos clientes (ou seja, o conteúdo dos sintomas intrusivos e de evitação). Muitas vezes, houve experiências de abuso que foram particularmente angustiantes para as vítimas: casos em que pensaram que iriam morrer, crianças testemunharam ou ouviram o abuso, armas estavam envolvidas, ou as vítimas foram pegas de surpresa pela violência. O mais grave desses incidentes deve ser usado como o evento-alvo. Se um cliente tiver dificuldade em identificar o evento mais traumático, o clínico deve perguntar sobre um padrão típico de abuso e usar um incidente emblemático desse padrão como o evento-alvo. Aquele em que o cliente acreditava que ele ou seus filhos seriam mortos é um bom candidato para o evento-alvo.

Outra questão que surge com frequência em relação ao TEPT resultante de VPI é quando é apropriado iniciar o tratamento para o TEPT em casos nos quais há risco de violência doméstica contínua. Em ensaios anteriores com resultados de tratamento, não incluímos vítimas que estavam atualmente envolvidas em relacionamentos violentos ou que foram vítimas de comportamentos contínuos de perseguição. Dada a nossa experiência clínica subsequente com vítimas desse tipo de abuso e membros do serviço militar tratados em áreas de combate, bem como a pesquisa com participantes na República Democrática do Congo durante a guerra (ver Capítulo 2), passamos a recomendar que as vítimas de VPI sejam tratadas o mais rápido possível. Reconhecemos que muitas dessas vítimas podem optar por retornar aos seus perpetradores ou podem estar em risco de retaliação por parte deles se saírem. O objetivo do tratamento não é aliviar a vigilância apropriada, mas os sintomas de *hiper*vigilância do TEPT, para que essas vítimas possam avaliar o risco com a maior precisão possível. Além disso, melhorar quaisquer sintomas depressivos ou dissociativos comórbidos pode ajudar essas vítimas a se tornarem mais ativadas comportamentalmente ou aumentar seu nível de consciência e autoestima em geral, para ajudar a protegê-las contra mais revitimização ou aumentar os sintomas de TEPT. Novamente, isso é consistente com a pesquisa revisada no Capítulo 2.

No trabalho com vítimas em risco de VPI atual, é importante desenvolver um plano de segurança padrão que envolva números de contato de emergência e outros métodos para alcançar e ativar suportes naturais na rede social das vítimas antes do início da TPC. Elas podem querer fazer as malas e esconder (ou deixar com alguém) uma mochila que inclua mudas de roupa, algum dinheiro e documentos importantes. Serviços de gerenciamento de casos concomitantes para ajudar os clientes a acessar os recursos econômicos e sociais necessários (por exemplo, moradia, assistência financeira, creche) provavelmente serão necessários em casos de VPI mais recente, porque, se essas necessidades mais básicas não forem atendidas, será difícil realizar qualquer intervenção psicossocial.

DESASTRES E ACIDENTES

No que diz respeito a desastres ou acidentes naturais ou tecnológicos, como acidentes com veículos motorizados ou trens, é importante que os médicos se lembrem de que os acidentes acontecem em um mundo incerto. Os pontos de bloqueio comuns incluem noções como "As coisas são evitáveis se tomarmos boas precauções", "Meu amigo morreu no acidente de carro. Eu deveria ter feito algo para evitá-lo", ou "Eu deveria ter salvado alguém após o acidente". É importante considerar as diferenças entre a culpabilidade, a responsabilidade e o imprevisível nesses incidentes (ver Capítulo 9). A culpa só é apropriada quando uma combinação de intencionalidade e alguma ação ou inação comportamental causou o evento traumático.

Galovski e Resick (2008) apresentaram o caso único de um motorista de caminhão de longa distância de 63 anos cujo histórico de condução era exemplar e que planejava dirigir por mais 17 meses e depois se aposentar, quando se envolveu em um acidente grave. Após o acidente, ele não conseguiu voltar ao trabalho e mal conseguia tolerar ser passageiro em um carro, muito menos retomar sua função como motorista de caminhão. Os pagamentos limitados por invalidez que ele recebia não substituíram o que ele ganharia trabalhando ou depois de se aposentar, e ele concordou em iniciar a terapia 4 meses após o incidente, durante o qual uma perua atravessou a pista e colidiu com seu caminhão. Ele desviou, mas não conseguiu evitar o acidente. Uma menina de 16 anos estava dirigindo, e ela, assim como quase toda a sua família de seis pessoas, foi morta; o único sobrevivente foi um bebê. Acreditava-se que todos haviam adormecido. Um dos principais pontos de bloqueio do motorista do caminhão era "Eu matei essa família. Aquele bebê nunca conhecerá sua família". Ele respondeu precocemente à TPC+A e estava assintomático após seis sessões. Depois de concluir o tratamento na Sessão 7, ele conseguiu voltar ao trabalho e se sentir mais próximo de sua família novamente.

Uma de nós supervisionou um caso envolvendo uma cliente que, na adolescência, sofreu a perda de um irmão mais velho que morreu em um trágico incêndio. O irmão colocou um isqueiro no tanque de gasolina do cortador de grama da família para ver se havia gasolina suficiente, e o tanque explodiu. Ele correu para a casa da família em chamas, incendiando a casa. A cliente achou que ela deveria tê-lo salvado, insistindo: "Se eu tivesse sido mais esperta, meu irmão não teria morrido". Os eventos contextuais foram que ela tinha acabado de voltar de sua entrega de jornais e encontrou a casa em chamas, e que ela havia feito tudo ao seu alcance para ajudar: ela pediu ajuda, tirou seu outro irmão, tentou usar água e um extintor de incêndio para apagar o fogo e só saiu de casa quando não conseguia mais respirar. Esse caso ilustra a importância de examinar detalhadamente o contexto de todos os eventos traumáticos e determinar a evitabilidade (ou não) de tais eventos.

CLIENTES COM DANOS COGNITIVOS E DEFICIÊNCIAS

Muitos dos pacientes que participam de nossos estudos de pesquisa e programas clínicos têm déficits cognitivos decorrentes de diversos fatores, incluindo dificuldades de desenvolvimento, danos cerebrais orgânicos, acidentes de trabalho ou automobilísticos ou demência. Além disso, muitos militares e veteranos que sofreram lesões cerebrais traumáticas durante seu tempo em combate se apresentam para atendimento clínico de TEPT. Conforme discutido no Capítulo 2, a pesquisa sobre a TPC sugere que a maioria dos pacientes com déficits cognitivos responde bem ao protocolo completo de TPC. Portanto, recomendamos que os terapeutas usem as planilhas originais até que esses pacientes comecem a ter dificuldades até mesmo com a compreensão básica do exercício atual. Nesse ponto, os médicos podem achar útil mudar para uma das planilhas modificadas descritas a seguir e incluídas no Apêndice B.

Observe que os clientes com dificuldades cognitivas podem experimentar alguma confusão quando aprendem qualquer nova informação, mas essa confusão geralmente diminui à medida que praticam mais na clínica e em casa. Novamente, recomendamos apenas o uso das versões modificadas/simplificadas se os clientes não estiverem apenas confusos, mas também não conseguirem compreender o propósito básico das planilhas originais. Por fim, as planilhas modificadas/simplificadas podem ser usadas em tratamento individual ou em grupo, e em TPC ou TPC+A. Os clientes devem ser incentivados a ler suas planilhas bem-sucedidas todos os dias para lembrá-las. Eles também podem fixar pensamentos alternativos em seu espelho, sua geladeira ou seu celular.

Um dos casos mais extremos e bem-sucedidos de TPC foi realizado com um veterano com um distúrbio neurológico, a síndrome do encarceramento, causada por um acidente vascular cerebral em seu tronco cerebral (Miron et al., 2021). Ela resulta na incapacidade de produzir fala com tetraplegia, mas com pleno funcionamento cognitivo. Para comunicação, ele usou um computador habilitado com comunicação visual. Antes da síndrome do encarceramento, ele não havia sido tratado por seu TEPT e sofria há 30 anos. Como o paciente queria contar sua história, eles decidiram pela TPC+A. Para as avaliações, o profissional leu os itens da PCL-5 em voz alta e relatou sua pontuação numérica no computador, o que levou cerca de 30 minutos.

Os materiais da sessão foram adaptados ao seu computador e, como era de se esperar, a comunicação era muito lenta, e o conteúdo da sessão precisou ser dividido em várias sessões de 90 minutos. Ao longo de 7 meses, o paciente recebeu 30 sessões de TPC. Ele relatou uma redução de 38 pontos na PCL-5, de 61 para 23. Além da melhora no TEPT, sua angústia com sua síndrome diminuiu, suas explosões de raiva na unidade também diminuíram, e a vontade de se envolver socialmente aumentou.

TEPT AGRAVADO PELO LUTO

Às vezes, o trauma primário pode ser a morte violenta de alguém próximo a um paciente ou ocorrer como parte do próprio evento traumático dele. O luto pode se tornar tão emaranhado com os sintomas do TEPT que os pacientes não estão dispostos a abandonar algumas de suas reações do TEPT, como raiva ou culpa, a fim de evitar a resposta ao luto e a necessidade de aceitar que a pessoa morta se foi. É comum, especialmente entre veteranos, ouvir expressões como: "Se eu deixar de ter meu TEPT, significa que meu amigo realmente morreu, ou que ele morreu em vão". Às vezes, as pessoas têm medo de esquecer a pessoa falecida se não tiverem seus sintomas intrusivos para mantê-los na vanguarda da memória.

Esses pontos de bloqueio costumam ser dissolvidos ao explorar com os pacientes outras lembranças da pessoa falecida que não estão ligadas ao momento da morte e ao perguntar se não seria melhor lembrar como a pessoa viveu em vez de como morreu. Os clientes podem adicionar esses pontos de bloqueio ao registro de pontos de bloqueio e trabalhar neles à medida que surgem, geralmente depois de terem trabalhado na assimilação do evento traumático. O terapeuta pode perguntar por que os clientes temem esquecer a pessoa se ela era tão importante e se os clientes têm algo para se lembrar da pessoa. Claro, é sempre útil perguntar o que a outra pessoa gostaria para o cliente ou o que a pessoa gostaria se a situação fosse invertida: "Seu amigo gostaria que você tivesse uma vida miserável ou ele gostaria que você vivesse bem para vocês dois?" ou "O que você gostaria para ela, se você tivesse morrido? Você gostaria que ela sofresse pelo resto da vida?".

Uma das diferenças entre TEPT e transtorno de luto prolongado é o nível de evitação no TEPT. No TEPT, há tentativas constantes de não lembrar do trauma, enquanto, no luto prolongado, há uma ruminação quase obsessiva e uma saudade intensa da pessoa falecida. Pessoas que sofrem de luto prolongado podem criar altares para o falecido, deixar o quarto inalterado por anos, idolatrá-lo sem reconhecer seus defeitos ou gastar muito tempo pensando em como poderiam ter evitado a morte. Isso é particularmente comum nos casos de suicídio de entes queridos. Embora as pessoas com TEPT também passem muito tempo se perguntando como poderiam ter evitado a morte, essa ruminação serve a uma função de evitação no TEPT: impede que os clientes realmente aceitem a morte e o luto. A raiva e a culpa costumam ser mais aceitáveis do que o luto como emoções, e, como o luto e a tristeza podem durar mais do que outras emoções naturais, podem ser muito mais assustadores para os clientes. Muitas vezes, as pessoas sentem-se impotentes, pois não há nada que possam fazer para trazer o falecido de volta, modificar o relacionamento ou alterar algo que disseram ou deixaram de dizer na última vez que o viram. Todos esses podem ser pontos de bloqueio que podem ser abordados com planilhas e diálogos socráticos.

TRAUMA NA ADOLESCÊNCIA E SEUS EFEITOS EM OUTROS PERÍODOS DO DESENVOLVIMENTO

Matulis et al. (2014) apontaram que os adolescentes enfrentam tarefas de desenvolvimento únicas, que incluem individuação, decisões educacionais e relacionadas à carreira e ao desenvolvimento de relacionamentos íntimos. Todas essas tarefas de desenvolvimento podem colocá-los em risco não apenas de revitimização (que é mais frequente entre adolescentes do que adultos), mas também de TEPT ou exacerbação do TEPT preexistente. No entanto, qualquer fase do desenvolvimento pode ser afetada pelo TEPT, o que indica que as etapas do desenvolvimento devem sempre ser consideradas na TPC.

Clientes na faixa dos 20 anos (ou até clientes mais velhos) podem se comportar como adolescentes e se afastar de seus terapeutas se foram traumatizados nessa fase. Eles podem tentar brigar com seus terapeutas ou tentar colocá-los no papel de pais desaprovadores. Eles podem testar os terapeutas recusando-se a fazer tarefas práticas ou se envolver em leitura mental. Indivíduos na faixa dos 20 aos 30 anos normalmente devem estar trabalhando em suas carreiras, começando suas próprias famílias e começando a se reconciliar com seus pais (em vez de presumir que eles são "idiotas", como podem ter feito na adolescência). Eles também devem ter um senso claro de identidade e, após os 25 anos, alcançar o desenvolvimento completo do cérebro (particularmente no córtex pré-frontal e na amígdala) e funções executivas razoavelmente maduras. Quando o trauma na adolescência interrompeu o desenvolvimento dos clientes nessas áreas, a tarefa da TPC não é apenas aliviar os sintomas do TEPT, mas também ajudar os clientes a recuperar uma trajetória típica de desenvolvimento.

É provável que haja um intervalo de tempo entre o momento do trauma e o momento em que o cliente se apresenta para tratamento. O terapeuta não deve presumir que o desenvolvimento cognitivo, emocional ou social do cliente continuou ou que as habilidades do cliente nessas áreas são congruentes com sua idade cronológica. O desenvolvimento pode ser muito irregular ou pode ter parado completamente na idade dos primeiros traumas. O cliente pode exibir um pensamento categórico, refletindo o nível de desenvolvimento de uma criança pequena. Apesar desses efeitos do trauma, alguns clientes podem ser capazes de compartimentar e se dedicar à educação ou ao trabalho, mas podem ter poucas habilidades sociais ou sucesso nos relacionamentos. Os clientes podem agir e ter o equivalente a acessos de raiva se o seu crescimento emocional tiver sido atrofiado.

Alguns pacientes não têm certeza de seu autoconceito sem sua identidade do TEPT porque isso faz parte de suas vidas. Nesses casos, achamos útil considerar a noção de "aposentar-se do TEPT" e usar o diálogo socrático para explorar identidades alternativas fora de sua identidade como pessoa com TEPT. As pessoas que foram consideradas deficientes por seu diagnóstico de TEPT precisarão considerar o que vão fazer e quem serão sem sua identidade. De fato, mesmo entre aqueles que mantêm empregos e se mantêm extremamente ocupados como uma forma de evitação de alto funcionamento, os sintomas do TEPT podem ressurgir após a aposentadoria. Ressaltar que todos da mesma faixa etária terão que repensar interesses, atividades e mudanças de identidade ao se aposentarem pode trazer um sentimento de normalidade e encorajamento.

Entre os idosos, os sintomas de TEPT podem ressurgir à medida que seus companheiros de idade morrem e eles passam pelo processo de revisão da vida. Vimos veteranos procurarem tratamento para TEPT que foi suprimido ou gerenciado de forma ineficaz por 70 anos ou mais. Como eles podem ter dificuldade em aprender novas maneiras de pensar à medida que a demência começa a surgir, os terapeutas da TPC podem precisar requisitar a eles que releiam suas planilhas bem-sucedidas todos os dias ou escrevam suas autodeclarações mais equilibradas em cartões ou notas. Eles podem manter os cartões ou as notas com eles e usá-los para ajudá-los a substituir pensamentos de culpa de longo prazo ou outros pontos de bloqueio. As planilhas modificadas ou simplificadas discutidas anteriormente e encontradas no Apêndice B também podem ser úteis.

RAÇA, ETNIA E CULTURA

Enquanto escrevemos esta nova edição do manual, observa-se um aumento internacional no preconceito e na violência contra grupos minoritários. Mesmo que isso se dissipasse em alguns anos, o dano já estaria feito para muitas pessoas e famílias devido à violência armada, à retórica e à violência antissemitas e antimuçulmanas, ao preconceito racial e às ações e tentativas de restringir direitos. O TEPT pode ser o resultado dessas ameaças e dessa violência. Este capítulo não pretende questionar a veracidade da experiência de um cliente mais do que questionaríamos a experiência de estupro ou combate de alguém. A TPC pode ser usada para ajudar os clientes a experimentar suas emoções naturais e para procurar pontos de bloqueio que emanaram de suas experiências; ela deve ser implementada de forma usual, mas com atenção ao contexto etnocultural.

"Cultura" inclui o grupo ou os grupos com os quais alguém se identifica e os valores que esses grupos defendem. Nascemos em culturas específicas (com base na raça/etnia, na região/país e nas visões religiosas de nossas famílias) e podemos nos inserir em novas culturas (por exemplo, a cultura militar, religiões diferentes ou seitas dentro de uma mesma religião). Algumas culturas são flexíveis em suas crenças, e outras são mais rígidas. No entanto, a maioria das culturas mudou ao longo do tempo com a modernização, os efeitos de outros grupos e até mesmo o advento da internet. Quando um cliente é fortemente identificado com as crenças de uma determinada cultura, pode-se ter efeitos positivos ou negativos em sua recuperação do trauma, dependendo de como essa cultura trata os sobreviventes do trauma e suas crenças sobre por que as pessoas têm experiências traumáticas. No entanto, deve-se ter em mente que, como outras crenças, as crenças sobre uma determinada cultura ou subcultura podem ser distorcidas e, consequentemente, interferir na recuperação do trauma.

Os terapeutas não devem evitar discutir tópicos relacionados à raça e à etnia, independentemente de serem ou não de sua própria experiência. Esses mesmos tópicos podem desempenhar um papel importante no motivo pelo qual um evento traumático aconteceu, ou como um cliente reagiu ao evento traumático dentro de sua cultura e quais pontos de bloqueio se desenvolveram. Cabe aos terapeutas desenvolver competência cultural por meio de leitura, seminários, cursos contínuos e assim por diante. O fato de clientes de culturas ou subculturas específicas dizerem algo não o torna verdadeiro para esses grupos inteiros. A melhor abordagem é lidar com essas questões de uma maneira muito direta e usar o diálogo socrático para fazer perguntas esclarecedoras. Os terapeutas devem perguntar sobre estruturas de crenças específicas relacionadas à cultura, mesmo que se suponha que elas sejam compartilhadas com alguns clientes. No início de qualquer terapia, o terapeuta deve perguntar se o cliente se sente confortável em trabalhar com ele, caso diferenças culturais ou raciais sejam evidentes. Os terapeutas também devem pedir correções se entenderem mal algo e tentar desenvolver um diálogo aberto sobre qualquer assunto.

RELIGIÃO E MORALIDADE

Alguns terapeutas relutam em incorporar questões religiosas e morais no processo terapêutico. No entanto, não acreditamos que os terapeutas que trabalham com TEPT possam evitar esses tópicos, pois eventos traumáticos geralmente provocam problemas existenciais significativos e podem estar no centro da psicopatologia de muitos clientes. Mesmo que os terapeutas tenham um conjunto diferente de crenças religiosas daquelas dos clientes (ou sejam agnósticos ou ateus), eles são treinados para permanecerem focados no cliente a fim de promover a recuperação. Consideramos a religião parte de um conjunto mais amplo de crenças culturais que devem ser consideradas na TPC, reconhecendo que ela pode desempenhar um papel importante na cultura de muitos clientes. Um cliente não mencionará a religião como um problema na terapia a menos que haja algum conflito ou ponto de bloqueio em torno dela, embora os terapeutas devam perguntar sobre isso durante a preparação. Os clientes que obtêm conforto e apoio de sua religião ou congregação podem mencioná-lo de passagem, mas, nesses casos, normalmente não será uma questão de processo terapêutico.

Existem várias maneiras pelas quais a religião e a moralidade podem se cruzar com as crenças, levando à não recuperação após a traumatização. Para aqueles com TEPT que são religiosos, os pontos de bloqueio assimilados são frequentemente emaranhados na crença do mundo justo (por exemplo, "Por que eu?" ou "Por que não eu?" ou "Por que meu amigo/parente morreu?"), uma crença que é ensinada diretamente por algumas religiões. Mesmo que a crença do mundo justo não seja instruída por grupos religiosos específicos, o cliente pode aderir a ela implicitamente. Além dos pontos de bloqueio assimilados no âmbito religioso/moral, alguns clientes podem ter acomodado demais os pontos de bloqueio nesse domínio como resultado da traumatização. Por exemplo, como resultado de um evento traumático, um cliente pode perguntar "Como Deus pôde deixar isso acontecer?", ou até mesmo negar suas crenças religiosas. Mesmo que um cliente não o atribua a uma religião em particular ou seja ateu, um evento traumático pode ser interpretado como uma violação do código moral ou ético preexistente do cliente, uma violação que alguns autores descreveram como "dano moral" (por exemplo, "Eu matei enquanto estava no cumprimento do dever. Portanto, sou um assassino"). Questões religiosas e morais também podem envolver a tentativa do cliente ou de outras pessoas de forçar o perdão do cliente ou perpetrador.

A crença do mundo justo é ensinada não apenas por grupos religiosos, mas também por pais e professores, pelo sistema de justiça criminal e por outras pessoas ou grupos de autoridade. De fato, como humanos, gostamos de acreditar que, se as pessoas seguirem as regras, coisas boas acontecerão e, se as pessoas quebrarem as regras, serão punidas. Há benefícios sociais no ensino dessa crença. Infelizmente, pessoas não desenvolvem um pensamento suficientemente complexo e matizado para perceber que o mundo não é perfeitamente justo ou ordenado, ou recorrem a essa explicação simplificada quando enfrentam eventos traumáticos. Na realidade, a justiça é mais precisamente descrita como um ideal aspiracional e uma questão de probabilidade (por exemplo, "Se eu seguir as regras, diminui meu risco de que algo ruim aconteça"). Se as pessoas aderirem fortemente à crença do mundo justo, é provável que se envolvam em raciocínios retrógrados. Ou seja, elas podem muito bem concluir que, se algo ruim lhes aconteceu, estão sendo punidas por fazer algo ruim (ou, em alguns casos, podem acreditar que nasceram más). Se não puderem determinar o que fizeram de errado, essas pessoas podem acabar criticando a injustiça da situação ou de um ser superior.

Poucas religiões, se houver alguma, realmente garantem que o bom comportamento *sempre* será recompensado e o mau comportamento será punido (pelo menos, nesta vida). Os clientes que acreditam nisso podem ter visões distorcidas de sua religião ou podem ter aprendido de forma equivocada com pais ou líderes religiosos. Como em qualquer profissão, há variabilidade até onde os líderes religiosos são educados ou aderem aos princípios de suas religiões. Os terapeutas devem certificar-se de diferenciar uma religião em si da interpretação de um praticante individual quando discutem essas questões com os clientes. Pode ser possível que os terapeutas verifiquem os princípios da religião por meio de sua própria pesquisa ou consulta com líderes religiosos. Um princípio fundamental aqui é que existem níveis de ortodoxia em todas as vertentes religiosas.

Quando alguém não consegue entender como um poder superior pode permitir que aconteça um evento que envolva as ações maliciosas de outro (por exemplo, estupro, agressão, combate), o conceito de "livre-arbítrio" pode ser muito útil. A maioria das religiões ocidentais adere a esse conceito de livre-arbítrio — ou a escolha de se comportar bem ou mal. Se um poder superior dá a um indivíduo livre-arbítrio para fazer escolhas, então não procede que o livre-arbítrio de outra pessoa foi retirado para punir um cliente. O agressor também tinha livre-arbítrio para disparar uma arma ou cometer agressão ou estupro. O livre-arbítrio implica que um poder superior não intervém e interrompe o comportamento dos outros, assim como esse poder não força o cliente a se comportar bem ou mal. Além disso, mesmo quando os comportamentos e as escolhas de outra pessoa não estão envolvidos, não é necessário fazer uma grande análise do mundo para encontrar evidências de que nenhuma força superior usa eventos naturais, acidentes ou doenças apenas para punir pessoas más. Quando vemos esses eventos acontecendo com bebês ou crianças, ou com pessoas que sabemos serem indivíduos maravilhosos e atenciosos, uma coisa na qual podemos nos apoiar nesse momento é a ideia de que "Deus age de maneira misteriosa". No entanto, também pode ser que Deus não intervenha no dia a dia e que o conceito de Deus deva ser usado para conforto, comunhão e orientação moral.

Se os clientes acreditam na predeterminação e estão convencidos de que não têm livre-arbítrio, então seus terapeutas podem explorar por que eles têm TEPT se seus eventos traumáticos estavam predestinados a acontecer. Não deveria haver conflito entre a ocorrência dos eventos traumáticos e o destino prescrito para os clientes. Isso levanta a questão sobre outras crenças subjacentes que podem estar dificultando a aceitação do destino pelos clientes. Como alternativa, esses clientes podem precisar experimentar as emoções naturais que estão predestinadas a ocorrer após um evento traumático.

Às vezes, os clientes levantam as noções de autoperdão ou perdão de outros no decorrer da terapia. Se essas questões têm sido conceitos reconfortantes ou confortáveis para os clientes, é improvável que eles as levantem. Em vez disso, elas são normalmente mencionadas apenas porque há algum desconforto ou conflito sobre a noção de perdão. No processo de autoperdão, é fundamental compreender os detalhes do contexto de um evento traumático, para avaliar se há algo pelo qual o cliente busca o perdão. Como é quase axiomático que aqueles com TEPT se culpem por eventos traumáticos, isso não implica que tenham tido a intenção de causar o desfecho ocorrido. Portanto, a censura e a culpa podem ser equivocadas. As pessoas que são vítimas de crimes são, antes de tudo, vítimas. Nada que tenham feito ou deixado de fazer justifica o que lhes aconteceu. Mesmo que se sintam "sujas" ou "violadas", isso não significa que fizeram algo errado, algo que precise de perdão. Esse seria um exemplo de raciocínio emocional.

O autoperdão e a autocompaixão podem ter um papel quando, após análise do contexto do trauma, fica claro que o paciente teve a intenção de prejudicar uma pessoa inocente, possuía outras opções disponíveis e, ainda assim, escolheu deliberadamente essa ação. Matar um civil acidentalmente (por exemplo, alguém atingido no fogo cruzado) é, por definição, um acidente. Cometer uma atrocidade (por exemplo, estuprar mulheres ou crianças, torturar pessoas) é claramente um dano intencional. Nesse caso, a culpa é uma resposta apropriada ao cometer uma atrocidade ou um crime. O paciente pode precisar aceitar os fatos como são, arrepender-se e buscar o autoperdão (ou, se for religioso, o perdão dentro de sua fé ou comunidade espiritual). Mesmo assim, os clínicos devem fazer perguntas com o diálogo socrático que ajudem esses pacientes a contextualizar quem eles eram na época e quais são seus valores agora, para ajudar os clientes a perceber que as pessoas são capazes de mudar. Pode ser útil lembrá-los que é improvável que pessoas verdadeiramente psicopatas desenvolvam TEPT, pois não experimentam a tensão entre atos intencionais e prejudiciais e sua identidade pessoal. Uma vez que tudo isso tenha sido completamente processado, alguma forma de ação comportamental, como restituição ou serviço comunitário, pode ajudar esses pacientes a superar o sentimento de uma sentença de vida autoimposta de autoflagelação.

Os clientes às vezes levantam a noção de perdoar outras pessoas que perpetraram eventos traumáticos quando a ideia de perdão é prematura ou é forçada por outros. Parte da acomodação bem-sucedida do conceito de que um evento traumático não é culpa do cliente envolve o reconhecimento de que o perpetrador pretendia causar dano e é o culpado pelo evento. Excluir a raiva natural e justa antes de deixá-la seguir seu curso pode trazer conforto para uma família ou uma instituição, mas, para um cliente, isso cria o mesmo problema que evitar emoções naturais que emanam do evento traumático. Pode ser útil perguntar ao cliente se o agressor pediu perdão. A maioria das religiões não confere perdão aos impenitentes. Se o agressor não pediu perdão, não há nada para o cliente perdoar. Mesmo que o autor de um evento traumático tenha pedido perdão, o cliente não é obrigado a dá-lo. Entender por que alguém fez algo não é o mesmo que desculpar a pessoa e pode ser o caminho preferível para alguns sobreviventes de trauma. Nesses casos, os clínicos podem sugerir que seus clientes encaminhem os perpetradores para outras fontes de perdão (por exemplo, a comunidade maior afetada pelos atos dos perpetradores ou os membros da comunidade religiosa). Em resumo, o objetivo da concessão do perdão pelos clientes não deve ser proporcionar alívio aos perpetradores ou a outras pessoas, mas sim oferecer aos próprios clientes paz de espírito. Se o perdão estiver sendo forçado por outras pessoas, isso só trará frustração e culpa aos clientes e, em última análise, não funcionará. O perdão não é um requisito para a recuperação do TEPT.

LGBTQIA+

Muitos clientes LGBTQIA+ vêm à terapia sem nenhuma preocupação em discutir sua identidade sexual e sem quaisquer questões de identidade relacionadas ao seu evento traumático. No entanto, muitos outros clientes se apresentarão preocupados em serem julgados pelo terapeuta em relação à sua identidade ou ao seu histórico de relacionamento, ou até mesmo abrigando pensamentos de que o terapeuta os culpará pelo trauma ocorrido devido à sua identidade.

Em um estudo de caso usando a TPC com um indivíduo da comunidade LGBTQIA+, Kaysen, Lostutter et al. (2005) descreveram a agressão a um homem *gay* que incluía calúnias homofóbicas e uma relação clara entre o evento e sua orientação sexual. Ele veio para a terapia logo após o incidente e foi diagnosticado como tendo transtorno de estresse agudo. O terapeuta implementou a TPC+A, e o medo do cliente de escrever relatos do trauma trouxe à tona pontos de bloqueio adicionais em relação ao medo de censura pelo terapeuta. Seus pontos de bloqueio eram geralmente pontos de bloqueio típicos relacionados a agressões (por exemplo, "Todos os estranhos são perigosos"), mas também incluíam culpa direcionada a si pelo fato de ser *gay* (ou seja, "Todos os *gays* são promíscuos", "Eu merecia porque sou *gay*"). Os sintomas de TEPT do cliente melhoraram; ao final do tratamento, ele não preenchia mais os critérios para transtorno de estresse agudo ou TEPT, e sua funcionalidade também havia melhorado. As avaliações de acompanhamento indicaram melhora sustentada.

Como mostra o exemplo acima, muitos pontos de bloqueio são típicos de qualquer trauma, mas alguns podem derivar de aspectos específicos de como o cliente foi tratado e das mensagens que recebeu por causa de sua orientação sexual. Alguns pacientes que pensavam que "entendiam quem eram" começarão a questionar sua identidade se experimentaram alguma excitação durante um ataque sexual. Ajudá-los a identificar pontos de bloqueio como "Não devo ser lésbica porque tive orgasmo durante um estupro heterossexual" ou "Sou nojento por gostar de sexo com um homem" e, em seguida, examiná-los com as planilhas será uma parte importante do processo da terapia.

Como os outros tópicos que discutimos nesta seção, é importante que o terapeuta esteja aberto sobre quaisquer pontos de bloqueio que surjam (ou não) e pergunte se o cliente se sente à vontade para discutir com ele seus problemas. Se o trauma não estiver relacionado à sua orientação sexual e o cliente tiver recebido um bom apoio de familiares e amigos, isso pode não ser um problema. Mas, devido às taxas mais altas de maus-tratos na infância e na adolescência em casa e na escola devido à homofobia ou transfobia, em comparação com seus pares heterossexuais, isso pode de fato ter um papel e, na verdade, não ser um ponto de bloqueio. Uma declaração como "Aconteceu porque sou *gay*" pode muito bem ser uma afirmação verdadeira, mas "Aconteceu porque há algo errado comigo" seria um ponto de bloqueio.

ADAPTAÇÕES DA TPC PARA OUTROS IDIOMAS/CULTURAS

O manual original da TPC (ou partes dele) foi traduzido para 15 idiomas. Algumas dessas traduções foram publicadas e outras estão disponíveis *on-line*.

Publicadas

Existem manuais de TPC publicados em chinês simplificado (Resick et al., 2022), finlandês (Ylikomi & Virta, 2008), alemão (König et al., 2012), hebraico (Resick & Derby, 2012), japonês (Resick et al., 2017), coreano (Resick et al., 2023) e polonês (Resick et al., 2019).

Não publicadas

Existem manuais ou planilhas não publicados em árabe, azerbaijano, francês, islandês (somente planilhas), iraquiano, curdo, espanhol e ucraniano — a maioria pode ser encontrada em *https://cptforptsd.com/cpt-resources/*.

Terapeutas e pesquisadores que conduziram treinamento e pesquisa com a TPC em países desenvolvidos notaram que, na maioria das vezes, modificações mínimas eram necessárias para traduzir de forma útil a TPC para outros idiomas. No entanto, as modificações em alguns países em desenvolvimento tiveram que ir além das traduções escritas. Por exemplo, Bolton et al. (2014) realizaram um estudo no norte do Iraque com civis curdos vítimas de tortura, com ênfase na depressão. Para esse estudo, Kaysen et al. (2013) adaptaram o protocolo e o treinamento dos terapeutas para simplificar a linguagem e usar mais imagens dos conceitos. Três dos módulos (segurança, confiança e poder) foram bem traduzidos para o curdo, mas estima e intimidade não. Os módulos alternativos eram mais apropriados culturalmente e incluíam respeito e cuidado. No Camboja, o termo "pontos de bloqueio" tornou-se "*kut caraeun*", que significa "pensar demais" (Clemens, comunicação pessoal, janeiro de 2023; com base em Clemens et al., 2021). Colegas no Azerbaijão, na China, na Alemanha, na Dinamarca, na Islândia, em Israel, no Japão, na Coreia e na Polônia mantiveram o protocolo quase idêntico ao original ou fizeram apenas pequenas alterações no idioma. Por exemplo, vários de nossos colegas no Japão disseram que fornecer mais exemplos nas tarefas práticas, especialmente para clientes adolescentes, era importante. Até agora, com os primeiros 25 casos-piloto com adultos no Japão (Takagishi et al., 2023), os participantes pareciam gostar de fazer as tarefas práticas e escrever seus relatos. Houve apenas um abandono, e eles tiveram uma melhora no tamanho do efeito do pré para o pós-tratamento de $g = 2,28$, do pré-tratamento para o acompanhamento de 6 meses de $g = 2,95$, e do pré-tratamento para o acompanhamento de 12 meses de $g = 2,15$ na CAPS-5.

Em Israel, os clientes foram incentivados a escrever seus relatos de trauma na clínica, onde tinham privacidade e se sentiam seguros (Derby, comunicação pessoal, janeiro de 2023). Ao se preparar para um ECR em Israel, a equipe encontrou diferenças culturais em relação a Israel ser uma cultura mais coletivista do que os EUA e ter vários níveis de ortodoxia religiosa. Ambos os projetos em Israel levaram em consideração o terrorismo em curso, que afeta tanto a cultura quanto o tratamento. Derby relatou que os pacientes israelenses não eram bons em completar tarefas práticas, o que não era o caso dos imigrantes russos. No geral, a mensagem básica desses e de outros pesquisadores é que o "núcleo" da TPC foi mantido, mas que as adaptações às diferenças linguísticas e culturais, geralmente por meio de simplificações de conceitos e planilhas, têm sido comuns.

Alguns artigos foram escritos sobre o processo de adaptação da TPC a outras culturas. O exemplo mais marcante de alterações ocorreu na República Democrática do Congo, onde foi realizado um ECR, relatado no Capítulo 2 (Bass et al., 2013). Os conceitos das planilhas tiveram que ser simplificados, ensinados oralmente e memorizados devido ao completo analfabetismo e à falta de papel para os participantes, que viviam em um país com poucos recursos e devastado pela guerra. Além disso, devido à falta de profissionais de saúde mental no Congo, os terapeutas treinados para o ECR cursaram apenas o ensino médio e tiveram que aprender habilidades de terapia, bem como a TPC. Os pesquisadores apontaram que o treinamento levou 2 semanas e que foi mais útil encenar e praticar cada um dos conceitos.

Da mesma forma, Kaysen et al. (2013) descreveram o processo iterativo de adaptação da TPC para terapeutas não treinados e pacientes no Iraque. O tipo mais frequente de trauma tratado foi de tortura. Embora o protocolo TPC não precisasse ser modificado, exceto por diferenças de idioma, os terapeutas precisavam de muito mais prática em cada etapa da terapia. No estudo de Bolton et al. (2014) comparando o tratamento de ativação comportamental para depressão (BA) com a TPC para depressão e TEPT no Curdistão (ver Capítulo 2), o principal impedimento cultural mencionado foi o estigma do tratamento de saúde mental e como isso pode afetar as percepções da comunidade sobre a reputação das famílias e a capacidade de casamento dos clientes. Além disso, como no estudo realizado pelo mesmo grupo no Congo, o analfabetismo era generalizado, e havia poucos terapeutas treinados, de modo que o protocolo precisou ser adaptado para a população.

Schulz, Huber, et al. (2006) escreveram sobre a adaptação da TPC para refugiados da Bósnia e do Afeganistão nos EUA como parte do Projeto de Recuperação de Traumas de Guerra. Eles também discutiram as questões envolvidas na condução da terapia por meio de intérpretes. Era importante que os intérpretes traduzissem o que os terapeutas estavam dizendo, sem tentar intervir como terapeutas. Os terapeutas olhavam para os clientes, e não para os intérpretes, e os terapeutas interrogavam os intérpretes após as sessões. A terapia acontecia nas casas dos clientes, pois eles tinham muito medo de sair para participar da terapia. O tratamento domiciliar foi eficaz; no entanto, muitas vezes incluía cerimônias do chá que poderiam ter servido como eventos sociais culturalmente apropriados, mas, no contexto dessa terapia, também poderiam promover a evitação. Todos os participantes sofreram múltiplos traumas, e a maioria relatou o assassinato de membros da família.

Valentine et al. (2017) descreveram um estudo formativo que fez mudanças iterativas ao examinar resultados qualitativos e quantitativos entre clientes de língua espanhola em Boston. Eles foram capazes de derivar uma adaptação da TPC baseada em dados e culturalmente competente, que manteve os objetivos e conceitos do protocolo (Marques et al., 2019).

Pearson et al. (2019) conduziram um ECR com mulheres nativo-americanas que apresentavam TEPT, uso indevido de substâncias e comportamento sexual de risco para o HIV, descrito no Capítulo 2. Pearson e colegas (2018) descreveram a parceria tribal-acadêmica que enfatizava a colaboração bidirecional. Durante um período de 2 anos de reuniões, o comitê de pesquisa da comunidade, que se reunia mensalmente, decidiu que a TPC era o tratamento mais adequado para sua comunidade. Eles incorporaram conselheiros comunitários e uso indevido de substâncias e comportamentos de risco para o HIV no protocolo, com o acréscimo de uma sessão. As planilhas incluíam todas as informações detalhadas aqui, mas algumas delas foram alteradas no projeto. Os jargões foram removidos, a legibilidade foi melhorada, e foram usados conceitos, exemplos e folhetos culturalmente adaptados. Por exemplo, a planilha final tinha a forma de uma montanha, com um ponto de bloqueio na parte inferior e, em cada camada, os componentes da planilha e os pensamentos alternativos; as pontuações ficavam no pico da montanha.

Outro ponto importante é que os terapeutas precisam estar cientes das crenças dentro de qualquer cultura que podem estar mantendo os clientes bloqueados. O alicerce básico da TPC parece ser resistente, mas cognições, pontos de bloqueio e suposições básicas são diferentes de um lugar para outro e de uma cultura para outra. O diálogo socrático tem sido usado com sucesso para desafiar os clientes até mesmo nas culturas mais rígidas, e os terapeutas devem ter em mente que as culturas mudam com o tempo e que as crenças culturais podem ser generalizadas como pontos de bloqueio. Especialistas locais devem ser usados para determinar se os pontos de bloqueio que os clientes atribuem à sua cultura são realmente fortes crenças culturais ou distorções que foram ensinadas por membros da família ou assumidas pelos próprios clientes. Pontos de bloqueio culturais podem ser crenças centrais; portanto, algum cuidado no diálogo socrático e talvez múltiplas planilhas sejam necessários para examinar esses pontos de vista sob diferentes perspectivas. No entanto, algumas vezes ouvimos terapeutas dizerem que não podem fazer nada sobre uma crença específica porque ela faz parte da cultura do cliente. Esse pode ser um ponto de bloqueio do terapeuta, em vez de um reflexo de algo fixo sobre a cultura.

Às vezes, os terapeutas que trabalham com clientes de diferentes culturas pensam que precisam mudar o protocolo TPC antes mesmo de experimentá-lo conforme foi desenvolvido originalmente. Novamente, isso pode ser uma suposição (ou um ponto de bloqueio) por parte desses terapeutas; não importa o motivo, assim que eles mudam o protocolo, a TPC não é mais um tratamento baseado em evidências. Nosso conselho para terapeutas e pesquisadores que planejam usar a TPC para uma cultura diferente é primeiro experimentar o protocolo conforme ele foi desenvolvido. Depois, quando tiverem tempo para desenvolver suas habilidades e ver os resultados, eles podem decidir se devem alterar o texto das planilhas ou das instruções. Por exemplo, talvez os clientes possam ser instruídos a ler as Planilhas de Pensamentos Alternativos corrigidas todos os dias para incorporar os pensamentos novos e mais adaptados. A consulta às partes interessadas locais também é importante, a fim de determinar como o TEPT é considerado na comunidade e se há uma crença no modelo de recuperação. O primeiro passo pode ser educar a comunidade de que o TEPT é uma reação normal a uma situação anormal e que as pessoas podem se recuperar desse transtorno. Remover a vergonha e o estigma pode ser um passo inicial importante para envolver as pessoas no tratamento.

APÊNDICES

Apêndice A.   Materiais para terapeutas
    Apêndice A.1.   Formulário de Conceitualização de Caso 327
    Apêndice A.2.   Guia rápido de fichas do paciente em cada sessão da TPC 328

Apêndice B.   Planilhas simplificadas
    Apêndice B.1.   Planilha ABC visual 333
    Apêndice B.2.   Descrição da Planilha de Pensamentos Alternativos 334
    Apêndice B.3.   Planilha de Pensamentos Alternativos simplificada............. 336

Apêndice A

Materiais para terapeutas

Apêndice A 327

APÊNDICE A.1
Formulário de Conceituação de Caso

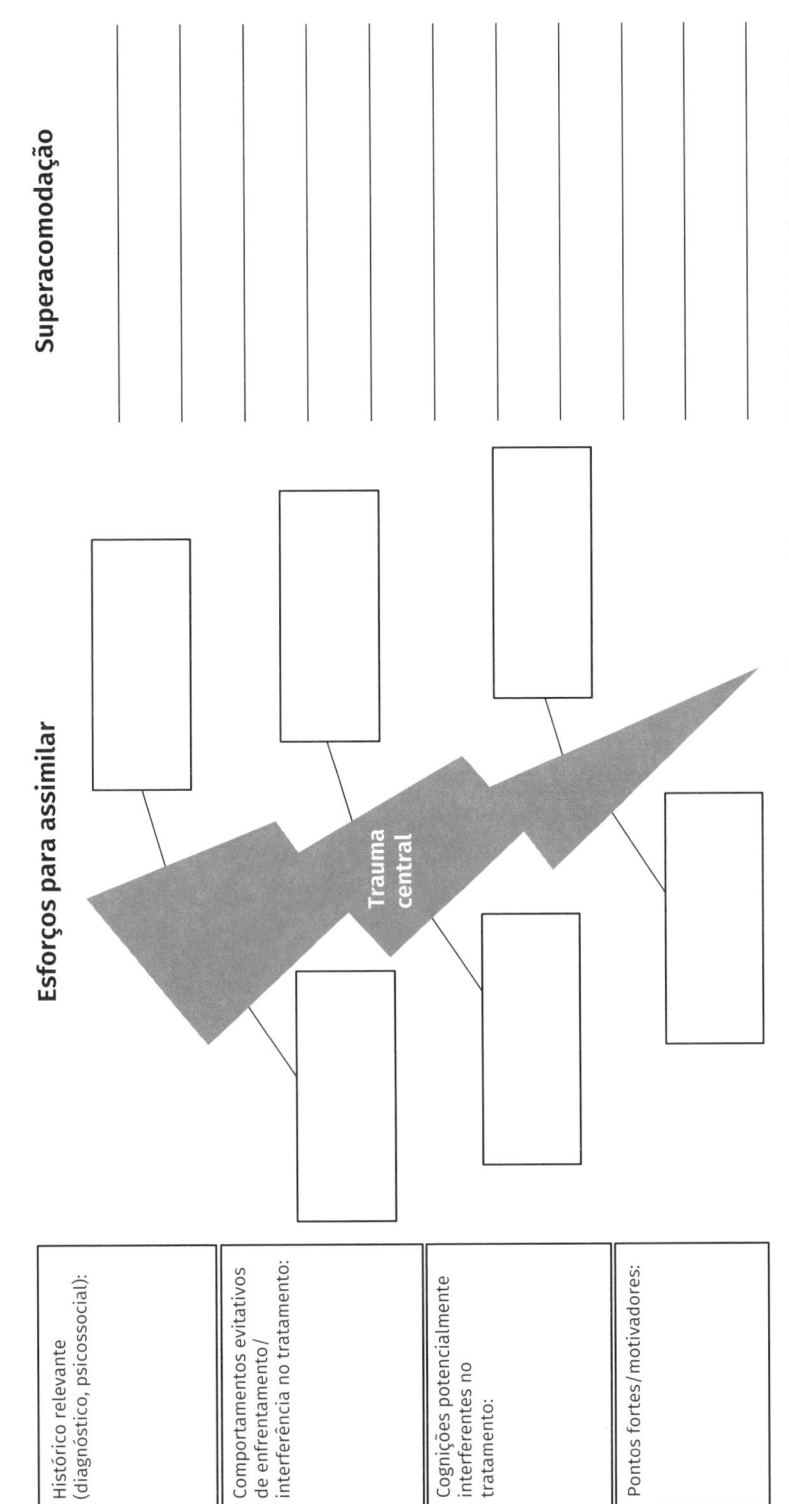

Esforços para assimilar

Superacomodação

_____

Trauma central

Histórico relevante (diagnóstico, psicossocial):

Comportamentos evitativos de enfrentamento/interferência no tratamento:

Cognições potencialmente interferentes no tratamento:

Pontos fortes/motivadores:

De *Vencendo o transtorno de estresse pós-traumático com a terapia de processamento cognitivo: manual do terapeuta*, 2ª edição, Patricia A. Resick, Candice M. Monson e Kathleen M. Chard (The Guilford Press, 2024). Os compradores deste livro podem baixar cópias adicionais desta planilha na página do livro em loja.grupoa.com.br.

APÊNDICE A.2
Guia rápido de fichas do paciente em cada sessão da TPC

- **Antes de começar**
    Ficha 3.1. PCL-5 mensal
    Ficha 3.2. PHQ-9
    Ficha 5.1. Contrato da TPC para TEPT (frente e verso) — 1 cópia
- **Sessão 1 (Capítulo 6)**
    Ficha 3.1. PCL-5 modificada — 1 cópia
    Ficha 3.2. PHQ-9 (se aplicável) — 1 cópia
    Ficha 6.1. Recuperação ou não recuperação de sintomas de TEPT após eventos traumáticos — 1 cópia
    Ficha 6.2. Tarefa prática após a Sessão 1 da TPC — 1 cópia
- **Sessão 2 (Capítulo 7)**
    Ficha 3.1. PCL-5 semanal — 1 cópia
    Ficha 3.2. PHQ-9 (se aplicável) — 1 cópia
    Ficha 7.1. Registro de Pontos de Bloqueio — 1 cópia
    Ficha 7.2. Ficha de Identificação de Emoções — 1 cópia
    Ficha 7.3. Planilha ABC — 3 a 7 cópias
    Fichas 7.3a, 7.3b, 7.3c. Exemplos de Planilhas ABC — 1 cópia de cada
    Ficha 7.4. Guia de Ajuda do Ponto de Bloqueio — 1 cópia
    Ficha 7.5. Tarefa prática após a Sessão 2 da TPC — 1 cópia
- **Sessão 3 (Capítulo 8)**
    Ficha 3.1. PCL-5 semanal — 1 cópia
    Ficha 3.2. PHQ-9 (se aplicável) — 1 cópia
    Ficha 7.3. Planilha ABC — 3 a 7 cópias
    Ficha 8.1. Tarefa prática após a Sessão 3 da TPC — 1 cópia
- **Sessão 4 (Capítulo 9)**
    Ficha 3.1. PCL-5 semanal — 1 cópia
    Ficha 3.2. PHQ-9 (se aplicável) — 1 cópia
    Ficha 9.1. Ficha sobre Níveis de Responsabilidade — 1 cópia
    Ficha 9.2. Planilha de Perguntas Exploratórias — 3 a 7 cópias
    Fichas 9.2a, 9.2b. Exemplos de Planilhas de Perguntas Exploratórias — 1 cópia de cada
    Ficha 9.3. Guia para a Planilha de Perguntas Exploratórias (frente e verso) — 1 cópia
    Ficha 9.4. Tarefa prática após a Sessão 4 da TPC — 1 cópia
- **Sessão 5 (Capítulo 10)**
    Ficha 3.1. PCL-5 semanal — 1 cópia
    Ficha 3.2. PHQ-9 (se aplicável) — 1 cópia
    Ficha 10.1. Planilha de Padrões de Pensamento — 3 a 7 cópias
    Ficha 10.1a. Exemplo de Planilha de Padrões de Pensamento — 1 cópia
    Ficha 10.2. Tarefa prática após a Sessão 5 da TPC — 1 cópia

(Continua)

De *Vencendo o transtorno de estresse pós-traumático com a terapia de processamento cognitivo: manual do terapeuta*, 2ª edição, Patricia A. Resick, Candice M. Monson e Kathleen M. Chard (The Guilford Press, 2024). Os compradores deste livro podem baixar cópias adicionais desta planilha na página do livro em loja.grupoa.com.br.

APÊNDICE A.2 *(p. 2 de 2)*

- **Sessão 6 (Capítulo 11)**

    Ficha 3.1. PCL-5 semanal — 1 cópia
    Ficha 3.2. PHQ-9 (se aplicável) — 1 cópia
    Ficha 11.1. Planilha de Pensamentos Alternativos — 3 a 7 cópias
    Fichas 11.1a, 11.1b, 11.1c, 11.1d, 11.1e. Exemplos de Planilhas de Pensamentos Alternativos — 1 cópia de cada, conforme apropriado
    Ficha 11.2. Tarefa prática após a Sessão 6 da TPC — 1 cópia

- **Sessão 7 (Capítulo 12)**

    Ficha 3.1. PCL-5 semanal — 1 cópia
    Ficha 3.2. PHQ-9 (se aplicável) — 1 cópia
    Ficha 11.1. Planilha de Pensamentos Alternativos — 3 a 7 cópias
    Ficha 12.1. Módulo de Questões de Segurança (frente e verso) — 1 cópia
    Ficha 12.2. Tarefa prática após a sessão 7 da TPC — 1 cópia

- **Sessão 8 (Capítulo 13)**

    Ficha 3.1. PCL-5 semanal — 1 cópia
    Ficha 3.2. PHQ-9 (se aplicável) — 1 cópia
    Ficha 11.1. Planilha de Pensamentos Alternativos — 3 a 7 cópias
    Ficha 13.1. Módulo de Questões de Confiança (3 páginas, frente e verso) — 1 cópia
    Ficha 13.2. Tarefa prática após a Sessão 8 da TPC — 1 cópia

- **Sessão 9 (Capítulo 14)**

    Ficha 3.1. PCL-5 semanal — 1 cópia
    Ficha 3.2. PHQ-9 (se aplicável) — 1 cópia
    Ficha 11.1. Planilha de Pensamentos Alternativos — 3 a 7 cópias
    Ficha 14.1. Planilha da Estrela da Confiança — 1 cópia
    Ficha 14.1a. Exemplo de Planilha da Estrela da Confiança — 1 cópia
    Ficha 14.2. Módulo de Questões de Poder/Controle (3 páginas, frente e verso) — 1 cópia
    Ficha 14.3. Tarefa prática após a Sessão 9 da TPC — 1 cópia

- **Sessão 10 (Capítulo 15)**

    Ficha 3.1. PCL-5 semanal — 1 cópia
    Ficha 3.2. PHQ-9 (se aplicável) — 1 cópia
    Ficha 11.1. Planilha de Pensamentos Alternativos — 3 a 7 cópias
    Ficha 15.1. Módulo de Questões de Estima (3 páginas, frente e verso) — 1 cópia
    Ficha 15.2. Ficha de acompanhamento: dando/recebendo elogios e fazendo algo de bom para si mesmo — 1 cópia
    Ficha 15.3. Tarefa prática após a Sessão 10 da TPC — 1 cópia

- **Sessão 11 (Capítulo 16)**

    Ficha 3.1. PCL-5 semanal — 1 cópia
    Ficha 3.2. PHQ-9 (se aplicável) — 1 cópia
    Ficha 11.1. Planilha de Pensamentos Alternativos — 3 a 7 cópias
    Ficha 16.1. Módulo de Questões de Intimidade (3 páginas, frente e verso) — 1 cópia
    Ficha 16.2. Tarefa prática após a Sessão 11 da TPC — 1 cópia

- **Sessão 12 (Capítulo 17)**

    Ficha 3.1. PCL-5 semanal — 1 cópia
    Ficha 3.2. PHQ-9 (se aplicável) — 1 cópia
    Ficha 11.1. Planilha de Pensamentos Alternativos — 8 cópias

Apêndice B

Planilhas simplificadas

APÊNDICE B.1
Planilha ABC Visual

Data: _____

Evento A	Pensamento B	Sentimentos C

Faz sentido dizer a si mesmo o pensamento "B"? A conclusão é exagerada? Há evidência real? _____

O que você pode dizer a si mesmo no futuro (pensamento mais equilibrado)? _____

E como isso faz você se sentir? _____

De Vencendo o transtorno de estresse pós-traumático com a terapia de processamento cognitivo: manual do terapeuta, 2ª edição, Patricia A. Resick, Candice M. Monson e Kathleen M. Chard (The Guilford Press, 2024). Os compradores deste livro podem baixar cópias adicionais desta planilha na página do livro em loja.grupoa.com.br.

APÊNDICE B.2
Descrição da Planilha de Pensamentos Alternativos

Data: _____   Nome: _____

A. Descreva **o evento, o pensamento ou a crença** que levou à(s) emoção(ões) desagradável(is).

B. Escreva seu **pensamento/ponto de bloqueio** relacionado à situação em A. Avalie sua crença nesse pensamento/ponto de bloqueio de 0 a 100%. (Quanto você acredita nesse pensamento?)

C. Especifique sua(s) **emoção(ões)** (triste, zangado etc.) e avalie a intensidade com que você sente cada emoção de 0 a 100%.

D. Use as **Perguntas Exploratórias** para examinar seu pensamento automático da seção B. Considere se o pensamento é equilibrado e factual ou extremo.

   1. Qual é a evidência contra esse ponto de bloqueio?

   2. Quais informações você não está incluindo sobre o seu ponto de bloqueio?

   3. Como o seu ponto de bloqueio inclui termos de tudo ou nada (como "todos", "nunca") ou palavras ou frases extremas (como "preciso", "deveria", "devo", "não posso" e "sempre")?

   4. De que forma o seu ponto de bloqueio está focado demais em apenas uma parte do evento?

   5. De que forma a fonte de informação para esse ponto de bloqueio é questionável?

   6. Seu ponto de bloqueio está confundindo algo que é possível com algo que é definitivo?

   7. De que forma o seu ponto de bloqueio é baseado em sentimentos, e não em fatos?

(Continua)

De *Vencendo o transtorno de estresse pós-traumático com a terapia de processamento cognitivo: manual do terapeuta*, 2ª edição, Patricia A. Resick, Candice M. Monson e Kathleen M. Chard (The Guilford Press, 2024). Os compradores deste livro podem baixar cópias adicionais desta planilha na página do livro em loja.grupoa.com.br.

APÊNDICE B.2 *(p. 2 de 2)*

E. Use a lista de **Padrões de Pensamento** para determinar se o seu ponto de bloqueio é um dos seus padrões de pensamento típicos. Anote quais se encaixam nesse ponto de bloqueio e por quê.

1. Tirar conclusões precipitadas ou prever o futuro.

2. Ignorar partes importantes de uma situação.

3. Simplificar demais as coisas como "bom/ruim" ou "certo/errado" ou exagerar em um único incidente (por exemplo, aplicar uma experiência de forma muito ampla).

4. Leitura da mente (assumir que as pessoas estão pensando negativamente sobre você quando não há evidências definitivas disso).

5. Raciocínio emocional (usar suas emoções como prova — por exemplo, "Sinto medo, então devo estar em perigo").

F. **Pensamento(s) alternativo(s).** O que mais posso dizer em vez do pensamento na seção B? De que outra forma posso interpretar o evento em vez desse pensamento? Avalie sua crença no(s) pensamento(s) alternativo(s) de 0 a 100%.

G. *Reavaliar o pensamento antigo/ponto de bloqueio*

Reavalie o quanto você acredita agora no pensamento/ponto de bloqueio na seção B, de 0 a 100%.

H. *Emoção(ões)*

O que você sente agora? Classifique de 0 a 100%.

APÊNDICE B.3
Planilha de Pensamentos Alternativos simplificada

Data: _____

A Evento de ativação	D Perguntas exploratórias	E Nova crença
"Alguma coisa acontece."	Evidência contra o ponto de bloqueio?	O que posso dizer a mim mesmo no futuro?
B **Crença/ponto de bloqueio**	O ponto de bloqueio está omitindo informações importantes?	
"Eu digo algo a mim mesmo."	O ponto de bloqueio é extremo ou exagerado?	
C **Consequência**	O ponto de bloqueio é baseado em sentimentos, em vez de todos os fatos?	**F** **Nova consequência**
Como o ponto de bloqueio me faz sentir?		Como a nova crença me faz sentir?

De *Vencendo o transtorno de estresse pós-traumático com a terapia de processamento cognitivo: manual do terapeuta*, 2ª edição, Patricia A. Resick, Candice M. Monson e Kathleen M. Chard (The Guilford Press, 2024). Os compradores deste livro podem baixar cópias adicionais desta planilha na página do livro em loja.grupoa.com.br.

Referências

Abdallah, C. G., Averill, C. L., Ramage, A. E., Averill, L. A., Alkin, E., Nemati, S., . . . STRONG STAR Consortium. (2019). Reduced salience and enhanced central executive connectivity following PTSD treatment. *Chronic Stress, 3*, 1–10.

Ahrens, J., & Rexford, L. (2002) Cognitive processing therapy for incarcerated adolescents with PTSD. *Journal of Aggression, Maltreatment & Trauma, 6*(1), 201–216.

Alpert, E., Carpenter, J. K., Smith, B. N., Woolley, M. G., Raterman, C., Farmer, C. C., . . . Galovski, T. E. (2023). Leveraging observational data to identify in-session patient and therapist predictors of cognitive processing therapy response and completion. *Journal of Traumatic Stress, 36*(2), 397–408.

American Psychiatric Association. (2013). *Diagnostic and statistical manual of mental disorders* (5th ed.). Author.

American Psychiatric Association. (2022). *Diagnostic and statistical manual of mental disorders* (5th ed., text rev.). Author.

Amick-McMullan, A., Kilpatrick, D. G., & Resnick, H. S. (1991). Homicide as a risk factor for PTSD among surviving family members. *Behavior Modification, 15*(4), 545–559.

Anderson, H., & Goolishian, H. (1992). The client is the expert: A not-knowing approach to therapy. In S. McNamee & K. J. Gergen (Eds.), *Therapy as social construction* (pp. 25–39). SAGE.

Asamsama, H. O., Dickstein, B. D., & Chard, K. M. (2015). Do scores on the Beck Depression Inventory–II predict outcome in cognitive processing therapy? *Psychological Trauma: Theory, Research, Practice and Policy, 7*(5), 437–441.

Asmundson, G. J. G., Thorisdottir, A. S., Roden-Foreman, J. W., Baird, S. O., Witcraft, S. M., Stein, A. T Powers, M. B. (2019). A meta-analytic review of cognitive processing therapy for adults with posttraumatic stress disorder. *Cognitive Behaviour Therapy, 48*(1), 1–14.

Bass, J. K., Annan, J., McIvor Murray, S., Kaysen, D., Griffiths, S., Cetinoglu, T., . . . Bolton, P. A. (2013). Controlled trial of psychotherapy for Congolese survivors of sexual violence. *New England Journal of Medicine, 368*(23), 2182–2191.

Bass, J. K., Murray, S. M., Lakin, D. P., Kaysen, D., Annan, J., Matabaro, A., & Bolton, P. A. (2022). Maintenance of intervention effects: Long-term outcomes for participants in a group talk-therapy trial in the Democratic Republic of Congo. *Global Mental Health, 9,* 347–354.

Bayley, P. J., Schulz-Heik, R. J., Tang, J. S., Mathersul, D. C., Avery, T., Wong, M., . . . Seppälä, E. M. (2022). Randomised clinical non-inferiority trial of breathing-based meditation and cognitive processing therapy for symptoms of post-traumatic stress disorder in military veterans. *BMJ Open, 12*(8), e056609.

Beck, A. T., & Greenberg, R. L. (1984). *Cognitive therapy in the treatment of depression.* Springer.

Beck, A. T., Rush, A. J., Shaw, B. F., & Emery, G. (1979). *Cognitive therapy of depression.* Guilford Press.

Bishop, W., & Fish, J. M. (1999). Questions as interventions: Perceptions of Socratic, solution-focused, and diagnostic questioning styles. *Journal of Rational-Emotive & Cognitive-Behavior Therapy, 17*(2), 115–140.

Blain, R. C., Pukay, N. D., Pukay-Martin, C. E., Dutton-Cox, C. E., & Chard K. M. (2021). Residential cognitive processing therapy decreases suicidality by reducing perceived burdensomeness in veterans with posttraumatic stress disorder. *Journal of Traumatic Stress, 34,* 1199–1208.

Boelen, P. A., Keijser, J., & Smid, G. (2015). Cognitive–behavioral variables mediate the impact of violent loss on post-loss psychopathology. *Psychological Trauma: Theory, Research, Practice, and Policy, 7*(4), 382–390.

Bohus, M., Kleindienst, N., Hahn, C., Müller-Engelmann, M., Ludäscher, P., Steil, R., . . . Priebe, K. (2020). Dialectical behavior therapy for PTSD (DBT-PTSD) compared to cognitive processing therapy (CPT) for complex presentations of posttraumatic stress disorder in women survivors of childhood abuse: A randomized clinical trial. *JAMA Psychiatry, 77*(12), 1235–1245.

Bolten, H. (2001). Managers develop moral accountability: The impact of Socratic dialogue. *Philosophy of Management, 1,* 21–34.

Bolton, P., Bass, J. K., Zangana, G. A., Kamal, T., Murray, S. M., Kaysen, D., . . . Rosenblum, M. (2014). A randomized controlled trial of mental health interventions for survivors of systematic violence in Kurdistan, Northern Iraq. *BMC Psychiatry, 14,* 360.

Bondjers, K., Hyland, P., Roberts, N. P., Bisson, J. I., Willebrand, M., & Arnberg, F. K. (2019). Validation of a clinician-administered diagnostic measure of ICD-11 PTSD and complex PTSD: The International Trauma Interview in a Swedish sample. *European Journal of Psychotraumatology, 10*(1), 1665617.

Bovin, M. J., Marx, B. P., Weathers, F. W., Gallagher, M. W., Rodriguez, P., Schnurr, P. P., & Keane, T. M. (2016). Psychometric properties of the PTSD Checklist for Diagnostic and Statistical Manual of Mental Disorders—Fifth Edition (PCL-5) in veterans. *Psychological Assessment, 28,* 1379–1391.

Bovin, M. J., Wolf, E. J., & Resick, P. A. (2017). Longitudinal associations between posttraumatic stress disorder severity and personality disorder features among female rape survivors. *Frontiers in Psychiatry, 8,* 1–11.

Briere, J. (1995). *Trauma Symptom Inventory (TSI): Professional manual.* Psychological Assessment Resources.

Bryan, C. J., Clemans, T. A., Hernandez, A. M., Mintz, J., Peterson, A. L., Yarvis, J. S., . . . STRONG STAR Consortium. (2016). Evaluating potential iatrogenic suicide risk in trauma-focused group cognitive behavioral therapy for the treatment of PTSD in active duty military personnel. *Depression and Anxiety, 33*(6), 549–557.

Bryan, C. J., Russell, H. A., Bryan, A. O., Rozek, D. C., Leifker, F. R., Rugo, K. F, . . . Asnaani, A. (2022). Impact of treatment setting and format on symptom severity following cognitive processing therapy for posttraumatic stress disorder. *Behavior Therapy, 53*(4), 673–685.

Butollo, W., Karl, R., König, J., & Rosner, R. (2015). A randomized controlled clinical trial of dialogical exposure therapy vs. cognitive processing therapy for adult outpatients suffering from PTSD after Type I trauma in adulthood. *Psychotherapy and Psychosomatics, 85*(1), 16–26.

Chard, K. M. (2005). An evaluation of cognitive processing therapy for the treatment of post-traumatic stress disorder related to childhood sexual abuse. *Journal of Consulting and Clinical Psychology, 73*(5), 965–971.

Chard, K. M., Mullins, Z., Puhalla, A., & Pukay-Martin, N. (2023, November). *Are there differences in CPT outcomes related to demographic differences in patients seeking treatment for PTSD?* Paper presented at the International Society for Traumatic Stress Studies conference, Los Angeles.

Chard, K. M., Schumm, J. A., Owens, G. P., & Cottingham, S. M. (2010). A comparison of OEF and OIF veterans and Vietnam veterans receiving cognitive processing therapy. *Journal of Traumatic Stress, 23*(1), 25–32.

Charney, M. E., Bui, E., Sager, J. C., Ohye, B. Y., Goetter, E. M., & Simon N. M. (2018). Complicated grief among military service members and veterans who served after September 11, 2001. *Journal of Traumatic Stress, 31*(1), 157–162.

Chen, J. A., Fortney, J. C., Bergman, H. E., Browne, K. C., Grubbs, K. M., Hudson, T. J., & Raue, P. J. (2020). Therapeutic alliance across trauma-focused and non-trauma-focused psychotherapies among veterans with PTSD. *Psychological Services, 17*(4), 452–460.

Christ, N. M., Blain, R. C., Pukay-Martin, N. D., Petri, J. M., & Chard, K. M. (2022). Comparing veterans with posttraumatic stress disorder related to military sexual trauma or other trauma types: Baseline characteristics and residential cognitive processing therapy outcomes. *Journal of Interpersonal Violence, 37*(21-22), NP20701-NP20723.

Clark, L. A. (1993). *SNAP—Schedule for Nonadaptive and Adaptive Personality: Manual for administration, scoring, and interpretation.* University of Minnesota.

Clarke, S. B., Rizvi, S. L., & Resick, P. A. (2008). Borderline personality characteristics and treatment outcome in cognitive-behavioral treatments for PTSD in female rape victims. *Behavior Therapy, 39*(1), 72-78.

Clemens, T. A., White, K. L., Fuessel-Hermann, D., Bryan, C. J., & Resick, P. A. (2021). Acceptability, feasibility, and preliminary effectiveness of group cognitive processing therapy with female adolescent survivors of commercial sexual exploitation in Cambodia. *Journal of Child and Adolescent Trauma, 14*(4), 571-583.

Cloitre, M., Shevlin, M., Brewin, C. R., Bisson, J. I., Roberts, N. P., Maercker, A., . . . Hyland, P. (2018). The International Trauma Questionnaire: Development of a self-report measure of ICD-11 PTSD and complex PTSD. *Acta Psychiatrica Scandinavica, 138*(6), 536-546.

Cook, J. M., Dinnen, S., Coyne, J. C., Thompson, R., Simiola, V., Ruzek, J., & Schnurr, P. P. (2015). Evaluation of an implementation model: A national investigation of VA residential programs. *Administration and Policy in Mental Health, 42*(2), 147-156.

Cook, J. M., O'Donnell, C., Dinnen, S., Bernardy, N., Rosenheck, R., & Hoff, R. (2013). A formative evaluation of two evidence-based psychotherapies for PTSD in VA residential treatment programs. *Journal of Traumatic Stress, 26*(1), 56-63.

Cougle, J. R., & Grubaugh, A. L. (2022). Do psychosocial treatment outcomes vary by race or ethnicity? A review of meta-analyses. *Clinical Psychology Review, 96*, 102192.

Dedert, E. A., LoSavio, S. T., Wells, S. Y., Steel, A. L., Reinhart, K., Deming, C. A., . . . Clancy, C. P. (2021). Clinical effectiveness study of a treatment to prepare for trauma-focused evidence-based psychotherapies at a Veterans Affairs specialty posttraumatic stress disorder clinic. *Psychological Services, 18*(4), 651-662.

De Jongh, A., Resick, P. A., Zoellner, L. A., van Minnen, A., Lee, C. W., Monson, C. M., . . . Bicanic, I. A. E. (2016). A critical analysis of the current treatment guidelines for complex PTSD in adults. *Depression and Anxiety, 33*(5), 356-369.

Dickstein, B. D., Walter, K. H., Schumm, J. A., & Chard, K. M. (2013). Comparing response to cognitive processing therapy in military veterans with subthreshold and threshold post-traumatic stress disorder. *Journal of Traumatic Stress, 26*(6), 703-709.

Dillon, K. H., LoSavio, S. T., Henry, T. R., Murphy, R. A., & Resick, P. A. (2019). The impact of military status on cognitive processing therapy outcomes in the community. *Journal of Traumatic Stress, 32*(2), 330-336.

Dondanville, K. A., Blankenship, A. E., Molino, A., Resick, P. A., Wachen, J. S., Mintz, J., ... STRONG STAR Consortium. (2016). Qualitative examination of cognitive change during PTSD treatment for active duty service members. *Behaviour Research and Therapy, 79*, 1–6.

Dondanville, K. A., Fina, B. A., Straud, C. L., Tyler, H., Jacoby, V., Blount, T. H., ... Finley, E. P. (2022). Evaluating a community-based training program for evidence-based treatments for PTSD using the RE-AIM framework. *Psychological Services, 19*(4), 740–750.

Dondanville, K. A., Shuster Wachen, J., Hale, W. J., Mintz, J., Roache, J. D., Carson, C., ... STRONG STAR Consortium. (2019). Examination of treatment effects on hazardous drinking among service members with posttraumatic stress disorder. *Journal of Traumatic Stress, 32*(2), 310–316.

Edinger, J., & Carney, C. (2008). *Overcoming insomnia: A cognitive-behavioral therapy approach therapist guide.* Oxford, UK: Oxford University.

El Barazi, A., Badary, O. A, Elmazar, M. M., & Elrassas, H. (2022). Cognitive processing therapy versus medication for the treatment of comorbid substance use disorder and post-traumatic stress disorder in Egyptian patients (randomized clinical trial). *Journal of Evidence-Based Psychotherapies, 22*(2), 63–90.

El Barazi, A., Tikmdas, R., Ahmed, S., & Ramadan, S. (2022): Cognitive processing therapy for the treatment of post-traumatic stress disorder in Syrian patients (clinical trial). *Intervention Journal of Mental Health and Psychosocial Support in Conflict Affected Areas, 20*(2), 179–187.

Farmer, C. C., Mitchell, K. S., Parker-Guilbert, K., & Galovski, T. E. (2017). Fidelity to the cognitive processing therapy protocol: Evaluation of critical elements. *Behavior Therapy, 48*(2), 195–206.

Foa, E. B., & Kozak, M. J. (1986). Emotional processing of fear: Exposure to corrective information. *Psychological Bulletin, 99*(1), 2–35.

Fredman, S. J., Vorstenbosch, V., Wagner, A. C., Macdonald, A., & Monson, C. M. (2014). Partner accommodation in posttraumatic stress disorder: Initial testing of the Significant Others' Response to Trauma Scale (SORTS). *Journal of Anxiety Disorders, 28*(4), 372–381.

Galatzer-Levy, I. R., & Bryant, R. A. (2013). 636,120 ways to have posttraumatic stress disorder. *Perspectives in Psychological Science, 8*(6), 651–662.

Gallagher, M., & Resick, P. A. (2012). Mechanisms of change in cognitive processing therapy and prolonged exposure therapy for posttraumatic stress disorder: Preliminary evidence for the differential effects of hopelessness and habituation. *Cognitive Therapy and Research, 36*(6), 750–755.

Galovski, T. E., Blain, L. M., Chappuis, C., & Fletcher, T. (2013). Sex differences in recovery from PTSD in male and female interpersonal assault survivors. *Behaviour Research and Therapy, 51*(6), 247–255.

Galovski, T. E., Blain, L. M., Mott, J. M., Elwood, L., & Houle, T. (2012). Manualized therapy for PTSD: Flexing the structure of cognitive processing therapy. *Journal of Consulting and Clinical Psychology, 80*(6), 968-981.

Galovski, T. E., Monson, C., Bruce, S. E., & Resick, P. A. (2009). Does cognitive-behavioral therapy for PTSD improve perceived health and sleep impairment? *Journal of Traumatic Stress, 22*(3), 197-204.

Galovski, T. E., & Resick, P. A. (2008). Cognitive processing therapy for posttraumatic stress disorder secondary to a motor vehicle accident: A single-subject report. *Cognitive and Behavioral Practice, 15*(3), 287-295.

Galovski, T. E., Smith, B., Micol, R., & Resick, P. A. (2021). Interpersonal violence and traumatic brain injury: The effects on treatment for PTSD. *Psychological Trauma: Theory, Research, Practice and Policy, 13*(3), 376-385.

Galovski, T. E., Sobel, A., Phipps, K., & Resick, P. A. (2005). Trauma recovery: Beyond the treatment of symptoms of PTSD and other Axis I psychopathology. In T. A. Corales (Ed.), *Trends in posttraumatic stress disorder research* (pp. 207-227). Nova Science.

Galovski, T. E., Werner, K. B., Weaver, T. L., Morris, K. L., Dondanville, K. A., Nanney, J. . . . Iverson, K. M. (2022). Massed cognitive processing therapy for posttraumatic stress disorder in women survivors of intimate partner violence. *Psychological Trauma: Theory, Research, Practice, and Policy, 14*(5), 769-779.

Garner, D. M. (1991). *Eating Disorder Inventory-2. Professional manual.* Psychological Assessment Resources.

Gilman, R., Schumm, J. A., & Chard, K. M. (2011). Hope as a change mechanism in the treatment of posttraumatic stress disorder. *Psychological Trauma: Theory, Research, Practice, and Policy, 4*(3), 270-277.

Gobin, R. L., Mackintosh, M. A., Willis, E., Allard, C. B., Kloezeman, K., & Morland, L. A. (2018). Predictors of differential PTSD treatment outcomes between veteran and civilian women after cognitive processing therapy. *Psychological Trauma: Theory, Research, Practice, and Policy, 10*(2), 173-182.

Gradus, J. L., Suvak, M. K., Wisco, B. E., Marx, B. P., & Resick, P. A. (2013). Treatment of posttraumatic stress disorder reduces suicidal ideation. *Depression and Anxiety, 30*(10), 1046-1053.

Green, B. L., Krupnick, J. L., Stockton, P., Goodman, L., Corcoran, C., & Petty, R. (2001). Psychological outcomes associated with traumatic loss in a sample of young women. *American Behavioral Scientist, 44*(5), 817-837.

Griffin, M. G., Resick, P. A., & Galovski, T. (2012). Does physiologic response to loud tones change following cognitive-behavioral treatment for posttraumatic stress disorder? *Journal of Traumatic Stress, 25*(1), 25-32.

Gutner, C. A., Suvak, M. K., Sloan, D. M., & Resick, P. A. (2016). Does timing matter? Examining the impact of session timing on outcome. *Journal of Consulting and Clinical Psychology, 84*(12), 1108–1115.

Haagen, J. F. G., Smid, G. E., Knipscheer, J. W., & Kleber, R. J. (2015). The efficacy of recommended treatments for veterans with PTSD: A metaregression analysis. *Clinical Psychology Review, 40,* 184–194.

Hariri, A. R., Bookheimer, S. Y., & Mazziotta, J. C. (2000). Modulating emotional responses: Effects of a neocortical network on the limbic system. *NeuroReport: For Rapid Communication of Neuroscience Research, 11*(1), 43–48.

Hariri, A. R., Mattay, V. S., Tessitore, A., Fera, F., & Weinberger, D. R. (2003). Neocortical modulation of the amygdala response to fearful stimuli. *Biological Psychiatry, 53*(6), 494–501.

Hassija, C., & Gray, M. J. (2011). The effectiveness and feasibility of videoconferencing technology to provide evidence-based treatment to rural domestic violence and sexual assault populations. *Telemedicine and e-Health, 17*(4), 309–315.

Held, P., Klassen, B. J., Boley, R. A., Wiltsey Stirman, S., Smith, D. L., Brennan, M. B., . . . Zalta, A. K. (2020). Feasibility of a 3-week intensive treatment program for service members and veterans with PTSD. *Psychological Trauma: Theory, Research, Practice, and Policy, 12*(4), 422–430.

Held, P., Kovacevic, M., Petrey, K., Meade, E. A., Pridgen, S., Montes, M., . . . Karnik, N. S. (2022). Treating PTSD at home in a single week using 1-week virtual massed cognitive processing therapy. *Journal of Traumatic Stress, 35*(4), 1215–1225.

Held, P., Smith, D. L., Pridgen, S., Coleman, J. A., & Klassen, B. J. (2023). More is not always better: 2 weeks of intensive cognitive processing therapy-based treatment are noninferior to 3 weeks. *Psychological Trauma: Theory, Research, Practice, and Policy, 15*(1), 100–109.

Hinton, D. E., Pham, T., Tran, M., Safren, S. A., Otto, M. W., & Pollack, M. H. (2004). CBT for Vietnam refugees with treatment-resistant PTSD and panic attacks: A pilot study. *Journal of Traumatic Stress, 17*(5), 429–433.

Holder, N., Holliday, R., Williams, R., Mullen, K., & Surís, A. (2018). A preliminary examination of the role of psychotherapist fidelity on outcomes of cognitive processing therapy during an RCT for military sexual trauma-related PTSD. *Cognitive Behavior Therapy, 47*(1), 76–89.

Holliday, R. P., Holder, N. D., Williamson, M. L. C., & Surís, A. (2017). Therapeutic response to cognitive processing therapy in white and black female veterans with military sexual trauma-related PTSD. *Cognitive Behaviour Therapy, 46*(5), 432–446.

Hollon, S. D., & Garber, J. (1988). Cognitive therapy. In L. Y Abramson (Ed.), *Social cognition and clinical psychology: A synthesis* (pp. 204–253). Guilford Press.

Iverson, K. M., Gradus, J. L., Resick, P. A., Suvak, M. K., Smith, K. F., & Monson, C. M. (2011). Cognitive-behavioral therapy for PTSD and depression symptoms reduces risk for future intimate partner violence among interpersonal trauma survivors. *Journal of Consulting and Clinical Psychology, 79*(2), 193–202.

Iverson, K. M., King, M. W., Cunningham, K. C., & Resick, P. A. (2015). Rape survivors' trauma-related beliefs before and after cognitive processing therapy: Associations with PTSD and depression symptoms. *Behaviour Research and Therapy, 66*, 49–55.

Jacoby, V. M., Hale, W., Dillon, K., Dondanville, K. A., Wachen, J., Yarvis, J. S., . . . STRONG STAR Consortium. (2019). Depression suppresses treatment response for traumatic loss-related PTSD in active duty military personnel. *Journal of Traumatic Stress, 32*(5), 774–783.

Jacoby, V. M., Straud, C. L., Bagley, J. M., Tyler, H., Baker, S. N., Denejkina, A., . . . Dondanville, K. A. (2022). Evidence-based posttraumatic stress disorder treatment in a community sample: Military-affiliated versus civilian patient outcomes. *Journal of Traumatic Stress, 35*(4), 1072–1086.

Jacoby, V. M., Straud, C. L., Tyler, H., Dondanville, K. A., Yarvis, J. S., Mintz, J., . . . Resick, P. A. (2023). *Change in complicated grief symptoms predict PTSD symptom reductions above and beyond depression in active duty military personnel with traumatic loss-related PTSD.* Manuscript submitted for publication.

Jaffe, A. E., Kaysen, D., Smith, B. N., Galovski, T., & Resick, P. A. (2021). Cognitive processing therapy for substance-involved sexual assault: Does an account help or hinder recovery? *Journal of Traumatic Stress, 34*(4), 864–871.

Janoff-Bulman, R. (1989). Assumptive worlds and the stress of traumatic events: Applications of the schema construct. *Social Cognition, 7*(2), 113–136.

Janoff-Bulman, R. (1992). *Shattered assumptions: Towards a new psychology of trauma.* Free Press.

Johnson, S. B., Blum, R. W., & Giedd, J. N. (2009). Adolescent maturity and the brain: The promise and pitfalls of neuroscience research in adolescent health policy. *Journal of Adolescent Health, 45*(3), 216–221.

Kaysen, D., Lindgren, K., Zangana, G. A. S., Murray, L., Bass, J., & Bolton, P. (2013). Adaptation of cognitive processing therapy for treatment of torture victims: Experience in Kurdistan, Iraq. *Psychological Trauma: Theory, Research, Practice, and Policy, 5*(2), 184–192.

Kaysen, D., Lostutter, T. W., & Goines, M. A. (2005). Cognitive processing therapy for acute stress disorder resulting from an anti-gay assault. *Cognitive and Behavioral Practice, 12*(3), 278–289.

Kaysen, D., Schumm, J., Petersen, E. R., Seim, R. W., Bedard-Gilligan, M., & Chard, K. (2014). Cognitive processing therapy for veterans with comorbid PTSD and alcohol use disorders. *Addictive Behaviors, 39*(2), 420–427.

Kearney, D. J., Malte, C. A., Storms, M., & Simpson, T. L. (2021). Loving-kindness meditation vs cognitive processing therapy for posttraumatic stress disorder among veterans: A randomized clinical trial. *JAMA Network Open Psychiatry, 4*(4), e216604.

Keefe, J. R., Hernandez, S., Johanek, C., Landy, M. S. H., Sijercic, I., Shnaider, P., . . . Wiltsey Stirman, S. (2022). Competence in delivering cognitive processing therapy and the therapeutic alliance both predict PTSD symptom outcomes. *Behavior Therapy, 53*(5), 763–775.

Kessler, R. C., Sonnega, A., Bromet, E., Hughes, M., & Nelson, C. B. (1995). Posttraumatic stress disorder in the national comorbidity survey. *Archives of General Psychiatry, 52*(12), 1048–1060.

Kilpatrick, D. G., Resick, P. A., & Veronen, L. J. (1981). Effects of a rape experience: A longitudinal study. *Journal of Social Issues, 37*(4), 105–122.

Kilpatrick, D. G., Veronen, L. J., & Resick, P. A. (1979). Assessment of the aftermath of rape: Changing patterns of fear. *Journal of Behavioral Assessment, 1*(2), 133–147.

König, J., Resick, P. A., Karl, R., & Rosner, R. (2012). *Posttraumatische belastungsstörung: Ein manual zur cognitive processing therapy*. Hogrefe.

Kroenke, K., Spitzer, R. L., & Williams, J. B. (2001). The PHQ-9: Validity of a brief depression severity measure. *Journal of General Internal Medicine, 16*(9), 606–613.

Kuo, J., & Monson, C. M. (2020). *Cognitive processing therapy (CPT) for posttraumatic stress disorder and borderline personality disorder (PTSD-BPD)*. Retrieved from *https://clinicaltrials.gov/ct2/show/NCT04230668*.

Lang, P. J. (1977). Imagery in therapy: An information processing analysis of fear. *Behavior Therapy, 8*(5), 862–886.

Larsen, S. E., Mackintosh, M. A., La Bash, H., Evans, W. R., Suvak, M. K., Shields, N., . . . Wiltsey Stirman, S. (2022). Temporary PTSD symptom increases among individuals receiving CPT in a hybrid effectiveness-implementation trial: Potential predictors and association with overall symptom change trajectory. *Psychological Trauma: Theory, Research, Practice and Policy, 14*(5), 853–861.

Lejuez, C. W., Hopko D. R., Acierno, R., Daughters, S. B., & Pagoto S. L. (2011). Ten-year revision of the brief behavioral activation treatment for depression: Revised treatment manual. *Behavior Modification, 35*(2), 111–161.

Lejuez, C. W., Hopko, D. R., & Hopko, S. D. (2001). A brief behavioral activation treatment for depression treatment manual. *Behavior Modification, 25*(2), 255–286.

Lerner, M. J. (1980). *The belief in a just world: A fundamental delusion*. Plenum.

Lester, K. M., Resick, P. A., Young-Xu, Y., & Artz, C. E. (2010). Impact of ethnicity on early treatment termination and outcomes in PTSD treatment. *Journal of Consulting and Clinical Psychology, 78*, 480–489.

Liberzon, I., & Sripada, C. S. (2008). The functional neuroanatomy of PTSD: A critical review. *Progress in Brain Research, 167,* 151–169.

Litz, B. T., Rusowicz-Orazem, L., Doros, G., Grunthal, B., Gray, M., Nash, W., & Lang, A. J. (2021). Adaptive disclosure, a combat-specific PTSD treatment, versus cognitive processing therapy, in deployed marines and sailors: A randomized controlled non-inferiority trial. *Psychiatry Research, 297,* 113761.

Litz, B. T., Stein, N., Delaney, E., Lebowitz, L., Nash, W. P., Silva, C., & Maguen, S. (2009). Moral injury and moral repair in war veterans: A preliminary model and intervention strategy. *Clinical Psychology Review, 29*(8), 695–706.

Lord, K. A., Suvak, M. K., Holmes, S., Shields, N., Lane, J. E. M., Sijercic, I., . . . Monson, C. M. (2020). Bidirectional relationships between posttraumatic stress disorder (PTSD) and social functioning during cognitive processing therapy. *Behavior Therapy, 51*(3), 447–460.

LoSavio, S. T., Dillon, K. H., Murphy, R. A., Goetz, K., Houston, F., & Resick, P. A. (2019). Using a learning collaborative model to disseminate cognitive processing therapy to community-based agencies. *Behavior Therapy, 50*(1), 36–49.

LoSavio, S. T., Dillon, K. H., Murphy, R. A., & Resick, P. A. (2019). Therapist Stuck Points during training in cognitive processing therapy: Changes over time and associations with training outcomes. *Professional Psychology: Research and Practice, 50,* 255–263.

LoSavio, S. T., Hale, W., Moring, J. C., Blankenship, A. E., Dondanville, K. A., Wachen, J. S., . . . STRONG STAR Consortium. (2021). Efficacy of individual and group cognitive processing therapy for military personnel with and without child abuse histories. *Journal of Consulting and Clinical Psychology, 89*(5), 476–482.

LoSavio, S. T., Hale, W., Straud, C. L., Wachen, J. S., Mintz, J., Young-McCaughan, S., . . . Resick, P. A. (2023). Impact of morally injurious traumatic event exposure on cognitive processing therapy outcomes among veterans and service members. *Journal of Military, Veteran and Family Health, 9*(2), 40–51.

LoSavio, S. T., Murphy, R. A., & Resick, P. A. (2021). Treatment outcomes of adolescents versus adults receiving cognitive processing therapy for posttraumatic stress disorder in the community. *Journal of Traumatic Stress, 34*(4), 757–763.

LoSavio, S. T., Straud, C. L., Dondanville, K. A., Fridling, N. R., Schuster Wachen, J., Young-McCaughan, S., . . . Resick, P. A. (2023). Treatment responder status and time to response as a function of hazardous drinking among active duty military receiving variable-length cognitive processing therapy for posttraumatic stress disorder. *Psychological Trauma: Theory, Research, Practice, and Policy, 15*(3), 386–393.

Mahoney, M. J. (1981). Psychotherapy and the human change process. In J. H. Harvey & M. M. Parks (Eds.), *Psychotherapy research and behavior change* (pp. 73–122). American Psychological Association.

Mahoney, M. J., & Lyddon, W. J. (1988). Recent developments in cognitive approaches to counseling and psychotherapy. *Counseling Psychologist, 16*(2), 190–234.

Maieritsch, K. P., Smith, T. L., Hessinger, J. D., Ahearn, E. P., Eickhoff, J. C., & Zhao, Q. (2016). Randomized controlled equivalence trial comparing videoconference and in person delivery of cognitive processing therapy for PTSD. *Journal of Telemedicine and Telecare, 22*(4), 238–243.

Marques, L., Valentine, S. E., Kaysen, D., Macintosh, M. A., DeSilva, L. E., Ahles, E. M., . . . Wiltsey Stirman, S. (2019). Provider fidelity and modifications to cognitive processing therapy in a diverse community health clinic: Associations with clinical change. *Journal of Consulting and Clinical Psychology, 87*, 357–369.

Matulis, S., Resick, P. A., Rosner, R., & Steil, R. (2014). Developmentally adapted cognitive processing therapy for adolescents suffering from posttraumatic stress disorder after childhood sexual or physical abuse: A pilot study. *Clinical Child Family Psychological Review, 17*(2), 173–190.

McCann, I. L., & Pearlman, L. A. (1990). *Psychological trauma and the adult survivor: Theory, therapy, and transformation*. Brunner/Mazel.

McCann, I. L., Sakheim, D. K., & Abrahamson, D. J. (1988). Trauma and victimization: A model of psychological adaptation. *Counseling Psychologist, 16*(4), 531–594.

McGeary, D. D., Resick, P. A., Penzien, D. B., McGeary, C. A., Houle, T. T., Eapen, B. C., . . . Peterson, A. L. (2022). Cognitive behavioral therapy for veterans with comorbid posttraumatic headache and posttraumatic stress disorder symptoms: A randomized clinical trial. *JAMA Neurology, 79*(8), 746–757.

Meis, L. A., Glynn, S. M., Spoont, M. R., Kehle-Forbes, S. M., Nelson, D., Isenhart, C. E., . . . Polusny, M. A. (2022). Can families help veterans get more from PTSD treatment? A randomized clinical trial examining prolonged exposure with and without family involvement. *Trials, 23*(1), 243.

Mesa, F., Dickstein, B. D., Wooten, V. D., & Chard, K. M. (2017). Response to cognitive processing therapy in veterans with and without obstructive sleep apnea. *Journal of Traumatic Stress, 30*(6), 646–655.

Milad, M. R., Pitman, R. K., Ellis, C. B., Gold, A. L., Shin, L. M., Sasko, N. B., . . . Rauch, S. L. (2009). Neurobiological basis of failure to recall extinction memory in posttraumatic stress disorder. *Biological Psychiatry, 66*, 1075–1082.

Miron, L. R., Fulton, J. K., Newins, A. R., & Resick, P. A. (2021). Adapting cognitive processing therapy for PTSD for people with disabilities: A case study with a U.S. veteran. *Cognitive and Behavioral Practice, 28*(3), 444–454.

Mitchell, K. S., Wells, S. Y., Mendes, A., & Resick, P. A. (2012). Treatment improves symptoms shared by PTSD and disordered eating. *Journal of Traumatic Stress, 25*(5), 535–542.

Monson, C. M., & Fredman, S. J. (2012). *Cognitive-behavioral conjoint therapy for PTSD: Harnessing the healing power of relationships*. Guilford.

Monson, C. M., Macdonald, A., Vorstenbosch, V., Shnaider, P., Goldstein, E. S. R., Ferrier-Auerbach, A. G., & Mocciola, K. E. (2012). Changes in social adjustment with cognitive processing therapy: Effects of treatment and association with PTSD symptom change. *Journal of Traumatic Stress, 25*(5), 519–526.

Monson, C. M., Rodriguez, B. F., & Warner, R. (2005). Cognitive-behavioral therapy for PTSD in the real world: Do interpersonal relationships make a real difference? *Journal of Clinical Psychology, 61*, 751–761.

Monson, C. M., Schnurr, P. P., Resick, P. A., Friedman, M. J., Young-Xu, Y., & Stevens, S. P. (2006). Cognitive processing therapy for veterans with military-related posttraumatic stress disorder. *Journal of Consulting and Clinical Psychology, 74*(5), 898–907.

Monson, C. M., Shields, N., Suvak, M. K., Lane, J. E. M., Shnaider, P., Landy, M. S. H., . . . Wiltsey Stirman, S. (2018). A randomized controlled effectiveness trial of training strategies in cognitive processing therapy for posttraumatic stress disorder: Impact on patient outcomes. *Behaviour Research and Therapy, 110*, 31–40.

Monson, C. M., & Shnaider, P. (2014). *Treating PTSD with cognitive-behavioral therapies: Interventions that work*. American Psychological Association.

Moring, J. C., Dondanville, K. A., Fina, B. A., Hassija, C., Chard, K., Monson, C., . . . Resick, P. A. (2020). Cognitive processing therapy for posttraumatic stress disorder via telehealth: Practical considerations during the COVID-19 pandemic. *Journal of Traumatic Stress, 33*(4), 371–379.

Morland, L. A., Mackintosh, M. A., Greene, C. J., Rosen, C., Chard, K., Resick, P., & Frueh B. C. (2014). Cognitive processing therapy for posttraumatic stress disorder delivered to rural veterans via telemental health: A randomized noninferiority clinical trial. *Journal of Clinical Psychiatry, 75*(5), 470–476.

Morland, L. A., Mackintosh, M. A., Rosen, C. S., Willis, E., Resick, P. A., Chard, K. M., & Frueh, B. C. (2015). Telemedicine versus in-person delivery of cognitive processing therapy for women with posttraumatic stress disorder: A randomized noninferiority trial. *Depression and Anxiety, 32*(11), 811–820.

Mowrer, O. H. (1960). *Learning theory and behavior*. Wiley.

Nishith, P., Nixon, R. D. V., & Resick, P. A. (2005). Resolution of trauma-related guilt following treatment of PTSD in female rape victims: A result of cognitive processing therapy targeting comorbid depression? *Journal of Affective Disorders, 86*(2–3), 259–265.

Nissim, H., Dill, J., Douglas, R., Johnson, O., & Folino, C. (2022). *The Ruderman white paper update on mental health and suicide of first responders*. The Ruderman Family

Foundation. Retrieved from *https://dir.nv.gov/uploadedFiles/dirnvgov/content/WCS/ TrainingDocs/First%20Responder%20White%20Paper_Final%20(2).pdf*.

Nixon, R., Best, T., Wilksch, S., Angelakis, S., Beatty, L. & Weber, N. (2016). Cognitive processing therapy for the treatment of acute stress disorder following sexual assault: A randomised effectiveness study. *Behaviour Change, 33*, 232–250.

Nixon, R. D. V., & Bralo, D. (2019). Using explicit case formulation to improve cognitive processing therapy for PTSD. *Behavior Therapy, 50*(1), 155–164.

Owens, G. P., Pike, J. L., & Chard, K. M. (2001). Treatment effects of cognitive processing therapy on cognitive distortions of female child sexual abuse survivors. *Behavior Therapy, 32*(3), 413–424.

Padesky, C. A. (1993, September). *Socratic questioning: Changing minds or guiding discovery?* Retrieved from *https://padesky.com/wp-content/uploads/2012/11/socquest. pdf*.

Paul, R., & Elder, L. (2006). *The thinker's guide to understanding the foundations of ethical reasoning*: Foundation for Critical Thinking.

Pearson, C. R., Kaysen, D., Huh, D., & Bedard-Gilligan, M. (2019). Randomized control trial of culturally adapted cognitive processing therapy for PTSD substance misuse and HIV sexual risk behavior for Native American women. *AIDS and Behavior, 23*(3), 695–706.

Pearson, C. R., Smartlowit-Briggs, L., Belcourt, A., Bedard-Gilligan, M., & Kaysen, D. (2018). Building tribal-academic partnership to addressing PTSD, substance misuse, and HIV among American Indian women. *Health Promotion Practice, 20*, 48–56.

Pease, J. L., Martin, C. E., Rowe, C., & Chard, K. M. (2023). Impact of residential PTSD treatment on suicide risk in veterans. *Suicide and Life-Threatening Behavior, 53*, 250–261.

Peterson, A. L., Mintz, J., Moring, J. C., Straud, C. L., Young-McCaughan, S., McGeary, C. A., . . . STRONG STAR Consortium. (2022). In-office, in-home, and telehealth cognitive processing therapy for posttraumatic stress disorder in veterans: A randomized clinical trial. *BMC Psychiatry, 22*, 41.

Piaget, J. (1971). *Psychology and epistemology; Towards a theory of knowledge*. Viking Press.

Price, J. L., MacDonald, H. Z., Adair, K. C., Koerner, N., & Monson, C. M. (2016). Changing beliefs about trauma: A qualitative study of cognitive processing therapy. *Behavioural and Cognitive Psychotherapy, 44*(2), 156–167.

Pruiksma, K. E., Taylor, D. J., Wachen, J. S., Mintz, J., Young-McCaughan, S., Peterson, A. L., . . . STRONG STAR Consortium. (2016). Residual sleep disturbances following PTSD treatment in active duty military personnel. *Psychological Trauma: Theory, Research, Practice, and Policy, 8*(6), 697–701.

Raines, A. M., Clauss, K., Schafer, K. M., Shapiro, M. O., Houtsma, C., Boffa, J. W., Ennis, C. R., O'Neil, M. E., & Franklin, C. L. (2023). Cognitive processing therapy: A meta-analytic review among veterans and military personnel with PTSD. *Cognitive Therapy and Research.* https://doi.org/10.1007/s10608-023-10429-x

Ramage, A. E., Litz, B., Resick, P. A., Woolsey, M. D., Dondanville, K. A., Young-McCaughan, S., . . . STRONG STAR Consortium. (2016). Neurophysiology associated with danger-based and non-danger-based traumas in posttraumatic stress disorder. *Social Cognitive and Affective Neuroscience, 11,* 234–242.

Rauch, S. L., Whalen, P. J., Shin, L. M., McInerney, S. C., Macklin, M. L., Lasko, N. B., . . . Pitman, R. K. (2000). Exaggerated amygdala response to masked facial stimuli in post-traumatic stress disorder: A functional MRI study. *Biological Psychiatry, 47,* 769–776.

Resick, P. A. (2001). *Cognitive processing therapy: Generic version.* Unpublished manuscript, Department of Psychology, University of Missouri–Saint Louis.

Resick, P. A., & Derby D. S. (2012). *New horizons: Treating post-traumatic stress disorder using cognitive processing therapy.* Galil Press.

Resick, P. A., Galovski, T. E., Uhlmansiek, M. O., Scher, C. D., Clum, G., & Young-Xu, Y. (2008). A randomized clinical trial to dismantle components of cognitive processing therapy for posttraumatic stress disorder in female victims of interpersonal violence. *Journal of Consulting and Clinical Psychology, 76*(2), 243–258.

Resick, P. A., LoSavio, S. T., Wachen, J. S., Dillon, K. H., Nason, E. E., Dondanville, K. A., . . . STRONG STAR Consortium. (2020). Predictors of treatment outcome in group or individual cognitive processing therapy for post-traumatic stress disorder among active duty military. *Cognitive Therapy and Research, 44*(3), 611–620.

Resick, P. A., Monson, C. M., & Chard, K. M. (2007). *Cognitive processing therapy, veteran/military version: Therapist's manual.* Department of Veterans Affairs.

Resick, P. A., Monson, C. M., & Chard, K. M. (2017). トラウマへの認知処理療法: 治療者のための包括手引き [Cognitive processing therapy for PTSD: A comprehensive manual] (M. Horikoshi & M. Ito, Trans.). Sogensha/Guilford Press.

Resick, P. A., Monson, C. M., & Chard, K. M. (2019). *Terapia przetwarzania poznawczego w zespole stresu pourazowego (PTSD): Podręcznik dla klinicystów* [Cognitive processing therapy for PTSD: A comprehensive manual] (A. Owsiak, Trans.). Wydawnictwo Uniwersytetu Jagiellońskiego/Guilford Press. (Original work published 2017).

Resick, P. A., Monson, C. M., & Chard, K. M. (2022). 创伤后应激障碍的治疗：认知加工疗法实用手册 [Cognitive processing therapy for PTSD: A comprehensive manual] (M. Xu & M. Cheng, Trans.). China Light Industry/Guilford Press. (Original work published 2017).

Resick, P. A., Monson, C. M., & Chard, K. M. (2023). 인지처리치료 매뉴얼 외상후 스트레스 장애 [Cognitive processing therapy for PTSD: A comprehensive manual] (S. Lee, Trans.). Hak Ji Sa/Guilford Press.

Resick, P. A., Nishith, P., & Griffin, M. G. (2003). How well does cognitive-behavioral therapy treat symptoms of complex PTSD?: An examination of child sexual abuse survivors within a clinical trial. *CNS Spectrums, 8*(5), 340–355.

Resick, P. A., Nishith, P., Weaver, T. L., Astin, M. C., & Feuer, C. A. (2002). A comparison of cognitive processing therapy, prolonged exposure and a waiting condition for the treatment of posttraumatic stress disorder in female rape victims. *Journal of Consulting and Clinical Psychology, 70*(4), 867–879.

Resick, P. A., & Schnicke, M. K. (1992). Cognitive processing therapy for sexual assault victims. *Journal of Consulting and Clinical Psychology, 60*(5), 748–756.

Resick, P. A., & Schnicke, M. K. (1993). *Cognitive processing therapy for rape victims: A treatment manual.* SAGE.

Resick, P. A., Schnicke, M. K., & Markway, B. G. (1991, November). *Personal Beliefs and Reactions Scale: The relation between cognitive content and posttraumatic stress disorder.* Paper presented at the Association for Advancement of Behavior Therapy 25th Annual Convention, New York.

Resick, P. A., Suvak, M. K., Johnides, B. D., Mitchell, K. S., & Iverson, K. M. (2012). The impact of dissociation on PTSD treatment with cognitive processing therapy. *Depression and Anxiety, 29,* 718–730.

Resick, P. A., Suvak, M. K., & Wells, S. Y. (2014). The impact of childhood abuse among women with assault-related PTSD receiving short-term cognitive-behavioral therapy. *Journal of Traumatic Stress, 27*(5), 558–567.

Resick, P. A., Wachen, J. S., Dondanville, K. A., LoSavio, S. T., Young-McCaughan, S., Yarvis, J. S., . . . STRONG STAR Consortium. (2021). Variable-length cognitive processing therapy for posttraumatic stress disorder in active duty military: Outcomes and predictors. *Behaviour Research and Therapy, 141,* 103846.

Resick, P. A., Wachen, J. S., Dondanville, K. A., Pruiksma, K. E., Yarvis, J. S., Mintz, J., . . . STRONG STAR Consortium. (2017). Effect of group vs. individual cognitive processing therapy in active-duty military seeking treatment for posttraumatic stress disorder: A randomized clinical trial. *JAMA Psychiatry, 74*(1), 28–36.

Resick, P. A., Wachen, J. S., Mintz, J., Young-McCaughan, S., Roache, J. D., Borah, A. M., . . . STRONG STAR Consortium. (2015). A randomized clinical trial of group cognitive processing therapy compared with group present-centered therapy for PTSD among active duty military personnel. *Journal of Consulting and Clinical Psychology, 83*(6), 1058–1068.

Resick, P. A., Williams, L. F., Suvak, M. K., Monson, C. M., & Gradus, J. L. (2012). Long-term outcomes of cognitive-behavioral treatments for posttraumatic stress disorder among female rape survivors. *Journal of Consulting and Clinical Psychology, 80*(2), 201–210.

Resick, P. A., Wiltsey Stirman, S., & LoSavio, S. T. (2023). *Getting unstuck from PTSD: Using cognitive processing therapy to guide your recovery*. Guilford Press.

Rosenthan, I., Noori, S., & Chard, K. M. (2023, November). *Thinking beyond psychedelics for PTSD innovation: Massed treatment*. Poster presented at the International Society for Traumatic Stress Studies Conference, Los Angeles.

Rosner, R., Rimane, E., Frick, U., Gutermann, J., Hagl, M., Renneberg, B., . . . Steil, R. (2019). Effect of developmentally adapted cognitive processing therapy for youth with symptoms of posttraumatic stress disorder after childhood sexual and physical abuse: A randomized clinical trial. *JAMA Psychiatry, 76*(5), 484–491.

Rozek, D. C., & Bryan, C. J. (2020). Integrating crisis response planning for suicide prevention into trauma-focused treatments: A military case example. *Journal of Clinical Psychology, 76*(5), 852–864.

Rutter, J. G., & Friedberg, R. D. (1999). Guidelines for the effective use of Socratic dialogue in cognitive therapy. In L. VandeCreek & T. L. Jackson (Eds.), *Innovations in clinical practice: A source book* (Vol. 17, pp. 481–490). Professional Resource Press/ Professional Resource Exchange.

Sautter, F. J., Glynn, S. M., Cretu, J. B., Senturk, D., & Vaught, A. S. (2015). Efficacy of structured approach therapy in reducing PTSD in returning veterans: A randomized clinical trial. *Psychological Services, 12*(3), 199–212.

Schulz, P. M., Huber, L. C., & Resick, P. A. (2006). Practical adaptations of cognitive processing therapy with Bosnian refugees: Implications for adapting practice to a multicultural clientele. *Cognitive and Behavioral Practice, 13*(4), 310–321.

Schulz, P. M., Resick, P. A., Huber, L. C., & Griffin, M. G. (2006). The effectiveness of cognitive processing therapy for PTSD with refugees in a community setting. *Cognitive and Behavioral Practice, 13*(4), 322–331.

Schumm, J. A., Dickstein, B. D., Walter, K. H., Owens, G. P., & Chard, K. M. (2015). Changes in posttraumatic cognitions predict changes in posttraumatic stress disorder symptoms during cognitive processing therapy. *Journal of Consulting and Clinical Psychology, 83*(6), 1161–1166.

Shin, L. M., Orr, S. P., Carson, M. A., Rauch, S. L., Macklin, M. L., Lasko, N. B., . . . Pitman, R. K. (2004). Regional cerebral blood flow in the amygdala and medial prefrontal cortex during traumatic imagery in male and female Vietnam veterans with PTSD. *Archives of General Psychiatry, 61*(2), 168–176.

Shin, L. M., Rauch, S. L., & Pitman, R. K. (2006). Amygdala, medial prefrontal cortex, and hippocampal function in PTSD. *Annals of the New York Academy of Sciences, 1071*, 67–79.

Shin, L. M., Whalen, P. J., Pitman, R. K., Bush, G., Macklin, M. L., Lasko, N. B., . . . Rauch, S. L. (2001). An fMRI study of anterior cingulate function in posttraumatic stress disorder. *Biological Psychiatry, 50*, 932–942.

Shnaider, P., Vorstenbosch, V., Macdonald, A., Wells, S. Y., Monson, C. M., & Resick, P. A. (2014). Associations between functioning and PTSD symptom clusters in a dismantling trial of cognitive processing therapy in female interpersonal violence survivors. *Journal of Traumatic Stress, 27*(5), 526–534.

Sijercic, I., Lane, J. E. M., Gutner, C. A., Monson, C. M., & Wiltsey Stirman, S. (2019). The association between clinician and perceived organizational factors with early fidelity to cognitive processing therapy for posttraumatic stress disorder in a randomized controlled implementation trial. *Administration and Policy in Mental Health and Mental Health Services Research, 47*, 8–18.

Simon, N. M., O'Day, E. B., Hellberg, S. N., Hoeppner, S. S., Charney, M. E., Robinaugh, D. J., . . . Rauch, S. A. M. (2018). The loss of a fellow service member: Complicated grief in post-9/11 service members and veterans with combat-related posttraumatic stress disorder. *Journal of Neuroscience Research, 96*(1), 5–15.

Simpson, T. L., Kaysen, D. L., Fleming, C. B., Rhew, I. C., Jaffe, A. E., Desai, S., . . . Resick, P. A. (2022). Cognitive processing therapy or relapse prevention for comorbid posttraumatic stress disorder and alcohol use disorder: A randomized clinical trial. *PLoS ONE, 17*(11), e0276111.

Sobel, A. A., Resick, P. A., & Rabalais, A. E. (2009). The effect of cognitive processing therapy on cognitions: Impact Statement coding. *Journal of Traumatic Stress, 22*(3), 205–211.

Spiller, T. R., Duek, O., Buta, E., Gros, G., Smith, N. B., & Harpaz-Rotem, I. (2023). Comparative effectiveness of group v. individual trauma-focused treatment for posttraumatic stress disorder in veterans. *Psychological Medicine, 53*(10), 4561–4568.

Stayton, L. E., Martin, C. E., Pease, J. L., & Chard, K. M. (2019). Changes in suicidal ideation following cognitive processing therapy in a VA residential treatment program. *Military Psychology, 31*(4), 326–334.

Steil, R., Weiss, J., Müller-Engelmann, M., Dittmann, C., Priebe, K., Kleindienst, N., . . . Stangier, U. (2023). Does treatment-specific, disorder-specific, or general therapeutic competence predict symptom reduction in posttraumatic stress disorder? *European Journal of Psychotraumatology, 14*(2). Advance online publication.

Straud, C. L., Dondanville, K. A., Hale, W. J., Wachen, J. S., Mintz, J., Litz, B. T., . . . STRONG STAR Consortium. (2021). The impact of hazardous drinking among active duty military with posttraumatic stress disorder: Does cognitive processing therapy format matter? *Journal of Traumatic Stress, 34*(1), 210–220.

Takagishi, Y., Ito, M., Kanie, A., Morita, N., Makino, M., Katayanagi, A., ... Horikoshi, M. (2023). Feasibility, acceptability, and preliminary efficacy of cognitive processing therapy in Japanese patients with posttraumatic stress disorder. *Journal of Traumatic Stress, 36*, 205-217.

Tarrier, N., Sommerfield, C., & Pilgrim, H. (1999). Relatives' expressed emotion (EE) and PTSD treatment outcome. *Psychological Medicine, 29*, 801-811.

Taylor, D. J., & Pruiksma, K. E. (2014). Cognitive and behavioural therapy for insomnia (CBTI) in psychiatric populations: A systematic review. *International Review of Psychiatry, 26*, 205-213.

Taylor, D. J., Pruiksma, K. E., Mintz, J., Slavish, D. C., Wardle-Pinkston, S., Dietch, J. R., ... Consortium to Alleviate PTSD. (2023). Treatment of comorbid sleep disorders and post-traumatic stress disorder in U.S. active duty military personnel: A pilot randomized clinical trial. *Journal of Traumatic Stress, 36*(4), 712-726.

Thompson-Hollands, J., Lee, D. J., & Sloan, D. M. (2021). The use of a brief family intervention to reduce dropout among veterans in individual trauma-focused treatment: A randomized controlled trial. *Journal of Traumatic Stress, 34*(4), 829-839.

Thrasher, S., Power, M., Morant, N., Marks, I., & Dalgleish, T. (2010). Social support moderates outcomes in a randomized controlled trial of exposure therapy and (or) cognitive restructuring for chronic posttraumatic stress disorder. *Canadian Journal of Psychiatry/Revue Canadienne de Psychiatrie, 55*, 187-190.

Trottier, K., & Monson, C. M. (2021). Integrating cognitive processing therapy for posttraumatic stress disorder with cognitive behavioral therapy for eating disorders in PROJECT RECOVER. *Eating Disorders, 29*(3), 307-325.

Trottier, K., Monson, C. M., Wonderlich, S. A., & Crosby, R. D. (2021). Results of the first randomized controlled trial of integrated cognitive-behavioral therapy for eating disorders and posttraumatic stress disorder. *Psychological Medicine, 52*(3), 587-596.

Valentine, S. E., Borba, C. P. C., Vaewsom, A. S., Guajardo, J. G., Resick, P. A., Wiltsey Stirman, S., & Marques, L. (2017). Cognitive processing therapy for Spanish-speaking Latinos: A formative study of a model-driven cultural adaptation of the manual to enhance implementation in a usual care setting. *Journal of Clinical Psychology, 73*, 239-256.

Voelkel, E., Pukay-Martin, N. D., Walter, K. H., & Chard, K. M. (2015). Effectiveness of cognitive processing therapy for male and female U.S. veterans with and without military sexual trauma. *Journal of Traumatic Stress, 28*(3), 174-182.

Wachen, J. S., Dondanville, K. A., Pruiksma, K. E., Molino, A., Carson, C. S., Blankenship, A. E., ... STRONG STAR Consortium. (2016). Implementing cognitive processing therapy for posttraumatic stress disorder with active duty U.S. military personnel: Special considerations and case examples. *Cognitive and Behavioral Practice, 23*(2), 133-147.

Wachen, J. S., Jimenez, S., Smith, K., & Resick, P. A. (2014). Long-term functional outcomes of women receiving cognitive processing therapy and prolonged exposure. *Psychological Trauma: Theory, Research, Practice and Policy,* 6(Suppl. 1), S58–S65.

Wachen, J. S., Mintz, J., LoSavio, S. T., Kennedy, J. E., Hale, W. J., Straud, C. L., . . . STRONG STAR Consortium. (2022). The effect of prior head injury on outcomes in group and individual cognitive processing therapy with military personnel. *Journal of Traumatic Stress,* 35(6), 1684–1695.

Wachen, J. S., Morris, K., Galovski, T. E., Dondanville, K. A., Cole, A., Mazzulo, N., Resick, P. A, & Schwartz, C. (2023). *Massed cognitive processing therapy for combat-related PTSD: A non-inferiority randomized controlled trial.* Manuscript submitted for publication.

Walter, K. H., Bolte, T. A., Owens, G. P., & Chard, K. M. (2012). The impact of personality disorders on treatment outcome for veterans in a posttraumatic stress disorder residential treatment program. *Cognitive Therapy and Research,* 36(5), 576–584.

Walter, K. H., Buckley, A., Simpson, J. M., & Chard, K. M. (2014). Residential PTSD treatment for female veterans with military sexual trauma: Does a history of childhood sexual abuse influence outcome? *Journal of Interpersonal Violence,* 29(6), 971–986.

Walter, K. H., Dickstein, B. D., Barnes, S. M., & Chard, K. M. (2014). Comparing effectiveness of CPT to CPT-C among U.S. veterans in an interdisciplinary residential PTSD/TBI treatment program. *Journal of Traumatic Stress,* 27(4), 438–445.

Walter, K. H., Varkovitzky, R. L., Owens, G. P., Lewis, J., & Chard, K. M. (2014). Cognitive processing therapy for veterans with posttraumatic stress disorder: A comparison between outpatient and residential treatment. *Journal of Consulting and Clinical Psychology,* 82(4), 551–561.

Watkins, L. L., LoSavio, S. T., Calhoun, P., Resick, P. A. Sherwood, A., Coffman, C. J., . . . Beckham, J. C. (2023). Effect of cognitive processing therapy on markers of cardiovascular risk in posttraumatic stress disorder patients: A randomized clinical trial. *Journal of Psychosomatic Research,* 170, 111351.

Watts, B. V., Schnurr, P. P., Mayo, L., Young-Xu, Y., Weeks, W. B., & Friedman, M. J. (2013). Meta-analysis of the efficacy of treatments for posttraumatic stress disorder. *Journal of Clinical Psychiatry,* 74(6), e541–e550.

Weathers, F. W., Blake, D. D., Schnurr, P. P., Kaloupek, D. G., Marx, B. P., & Keane, T. M. (2013a). *Clinician-Administered PTSD Scale for DSM-5 (CAPS-5).* Retrieved from *www. ptsd.va.gov.*

Weathers, F. W., Blake, D. D., Schnurr, P. P., Kaloupek, D. G., Marx, B. P., & Keane, T. M. (2013b). *Life Events Checklist for DSM-5 (LEC-5).* Retrieved from *www.ptsd.va.gov.*

Weathers, F. W., Litz, B. T., Keane, T. M., Palmieri, P. A., Marx, B. P., & Schnurr, P. P. (2013). *The PTSD Checklist for DSM-5 (PCL-5)*. Retrieved from *www.ptsd.va.gov*.

Wilkinson, C., von Linden, M., Wacha-Montes, A., Bryan, C., & O'Leary, K. (2017). Cognitive processing therapy for post-traumatic stress disorder in a university counselling center: An outcome study. *Cognitive Behaviour Therapist, 10*, E20.

Wilkinson-Truong, C., Wacha-Montes, A., & Von Linden, M. (2020). Implementing cognitive processing therapy for posttraumatic stress disorder in a university counseling center. *Professional Psychology: Research and Practice, 1*(2), 163–171.

Wiltsey Stirman, S., Gutner, C. A., Gamarra, J., Suvak, M., Vogt, D., Johnson, C., . . . STRONG STAR Consortium. (2021). A novel approach to the assessment of fidelity to a cognitive behavioral therapy for PTSD using clinical worksheets: A proof of concept with cognitive processing therapy. *Behavior Therapy, 52*(3), 656–672.

Woolley, M. G., Smith, B. N., Micol, R. L., Farmer, C. C., & Galovski, T. E. (2023). Evaluating the relative contribution of patient effort and therapist skill in integrating homework into treatment for posttraumatic stress disorder. *Psychological Trauma: Theory, Research, Practice, and Policy*. Advance online publication.

World Health Organization. (2019). *International statistical classification of diseases and related health problems* (11th ed.). Author.

Wright, J. H., Brown, G. K., Thase, M. E., & Basco, M. R. (2017). *Learning cognitive-behavior therapy, Second Edition: An illustrated guide*. American Psychiatric Association.

Ylikomi, R., & Virta, V. (2008). *Raiskaustrauman Hoito: Opas CPT-Menetelmän Käyttöön* [Treatment of rape trauma: A guide to CPT method]. WS Bookwell Oy.

Yunitri, N., Chu, H., Kang, X. L., Wiratama, B. S., Lee, T. Y., . . . Chou K. R. (2023). Comparative effectiveness of psychotherapies in adults with posttraumatic stress disorder: A network meta-analysis of randomised controlled trials. *Psychological Medicine, 11*, 1–13.

Índice

Nota. *f* após um número de página indica uma figura.

A

Abandono do tratamento, 274-277. *Ver também* Término; TPC de duração personalizada
Abuso de substâncias. *Ver também* Transtorno por uso de substâncias (TUS)
    avaliação pré-tratamento e, 49-51
    evitação e, 102-104
    examinando suposições e, 81-83
    pesquisa sobre TPC e, 22-24
Abuso na infância. *Ver* Abuso sexual na infância
Abuso sexual na infância. *Ver também* Violência sexual
    adaptação da TPC para, 5-7
    desenvolvimento precoce de TPC e, 7-8
    diálogo socrático e, 80-81
    pesquisa sobre TPC e, 15-16
Acidentes, 308-309
Acomodação, 5, 72-75, 122
Adaptações da TPC
    adequação da TPC e, 37-39
    erros do terapeuta e, 85-88
    para outras línguas/culturas, 317-321
Adaptações transculturais, 16-22, 85-88. *Ver também* Etnia; Raça
Adesão, 121-122, 288-290. *Ver também* Não adesão
Adolescentes
    avaliação pré-tratamento e, 49-50
    pesquisa sobre TPC e, 17-19
    trauma em, 310-313
Afastamento de amigos e familiares, 257-258
Agendamento na TPC em grupo, 287-289. *Ver também* TPC em grupo
Aliança terapêutica, 33-34, 36, 40-41
Ambientes de programa ambulatorial intensivo, 283
Ambientes de tratamento, 31-33, 283
    ambulatorial, 31-33, 283
Amígdala, 8-12, 10*f*, 12*f*, 106-108
Amizades. *Ver* Funcionamento do relacionamento
Anatomia e funções do cérebro, 8-12, 10*f*, 12*f*, 106-108
Apneia obstrutiva do sono (AOS), 30-31
Apoio social, 52-54
Apresentando a TPC, 77-80
Assimilação
    avaliação contínua e, 56
    avaliação intermediária da resposta ao tratamento e, 186
    conceitualização cognitiva de caso e, 72-75
    Declarações de Impacto e, 120-121
    pesquisa sobre TPC e, 35-36
    Planilha ABC (Ficha 7.3) e, 147-149, 154
    Planilha de Perguntas Exploratórias (Ficha 9.2) e, 175-180
    Planilhas de Pensamentos Alternativos (Ficha 11.1) e, 223-236

pontos de bloqueio e, 154-161
reconhecendo a, 122-123
TPC+A e, 268-272
Autocompaixão, 316
Autoconceito, 312
Autoconfiança, 214, 223. *Ver também*
Tema de confiança
Autodeclarações, 127, 208
Autoestima, 237-238, 246, 256. *Ver também*
Tema de estima
Autointimidade, 256
Automutilação
adequação da TPC e, 38-39
avaliação pré-tratamento e, 49-51
discutindo sintomas do TEPT na
Sessão 1 e, 103-105
evitação e, 102-104
potenciais cognições que interferem no
tratamento e, 70-72
Autoperdão, 315-316
Avaliação. *Ver também* Avaliação
pré-tratamento
cognições que interferem no
tratamento, 70-72
contínua, 55-56
Declarações de Impacto e, 122-123
ensaios clínicos controlados
randomizados (ECRs) e, 13-15
intermediária da resposta ao
tratamento, 186-188
pontos de bloqueio dos terapeutas em
relação a, 92-94
potenciais comportamentos de
interferência e evitação do
tratamento, 70-71
revisando o trauma central, 111-113
sintomas comórbidos e funcionamento
psicossocial e, 23-24
TPC de duração personalizada e,
274-277
TPC em grupo e, 284-286
TPC+A e, 267-269
Avaliação pré-tratamento. *Ver também*
Avaliação; Pré-tratamento
contínua, 55-56
fichas para, 328
histórico de trauma, 41-44, 43f
para TEPT, 43-48
sessões informativas, 285-286

sintomas ou condições comórbidas,
47-55
TEPT complexo e, 44-48
TPC em grupo e, 284-286
visão geral, 40-56, 43f
Avaliação/estimativa de ameaças, 44-46,
82-83
Avaliações, 39, 75, 80, 83-84, 130, 206, 270
colaterais, 54-55
de admissão. *Ver* Avaliação; Avaliação
pré-tratamento

C

Características de personalidade *borderline*,
21-23, 35-36, 50-52
Características do transtorno da
personalidade, 21-23, 50-52, 91-92
Caso, conceitualização cognitiva.
Ver conceitualização cognitiva de caso
Central, trauma. *Ver* Trauma central
Centros de aconselhamento universitário,
32
Check-ins durante as sessões de grupo,
290-291
Classificação Internacional de Doenças
(CID-11), 42-43
Cliente, x. *Ver também* Fatores do paciente
Clientes idosos, 312-313
Clientes que não respondem, 276-278.
Ver também Resposta ao tratamento
Clinician-Administered PTSD Scale
(CAPS-5), 43-46, 111-112
Cognições, 26-29, 70-72. *Ver também*
Padrões de pensamento; Pensamentos
Combatividade na TPC em grupo, 295-296
Compaixão, eu, 315-316
Comportamento imprudente, 49-51
Comportamentos
agressivo, 49-51, 103-105
autodestrutivos, 103-105, 179-181
impulsivo, 50-51, 103-105
que interferem no tratamento, 70-71
Comprometimento cognitivo, 308-310
Compromisso, 145-146
Conceito de livre-arbítrio, 314-316
Conceitualização cognitiva de caso.
Ver também Sintomas ou condições
comórbidas

características do transtorno da
personalidade e, 51-52
Formulário de Conceitualização de
Caso, 67-75, 68f
pontos fortes e razões para mudar,
71-72
visão geral, ix, 67-69, 68f
Conceitualização de caso, 67-75, 68f,
122-123. *Ver também* conceitualização
cognitiva de caso
Conclusão adiada, 273-275. *Ver também*
Término
Condições psicóticas, 37, 48-50
Condições relacionadas à saúde, 29-31
Confiança, 222-223, 257-259. *Ver também*
Tema de confiança
focada no outro, 214-215
Conflito, grupo, 295-297. *Ver também* TPC
em grupo
Consciência, 161-162
Consequências jurídicas, 160-161
Contraindicações à TPC, 39-40
Contrato de terapia, 79-80, 97-98,
106-107
Contrato de tratamento, 97-98, 106-107
Controle, 178-180, 234-235. *Ver também*
Tema de poder/controle
Córtex pré-frontal, 8-12, 10f, 12f,
106-108
Coterapeutas, 287-288. *Ver também* Fatores
do terapeuta; TPC em grupo
CPT Coach
abordando a não adesão e, 125-126
cuidados posteriores e, 260-261
Planilha de Perguntas Exploratórias
(Ficha 9.2) e, 165-166
telessaúde e, 278-279
CPTweb[2.0], 85-86
Crença no mundo justo
agressão sexual e, 304-305
examinando suposições e, 80-82
Planilha ABC (Ficha 7.3) e, 154
pontos de bloqueio assimilados e,
159-161
religião e moralidade e, 314-315
visão geral, 107-109
Crenças. *Ver também* Acomodação;
Assimilação; Superacomodação
anteriores, 206-207

avaliação contínua e, 56
avaliação intermediária da resposta ao
tratamento e, 186
características do transtorno da
personalidade e, 51-52
centrais. *Ver também* Esquemas
conceitualização cognitiva de caso e,
72-75
diálogo socrático e, 82-84
diferenciando entre intenção,
responsabilidade e o imprevisível,
161-162
discutindo sintomas de TEPT na
Sessão 1 e, 103-104
examinando conexões entre eventos,
pensamentos e sentimentos e,
128-130
examinando suposições e, 80-82
exploração de crenças subjacentes ou
mais profundas e, 82-84
extremas, 11-12, 177-179, 189-190
pesquisa sobre TPC e, 26-29
Planilhas de Pensamentos Alternativos
(Ficha 11.1) e, 189-190
religião e moralidade e, 313-315
revisando as Planilhas de Pensamentos
Alternativos na Sessão 11 e, 246
tema de segurança e, 206-207
visão geral, 73-75
Cuidados de acompanhamento.
Ver Cuidados posteriores
Cuidados posteriores, 260-261, 297-299
Culpa. *Ver também* Culpa de outros
agressão sexual e, 304-306
avaliação pré-tratamento e, 44-46
dano moral e, 161-162
Declarações de Impacto e, 122-123
diferenciar entre intenção,
responsabilidade e o imprevisível e,
160-165
discutindo sintomas de TEPT na
Sessão 1 e, 103-104
errônea de si mesmo ou de outros,
44-46
exame de suposições e, 81-83
exploração de crenças subjacentes ou
mais profundas e, 83-84
pesquisa sobre TPC e, 25-27
Planilha ABC (Ficha 7.3) e, 154

Planilha de Padrões de Pensamento
(Ficha 10.1) e, 187-188
Planilhas de Pensamentos Alternativos
(Ficha 11.1) e, 223-224, 236-237,
246
sintomas de TEPT e, 6-8, 103-104
TPC+A e, 269-270
transtorno do estresse pós-traumático
e, 6-8
Culpa de outros
avaliação pré-tratamento e, 44-46
militares e, 302-303
revisando as Planilhas ABC na
Sessão 4 e, 154
sintomas de TEPT e, 103-104
transtorno do estresse pós-traumático
e, 6-8
Culpando a vítima, 81-83
Curiosidade construtiva, 88-89

D

Dano moral, 25-27, 161-162, 302-303
Danos aos outros, 70-72
Declarações de Impacto. *Ver também*
Sessão 2 (Declaração de Impacto)
abordando a não adesão com, 124-126,
144-146
conceitualização cognitiva de caso e,
74-75
examinando conexões entre eventos,
pensamentos e sentimentos, 125-126
introduzindo a TPC e, 78-79
pesquisa sobre TPC e, 26-29
revisão das Declarações de Impacto
originais e novas na Sessão 12,
258-260
revisão e leitura nas sessões, 144-146
tarefa final da Declaração de Impacto,
250
TPC de duração personalizada e,
274-277
TPC em grupo e, 284-285, 293-294,
297-298
TPC+A e, 267-268, 270-272
visão geral, 120-125
Declarações resumidas, 155-161
Defensividade, 128-129
Deficiências, 308-310

Definição da agenda para a TPC em grupo,
290-293
Depressão
avaliação pré-tratamento e, 47-49
clientes não respondentes e, 276-278
pesquisa sobre TPC e, 23-26, 35-36
Planilha ABC (Ficha 7.3) e, 154
pontos de bloqueio dos terapeutas em
relação a, 91-92
teoria cognitiva e, 3-5
transtornos depressivos, 37-39
Desamparo, 90-91, 234-235
Desastres, 307-309
Desencadeamento de sintomas de TEPT,
84-85
Desregulação e regulação emocional, 33-34,
44-46, 50-51, 70-72
Dessensibilização e reprocessamento por
movimentos oculares (EMDR), terapia, 36
Deveres, 44-46, 236-237. *Ver também* Culpa
Diálogo socrático
abordando a não adesão e, 124-125
adaptações da TPC para outras línguas/
culturas e, 319-320
aliança terapêutica e, 40-41
avaliando evidências objetivas, 82-83
características do transtorno da
personalidade e, 51-52
diferenciando entre intenção,
responsabilidade e o imprevisível,
161-162
ensino do, 8-9
erros do terapeuta e, 86-90
examinando conexões entre eventos,
pensamentos e sentimentos e,
126-129
examinando suposições e, 80-83
explorando crenças subjacentes ou mais
profundas, 82-84
identidade como pessoa com TEPT e,
312-313
introduzindo a TPC e, 78-79
perguntas de esclarecimento, 80-81
perguntas exploratórias e, 175
pesquisa sobre TPC e, 35-36
Planilha ABC (Ficha 7.3) e, 130-131,
147-149, 154
Planilha de Padrões de Pensamento
(Ficha 10.1) e, 179-181

Planilhas de Pensamentos Alternativos
(Ficha 11.1) e, 204-205, 221-225,
248-249
pontos de bloqueio assimilados e,
154-161
pontos de bloqueio de terapeutas e,
94-96
raça, etnia e cultura e, 313-314
tema de poder/controle e, 225-226
TPC+A e, 268-273
transtornos psicóticos e, 49-50
visão geral, 79-84
Diferenciando entre intenção,
responsabilidade e o imprevisível,
159-165
Dificuldades de concentração, 103-105
Digressões, 93-94, 290-296
Direito na TPC em grupo, 295-296
Disseminação da TPC, 7-9
Distúrbios na auto-organização (DAO),
44-46
Domínio na TPC em grupo, 296-297

E

Elogio, 121-124, 147-148
Elogios, dar e receber
fichas para, 243
revisando em sessões, 248-249,
256-257
tema de estima e, 237-238
Emoções. *Ver também* Sentimentos
agressão sexual e, 304-305
discussão em sessões, 103-106,
110-112
fabricadas, 110-112
fatores e erros do terapeuta e, 84-85,
90-91
Planilha de Perguntas Exploratórias
(Ficha 9.2) e, 179-180
secundárias, 110-112
TPC em grupo e, 295-297
TPC+A e, 268-273
Encaminhamento para terapeuta, 41-42,
145-146
Ensaios clínicos controlados randomizados
(ECRs), 5-8, 13-15. *Ver também*
Pesquisa
Entrevista clínica, 111-112

Entrevista Internacional de Trauma (EIT),
44-46
Envolvimento familiar, 52-55
Envolvimento na terapia, 71-72, 77,
277-278
Erros do terapeuta, 85-91, 115-116
Escala de Crenças e Reações Pessoais
(ECRP), 26-27
Escala Mundial de Suposições (EMS),
26-27
Esquemas. *Ver também* Crenças, centrais
agressão sexual e, 304-307
características do transtorno da
personalidade e, 51-52
explorando crenças subjacentes ou mais
profundas e, 83-84
influências teóricas, 4-6
visão geral, 73-75
Estabilização, 91-92
Estratégias de redução de risco, 207-208
Estrutura da sessão, 290-293. *Ver também*
sessões individuais
Estupro, 7-8, 15-16, 304-305. *Ver também*
Violência sexual
Etnia, 16-18, 312-314. *Ver também*
Adaptações transculturais
Eventos. *Ver também* Planilha ABC
(Ficha 7.3); Trauma central
examinando conexões entre eventos,
pensamentos e sentimentos, 125-130
identificando, 143
visão geral, 129-131, 146-148
Eventos congruentes/discrepantes do
esquema, 5-7
Eventos da vida, 41-44, 43f, 69. *Ver também*
História
Eventos de ativação. *Ver* Eventos
Evidência objetiva, 82-83
Evidências a favor ou contra os pontos de
bloqueio, 175-180, 204-205. *Ver também*
Pontos de bloqueio
Evitação
abordando a não adesão e, 124-126
conceitualização cognitiva de caso e,
70-71
de emoções, 50-51
Declarações de Impacto e, 121-123
fatores interpessoais e, 54
luto e, 309-311

Planilha de Padrões de Pensamento
(Ficha 10.1) e, 179-181
Planilha de Perguntas Exploratórias
(Ficha 9.2) e, 178-180
pontos de bloqueio de terapeutas e,
93-94
tema de segurança e, 207-208
TEPT complexo e, 44-46
TPC em grupo e, 289-290, 293-297
TPC+A e, 266-268
visão geral, 102-107
Exagero, 187-188
Exageros, 177-179, 204-205
Excitação fisiológica, 103-105
Excitação/hiperexcitação, 31-32, 103-106,
144, 235-236, 258-259. *Ver também*
Recuperação ou não recuperação
dos sintomas do TEPT após eventos
traumáticos (Ficha 6.1)
Exposição prolongada (EP)
frequência das sessões e, 33-34
pesquisa sobre TPC e, 15-16
sintomas comórbidos e funcionamento
psicossocial e, 20-23, 25, 27-31
TPC em grupo e, 278-280

F

Falha em diferenciar entre intenção,
responsabilidade e o imprevisível.
Ver Diferenciando entre intenção,
responsabilidade e o imprevisível
Fatores culturais, 312-314, 317-321.
Ver também Adaptações transculturais
Fatores de desenvolvimento e história.
Ver também História
agressão sexual e, 305-307
conceitualização cognitiva de caso e,
69
identidade de pessoa com TEPT e,
310-313
modelo biológico do TEPT e, 10-12
Fatores de tratamento, 33-36
Fatores do paciente, x, 35-40
Fatores do terapeuta
adaptações da TPC para outras línguas/
culturas e, 319-321
erros do terapeuta e, 85-91, 115-116
examinando suposições e, 81-83

pesquisa sobre TPC e, 33-36
pontos de bloqueio dos terapeutas,
90-96
preparando-se para a TPC e, 83-96
TPC em grupo e, 287-290
Fatores interpessoais, 52-53. *Ver também*
Funcionamento do relacionamento
Fazer algo de bom para si mesmo
fichas para, 243
revisando em sessões, 248-249,
256-257
tema de estima e, 237-238
Ficha de acompanhamento: dando/
recebendo elogios e fazendo algo de bom
para si mesmo (Ficha 15.2), 243
Ficha de Identificação de Emoções
(Ficha 7.2), 125-126, 134, 146-147
Ficha de Níveis de Responsabilidade
(Ficha 9.1), 160-162, 167
Fichas. *Ver* Planilhas, fichas e formulários
Fidelidade, 35-36, 85-88
Flashbacks, 54, 85-86, 187-188
Flexibilidade, 85-88
Foco excessivo, 178-179
Formato combinado de grupo e individual
para TPC, 286-287. *Ver também* TPC em
grupo
Formulário de Conceituação de Caso, 67,
68f, 327
Formulários. *Ver* Planilhas, fichas e
formulários
Fragilidade, 91-92
Frequência das sessões, 33-34
Funcionamento biológico, 27-30
Funcionamento do relacionamento.
Ver também Fatores interpessoais;
Funcionamento familiar; Tema da
intimidade
agressão sexual e, 305-306
conceitualização cognitiva de caso e,
71-72
revisão na Sessão 12, 257-258
TEPT complexo e, 44-46
Funcionamento familiar, 52-53, 257-258,
305-306. *Ver também* Funcionamento do
relacionamento
Funcionamento psicofisiológico, 27-30
Funcionamento psicossocial, 30-32,
40-41, 69

Funcionamento social, 30-32

G
Gênero, x, 16-17, 288-289. *Ver também* Pacientes LGBTQIA+
Genocídio, 38-40
Gestão de crises, 79-80
Guerra, 38-40
Guia de ajuda do ponto de bloqueio (Ficha 7.4), 139-140
Guia para Planilha de Perguntas Exploratórias (Ficha 9.3), 165-166, 171-172

H
Habilidades de enfrentamento, 91-92, 103-104, 256-257
Hiperexcitação. *Ver* Excitação/hiperexcitação
Hipervigilância
    militares e, 302-303
    tema de segurança e, 207-208
    violência por parceiro íntimo e, 307-308
História, 69. *Ver também* Eventos da vida; Histórias de trauma; Trauma central
Histórias de trauma, 84-86
Histórico de trauma. *Ver também* História; Trauma central
    avaliação pré-tratamento e, 41-44, 43*f*
    conceitualização cognitiva de caso e, 69
    revisando o trauma central na Sessão 1 e, 111-113
    TPC em grupo e, 288-289
Homicídio, 38-39, 49-51

I
Idade, 17-19
Identidade, 310-313
Identidade sexual. *Ver* Pacientes LGBTQIA+
Imprevisível. *Ver* Diferenciando entre intenção, responsabilidade e o imprevisível
Intenção. *Ver* Diferenciando entre intenção, responsabilidade e o imprevisível
Interpretações, 130-131
Intervenções breves, 54, 274-277

Intimidade, 256-257
Intimidade sexual, 257-259. *Ver também* Funcionamento do relacionamento; Tema da intimidade
Inventário de Sintomas de Trauma (IST), 15-16
Inventário de Transtornos Alimentares-2, 25

L
Leitura da mente, 179-181
Lição de casa, 92-93. *Ver também* Planilhas, fichas e formulários; Tarefas práticas
Lista de Verificação de Eventos da Vida (LEC), 41-42
Lista de Verificação do TEPT (PCL-5) modificada: escala e pontuação (Ficha 3.1), 57-63
Lista de Verificação do TEPT-5 (PCL-5)
    avaliação contínua e, 55
    avaliação intermediária da resposta ao tratamento e, 186-188
    avaliação pré-tratamento e, 44-46
    Lista de Verificação do TEPT (PCL-5) Modificada: escala e pontuação (Ficha 3.1), 57-63
    pontos de bloqueio dos terapeutas em relação à, 92-93
    revisando em sessões, 120-121, 144
    sintomas do TEPT e, 102-105
    TPC de duração personalizada e, 274-275
    visão geral, 102, 104-107
Luto, 15-17, 111-113, 309-311
Luto complicado, 15-17. *Ver também* Luto

M
Mania, 39-40
Manual diagnóstico e estatístico de transtornos mentais (DSM-5, DSM-5-TR), 6-7, 42-46
Manual do tratamento
    adaptações da TPC para outras línguas/culturas, 317-321
    disseminação da TPC e, 7-9
    ensaios clínicos controlados randomizados (ECRs) e, 13-15
    pontos de bloqueio dos terapeutas em relação ao, 91-95

visão geral, 99
Matar, no contexto da guerra. *Ver*
    Dano moral; Veteranos
Medicamentos, 52-53
Medo
    condicionamento do medo, 6-7
    erros do terapeuta e, 90-91
    Planilhas de Pensamentos Alternativos
        (Ficha 11.1) e, 235-236
    potenciais cognições que interferem no
        tratamento e, 70-72
    sintomas de TEPT e, 105-106
    tema de segurança e, 206-208
Medos generalizados, 206-208
Memórias intrusivas, 104-106
Metas para o futuro, 259-261
Militares
    disseminação de TPC e, 7-9
    modelo biológico de TEPT e, 11-12
    pesquisa sobre TPC e, 15-17
    trabalhando com, 301-304
Militares em serviço
    disseminação da TPC e, 7-9
    modelo biológico de TEPT e, 11-12
    pesquisa sobre TPC e, 15-17,
        18-20
    trabalhando com, 301-304
Modelo biológico de TEPT, 8-12, 10f, 12f
Modelo explícito de formulação de caso da
    TPC, 69
Modelo funcional de TEPT, 102-107.
    Ver também Transtorno do estresse
    pós-traumático (TEPT)
Módulo de Questões de Confiança
    (Ficha 13.1), 213-218
Módulo de Questões de Estima (Ficha 15.1),
    240-242
Módulo de Questões de Intimidade
    (Ficha 16.1), 251-254
Módulo de Questões de Poder/Controle
    (Ficha 14.2), 225-226, 229-231
Módulo de Questões de Segurança
    (Ficha 12.1), 209-210, 273-274
Monitoramento do pensamento, 130-131
Moralidade, 313-317
Motivação
    abordando a não adesão e, 124-125
    conceitualização cognitiva de caso e,
        71-72

Declarações de Impacto e, 120-122
    pré-tratamento e, 33-34
Mudança, razões para a. *Ver* Razões para
    mudar

N

Não adesão. *Ver também* Adesão
    revisando tarefas práticas e, 121-122
    TPC em grupo e, 288-290, 292-295
    tratando, 124-126, 144-146
Negação, 122-123
Neurobiologia, 8-12, 10f, 12f, 106-108
Neurotransmissores, 10f, 12f, 106-108

O

Objetiva, evidência, 82-83
Objetivos do tratamento, 40-42, 78-79,
    307-308. *Ver também sessões individuais*
Origem de pontos de bloqueio, 178-179.
    Ver também Pontos de bloqueio

P

Pacientes LGBTQIA+, 18-19, 316-318
Padrões de pensamento, 179-181.
    Ver também Pensamentos; Planilha de
    Padrões de Pensamento (Ficha 10.1);
    Sessão 6 (padrões de pensamento)
Pensamento de tudo ou nada, 177-179,
    225-226
Pensamento preto ou branco, 187-188,
    225-226, 306-307
Pensamentos, 1110-112, 125-130, 143.
    Ver também Cognições; Padrões de
    pensamento; Planilha ABC (Ficha 7.3);
    Planilha de Padrões de Pensamento
    (Ficha 10.1); Sessão 6 (padrões de
    pensamento)
Perda traumática, 15-17
Perdão, 315-316
Perdão dos outros, 315-316
Perfeccionismo, 246
Perguntas de conexão, 292-293. *Ver também*
    Questionamento
Perguntas de esclarecimento. *Ver também*
    Diálogo socrático; Questionamento
    Declarações de Impacto e, 121-122
    erros do terapeuta e, 86-90
    pontos de bloqueio e, 155-161

visão geral, 80-81
Perigo para si mesmo ou para os outros, 38-39, 49-51, 70-72. *Ver também* Automutilação; Homicídio; Suicídio
Perspectiva construtivista, 4-5
Pesadelos, 54, 85-86, 187-188
Pesquisa
   desenvolvimento precoce da TPC e, 5-8
   ensaios clínicos controlados randomizados (ECRs) e, 13-15
   fatores que influenciam a eficácia do tratamento, 33-36
   futuro da, 36
   pontos de bloqueio de terapeutas e, 91-92
   pré-tratamento e, 32-34
   sintomas comórbidos e funcionamento psicossocial e, 20-32
   sobre tipos de trauma e populações atendidas pela TPC, 14-22
   variedade de ambientes de tratamento para TPC, 31-33
Pessoal de segurança, 80-81
Planilha ABC (Ficha 7.3). *Ver também* Sessão 3 (Planilhas ABC)
   abordando a não adesão e, 124-125, 144-146
   apresentação, 129-131
   como uma tarefa prática, 131-132
   erros do terapeuta e, 86-90
   exemplos e formulários em branco para, 135-138
   Planilhas de Pensamentos Alternativos e, 188-189, 204-205
   pontos de bloqueio dos terapeutas e, 94-95
   revisando em sessões, 146-148, 154
   TPC em grupo e, 292-293
   TPC+A e, 266-273
   usando Planilhas ABC relacionadas ao trauma para examinar as tentativas de cognições assimiladas, 147-149
   versão simplificada da, 333
   visão geral, 71-72
Planilha da Estrela da Confiança (Ficha 14.1), 224-228
Planilha de Padrões de Pensamento (Ficha 10.1) e, 187-188
   exemplos e formulários em branco para, 182-183
   revisando em sessão, 187-188
   visão geral, 130-131, 175, 179-181, 185
Planilha de Perguntas Exploratórias (Ficha 9.2). *Ver também* Sessão 5 (perguntas exploratórias)
   Abordagens de exposição, 96
   avaliação pré-tratamento e, 50-51
   erros do terapeuta e, 86-89
   exemplos e formulários em branco para, 168-170
   formato combinado de grupo e individual para TPC e, 286-287
   Planilhas de Pensamentos Alternativos (Ficha 11.1) e, 188-189, 204-205
   pontos de bloqueio dos terapeutas e, 94-95
   revisando em sessões, 175-180
   revisando o trauma central e, 112-113
   TPC+A e, 273-274
   visão geral, 130-131, 164-166, 175
Planilhas de Pensamentos Alternativos (Ficha 11.1). *Ver também* Sessão 7 (Planilhas de Pensamentos Alternativos)
   apresentação, 188-190
   avaliação intermediária da resposta ao tratamento e, 186-188
   cuidados posteriores e, 260-261, 298-299
   exemplos e planilhas em branco, 191-200
   fornecendo uma visão geral dos cinco temas, 205-207
   pontos de bloqueio dos terapeutas em relação às, 93-94
   revisão das sessões, 204-206, 211-214, 221-225, 233-238, 245-249, 256-259
   tema de segurança e, 206-208
   TPC de duração personalizada e, 274-275
   TPC+A e, 273-274
   versões modificadas/simplificadas das, 334-336
   visão geral, 130-131, 185, 203
Planilhas, fichas e formulários. *Ver também fichas individuais,* Tarefas práticas
   erros do terapeuta e, 86-89, 89-90

Ficha de Níveis de Responsabilidade
(Ficha 9.1), 160-162
materiais para terapeutas, 327-329
para a Sessão 1, 117-118
para a Sessão 2, 133-141
para a Sessão 3, 151
para a Sessão 4, 167-173
para a Sessão 6, 191-202
para a Sessão 7, 209-210
para a Sessão 8, 216-219
para a Sessão 9, 227-232
para a Sessão 10, 240-244
para a Sessão 11, 251-254
pontos de bloqueio dos terapeutas em relação a, 92-95
telessaúde e, 278-279
TPC em grupo e, 278-279, 292-295
versões modificadas/simplificadas de, 38-39, 204-205, 308-310, 333-336
Poder, 234-235. *Ver também* Tema de poder/controle
Policiais, 80-81
Pontos de bloqueio
adaptações da TPC para outras línguas/culturas e, 319-320
agressão sexual e, 305-307
avaliação contínua e, 55
avaliação intermediária da resposta ao tratamento e, 186-188
avaliação pré-tratamento e, 42-43, 50-51
conceitualização cognitiva de caso, 67, 69
cuidados posteriores e, 260-261
de terapeutas, 90-96, 319-321
Declarações de Impacto e, 121-122, 145-146
desastres e acidentes e, 307-309
diferenciando crenças e avaliações de ameaças que podem ser verdadeiras, 39-40
diferenciando intenção, responsabilidade e o imprevisível, 161-162
erros do terapeuta e, 86-91
esforços para assimilação, acomodação e superacomodação, 72-75
explorando crenças subjacentes ou mais profundas e, 82-83

identificando, 120-125, 293-294
introduzindo a TPC e, 78-79
luto e, 309-311
militares e, 301-304
pacientes LGBTQIA+ e, 316-318
Planilha ABC (Ficha 7.3) e, 154
Planilha de Perguntas Exploratórias (Ficha 9.2) e, 165-166, 175-180
Planilhas de Pensamentos Alternativos (Ficha 11.1) e, 204-207, 211-214, 221-223, 234-238, 247-249
pontos de bloqueio assimilados e, 154-161
pontos de bloqueio dos terapeutas em relação a, 94-96
preenchimento das Planilhas ABC e, 147-148
religião e moralidade e, 313-315
revisando as Planilhas de Padrões de Pensamento (Ficha 10.1) na Sessão 6, 187-188
revisando as tarefas de dar e receber elogios e se envolver em atividades agradáveis e, 248-249
revisão das Declarações de Impacto originais e novas na Sessão 12, 259-260
socorristas e, 303-305
tema de poder/controle e, 225-226
término e, 238-239, 249-250
TPC em grupo e, 288-289, 292-296
TPC+A e, 267-273
transtornos alimentares e, 25-26
transtornos por uso de substâncias e, 48-49
trauma central e, 112-113
visão geral, 113-115, 130-132
Pontos fortes, 71-72
Práticas, tarefas. *Ver* Tarefas práticas
Predeterminação, 314-316
Preparação para a TPC
apresentando a TPC, 77-80
diálogo socrático e, 79-84
erros do terapeuta e, 85-91
pontos de bloqueio de terapeutas e, 90-96
prontidão do terapeuta, 83-86
visão geral, 77

Presença, 288-290. *Ver também* Adesão; Não adesão
Pré-tratamento. *Ver também* Avaliação pré-tratamento
   adequação da TPC e, 37-40
   pesquisa sobre TPC e, 32-34
   pontos de bloqueio dos terapeutas em relação ao, 91-93
   quando iniciar o protocolo TPC e, 40-42
Pré-triagem para a TPC em grupo, 284-286
Prevenção de recaídas, 23-24
Probabilidades, 212-213
Processamento cognitivo, 4-6, 154-161
Processamento de trauma
   avaliação contínua e, 55-56
   erros do terapeuta e, 86-89
   processos cognitivos no, 4-6
   quando iniciar o protocolo TPC e, 40-41
Programas de tratamento diurno, 32-33
Programas de tratamento residencial, 32-33, 283
Projeto RECOVER, 25-26
Prontidão, 32-34, 91-92
Psicose, 39-40

Q

Questionamento. *Ver também* Diálogo socrático; Planilha de Perguntas Exploratórias (Ficha 9.2); Perguntas de esclarecimento; Sessão 5 (perguntas exploratórias)
   abordando a não adesão e, 124-125
   começando as sessões com, 121-122
   Declarações de Impacto e, 121-122
   em comparação com o diálogo, 79-81
   erros do terapeuta e, 86-90
   examinando suposições e, 80-83
   perguntas de esclarecimento, 80-81
   pontos de bloqueio assimilados e, 155-161
   TPC em grupo e, 292-293
Questionário de Saúde do Paciente (PHQ e PHQ-9)
   avaliação intermediária da resposta ao tratamento e, 187-188
   avaliação pré-tratamento e, 47-48
   completando e pontuando, 104-107
   Escala e Pontuação (Ficha 3.2), 64-66
   pontos de bloqueio dos terapeutas em relação ao, 92-93
   revisando em sessões, 120-121, 144
   visão geral, 47-48
Questionário de Saúde do Paciente-9 (PHQ-9): Escala e Pontuação (Ficha 3.2), 64-66
Questionário Internacional de Trauma (QIT), 44-46
Questões de linguagem, x, 85-88, 160-162, 317-321

R

Raça, 16-18, 312-314. *Ver também* Adaptações transculturais
Raciocínio baseado em resultados, 159-161, 223-224
Raciocínio emocional, 179-181, 187-188, 204-205
Raiva
   agressão sexual e, 304-305
   examinando conexões entre eventos, pensamentos e sentimentos e, 127-129
   Planilha ABC (Ficha 7.3) e, 154
   Planilhas de Pensamentos Alternativos (Ficha 11.1) e, 235-237
   sintomas de TEPT e, 103-106
   TPC+A e, 269-270
Razões para mudar, 71-72. *Ver também* Motivação
Reações de sobressalto, 103-105
Recuperação natural, 104-106
Recuperação ou não recuperação dos sintomas do TEPT após eventos traumáticos (Ficha 6.1), 103-107, 117
Registro de pontos de bloqueio (Ficha 7.1)
   Declarações de Impacto e, 121-125, 145-146
   descrevendo na Sessão 1, 113-115
   disseminação da TPC e, 8-9
   erros do terapeuta e, 89-91
   formulário em branco para, 133
   luto e, 309-310
   Planilha ABC (Ficha 7.3) e, 147-148
   Planilha de Perguntas Exploratórias (Ficha 9.2) e, 165-166

Planilhas de Pensamentos Alternativos
  (Ficha 11.1) e, 189-190, 204-205
 pontos de bloqueio dos terapeutas em
  relação ao, 93-95
 revisando as Planilhas ABC na Sessão
  4 e, 154
 revisando o trauma central na Sessão 1
  e, 112-113
 TPC de duração personalizada e,
  274-275
 TPC+A e, 270-273
 visão geral, 71-72
Regulação do afeto, 106-108
Relação cliente-terapeuta, 91-92, 306-307
Relatos escritos. *Ver também* TPC com
 relatos escritos (TPC+A)
  em formato de grupo, 296-298
  pacientes LGBTQIA+ e, 316-317
  pontos de bloqueio de terapeutas e, 96
  visão geral, 112-115, 265-274
Religião, 313-317
Remorso, 161-163
Responsabilidade. *Ver* Diferenciando
 entre intenção, responsabilidade e o
 imprevisível
Resposta ao tratamento, 186-188, 276-278
Resposta de luta-fuga-congelamento
 agressão sexual e, 305-306
 avaliação pré-tratamento e, 49-50
 discutindo o papel das emoções na
  Sessão 1 e, 110-111
 intimidade e, 258-259
 modelo biológico do TEPT e, 9-12
 Planilhas de Pensamentos Alternativos
  (Ficha 11.1) e, 235-236
 sintomas de TEPT e, 105-106, 106-107
 socorristas e, 303-304
Retraumatização, 84-85
Retrospectiva, viés, 122-123, 159-160,
 223-224
Revivência dos sintomas, 84-85
Risco de danos a si mesmo e aos outros.
 Ver Automutilação; Homicídio; Perigo
 para si mesmo ou para os outros; Suicídio

S

Schedule for Nonadaptive and Adaptive
 Personality (SNAP), 20-23

Sentimentos. *Ver também* Emoções;
 Planilha ABC (Ficha 7.3)
  examinando conexões entre eventos,
   pensamentos e sentimentos,
   125-130
  identificando, 143
  modelo biológico de TEPT e, 11-12
  Planilha ABC (Ficha 7.3) e, 129-131,
   146-148
Sessão 1 (visão geral do TEPT e da TPC)
 definindo a agenda para, 102
 descrevendo a teoria cognitiva,
  107-111
 descrevendo a terapia, 112-115
 discutindo o papel das emoções,
  110-112
 discutindo os sintomas e o modelo
  funcional do TEPT, 102-105
 discutindo sobre TEPT e o cérebro,
  106-108
 fichas para, 117-118, 328
 objetivos para, 101
 pontuando a PCL-5 e o PHQ-9 e
  introduzindo o modelo funcional,
  104-107
 procedimentos para, 101-102
 revendo o trauma central, 111-113
 tarefas práticas, 114-116, 118
 verificando as reações do cliente à,
  115-116
Sessão 2 (Declaração de Impacto).
 Ver também Declarações de Impacto
 abordando a não adesão, 124-126
 Declarações de Impacto e identificação
  de pontos de bloqueio, 120-125
 descrevendo e discutindo os pontos
  de bloqueio mais detalhadamente,
  130-132
 examinando conexões entre eventos,
  pensamentos e sentimentos,
  125-130
 fichas para, 133-141, 328
 objetivos para, 119
 procedimentos para, 119
 revendo as pontuações em medidas de
  autorrelato, 120-121
 tarefas práticas, 131-132, 141
 verificando as reações do cliente à,
  131-132

Sessão 3 (Planilhas ABC). *Ver também*
  Planilha ABC (Ficha 7.3)
    fichas para, 151, 328
    objetivos para, 143
    procedimentos para, 143-144
    revisando e usando planilhas ABC para examinar eventos, pensamentos e emoções, 146-148
    revisando pontuações em medidas de autorrelato, 144
    revisando tarefas práticas e, 144-146
    tarefas práticas, 149-151
    usando planilhas ABC relacionadas ao trauma para examinar as tentativas de cognições assimiladas, 147-149
    verificando as reações do cliente à, 149-150
Sessão 4 (processamento do evento-alvo)
    abordando pontos de bloqueio assimilados, 154-161
    apresentando a Planilha de Perguntas Exploratórias (Ficha 9.2), 164-166
    diferenciando entre intenção, responsabilidade e o imprevisível, 160-165
    fichas para, 167-173, 328
    objetivos para, 153
    procedimentos para, 153-154
    revendo as Planilhas ABC, 154
    tarefas práticas, 165-166, 173
    verificando as reações do cliente a, 165-166
Sessão 5 (perguntas exploratórias).
  Ver também Planilha de Perguntas Exploratórias (Ficha 9.2)
    apresentando a Planilha de Padrões de Pensamento (Ficha 10.1), 179-181
    fichas para, 182-185, 328
    objetivos para, 175
    procedimentos para, 175
    revendo as Planilhas de Perguntas Exploratórias (Ficha 9.2), 175-180
    tarefas práticas, 180-181, 184
    verificando as reações do cliente à, 180-181
Sessão 6 (padrões de pensamento).
  Ver também Padrões de pensamento
    apresentando a Planilha de Pensamentos Alternativos com um exemplo de trauma, 188-190
    avaliação intermediária da resposta ao tratamento, 186-188
    fichas para, 191-202, 329
    objetivos para, 185
    procedimentos para, 185-186
    revendo de Planilhas de Padrões de Pensamento (Ficha 10.1), 187-188
    tarefas práticas, 189-190, 202
    verificando as reações do cliente à, 189-190
Sessão 7 (Planilhas de Pensamentos Alternativos). *Ver também* Planilhas de Pensamentos Alternativos (Ficha 11.1)
    apresentando o tema de segurança, 206-208
    fichas para, 209-210, 329
    fornecendo uma visão geral dos cinco temas, 205-207
    objetivos para, 203
    procedimentos para, 203
    revendo as Planilhas de Pensamentos Alternativos, 204-206
    tarefas práticas, 208
    verificando as reações do cliente à, 208
Sessão 8 (temas de trauma — segurança).
  Ver também Tema de segurança
    apresentando o tema de confiança, 213-215
    fichas para, 216-219, 329
    objetivos para, 211
    para a Sessão 7, 209-210
    procedimentos para, 211
    revendo as Planilhas de Pensamentos Alternativos (Ficha 11.1), 211-214
    tarefas práticas, 214-215, 219
    verificando as reações do cliente à, 214-215
Sessão 9 (temas de trauma — confiança).
  Ver também Tema de confiança
    apresentando o tema de poder/controle, 225-226
    fichas para, 227-232, 329
    objetivos para, 221
    procedimentos para, 221
    revendo as Planilhas de Pensamentos Alternativos (Ficha 11.1), 221-225

tarefas práticas, 226, 232
verificando as reações do cliente à, 226
Sessão 10 (temas de trauma — poder/controle). *Ver também* Tema de poder/controle
discutindo o término, 238-239
fichas para, 240-244, 329
introduzindo o tema de estima, 237-238
objetivos para, 233
procedimentos para, 233
revendo as Planilhas de Pensamentos Alternativos em, 233-238
tarefas práticas, 238-239, 244
verificando as reações do cliente à, 238-239
Sessão 11 (temas de trauma — estima). *Ver também* Tema de estima
discutindo o término, 249-250
fichas para, 251-254, 329
introduzindo o tema da intimidade, 249-250
objetivos para, 245
procedimentos para, 245
revendo as Planilhas de Pensamentos Alternativos, 245-249
revisando as tarefas de dar e receber elogios e se envolver em atividades agradáveis, 248-249
tarefas práticas, 250, 254
Sessão 12 (intimidade e enfrentamento do futuro). *Ver também* Tema da intimidade; Término
cuidados posteriores e, 260-261
fichas para, 329
identificando objetivos para o futuro, 259-261
objetivos para, 256
procedimentos para, 256
revisando as Planilhas de Pensamentos Alternativos, 256-259
revisando o curso do tratamento e o progresso do cliente, 259-260
revisão das Declarações de Impacto originais e novas, 258-260
Sessões de emergência, 79-80
Sessões de informação, 285-286
Sessões perdidas, 288-290. *Ver também* Adesão; Não adesão

Sessões urgentes, 79-80
Sexualidade. *Ver* Tema da intimidade; Pacientes LGBTQIA+
Sintomas de TEPT, 102-107, 277-279. *Ver também sintomas individuais*; Transtorno do estresse pós-traumático (TEPT)
Sintomas dissociativos
adequação da TPC e, 39-40
agressão sexual e, 305-306
discussão dos sintomas do TEPT na Sessão 1 e, 103-104
TPC+A e, 265-269
Sintomas ou condições comórbidas. *Ver também* conceitualização cognitiva de caso; *distúrbios e sintomas individuais*
adequação da TPC e, 37-40
avaliação pré-tratamento e, 47-55
ensaios clínicos controlados randomizados (ECRs) e, 14-15
introdução à TPC e, 78-80
pesquisa sobre TPC e, 20-32
pontos de bloqueio dos terapeutas em relação a, 91-93
Sobreviventes adultos de abuso sexual na infância. *Ver* Abuso sexual na infância; Violência sexual
Socorristas, 303-305
Sono, 29-31, 51-52, 103-105
Subtipo dissociativo do TEPT, 39-40
Suicídio, 24-25, 38-39, 49-51
Superacomodação
conceitualização cognitiva de caso e, 72-75
Declarações de Impacto e, 120-121
pesquisa sobre TPC e, 35-36
Planilhas de Pensamentos Alternativos (Ficha 11.1) e, 189-190
reconhecendo, 122-123
visão geral, 5-6
Supervisão, 81-83
Suposições
diálogo socrático e, 80-83
erros do terapeuta e, 86-88
examinando conexões entre eventos, pensamentos e sentimentos e, 127-130
Planilha de Padrões de Pensamento (Ficha 10.1) e, 179-181, 187-188

Planilhas de Pensamentos Alternativos
(Ficha 11.1) e, 189-190
Suposições automáticas, 189-190.
Ver também Suposições
Suposições "cegas", 127-128. *Ver também*
Suposições
Suposições negativas. *Ver* Suposições
Suposições positivas. *Ver* Suposições

T

Tarefa de lista telefônica, 294-296
Tarefas práticas. *Ver também* Planilhas,
fichas e formulários
  abordando a não adesão às, 124-126,
  144-146
  formato combinado de grupo e
  individual para TPC e, 286-287
  pesquisa sobre TPC e, 35-36
  revisão na Sessão 2, 121-122
  revisão na Sessão 3, 144-146
  Sessão 1, 114-118
  Sessão 2, 131-132, 139-140
  Sessão 3, 149-151
  Sessão 4, 165-166, 173
  Sessão 5, 180-183
  Sessão 6, 189-190, 202
  Sessão 7, 208
  Sessão 8, 214-215, 219
  Sessão 9, 226, 232
  Sessão 10, 244
  Sessão 11, 250
  TPC em grupo e, 287-288, 292-295
  TPC intensiva e, 279-280
  TPC+A e, 281
Técnicas de entrevista motivacional (EM),
48-49
Telessaúde, 278-279, 283, 285-286
Tema da intimidade, 75, 205-207, 249-250,
304-306. *Ver também* Funcionamento do
relacionamento; Sessão 12 (intimidade e
enfrentamento do futuro)
Tema de confiança. *Ver também* Sessão 9
(temas de trauma — confiança)
  agressão sexual e, 304-306
  introdução na Sessão 8, 213-215
  Planilhas de Pensamentos Alternativos
  (Ficha 11.1) e, 205-207
  visão geral, 75

Tema de estima. *Ver também* Autoestima;
Sessão 11 (temas de trauma — estima)
  agressão sexual e, 304-306
  introdução na Sessão 10, 237-238
  Planilhas de Pensamentos Alternativos
  (Ficha 11.1) e, 205-207, 245-249
  visão geral, 75
Tema de poder/controle, 75, 205-207,
225-226. *Ver também* Sessão 10 (temas de
trauma — poder/controle)
Tema de segurança. *Ver também* Sessão 8
(temas de trauma — segurança)
  Planilha de Perguntas Exploratórias
  (Ficha 9.2), 178-180
  Planilhas de Pensamentos Alternativos
  (Ficha 11.1) e, 205-207
  TPC+A e, 273-274
  visão geral, 75, 206-208
Temas de trauma. *Ver* Tema de confiança;
Tema de poder/controle; Tema de
segurança
Teoria, 3-6
Teoria cognitiva, 3-5, 107-111
TEPT Complexo (TEPTC), 38-39, 44-48,
91-92
Terapia cognitivo-comportamental para
insônia (TCC-I), 51-52
Terapia cognitivo-comportamental para
insônia e pesadelos (TCC-I&P), 30-31
Terapia comportamental dialética (TCD),
35-36
Terapia comportamental dialética e
intervenções de exposição (TCD-TEPT),
22-23
Terapia de processamento cognitivo para
transtorno do estresse pós-traumático:
contrato (Ficha 5.1), 97-98, 106-107
Terapia *on-line*, 278-279, 283, 285-286
Terapia virtual, 278-279, 283, 285-286
Término. *Ver também* Sessão 12 (intimidade
e enfrentamento do futuro)
  abordando a não adesão e, 145-146
  cuidados posteriores e, 260-261
  preparando-se para as sessões,
  238-239, 249-250
  revisão das Declarações de Impacto
  originais e novas na Sessão 12,
  258-260
  término adiado, 273-275

TPC de duração personalizada e, 273-277
Término antecipado, 274-277. *Ver também* Término
Terminologia, x
Timidez na TPC em grupo, 296-297
Tirando conclusões, 204-205
   precipitadas, 179-181, 187-188
TPC com relatos escritos (TPC+A)
   adaptações transculturais e, 19-20
   descrição na Sessão 1, 112-115
   em formato de grupo, 296-298
   fichas para, 281
   formato combinado de grupo e individual para TPC e, 286-287
   frequência das sessões e, 33-34
   introdução à TPC e, 78-79
   pacientes LGBTQIA+ e, 316-317
   pesquisa sobre TPC e, 15-16
   pontos de bloqueio de terapeutas e, 96
   sintomas comórbidos e funcionamento psicossocial e, 20-31
   tópicos e protocolos de sessão para, 266-274
   TPC de duração personalizada e, 273-274
   transtorno de estresse agudo e, 277-279
   visão geral, 7-8, 265-274
TPC de duração personalizada, 54, 273-278
TPC em grupo
   conflito em grupo e emoção, 295-297
   gerenciando a TPC na, 290-297
   grupos pós-tratamento, 297-299
   razões para usar, 284-285
   tarefa de lista telefônica e, 294-296
   TPC+A e, 296-298
   visão geral, 283-290
TPC intensiva, 278-280
TPC para abuso sexual (TPC-AS), 298-299
Trabalhos Práticos para TPC+A (Ficha 18.1), 281
Traços de personalidade dependente, 51-52, 295-296
Traços de transtorno da personalidade evitativa, 51-52
Traços de transtorno da personalidade narcisista, 51-52
Traços de transtorno da personalidade obsessivo-compulsiva, 51-52

Transtorno da personalidade *borderline* (TPB), 22-23, 38-39, 306-307
Transtorno de estresse agudo, 277-279
Transtorno de luto prolongado, 309-311
Transtorno do estresse pós-traumático (TEPT)
   adequação da TPC e, 37-40
   avaliação pré-tratamento e, 43-48
   desenvolvimento antecipado da TPC e, 5-7
   ensaios clínicos controlados randomizados (ECRs) e, 13-15
   influências teóricas, 3-6
   luto e, 309-311
   modelo biológico de, 8-12, 10f, 12f
   sintomas de, 102-105
   visão geral, 3
Transtorno por uso de substâncias (TUS). *Ver também* Abuso de substâncias
   adequação da TPC e, 38-40
   avaliação pré-tratamento e, 48-49
   pesquisa sobre TPC e, 20-22
   pontos de bloqueio dos terapeutas em relação a, 91-92
Transtornos alimentares, 25-26
Transtornos bipolares, 48-50
Transtornos de ansiedade, 6-7, 37-39, 91-92
Transtornos dissociativos, 91-92
Tratamento, contrato, 97-98, 106-107
Tratamento baseado em evidências (TBE) e focado no trauma, 32-34
Tratamento com manual. *Ver* Manual do tratamento
Tratamento de ativação comportamental para depressão (BA), 20-22
Tratamento psicofarmacológico, 52-53
Trauma, x, 3-6, 14-17
Trauma central. *Ver também* Histórias de trauma
   avaliação intermediária da resposta ao tratamento e, 186
   Declaração de Impacto e, 114-116
   diferenciando entre intenção, responsabilidade e o imprevisível, 160-165
   introduzindo a TPC e, 78-79
   perguntas de esclarecimento e, 80-81
   revisão na Sessão 1, 111-113
   TPC em grupo e, 288-289

Trauma de infância, 10-12, 42-44.
  Ver também Abuso sexual na infância
Trauma do desenvolvimento, 15-16, 42-44
Trauma sexual militar. *Ver* Violência sexual
Traumas interpessoais, 14-15, 18-20.
  Ver também Violência por parceiro íntimo (VPI)
Traumatismo craniano. *Ver* Traumatismo cranioencefálico
Traumatismo cranioencefálico, 29-30
Treinamento, 7-9, 85-86
Triagem, 284-286. *Ver também* Avaliação
Tristeza, 35-36, 84-85, 90-91, 143, 304-305, 310-311. *Ver também* Depressão
Tronco encefálico, 10*f*, 12*f*, 106-108

V

Vergonha
  agressão sexual e, 304-306
  dano moral e, 161-162
  pesquisa sobre TPC e, 25-27
  transtorno do estresse pós-traumático e, 6-8
Veteranos
  avaliação pré-tratamento e, 52-53
  desenvolvimento precoce da TPC e, 7-8
  diálogo socrático e, 80-81
  disseminação da TPC e, 7-9
  modelo biológico de TEPT e, 11-12
  pesquisa sobre TPC e, 17-18, 18-20
  trabalhando com, 301-304
Veteranos de combate, 11-12, 301-304.
  Ver também Veteranos
Viés retrospectivo, 122-123, 159-160, 223-224
Vigilância
  militares e, 302-303
  tema de segurança e, 207-208
  violência por parceiro íntimo e, 307-308
Violência interpessoal, 7-8
Violência por parceiro íntimo (VPI)
  adequação da TPC e, 38-40
  avaliação pré-tratamento e, 52-53
  pesquisa sobre TPC e, 31-32
  visão geral, 306-308
Violência sexual. *Ver também* Abuso sexual na infância; Estupro
  desenvolvimento precoce da TPC e, 7-8
  examinando suposições e, 81-83
  pesquisa sobre TPC e, 15-16
  TPC para abuso sexual (TPC-SA), 298-299
  visão geral, 304-307
Violência sistemática, 20-22